数字图像处理与分析

胡庆茂　郑海荣　编著

科 学 出 版 社

北 京

内 容 简 介

本书系统介绍数字图像处理和分析的基本原理、经典内容及近年来的重要进展和实例,加强现代数学方法与数字图像处理的融合,把深度学习方法作为数字图像处理的一种重要方法贯穿于相应内容中。全书共 12 章,内容包括图像增强、图像压缩、图像复原、数学形态学、图像分割的传统方法、图像分割的现代方法、图像分割的深度学习方法及先验知识引导、图像配准传统方法、深度学习图像配准与传统图像配准的相互促进等。本书包括一些例题讲解,每章都有小结、参考文献和分级的复习思考题,其中一些复习思考题专注于学生综合能力的培养。

本书可作为电子信息工程、计算机科学与技术、控制科学与工程、生物医学工程等学科本科生、研究生相关课程的教材以及广大科研工作者的自学参考书。

图书在版编目(CIP)数据

数字图像处理与分析/ 胡庆茂,郑海荣编著. —北京:科学出版社,2023.9

ISBN 978-7-03-075681-7

Ⅰ. ①数… Ⅱ. ①胡… ②郑… Ⅲ. ①数字图像处理 Ⅳ. ①TN911.73

中国国家版本馆CIP数据核字(2023)第102162号

责任编辑:牛宇锋 / 责任校对:任苗苗
责任印制:肖 兴 / 封面设计:蓝正设计

科 学 出 版 社 出版

北京东黄城根北街 16 号
邮政编码:100717
http://www.sciencep.com

北京九州迅驰传媒文化有限公司印刷
科学出版社发行 各地新华书店经销

*

2023 年 9 月第 一 版 开本:720×1000 1/16
2025 年 1 月第二次印刷 印张:26 1/4
字数:530 000

定价:158.00 元

(如有印装质量问题,我社负责调换)

作 者 简 介

胡庆茂，二级研究员，博士生导师，中国科学院百人计划特聘教授。1990 年获得华中科技大学工业自动化专业博士。历任第一军医大学医学图像全军重点实验室讲师/副教授/教授（6年）、瑞士伯尔尼大学博士后（4 年）、新加坡科技局生物医学影像研究所研究员/高级研究员（7 年），2006 年底加入中国科学院深圳先进技术研究院。两次荣获全军科技进步二等奖、三次获得北美放射学会年会奖，多次担任国家自然科学奖信息科学会评专家及国家重点研发计划、国家万人计划等会评专家。主要开展数字图像处理、模式识别、计算机辅助诊疗的研究。发表 SCI 论文（包括发表于《柳叶刀》The Lancet 的论文）100 篇，引领了灰度图像阈值先验知识的学习机制及计算理论框架与实践，研制出多套鲁棒图像分析系统，尤其是针对急性缺血性脑卒中的图像，其分析方法经国家卒中中心证实有效后入选"十二五"国家科技支撑计划并在全国 5 家医院推广。从 2012 年开始持续为中国科学院深圳先进技术研究院的硕士研究生及博士研究生讲授"数字图像处理"课程并获广泛好评。

郑海荣，二级研究员，博士生导师，中国科学院深圳先进技术研究院副院长，国家高性能医疗器械创新中心主任。担任国际医学与生物工程联合会（IFMBE）执行委员、中国生物医学工程学会副理事长、IEEE Transactions on UFFC 编委、中国声学学会常务理事等。主要从事医学成像信息处理与创新医疗仪器设备研究。针对医学成像仪器自主创新需求，围绕生物组织在磁声高分辨成像机制，提出隐式正则化稀疏快速成像理论，突破了医学磁共振成像速度慢的难题；带领团队成功研发了我国首台 3.0T 超高场医学磁共振成像设备并实现产业化，打破了国际垄断；提出生物环境中声波辐射力精准计算新模型，发明了基于声镊操控的定量弹性模量成像超声设备和无创超声波神经调控仪器。在医学成像和高端医疗仪器技术领域做出系统性贡献。发表学术论文 200 余篇，SCI 他引 6000 余次，获授权发明专利 140 余件；以第一完成人分别获国家科技进步一等奖（2020 年）和国家技术发明二等奖（2017 年）。此外，先后获中国青年科技奖、何梁何利基金青年创新奖、陈嘉庚青年科学奖、全国创新争先奖、973 计划首席科学家、国家杰出青年科学基金获得者（2013 年）。

序

图像是人类获取、认知、利用信息的主要形式，而图像处理是信息技术最基础的内涵之一。随着信息技术的发展，几乎所有的理工农医大学都开设"数字图像处理"课程，但已有的国内外教材大都过于偏向公共基础，与领域结合偏少，普遍存在内容不够更新的问题。

《数字图像处理与分析》一书作者一直活跃在图像处理、计算机视觉及医学影像的科研教学第一线，是这方面的知名学者，他们的医学图像信息处理相关成果曾获得国家技术发明二等奖和国家科技进步一等奖等，具有深厚的科研成果基础，所在的中国科学院深圳先进技术研究院也在该领域迅速成长壮大。

作者针对数字图像处理领域的热点及痛点，在多年教学实践的基础上融合了计算机视觉与医学影像领域的重要进展，历经十年努力有效解决"数字图像处理"教材的时效性与系统性问题，是一次成功的尝试。在新教材中重点加强了数字图像处理的难点(分割与配准)方面的系统性进展，即图像分割的新方法及融合、图像分割的先验知识挖掘及应用，特别是医学图像处理方面增加了很多前沿案例；图像配准方面的理论进展(大形变的拓扑保持、对称图像配准)，以及结合传统方法与深度学习方法的优势互补。在图像噪声抑制、图像压缩、图像复原、数学形态学、彩色图像处理方面也都有引入相应的重要进展。在复习思考题方面，作者秉承对学生综合能力培养及将不同章节内容相互交叉学活的理念进行设计，体现了作者的用心，在十多年的教学实践中得到验证与好评。

该教材体现了作者长期对"数字图像处理"教学及教材的思考后的解决方案，对其他相关学科及教材具有借鉴意义。我愿意在此隆重推荐该书作为电子信息、计算机技术、控制科学与工程、仪器仪表、生物医学工程等领域的学生(本科生、硕士研究生、博士研究生)和广大科研工作者的参考书。

期望我们大家都十分关注本科生、研究生的人才培养，为不断提高我国相应学科教材质量做出贡献。正是从这个意义上，这部教材令人期待。

徐宗本

中国科学院院士

2023 年 5 月 21 日

前　言

　　作者十多年活跃在图像处理与医学影像的科研教学第一线，一直承担中国科学院深圳先进技术研究院的授课工作，深感具有时效性(内容不滞后)及系统性(具备学科理论体系)的相关教学资料的匮乏之痛，因此萌发了编著该类教材的念头。经过作者及同仁不懈努力，历经十余年编著成此书，以飨读者。

　　作者历经十余年思考如何解决数字图像处理(DIP)教材的时效性及系统性，通过本书提出了一种解决方案，即在优化传统 DIP 经典内容的同时，融合了计算机视觉与医学影像领域的重要进展：在图像增强章节，增加了压缩感知图像去噪、图像去噪的优秀传统方法及保持锐化程度的深度学习图像去噪；在图像压缩方面，增加了基于图像内容加权的压缩方法(灵活地控制压缩比、高压缩比条件下细节的保持)；在图像复原方面，针对退化严重的复原，增加了基于残差密集网络的解决方案；在彩色图像处理方面，增加了基于四元数(有效表征各彩色分量的强相关性)的彩色图像去噪与边缘提取及基于深度学习的交通灯鲁棒快速识别；重点加强了DIP 的难点(分割与配准)方面的代表性进展，即以知识引导为主线，加深了图像分割的传统方法，系统地阐述了现代方法与深度学习方法，以及二者的融合，并增加了很多前沿案例；图像配准方面加强了新的代表性方法的介绍，以及传统方法与深度学习方法的优势互补。在复习思考题方面加强了学生综合能力的培养(深入地就某一问题寻找多种解法并通过客观比较找到优化的解决方案、批判性阅读文献的能力、博士研究生发现问题及解决问题的能力)，经过了十多年的教学实践的验证不断完善。

　　本书共 12 章，包括正文、参考文献和索引。作为教材，建议给本科生、硕士研究生、博士研究生的教授内容及复习思考题有所差异。具体而言，对于本科生，深度学习的相关内容可以略去，授课时多讲一些计算的例子。对于研究生，通过带星号(*)的习题更进一步提高他们的综合能力；硕士研究生只简要介绍深度学习内容，博士研究生则涵盖所有内容，同时略去一些计算的例子和一些传统内容的介绍(学生自学)。

　　为了增强本书作为教材的实用性，作者还针对书中的主要算法选取合适的图像并基于 MATLAB 进行了实现，需要的读者可联系作者 qm.hu@siat.ac.cn 索取源代码，仅限内部交流。第 2 章例子是读、写图像以及基于 MATLAB 产生的各种噪声及噪声图像。第 3 章例子是典型的图像增强编程，包括伽马校正、直方图均衡化、直方图指定化、空间低通滤波、频域滤波、同态滤波、小波多分辨率分析、小波去噪、小波包去噪、图像奇异值分解逼近、保持边缘的图像滤波。第 4 章例子包括小波多分辨率分解压缩、Huffman 编码无损压缩、JPEG 标准的编码与解码。第 5 章例子是运动模糊的图像复原。第 6 章例子是顶帽变换图像增强。第 7 章例子包括边缘检测、灰度阈值计算、带标记的分水岭、Hough 变换。第 8 章例子包括主动轮廓模型、水平集、图切割、马尔可夫随机场图像分割。第 9 章例子包括常见图像空间变换、基于手工特征及自动特征的仿射变换。第 10 章例子展示了彩色图像的平滑与直方图均衡化。

　　本书得以出版，首先要感谢中国科学院深圳先进技术研究院的樊建平院长，以及中国科学院深圳先进技术研究院生物医学与健康工程研究所、中国科学院深圳先进技术研究院及深圳理工大学(筹)教育处对作者教学工作的长期支持及教材出版的资助；感谢李志成研究员、朱燕杰研究员、邱维宝研究员、苏李一磊博士、张晓东博士提供的相关素材；感谢与张鹏研究员、万晓春研究员讨论得到的启发；尤其要感谢潘光凡工程师对本书文字的编辑、图表的重新设计花费的大量心血；感谢家人的理解与支持，是他们长期的后盾作用保证了本书的诞生！

胡庆茂　　郑海荣
2023 年 5 月于深圳

目　　录

第 1 章 绪 论

数字图像处理(digital image processing, DIP)方法的研究主要源于两个应用领域[1]：通过增强、去噪、复原等改善图像的信息，以便于人们更好地对图像进行解读；通过图像的存储、传输、表征等处理，助力机器的自主感知(autonomous perception)。本章的内容包括：DIP 的概念、内容、历史、应用实例、一些工具及一些动态。

1.1 数字图像处理的概念

图像是广义的概念，它可以对应于日常的可见光照片，也可以对应于医用的 X 射线图片以及由多个 X 射线图片计算出来的计算机体层成像(computed tomography, CT)图片，还可以对应于由计算机产生的特效镜头。

一幅二维图像可以定义为一个二维函数 $f(x, y)$，其中 (x, y) 是图像空间坐标，$f(x, y)$ 则表示在 (x, y) 处的图像强度或灰度。当 x、y、$f(x, y)$ 的取值都为离散的数值时，该图像就称为数字图像。数字图像的概念很容易拓展到三维及更高维。具体地，三维图像又叫做体图像 $f(x, y, z)$，它取离散值，定义在离散的三维图像空间 (x, y, z)，表示在 (x, y, z) 处的图像强度或灰度。数字图像空间由离散的点组成，每个二维的点叫做像素，三维的点叫做体素。

DIP 又称为计算机图像处理，它是通过计算机对数字图像进行去除噪声、增强、复原、压缩、分割、提取特征、配准等处理的方法和技术。

DIP 可以分为三个层次，即低级、中级、高级。低级 DIP 的特点是对图像的内容进行加工以改善图像的视觉效果或突出有用或感兴趣区，或通过编码减少对其所需存储空间、传输时间或传输带宽的要求，主要包括图像去噪、复原、增强、锐化、编码、压缩、数学形态学处理；中级 DIP 的特点是把图像变成感兴趣区(region of interest, ROI)以及对 ROI 的描述，主要包括数字图像分割，由于图像配准在一定的条件下可以实现与图像分割的相互转化(借助于图谱)，本书也把数字图像配准纳入中级数字图像处理；高级 DIP 则专注于对场景或整个图像的解释与理解。本书主要涵盖数字图像处理与分析，即低级与中级 DIP，仅在深度学习图像分割与彩色图像处理中涉及图像识别。

与 DIP 紧密相关的概念有数字图像理解、计算机视觉。数字图像理解是 DIP 的高级阶段，从数字图像中提取有用的信息以形成对场景或整个图像的解释与理解。计算机视觉是一门交叉学科，涉及数学、物理学、成像技术、信号处理、神经生物学、自动控制、人工智能等，使用计算机及相关成像设备实现对生物视觉的一种模拟，主要任务是通过对获取的图像及视频进行处理以获得相应场景的三维信息，以实现自动视觉理解；因此，DIP 与计算机视觉是高度重叠的，DIP 可以看做是计算机视觉的一部分，DIP 不研究计算机视觉所特有的生物视觉、视觉感知方面的内容。

1.2　数字图像处理的历史

DIP 最早的应用之一是报纸业，1921 年通过 Bartlane 电缆图片传输系统传输了 5 个灰度级的图像（图 1.1(a)），该类图像在 1929 年其灰度级增加到了 15(图 1.1(b))[2]。

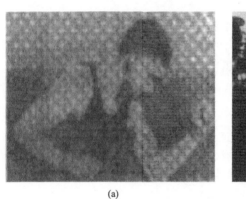

(a)　　　　　　　　　　　　　　(b)

图 1.1　最早期的数字图像

(a)1921 年产生的数字图像 5 个灰度级；(b)1929 年产生的数字图像 15 个灰度级

因为 DIP 依赖于计算机的存储与计算能力，所以 DIP 的历史与发展与计算机的历史与发展息息相关。DIP 的基本技术起源于 20 世纪 60 年代的贝尔实验室[3]。第一台能够执行有意义的 DIP 任务的计算机出现在 20 世纪 60 年代中期。DIP 技术的诞生可追溯到这一时期计算机的使用和空间项目的开发，促使人们探索 DIP 的潜能。有代表性的成果是 1964 年 7 月 31 日美国探月项目通过"徘徊者 7 号"(Ranger 7)卫星传送的人类第一张月球图片[4]，由于 DIP 的迅速发展，该图像的质量得以提升(包括几何校正与图像复原)，此技术也在阿波罗载人登月飞行及空间探测器中得到应用。在空间应用的同时，DIP 技术在 20 世纪 60 年代末和 70 年代初开始应用于医学图像、地球遥感监测和天文学等领域。DIP 进入医学影像的标志性成果是 20 世纪 70 年代的 X 射线计算机断层成像的发明[5]，借助于计算机从多个角度的二维 X 射线图像重建出具有三维信息的断层图像。DIP 历史进程中的另一个标志性事件是马尔(Marr)在 20 世纪 80 年代提出的视觉计算理论[6]，该理论标志计算机视觉已经成为一门学科。马尔视觉计算理论的主要观点如下：

第一，人类视觉的主要功能是复原三维场景的可见几何表面，这点被证明不正确。

第二，从二维图像到三维几何结构的复原过程是可以通过计算完成的，涉及三个层次：①计算理论层次，即需要使用何种类型的约束来完成这一过程；②表达和算法层次，即如何计算，包括三个步骤，即初始略图 sketch(零交叉、短线段、端点等基元)、物体的 2.5 维描述即表面描述(如表面法向量)、物体三维描述即物体自身坐标系下的描述；③实现层次，涉及计算机硬件和软件。

该理论提出的层次化三维重建框架，至今仍旧是计算机视觉领域的主流方法。尽管文献中一些学者对马尔理论提出了质疑、批评和改进，但就目前的研究现状来看，还没有任何一种理论可以取代马尔理论或与其相提并论。

DIP 的蓬勃发展的原动力来自于其更广泛的成功应用，包括：增强对比度或将亮度编码为彩色，以便于解读 X 射线和用于工业、医学及生物科学等领域的图像；地理学用类似的技术从航空和卫星图像中研究污染模式；图像增强与复原用于处理不可修复、或造价昂贵、或不可复制的图像；在考古学领域使用 DIP 成功地复原了模糊的图片，这些图片是已丢失或损坏的稀有物品的唯一的记录；在物理学和相关领域，DIP 增强高能等离子和电子显微镜等领域的实验图像；DIP 成功地用于机器感知(如车牌识别、指纹识别、人脸识别、病灶检测、计算机辅助诊断、视觉伺服)等，成功地在天文学、生物学、核医学、法律实施、国防及工业等领域得到了广泛应用，极大地拓展了人类的自动感知及与环境交互的能力。

从数学工具方面来看 DIP 的发展历史：20 世纪 60 年代开始主要是矩阵的运算，到了 70 年代开始逐步有概率论工具对灰度直方图建模，其后随着模糊数学对类属的灰度进行表征、图像信息的描述、数学优化方法的引入，使得 DIP 有了坚实的理论基础。标志性成果是优化方法在 DIP 中的应用，包括基于最小分类误差的灰度阈值计算、坎尼(Canny)边缘算子、主动轮廓模型、偏微分方程用于图像复原与配准、李群代数用于拓扑保持的形变配准、马尔可夫随机场及条件随机场用于图像分割等。

从计算机方面来看 DIP 的发展历史：从早先基于中央处理单元的个人电子计算机、工作站，到基于图形处理单元的工作站，再到现在 Google 研发的基于张量处理单元的专用设备,极大地提高了 DIP 能处理的图像的大小、复杂程度及性能。

1.3　数字图像处理的应用实例

今天，几乎不存在与 DIP 无关的技术领域，这里只介绍 DIP 应用领域的一小部分。阐述 DIP 应用范围的最简单的一种方法是根据信息源来分类。最主要的图像源是电磁波谱(图 1.2),其他图像源还包括声波、超声波和电子束;此外,图像可以是合成的,包括由建模和可视化应用中产生的数字图像。

γ射线	X射线	紫外	可见光	红外	太赫兹波	微波	无线电波
10^{-5}	0.1	0.4	0.75	30	3000	10^5	10^{11}

波长/μm

$$1T=10^{12}$$

3×10^{19}	3×10^{15}	7.5×10^{14}	4×10^{14}	10^{13}	10^{11}	3×10^9	3000

频率/Hz

10THz　　　0.1THz

图 1.2　电磁波谱的波长及频率

伽马射线成像的主要用途包括核医学和天文观察。核医学成像是将放射性同位素注射到被试个体内的成像方式,注入的放射性同位素衰变时发射伽马射线,被伽马射线检测器检测而产生图像,一种成像方式就是正电子发射体层成像(positron emission tomography, PET)可用作分子成像检测早期的癌变,图 1.3 显示了一个患者的基线及治疗 7 天后的 PET 切片。

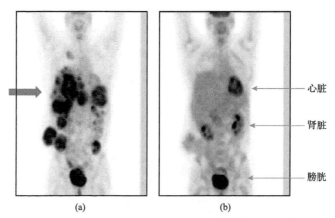

(a)　　　　　　　　　(b)

图 1.3　一个患者的基线(a)及治疗 7 天后(b)的正电子发射体层成像
(a)箭头(基线上)处的转移性肿瘤(黑色区域)在 7 天后消失;(b)从上到下的三个黑色区域分别对应于心脏、肾脏与膀胱

X 射线是最早用于成像的电磁辐射源之一,其应用始于 1895 年 11 月 8 日的德国科学家伦琴发现 X 射线并获得首届诺贝尔物理学奖(1901 年)。X 射线成像的基本原理是 X 射线穿过成像物体后的能量会衰减,成像反映的是成像路径上 X 射线衰减系数的积分,最常见的 X 射线应用是医学诊断,如用于肺部疾病筛查的 X 射线胸片(图 1.4),以及由多个角度的二维 X 射线图像经过重建得到空间每个位置的 X 射线衰减系数的 CT 图像。X 射线成像还广泛应用于工业检测如安检(图 1.5)、集成电路的缺陷检测等。

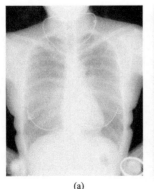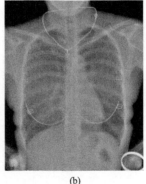

(a)　　　　　　　　　　　　(b)

图 1.4　用于肺部疾病筛查的 X 射线胸片及增强

(a)由现代 X 射线机直接拍摄出的正片，灰度范围大，难以同时显示肌肉与骨骼；(b)对应的由 DIP 增强后的现代数字 X 射线胸片，可不失真地同时显示相关组织的信息

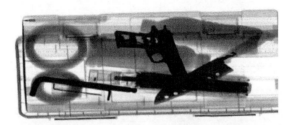

图 1.5　用于安全检查的 X 射线图像

上下图分别对应于同一包裹的低能及高能的安检图像

　　紫外波段成像的形式有两种，即紫外线的反射成像和由紫外线诱导的荧光成像。在反射紫外成像应用中，用紫外光照射物体，并使用紫外光敏感的单色或彩色相机捕获图像，典型的应用包括缺陷检测。在紫外-荧光成像中，用紫外光照射物体表面，激发照射物体发射荧光，由探测器捕获荧光并成像，典型的应用包括荧光显微镜：它以紫外线为光源，照射被检物体使其发出荧光，然后在显微镜下观察物体的形状及位置。

　　可见光波段成像与日常生活紧密相关，机动车车牌自动拍照与识别、手机拍照照片质量的不断提升都是 DIP 成功应用的范例并改善了人类的生活。图 1.6 显示的是原始的阴天图像及其复原效果。

(a)   (b)

图 1.6 可见光阴天图像(a)及其复原效果(b)

  红外波段成像在医疗、半导体、电子、农业等诸多领域都获得成功应用。随着半导体芯片的快速发展，电路板上电子元器件的集成度越来越高，电路越来越复杂，出现故障后传统的接触式诊断需要大量的时间和精力，红外波段成像通过非接触方式可以反映被测目标物体各部分红外辐射的热像分布，实现电路板检测等的无损探伤。图 1.7 显示了一个印刷电路板在未工作及故障状态的红外图像。

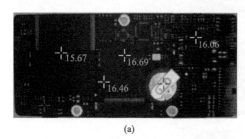 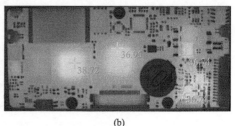

(a)   (b)

图 1.7 电路板的红外图像帮助实现在线无损的故障检测

(a)电路板未工作，整体温度比较均匀(16℃左右)；(b)故障状态，有两颗芯片的温度已超过 83℃

  微波波段成像的典型应用是雷达成像，其独特之处是，在任何空间范围、任何时间、任何气候、任何环境光下都可以实现成像。在很多情况下，雷达是探测地球表面不可接近地区的唯一方法。

  无线电波成像主要应用于医学和天文学。在医学应用领域，无线电波被用于磁共振成像(magnetic resonance imaging, MRI)：该技术把待成像的个体放在主磁场中并使射频短脉冲通过个体的身体，得到个体组织的射频响应脉冲信号，信号的位置和强度由重建计算，从而得到成像个体的横截面图像，具有良好的软组织分辨能力。原始的 MRI 扫描时间较长，对于快速运动的器官或组织容易导致运动伪影，后续发展了基于 DIP 的多种快速成像方法以去除伪影[7,8]。如图 1.8 所示，(a)图左侧为心脏常规成像，呈现出图像模糊和伪影(红色箭头)，右侧为加速成像后的高质量图像，消除了伪影；(b)图左侧表示动态直肠常规方法成像，有细节缺失和模糊(局部放大图中的红色箭头),右侧为加速成像后的高质量图像,细节得以恢复。因此利用 DIP(图像复原)能够在加速成像的同时更加清晰地恢复原始图像。

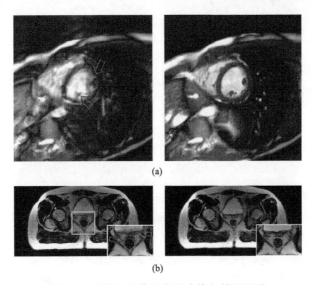

(a)

(b)

图 1.8 磁共振成像及快速成像与伪影消除

(a)左侧为心脏常规成像,图像严重模糊,右侧为图像复原后的高质量图像[7];(b)左侧表示常规直肠成像,出现模糊和细节损失,右侧为图像复原后高质量图像[8]

在文献[1]中还展示了蟹状脉冲星在整个电磁波谱的各种成像,包括伽马射线、X 射线、可见光、红外线、无线电成像:同一场景在不同波长的能量的成像在外观上呈现很大的差异。

在电磁波谱之外,还存在大量的其他成像模式。在文献[1]中列举了声波成像、电子显微镜成像、合成图像。声波成像可以用于矿藏和石油勘探,基于返回的声波确定地表下的成分(入射声波的频率为 100Hz)及海洋底部结构;超声成像最常见的应用是生物医学超声(频率在兆赫兹数量级),由超声探头向身体发射脉冲超声波,由于不同生物组织的声阻抗不同,超声波传入生物体并碰撞声阻抗不同的组织(如流体与软组织之间、软组织与骨骼之间)后一部分超声波返回到探头,而另一部分则继续传播直至达到另一边界而被反射,反射波被探头搜集,计算机系统根据超声波在组织中传播的速度和回波返回的时间及强度形成回波的距离-亮度图像。超声血流成像技术利用声学多普勒原理对运动中的血液所反射的回波进行检测从而显示生物体内部血液的运动状态。传统超声成像技术由于受到了声波衍射极限的限制,成像分辨率有限。图 1.9(a)显示了多角度复合血流成像方法获取的大鼠颅脑超声血流图像;利用微泡定位的超分辨超声成像技术使血流成像分辨率提升至 20μm 左右,图 1.9(b)显示了利用超分辨超声获取的大鼠颅脑高分辨率血流图像[9]。

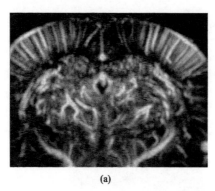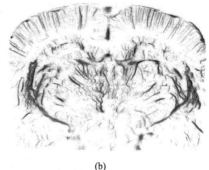

(a)　　　　　　　　　　　　　　(b)

图 1.9　超声血流成像及超分辨成像[9]

(a)大鼠颅脑超声血流图像；(b)大鼠颅脑超声血流超分辨图像

电子显微镜的功能与光学显微镜的功能相似，只不过是用聚焦的电子波束代替入射光束照射到成像物体。电子显微镜有两种主要的类型，即透射电子显微镜(transmission electron microscope, TEM)与扫描电子显微镜(scanning electron microscope, SEM)，前者探测穿过待成像物体的电子进行成像，后者则利用被反射或撞击成像物体的近表面区域的电子以产生图像。电子显微镜的放大倍数可以高达 10000 倍或更大，而光学显微镜的放大倍数则会受限于 1000 倍左右。以 SEM 为例，图 1.10 显示了过热损坏的钨丝 SEM 图像和损坏的集成电路 SEM 图像[11]。

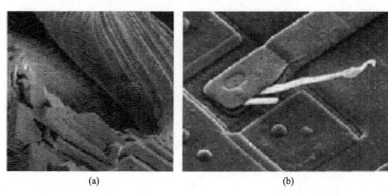

(a)　　　　　　　　　　　　　　(b)

图 1.10　过热损坏的钨丝 SEM 图像和损坏的集成电路 SEM 图像

(a)过热损坏的钨丝 250 倍 SEM 图像；(b)损坏的集成电路 2500 倍 SEM 图像[11]

合成图像对应于那些由计算产生的，并不是直接对应于成像物体的图像，如由建模分析产生的分形图像、从显示物体的三维模型产生的图像(如抓屏操作)。现代研究中的智慧计算结果的可视化、可视计算都会产生合成图像。图 1.11 显示了由地理信息系统建立的城市模型合成图。

除了上面从成像的方式来看 DIP 的应用，还可以从应用层面来看 DIP 的应用。DIP 的应用主要包括两大类，第一类是改善图像质量，第二类是改进机器视觉的性能。第一类应用包括消除噪声(图 1.12)、图像复原(图 1.6、图 1.8);第二类应用包括感兴趣区的分割识别(图 1.13)、异常图像及异常区域的识别(图 1.14)。

图 1.11　由地理信息系统建立的城市模型合成图像

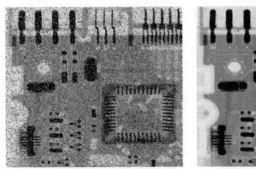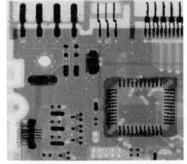

图 1.12　X 射线印刷电路板的噪声抑制(噪声退化的图像及去噪后的增强图像)

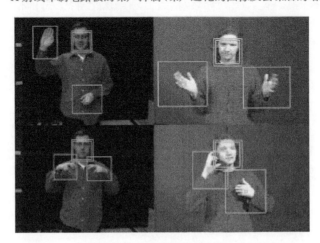

图 1.13　人体面部及手的分割识别(可用于人机交互)

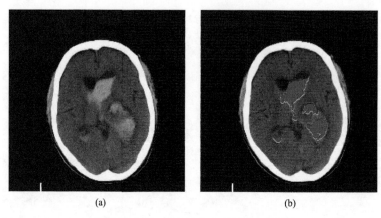

(a)   (b)

图 1.14　头颅 CT 上显示了弥漫性出血(a)，对其进行分割得到(b)，红色区域对应的出血(异常区域)

1.4　数字图像处理的一些工具

开发平台方面，著名的平台有 OpenCV、ITK。

OpenCV(Open Source Computer Vision Library)是一个基于 BSD 许可(Berkeley Software Distribution License)(开源)发行的跨平台计算机视觉和机器学习软件库，可以运行在 Linux、Windows、Android 和 macOS 操作系统上。它由一系列 C 函数和少量 C++类构成，同时提供了 Python、Ruby、MATLAB 等语言的接口，实现了 DIP 和计算机视觉方面的很多通用算法，其官网为 http://opencv.org。在 DIP 方面实现的主要功能有：滤波(包括中值滤波、形态学处理、高斯滤波、边界算子等)、几何变换(包括仿射、透视等变换)、其他变换(包括自适应灰度阈值、分水岭变换等)、直方图处理(包括直方图均衡化等)、特征检测(包括 Canny 边缘算子、霍夫变换检测直线与圆等)。

ITK(Insight Segmentation and Registration Toolkit)是美国国家卫生院(NIH)下属的国立医学图书馆投入巨资支持三家科研机构开发的医学影像分割与配准算法的研发平台，是一个开源的、跨平台的影像分析扩展软件工具。ITK 由 C++实现，能够跨平台，并用 CMake 来管理编译过程以保证编译过程独立于平台。除此以外，它还使用一种叫卷的处理过程，产生 C++和其他解释程序之间的接口，使得开发者能用各种不同的程序语言来开发。1999 年美国 NIH 授予表彰六位合作者在开发开源的图像配准和分割工具包做出的贡献，他们的工作最后成为大家公认的 ITK。直到 2002 年第一个正式的公共 ITK 发行版本才出台。ITK 的目的包括：支持可视人项目(Visible Human Project)、为未来研究打下基础、建立一个基础算法库、为先进产品的研发构建一个平台、支持该技术的商业应用、为未来工作构建一个协定、发展一个由软件开发者和使用者组成的自我维持的社区。ITK 不仅仅被用作工业界及学术界进行图像分析的平台，还被多个大学用来展示科学及医学图像分析的原理。这里列举两个与 ITK 相关的代表性课程可供学习：

(1) 爱荷华大学(University of Iowa)的医学图像分析课程，时长一个学期，由 Hans Johnson 授课，介绍了医学图像处理及 ITK，涵盖 ITK 的框架、ITK 的编程、医学图像的表征、滤波、仿射变换、基于 Demons 算法及 B 样条的弹性配准。

(2) 中佛罗里达大学(University of Central Florida)的 Ulas Bagci 博士讲授的医学图像计算(medical image computing)课程，涵盖各种影像模态及其临床应用、医学影像计算及其工具概述、图像滤波、图像增强、噪声抑制、医学图像配准、医学图像分割、医学图像可视化、医学图像的形状模型和分析、医学影像的深度学习、神经影像(包括功能磁共振、弥散加权影像、磁共振影像、脑功能连接影像(connectome imaging)。

1.5 数字图像处理的一些动态

人工智能促进了 DIP 的发展，因为它能发现图像中更细微的变化，通过对大数据的分析减少处理时间；人工智能有很大的潜力提高运算效率，把专家从单调重复的图像处理任务中解放出来。将人工智能用于三维成像及分析可以获取大量更加有用的信息，从而增加 DIP 的功能及提高 DIP 的性能。

深度学习方法凭借其卓越的性能而在图像处理领域获得了极大的关注，最成功的例子是 ImageNet 的识别已经超过人类视觉。在有足够的训练样本的前提下，深度学习在 DIP 的各个领域都取得了令人鼓舞的结果；如何进一步提高监督学习的性能以及降低对监督样本的依赖则是进一步研发的方向。

Gupta[10]给出了一些 DIP 的热点应用及相应的机会。这些应用的改进包括：成像技术的进步、原理的改进、计算能力与空间的拓展、应用的拓展。这些 DIP 的热点包括：医学诊断与治疗规划(medical diagnosis and treatment planning)、农业领域(agricultural sector)、监控应用(monitoring application)、灾难管理应用(disaster management application)、水下图像处理(underwater image processing)、其他应用。

在医学影像领域，DIP 的图像复原能促进快速成像而将对象拓展到快速运动的组织或器官如心脏[7]，基于深度学习从一种模态影像产生另一种模态的影像(如从磁共振影像合成 CT)也是研究热点[11]。

在医学诊断与治疗规划方面，DIP 能发挥核心作用，比如体图像的分割、感兴趣区的分割、解剖标志点的自动检测、图像配准与融合、三维表面重建、肿瘤/癌症检测。

在农业领域，DIP 也能大派用场，比如种子的非破坏性分析(基于 X 射线或磁共振成像)、叶子的分割、水果分级、植物的叶子异常检测、稻子的质量分级、豆子分级。

在监控应用方面，DIP 是核心，因为可见光摄像无法在夜间或光线不好的情况下成像，所以需要结合红外波段成像。监控领域的一些热点应用包括：利用热成像监控人类、热点区域的监控(包括利用热成像的机器缺陷检测、数据中心的监控)。

在灾难管理应用方面，利用序列卫星图像，通过图像配准预测容易出现滑坡的区域，从而避免灾难。

在水下图像处理方面，利用 DIP 从视频图像中检测/分类各个物种，通过比较可发现新物种。

在其他应用方面，利用多种图像融合以得到更加完善丰富的信息是一大类需要不断研发的应用，如可见光与红外图像的融合、CT 与磁共振图像的融合，多光谱图像用于目标识别及跟踪(如种子识别、药品中的杂质识别)等。

1.6 本书的内容及特色

本书主要涉及低级与中级 DIP。低级 DIP 的内容主要包括数字图像增强、压缩、复原，数学形态学处理，彩色图像处理；中级 DIP 的内容主要包括数字图像分割的传统方法、基于优化目标函数的数字图像分割的现代方法、深度学习图像分割方法、传统的数字图像配准及深度学习数字图像配准。

本书的特色是兼顾经典内容及新近的进展和实例，加强现代数学方法与 DIP 的融合，把深度学习方法作为 DIP 的一种重要方法贯穿于相应内容之中。在传统 DIP 方面，加强现代数学与 DIP 的融合应用，包括：矩阵低秩估计、概率论、小波多分辨率分析、模糊集理论、四元数代数、图论、李群代数、优化理论、条件随机场等；在图像分割方面展示新近的研究成果，系统地讲述图像灰度阈值的计算方法，尤其是系统地介绍灰度阈值计算与先验知识结合的理论框架及其应用，给出基于图像边缘及区域分割优势的融合策略及实例；在数学形态学方面用实例展示一些难点，如基本运算要考虑结构元的转置、形态学求取标记的技巧、顶帽变换增强细节、如何获取分水岭算法的标记图像以及用于图像分割的增强或细化；针对图像配准的大形变难点，系统地讲述弹性图像配准大形变的拓扑保持、由粗到精的广义图像特征引导的对称图像配准；在图像处理与分析的先验知识的引入方面，深入系统地介绍先验知识融入现代图像分割方法的机制，以及融入深度学习的机制和实例。

1.7　本书的结构

本书吸纳了 DIP 领域的新近成果并兼顾传统的代表性方法。考虑到近年来深度学习在很多 DIP 任务中都取得了优越的性能，尝试将深度学习作为一种重要的图像处理方法而融入相应的图像处理章节。

第 1 章介绍 DIP 技术的起源及发展历史、DIP 的主要内容及应用。

第 2 章介绍后续章节不涉及而又重要的相关概念，包括人眼视觉基础、常见图像格式、像素间的基本关系、纹理及图像插值方法、深度学习 DIP 的常见单元和概念。

第 3 章到第 5 章除了介绍经典的图像增强、图像压缩、图像复原的方法之外，还介绍深度学习在对应方法中的代表性应用。

第 6 章介绍数学形态学，用实例展示了一些难点，如基本运算要考虑结构元的转置、顶帽变换增强细节。

第 7 章介绍数字图像分割的传统方法，系统地讲述图像灰度阈值(全局及局部)的计算方法，全面地介绍灰度阈值计算与先验知识结合的理论框架及其应用，给出基于图像边缘及区域分割优势的融合策略及实例。

第 8 章介绍图像分割的现代方法，系统地介绍先验知识融入现代图像分割方法的机制。

第 9 章介绍数字图像配准，除了介绍传统图像配准的基本要素和代表性方法，还系统地讲述弹性图像配准大形变的拓扑保持、由粗到精的广义图像特征引导的对称图像配准。

第 10 章介绍传统的彩色图像处理以及基于深度学习的彩色图像识别；为了充分利用彩色图像各基色的强相关性，系统地介绍基于四元数表征的彩色图像处理方法。

第 11、12 章分别介绍基于深度学习的图像分割和图像配准，特色是先验知识的引入及代表性进展(如大形变、对称图像配准)的讲解。

本书可作为电子信息、计算机技术、控制科学与工程、生物医学工程等领域的学生和广大研发工作者的参考书。作为教材，建议给本科生、硕士研究生、博士研究生的教授内容有所差异。具体而言，对于本科生，第 11、12 章可以不纳入教案，每章的深度学习内容也可以略去。对于硕士研究生，简要介绍第 11 章和第 12 章。博士研究生课程则涵盖所有的章节，略去一些计算的例子。结合每章末尾的分级思考题，本科生强调基本概念和基本方法，研究生要强调综合能力，博士研究生尤其要强调批判性地继承和提出问题的能力。

总结和复习思考

小结

1.1 节希望读者了解数字图像的多样性，数字化导致有二维的像素及三维的体素，DIP 有三个层次，即低级、中级与高级，本书只涵盖低级与中级 DIP，DIP 是计算机视觉的一部分但不研究生物视觉与视觉感知。

1.2 节希望读者了解 DIP 的起源及重要历史事件，它起源于图像数据传输，马尔的视觉计算理论、CT 的发明是重要的历史事件。

1.3 节给读者展示的是 DIP 的各种典型应用，包括以电磁波谱为主线的各种典型成像；另外的主线是应用层面，即改善视觉效果及改进机器视觉性能的应用。

1.4 节期望读者了解已有的 DIP 工具，最著名的有 OpenCV 与 ITK。

1.5 节期望读者了解 DIP 的主要进展及动态，尤其是深度学习在 DIP 的各个领域都取得了令人鼓舞的结果，已经成为 DIP 的一个重要方法。

1.6 节介绍本书的特色，即兼顾经典内容及新近的进展和实例，加强了现代数学方法与 DIP 的融合，把深度学习方法作为 DIP 的一种重要方法贯穿于相应内容之中。

1.7 节介绍本书的结构，本书可以作为本科生、硕士研究生及博士研究生的教材并给出了相关建议。

复习思考题

1.1 数字图像处理的三个层次是什么？简述各层次数字图像处理的基本内容。

1.2 列举 DIP 历史进程中的标志性事件(至少两件)。

1.3 将深度学习作为一种重要的 DIP 方法的依据是什么？深度学习 DIP 与传统 DIP 有什么关系？

1.4 DIP 的主要应用可以分为哪两大类？各自的特点是什么?

1.5 马尔视觉计算理论的层次化三维重建的框架是什么?

1.6 从 DIP 的发展进程阐述 DIP 对数学的依赖，并列举一些标志性事件(至少两件)。

1.7 从 DIP 的发展进程阐述 DIP 对计算机进展的依赖关系。

1.8* (针对硕士研究生与博士研究生)结合课题背景或实际工作背景，总结身边可能需要开展的图像处理任务，并描述期待学习的目标(即通过该课程的学习，能帮助你解决什么问题或对你有什么促进)，通过搜索相关文献了解该图像处理任务目前的现状。提示：若身边没有可能开展的图像处理任务，可以选择如何增强照片的视觉效果或将损坏的照片复原。

附注：1.8 题是一个开放性问题，希望研究生能把本门课程的学习与自己的课题关联起来，并从研究的角度聚焦于某一图像处理任务，通过文献调研了解该任务目前的现状、挑战及可能的研发方法。这里作为对文献的引用，建议考虑由上课老师讲述合适的文献引用格式：恰当的文献引用会方便读者及作者找到核心观点对应的文献，避免日后由于不恰当的引用导致可能的学术不端问题。另外参考文献本身也将告诉评阅者或读者写论文的起点及比较对象的水准（以参考文献作为起点）。

参 考 文 献

[1] Gonzalez R C, Woods R E. Digital Image Processing. 2ed. New York: Pearson Education Inc, 2002.

[2] https://en.wikipedia.org/wiki/Bartlane_cable_picture_transmission_system[2023-06-30].

[3] Rosenfeld A. Picture Processing by Computer. New York: Academic Press, 1969.

[4] https://www.jpl.nasa.gov/missions/ranger-7/[2023-06-30].

[5] Bradley W G. History of medical imaging. Proceedings of the American Philosophical Society, 2008, 152(3): 349-361.

[6] Marr D. Vision: A Computational Investigation into the Human Representation and Processing of Visual Information. New York: MIT Press, 1982.

[7] Ke Z, Huang W, Cui Z X, et al. Learned low-rank priors in dynamic MR imaging. IEEE Transactions on Medical Imaging, 2021, 40(12): 3698-3710.

[8] Cheng J, Cui Z X, Huang W, et al. Learning data consistency and its application to dynamic MR imaging. IEEE Transactions on Medical Imaging, 2021, 40(11): 3140-3153.

[9] Xia J, Yang Y, Hu C, et al. Evaluation of brain tumor in small animals using plane-wave-based power Doppler imaging. Ultrasound in Medicine and Biology, 2019, 45(3): 811-822.

[10] Gupta A. Current research opportunities for image processing and computer vision. Computer Science, 2019, 20(4): 387-410.

[11] Arabi H, Dowling J A, Burgos N, et al. Comparative study of algorithms for synthetic CT generation from MRI: Consequences for MRI-guided radiation planning in the pelvic region. Medical Physics, 2018, 45(11): 5218-5233.

第2章　数字图像处理基础

本章主要介绍一些与数字图像处理相关的概念，以及不被后续章节涵盖的基本内容(纹理)和操作(插值)。深度学习近年来在很多 DIP 任务中都取得了优越的性能，因此本书将深度学习当做 DIP 的一种非常重要的方法。2.1 节介绍人眼的视觉感知特性；2.2 节介绍数字图像的数学表征，包括坐标系的定义、像素间的空间联系、常用的数字图像文件格式；2.3 节介绍数字图像的纹理特性；2.4 节介绍数字图像的插值，它是数字图像空间变换的基础；2.5 节介绍深度学习的发展历史；2.6 节介绍深度学习 DIP 的基本单元。

2.1　人眼视觉基础

视觉感知是人类发现和获取外部环境信息的主要途径，其占比约 80%[1]。百闻不如一见，很好地说明了图像在人们生活中的主导地位。人眼本身就是一个强大的成像系统；数字图像质量评估的手段之一就是人眼对图像的主观感知，因此有必要简要了解人眼成像的相关知识。

人眼的主要结构示意图如图 2.1 所示。待成像物体通过晶状体完成成像变换，在视网膜上成像，经过大脑解码得到感知的图像。晶状体相当于照相机的可变焦距透镜，通过对晶状体的调节，正常人既能看近又能看远，使光线聚焦在视网膜

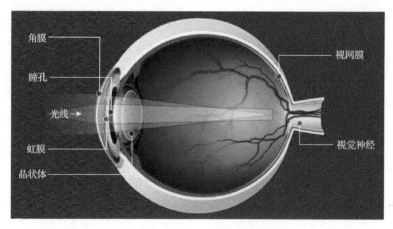

图 2.1　人眼主要结构示意图

黄斑上。视网膜是一透明的薄膜，实现眼球的感光，其结构复杂，感光细胞主要有负责明视觉和色觉的视锥细胞和负责暗视觉的视杆细胞。角膜是位于眼球前壁的透明层，为眼睛提供大部分的屈光力，加上晶状体的屈光力，光线便可准确地聚焦在视网膜上实现成像。虹膜为一圆盘状膜，瞳孔位于其中央，根据虹膜内色素的不同而出现不同的颜色，白种人虹膜色素较少呈灰蓝色，黄种人色素较多而呈棕黄色，黑人色素最多呈黑色；虹膜的收缩和扩张控制了进入眼睛的光量。

　　人眼的视觉特性是非线性的，有以下特征。首先，人眼感觉到的亮度依赖于背景亮度，感觉到的亮度与对应的对比度呈正相关。在图 2.2 中，中间的四个正方形具有相同的灰度，但人眼的感觉是这四个正方形的灰度由亮变暗，原因在于背景的亮度由暗变亮，而中间正方形的对比度(简单地理解为中间正方形与周围的大正方形的灰度差)由大到小。其次，人眼视觉系统有趋向于过高或过低估计不同亮度区域边界值的现象，这一现象由 Ernst Mach 在 1868 年发现，因而也称为马赫带效应(Mach band effect)，即在亮度跳跃附近，人眼感觉的亮度是亮的更亮、暗的更暗(图 2.3)。人眼能感受到图像中细节的存在，是因为这些细节与周围的像素/体素存在灰度差异，通过人眼视觉实验，可以得到不同背景中人眼极限可分辨差别(just noticeable difference，JND)，JND 与背景灰度的关系见图 2.4。此外，人

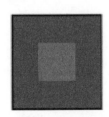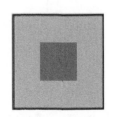

图 2.2　人眼感受到的亮度依赖于背景亮度

从左到右的四个中间正方形的灰度相同，但人眼感受到的亮度则是由亮到暗

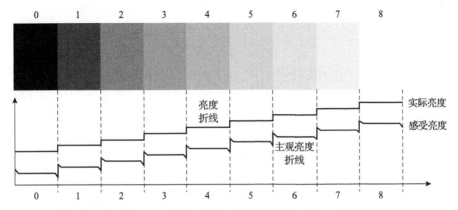

图 2.3　在图像亮度跳跃附近人眼感受到的亮度会呈现亮的更亮、暗的更暗，即马赫带效应

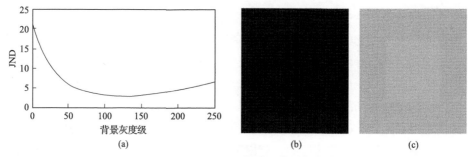

图 2.4　人眼 JND 依赖于背景灰度

(a) JND 曲线；(b) (c) 的图像分别对应于背景灰度为 1 及 192 的大正方形内嵌有灰度比背景大 5 的小正方形，小的正方形在背景为 1 的情况下不能被人眼辨识 (JND (1) >5)，在背景为 192 时能被人眼辨识 (JND (192) <5)

眼还有独特的错觉[2]，眼睛填补上了不存在的信息或者错误地感知了物体的几何特点。图 2.5 展示了一些典型的视觉错觉。人眼的视觉错觉现象迄今还没有清楚的解释。由于有以上的特殊现象，在进行 DIP 时，应该采取一些特殊措施消除这些现象，无法消除时就要小心处理/解读。

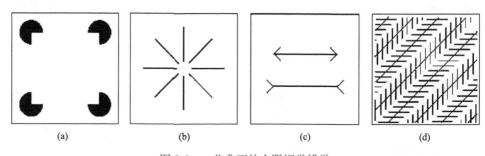

图 2.5　一些典型的人眼视觉错觉

(a) 错觉对应于不存在的正方形、(b) 不存在的小圆、(c) 两条平行线是等长的 (感知为不等长)、(d) 45°斜线都是平行等距的 (感知为不平行)

2.2　数字图像的数学表征

二维/三维数字图像以 $f(x, y)/f(x, y, z)$ 表示，其中 $(x, y)/(x, y, z)$ 为像素/体素的坐标，取非负整数，$0 \leqslant x < N_x$，$0 \leqslant y < N_y$，$0 \leqslant z < N_z$，$f(\cdot)$ 为在像素 (x, y)/体素 (x, y, z) 处的灰度或强度，N_x、N_y、N_z 分别为该图像在 X、Y、Z 方向的像素/体素数。二维图像空间坐标系的规范是这样定义的：X 的正方向是从左到右、Y 的正方向是从上到下；三维图像空间坐标系似乎还欠缺统一的规范，但在医学影像中，三维空间的正向有约定：X 正向从左到右、Y 正向从后向前、Z 正向从上到下。

传统的数字图像的数据结构最常用的方式是矩阵，它是图像底层信息的完整表示，隐含着图像组成部分 (如物体内部及物体间) 的空间关系。DIP 的一种较有效的策略是图像空间金字塔，即从最高的空间分辨率逐级降 1/2 的方式降低空间分辨率，以低分辨率处理的结果作为分辨率 2 倍的 DIP 的初值（如分割、配准都采用这种策略），达到处理效率与精度的平衡。另外，数字图像代表的场景中的物体可能有不同的尺度，需要考虑图像在多尺度下的描述。数字图像空间分辨率降低的有效方式是借助于数字图像的尺度空间(scale space)理论。图像空间金字塔化的一般步骤是，原始最高分辨率图像经过一个低通滤波器进行平滑，然后在这个平滑后的图像上进行下采样(一般下采样比例是水平和垂直方向都为 1/2)，从而得到一系列缩小的图像(图 2.6)，有学者证明高斯核是实现尺度变换的唯一变换核[3]。

图 2.6　图像空间金字塔的形成

以适当的高斯核对最高分辨率图像进行低通卷积，然后以分辨率逐级降 1/2 的方式进行下采样得到

数字图像像素/体素间的空间关系是由邻域及距离来进行刻画的，基于邻域就可以获取连通路径、连通区域，而连通区域则对应于感兴趣区，它对应于数字图像的中层表征(图像分析的基础)，几何表征与关系模型则是图像理解的基础[4]。下面以二维数字图像 $f(x, y)$ 为例，描述像素间的一些基本关系。

首先定义像素间的距离度量，它遵循一般意义上的距离公设，即对于像素 p、q 和 r，它们间的距离 $D(p, q)$ 满足三个条件，即 $D(p,q) \geqslant 0$（距离的非负性，仅当 $p=q$ 时距离为 0）；$D(p,q) = D(q,p)$（距离度量的可交换性）；$D(p,r) \leqslant D(p,q) + D(r,q)$（三角不等式，等号仅当三点共线时才成立）。常见的数字图像距离有欧几里得距离 D_e、城市街区距离 D_4 和棋盘距离 D_8，它们的定义如下：

$$D_e(p,q) = \sqrt{(x-x')^2 + (y-y')^2} \tag{2-1}$$

$$D_4(p,q) = |x-x'| + |y-y'| \tag{2-2}$$

$$D_8(p,q) = \max(|x-x'|,|y-y'|) \qquad (2\text{-}3)$$

其中，(x,y) 与 (x',y') 分别是像素 p 与 q 的坐标。

像素 q 位于像素 p 的邻域，指的是这两个像素的空间坐标差异不大于 1，即

$$|x-x'| \leqslant 1, \ |y-y'| \leqslant 1 \qquad (2\text{-}4)$$

当像素 q 与像素 p 互为邻域像素，且其城市街区距离为 1 时，则该二像素互为 4-邻域像素；当该二邻域像素的城市街区距离不大于 2 时，则该二像素互为 8-邻域像素。像素 p 的 4-邻域及 8-邻域像素分别记为 $N_4(p)$ 与 $N_8(p)$，它们都不包括像素 p 本身，分别对应于图 2.7 中的*像素以及*和#像素。在三维空间中，同样利用城市街区距离，邻域系统有三个，分别对应 6-邻域(城市街区距离为 1)、18-邻域(城市街区距离不大于 2)和 26-邻域(城市街区距离不大于 3)。

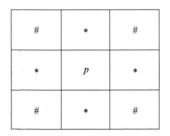

图 2.7　中心像素 p 的 4-邻域像素(*)与 8-邻域像素(*、#)

下面定义相邻像素间的连通性(connectivity)，它主要应用于二值图像或标号图像分析，得到连通路径(connected path)以及目标物区域(connected component)。像素 $p(x,y)$ 与 $q(x',y')$ 之间的邻接(neighborhood)有以下几种情况。第一种情况是4-邻接，若 q 位于 $N_4(p)$，则像素 p 与 q 互为 4-邻接；基于像素 4-邻接，可定义4-连通路径和 4-连通区域：当路径/区域上的像素都是 4-邻接且灰度值满足相应条件(通常是相同)，则称为 4-连通路径/区域。类似地，可以定义像素间的 8-邻接、8-连通路径和 8-连通区域，对应于路径或区域中的相邻像素是 8-邻接的(相邻像素p 与 q 满足 q 位于 $N_8(p)$)且灰度值满足相应条件(通常是相同)，然而基于 8-邻接的路径可能出现歧义(图 2.8)，因此有必要引入混合邻接路径。具有相同灰度值的像素 p 与 q 的混合连通是这样定义的：如果 q 位于 $N_4(p)$(对应的局部连通为 4-连通)，或者 q 位于 $N_8(p)$ 且 $N_4(p)$ 与 $N_4(q)$ 交集为空(对应的局部连接为 8-连接)，则 p 与 q 为混合连接。拓展到三维图像，则有 6-邻接、18-邻接、26-邻接体素，以及 6-连通、18-连通、26-连通路径与目标物区域。

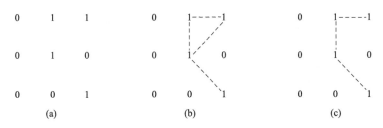

图 2.8　二值图像 4-邻接、8-邻接及混合邻接路径示例

二值图像 (a) 的 8-连通路径 (b) 导致路径出现闭环 (虚线)，避免的方式是采用混合连通路径 (c)

　　数字图像格式指的是数字图像存储文件的格式，涉及图像的编码和解码 (这部分内容将在后续章节介绍)，包括有损及无损压缩方式，表达的图像可以是单色也可以是彩色的，既可以是单幅图像也可以是多幅图像，所有的数字图像都包含文件头 (header) 和数字图像数据本身 (每个像素的单通道或多通道灰度)。这里简要介绍常见的几种数字图像格式。

　　BMP 格式，又叫做 Bitmap 图像格式，文件名后缀为.bmp，是 Windows 操作系统中的标准图像文件格式，多数情况下是非压缩的但支持图像压缩，可以表示灰度及彩色图像，每个像素的比特数可以为 1、4、8、16、24 或 32。

　　JPEG (joint photographic experts group) 格式，是最常用的图像文件格式，文件名后缀为.jpg 或.jpeg，用于表征静态图像，可以是有损或无损压缩，采用有损压缩方式能获得较高的压缩比，可以表示灰度及彩色图像，每个像素的比特数可以为单色的 8 位及彩色的 24 位。

　　TIF (tag image file) 格式，文件名后缀为.tif，主要用来存储包括照片和艺术图在内的图像，它能表示灰度与彩色图像，支持有损及无损压缩，TIF 像素的比特数很复杂 (每个通道可以是 1 位的黑白图像，8 位、16 位甚至 32 位的灰度图像，除了红绿蓝通道，还可以有表征透明度的 α 通道)，能在一个文件内存放多幅图像而呈现视频的效果。

　　GIF (graphics interchange format) 格式，文件后缀名.gif，适合于色彩较少的图片。采用 LZW (Lempel-Ziv Welch) 压缩算法，最高支持 256 种颜色；支持灰度与彩色，可实现动画功能，允许像素透明。

　　PNG (portable network graphics) 格式，文件后缀名.png。它是一种无损压缩的位图格式。其设计的目的是试图替代 GIF 和 TIF 文件格式，同时增加一些 GIF 文件格式不具备的特性。它使用无损数据压缩算法，一般应用于 JAVA 程序、网页等，它压缩比高、生成文件小。

　　PPM/PGM 格式 (portable pixmap/graymap) 格式，文件名后缀.ppm/.pgm，它们是图像格式中最简单的标准，分别对应彩色图像和灰度图像，无压缩，头只包含图像宽度、图像高度、最大灰度值或颜色值 (表 2.1)。

表 2.1　PGM 及 PPM 图像文件格式

PGM 格式	PPM 格式
P5	P6
宽度	宽度
高度	高度
255	255，255，255
裸数据(8 位)	裸数据(RGB)(3 个字节)

　　一般地，图像数据可以是如下几种情况(图 2.9)：每像素 1 个字节(对应于二值或灰度图像)、每像素 3 个字节(RGB 或其他彩色图像格式)、每像素 4 个字节(彩色图像+透明度)。常见的图像操作软件有 Paint、IrfanView、Photoshop 等。

(a)　　　　　　　　　　(b)　　　　　　　　　　(c)

图 2.9　常见图像种类示例

(a)灰度/黑白(每像素 1 个字节)；(b)彩色(每个像素 3 个字节)；(c)透明彩色(每个像素 4 个字节)

2.3　数字图像纹理

　　纹理(texture)是表达物体表面或结构(分别对应于反射或透射形成的图像)的属性，使用广泛且在直觉上是明显的(图 2.10)。

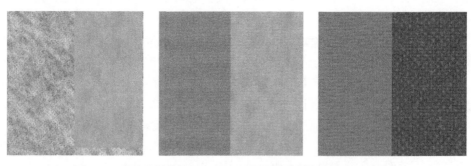

图 2.10　常见的图像纹理，对应于具有某种周期性的基元的重复

由于纹理变化范围宽泛，目前尚无统一认可的定义。常见的两种定义分别为

定义 1：按照一定规则对基元进行排列所形成的重复模式，该基元称为纹理素(texel)。

定义 2：如果图像函数的一组局部属性是恒定、缓变或近似周期性的，则图像中的对应区域具有恒定的纹理。

最常用的纹理描述子是基于灰度共生矩阵(gray level co-occurrence matrix, GLCM)，它试图描述某一灰度结构重复出现的情况：该结构在精细纹理中随着距离快速地变化，而粗糙纹理则缓慢地变化。GLCM 定义为

$$p_{d,\theta}(a,b) = \frac{\sum_x \sum_y [f(x,y) = a, f(x+d\cos\theta, y+d\sin\theta) = b]}{S} \tag{2-5}$$

其中，S 为数字图像定义域中平移向量为 $(d\cos\theta, d\sin\theta)$ 的像素对数目。

给定 GLCM 的参数 d 和 θ，可以计算如下量作为纹理特征：能量、熵、最大概率、对比度、倒数差分矩、相关性。它们的定义分别如下：

能量或角度二阶矩作为图像均匀性的测度，图像越均匀，其值越大

$$\sum_a \sum_b P_{d,\theta}^2(a,b) \tag{2-6}$$

熵

$$\sum_a \sum_b P_{d,\theta}(a,b) \ln \left(P_{d,\theta}(a,b) \right) \tag{2-7}$$

对比度(局部图像变化的测度，典型情况对应 $\kappa = 2$，$\lambda = 1$)

$$\sum_a \sum_b |a-b|^\kappa P_{d,\theta}^\lambda(a,b) \tag{2-8}$$

倒数差分矩

$$\sum_{(a,b,a \neq b)} \frac{P_{d,\theta}^\lambda(a,b)}{|a-b|^\kappa} \tag{2-9}$$

相关性(图像线性度的测度)

$$\frac{\sum_a \sum_b ab P_{d,\theta}(a,b) - \mu_x \mu_y}{\sigma_x \sigma_y} \tag{2-10}$$

其中，μ_x、μ_y 是均值；σ_x、σ_y 是标准差。计算如下：

$$\mu_x = \sum_a a \sum_b P_{d,\theta}(a,b) \tag{2-11}$$

$$\mu_y = \sum_b b \sum_a P_{d,\theta}(a,b) \tag{2-12}$$

$$\sigma_x = \sum_a (a - \mu_x)^2 \sum_b P_{d,\theta}(a,b) \tag{2-13}$$

$$\sigma_y = \sum_b (b - \mu_y)^2 \sum_a P_{d,\theta}(a,b) \tag{2-14}$$

实际应用中，常固定距离 d，而改变角度。常见的角度为 0°、45°、90°和 135°。若要得到具有旋转不变的特性，简单的计算方法是对同一特征在四个角度下的量求均值与标准差。

通常为减少计算量，先把 256 级灰阶转化为 16 级灰阶，还可以通过计算直方图间接计算 GLCM 以加速[5]。

Haralick 与 Shanmugam[6]利用 ERTS1002-18134 卫星多光谱图像对美国加利福尼亚海岸带的土地利用问题，用 GLCM 做纹理分析。海岸带主要有沿岸森林、树木、草地、城区、小片灌溉区、大片灌溉区和水域七类。对 ERTS1002-18134 四波段卫星图片，取其中的某波段图像，大小为 64×64 像素的非重叠窗口，间隔为 1，灰度压缩成 16 级。将纹理特征和多光谱特征组合成 16 维特征矢量，对七类地域分别取训练样本 314 个，测试样本 310 个，用分段线性分类器分类，获得了平均 83.5%的分类精度。

数字图像纹理分析已经在二维超声分析判断凝固型坏死、CT 图像的肝纤维化、遥感图像的海洋纹理分析、纺织与皮革中得到成功的应用。

目前尚不存在较通用的数字图像纹理分析方法，需要针对具体问题寻求较优的纹理特征与参数。有待进一步研究解决的重要问题包括：大规模纹理数据库的构建、纹理的定义、适合纹理分析与理解的深度卷积神经网络研究、纹理图像的高效分类方法、开放环境下鲁棒纹理分类、纹理图像的语义理解。

2.4 数字图像插值

数字图像的灰度只在坐标为非负整数的像素处有定义。然而，对图像进行放大、缩小、做空间变换时，新的图像坐标系中的像素点可能对应于原来图像中的非整数位置，它们的灰度的确定就需要图像插值。

在数学运算中，插值有两种形式。下面以数字图像的插值为例说明这两种插值形式。设图像平面满足 $0 \leqslant x < N_x$，$0 \leqslant y < N_y$，图像灰度 $f(x, y)$ 只在 x、y 均为非负整数的位置有定义。第一种，对应于内插，这时需要求图像在 (x_1, y_1) 处的灰度，

(x_1, y_1)其中至少有一个坐标的小数部分不为零，且满足 $0 \leqslant x_1 < N_x - 1$，$0 \leqslant y_1 < N_y - 1$，即内插对应于自变量位于定义域的内部；第二种为外插(extrapolation)，这时需要求图像在(x_1, y_1)处的灰度，而(x_1, y_1)至少有一个坐标位于定义域的外部。

对于二维图像有多种插值方法，这里介绍最常见的最近邻插值(nearest neighbor interpolation)、双线性插值(bilinear interpolation)和三次多项式插值(cubic polynomial interpolation)[7]。设待求取灰度的非像素点的坐标为(u_0, v_0)，其整数部分为(u, v)，满足

$$u = [u_0], \quad v = [v_0] \tag{2-15}$$

([ ]为取整函数)；小数部分为(α, β)满足

$$\alpha = u_0 - u, \quad \beta = v_0 - v \tag{2-16}$$

最近邻插值就是用四个相邻像素点中与(u_0, v_0)点最近的灰度值作为该点灰度值。具体地，假设(u, v)与(u_0, v_0)最近(图 2.11)，则有 $f(u_0, v_0) = f(u, v)$。该插值方法的特点是简单、快速，但是当相邻像素间的灰度差别较大的时候(如位于图像边缘附近的位置)则误差较大。这里也有特殊情况需要处理，最极端的情况是(u_0, v_0)位于四个相邻像素点的中央，此时具有最短距离的像素有四个，可以采用下面的双线性插值的思想进行处理：若有 k 个最小距离像素($k = 1, 2, 4$)，则取这 k 个最小距离像素的灰度均值作为该点的灰度。

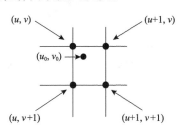

图 2.11　最近邻插值示意图 $f(u_0, v_0) = f(u, v)$

双线性插值是一种线性插值，基于(u_0, v_0)的四邻域像素的加权平均，权系数反比于与其邻近的像素间的距离，即

$$\begin{aligned} f(u_0, v_0) = {} & f(u,v)(1-\alpha)(1-\beta) + f(u+1,v)\alpha(1-\beta) \\ & + f(u,v+1)(1-\alpha)\beta + f(u+1,v+1)\alpha\beta \end{aligned} \tag{2-17}$$

双线性插值类实质上是一种低通滤波。式(2-17)能处理极端情况，即 α 或 β 为 0 的情况。

如果图像灰度变化规律较复杂或对插值精度要求较高，线性插值就难满足要求。这时，可以用更多采样点的非线性插值，典型的有多项式插值。一种流行的

方法是以 $c(x) = \dfrac{\sin(\pi x)}{\pi x}$ 的三次多项式逼近 $S(x)$ 进行多项式插值，这样做的目的是寻求好的基函数进行多项式逼近。$S(x)$ 的定义为

$$S(x) = \begin{cases} 1-2|x|^2+|x|^3, & 0 \leqslant |x| < 1 \\ 4-8|x|+5|x|^2-|x|^3, & 1 \leqslant |x| < 2 \\ 0, & |x| > 2 \end{cases} \qquad (2\text{-}18)$$

参考图 2.12，用 $S(x)$ 的三次多项式近似：

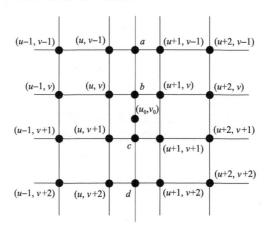

图 2.12　二维的三次线性插值

先求 a 点的三次水平方向的近似

$$\begin{aligned} f(u_0, v-1) = {} & S(1+\alpha)f(u-1, v-1) + S(\alpha)f(u, v-1) \\ & + S(1-\alpha)f(u+1, v-1) + S(2-\alpha)f(u+2, v-1) \end{aligned} \qquad (2\text{-}19)$$

类似地，可以求出 b、c、d 点的三次水平方向的近似。由 a、b、c、d 四点再做垂直方向的近似，得

$$\begin{aligned} f(u_0, v_0) = {} & S(1+\beta)f(u_0, v-1) + S(\beta)f(u_0, v) \\ & + S(1-\beta)f(u_0, v+1) + S(2-\beta)f(u_0, v+2) \end{aligned} \qquad (2\text{-}20)$$

注意对于任意的 α，$0 \leqslant \alpha < 1$，有 $S(1+\alpha) + S(\alpha) + S(1-\alpha) + S(2-\alpha) = 1$，确保插值后的最大值不变，但 $S(1+\alpha)$ 及 $S(2-\alpha)$ 是负数或 0（权系数为负，不对应于低通滤波）时，式(2-20)表示的插值不同于低通滤波。将式(2-20)写成矩阵形式，有

$$f(u_0, v_0) = A \times B \times C \qquad (2\text{-}21)$$

其中

$$A = [S(1+\alpha), S(\alpha), S(1-\alpha), S(2-\alpha)] \qquad (2\text{-}22)$$

$$B = \begin{bmatrix} f(u-1,v-1) & f(u-1,v) & f(u-1,v+1) & f(u-1,v+2) \\ f(u,v-1) & f(u,v) & f(u,v+1) & f(u,v+2) \\ f(u+1,v-1) & f(u+1,v) & f(u+1,v+1) & f(u+1,v+2) \\ f(u+2,v-1) & f(u+2,v) & f(u+2,v+1) & f(u+2,v+2) \end{bmatrix} \qquad (2-23)$$

$$C = \left[S(1+\beta), S(\beta), S(1-\beta), S(2-\beta) \right]^{\mathrm{T}} \qquad (2-24)$$

其中，T 表示矩阵的转置。因此基于式(2-21)的三次多项式插值需要用到 16 个邻近像素，特点是插值精度高，但计算量大。值得注意的是，在图像弹性配准领域，常见的方法之一是基于某种方法计算控制点的形变，而其他非控制点的形变则通过对与其邻近的控制点的形变的 B 样条插值而计算得到，或许这种方法也可用于图像灰度插值，只需将控制点的形变变成控制点的灰度。

2.5　深度学习发展历史

机器学习是多学科交叉学科，涵盖概率论、统计学、逼近论、凸分析、计算复杂性理论等多门学科，研究以计算机为工具的模拟人类学习方式，从数据中自动分析获得规律，并利用规律对未知数据进行预测。机器学习可以分为浅层学习(swallow learning, SL)和深度学习(deep learning, DL)。理论研究表明，针对特定的任务，假设模型的深度不够，其所需要的计算单元会呈指数增加；这意味着尽管浅层模型能够表达同样的分类函数，其需要的参数和训练样本要多得多。深度学习并非万能，浅层学习在某些场合仍然具有非常大的价值。目前最成功的浅层学习是支持向量机。深度学习方面，目前研究最广泛、应用最成功的当属卷积神经网络(convolutional neural network, CNN)。

浅层学习的优点包括：①在样本数量较少的情况下依然可以获得较好的学习效果，如支持向量机；②浅层模型比深度模型简单、计算量小、参数较少、训练时间较短；③采取人工提取特征的方式，通过合理降维，可以有针对地训练。浅层学习的局限性在于有限样本和对复杂函数的表示能力有限，针对复杂分类问题其泛化能力受到一定制约。深度学习的实质是通过构建有很多隐层的机器学习模型和大量的训练数据，学习更有用的特征，从而最终提升分类或预测的准确性，深度学习开启了人工智能领域知识驱动(knowledge driven)向数据驱动(data driven)的转化。在 DIP 的诸多领域，如增强、分割、配准，深度学习目前都能取得非常好的性能，在有大量训练数据的前提下能取得优于传统 DIP 方法的性能。然而，从宏观角度来说，深度学习是一种平均模型思想的体现，缺乏先验知识的引导。深度学习的不足包括：①需要大量的数据用于训练，在数据不足的情况下，深度网络容易欠拟合；②模型复杂、计算量大、参数过多、训练时间较久；③深度学习过程中不过多依赖人工参与提取特征，这是其优点也是其不足。

其实深度学习和浅层学习没有绝对的孰优孰劣，而是要在特定的应用场合选择最合适的学习方式。不合适的人工因素将对学习产生副作用，但若合理加入就会促进学习。

1943 年美国芝加哥大学两位学者 McCulloch 与 Pitts 给出了生物神经元(biological neuron)的第一个数学模型，即 MP(以这两位学者的姓的首字母命名)模型[8]，大致模拟了人类神经元的工作原理，具有开创意义，为后续的人工神经网络及深度学习提供了依据。

1957 年美国康奈尔航空实验室的 Rosenblatt 提出了感知机(perceptron)模型[9]，在 MP 模型上增加了学习功能，提出了单层感知器模型，第一次把神经网络的研究付诸实践。

1960 年美国 Grumman 飞机工程公司的 Kelley 展示了首个连续反向传播(back propagation)模型[10]。

1969 年美国麻省理工学院的 Minsky 与 Papert 在其著作[11]中证明了感知机模型只能解决线性可分问题，且否定了多层神经网络训练的可能性，甚至提出了"基于感知机的研究终会失败"的观点，导致此后十多年的时间内神经网络领域的研究基本处于停滞状态。

1980 年日本 NHK 广播科学研究所实验室的 Fukushima 提出了首个卷积神经网络以识别诸如手写体字符的视觉模式[12]。

1982 年美国贝尔实验室 Hopfield 提出了 Hopfield 网络，即一种循环神经网络[13]。

1985 年美国卡内基·梅隆大学的 Ackley 与 Hinton，以及约翰斯·霍普金斯大学的 Sejnowski 提出了玻尔兹曼机[14]，实际为一种随机循环神经网络。

1986 年美国加利福尼亚大学 Rumelhart 与 Williams，以及美国卡内基·梅隆大学 Hinton[15]在 Nature 上发表文章，提出了一种按误差逆传播算法训练的多层前馈网络——反向传播网络，解决了原来一些单层感知器所不能解决的问题。该算法的提出不仅有力地回击了 Minsky 教授等的观点，更引领了神经网络研究的第二次高潮。随后，玻尔兹曼机、卷积神经网络、循环神经网络等神经网络结构模型均在这一时期得到了较好的发展。

1990 年美国电话电报公司的 LeCun 等[16]提出了现代卷积神经网络(CNN)框架的原始版本，之后又对其进行了改进，并于 1998 年提出了基于梯度学习的 CNN 模型，即 LeNet-5[17]，且将其成功应用于手写数字字符的识别中。这是最早的 CNN 模型，只是由于当时缺乏大规模的训练数据，计算机的计算能力也有限，导致 LeNet 在解决复杂问题(如大规模的图像和视频分类问题)时效果并不好。

2006 年加拿大多伦多大学的 Hinton 及其团队在 Science 上发表了关于神经网

络理念突破性的文章[18]，首次提出了深度学习的概念，并指明可以通过逐层初始化来解决深度神经网络在训练上的难题。该理论的提出再次激起了神经网络领域研究的浪潮。该论文解决了反向传播神经网络算法梯度消失的问题，深度学习的思想再次回到了大众的视野之中，也正因为如此，2006 年被称为是深度学习发展的元年。

2009 年美国普林斯顿大学的 Feifei Li 团队构建了用于深度学习的大规模带标签数据 ImageNet[19]。

2012 年加拿大多伦多大学的 Hinton 团队[20]参加 ImageNet 图像识别比赛，使用的深度学习算法一举夺魁，其性能达到了碾压第二名支持向量机算法的效果，自此深度学习的算法思想受到了业界研究者的广泛关注。深度学习的算法也渐渐在许多领域代替了传统的统计学机器学习方法，成为人工智能中最热门的研究领域。

2014 年出现了两个很有影响力的卷积神经网络模型，即致力于加深模型层数的 VGGNet[21]和在模型结构上进行优化的 Inception Net 深度学习模型[22]，在 ImageNet 2014 计算机识别竞赛上拔得头筹。此外，生成对抗网络 GAN 的提出是深度学习的又一突破性进展，将生成模型和判别模型紧密联系起来[23]。

2015 年的代表性进展是微软 He 博士小组提出的残差网络 ResNet[24]，它保证在网络层数很深的情况下(高达 1000 层)时依旧能收敛，较好地解决了深度网络的梯度消失问题。

2016 年深度强化学习模型 AlphaGo 击败围棋世界冠军李世石，开启了围棋人工智能优于现有人的智能的时代，凸显了深度学习巨大的潜能，其影响力不断扩大。

2017 年的代表性进展是 Transformer 的提出，以解决序列到序列的高效并行分析[25]。

深度学习还在不断的进展和演化。一方面，研究者在更好的并行化(即更多的数据)及更多的参数方面优先研发算法，这在 GPT-3 中得以很好地显现，即尽管采用简单的训练目标函数和标准的网络架构,高达 1750 亿的参数能取得超乎想象的泛化能力[26]。另一方面，为适合那些资源缺乏及实时性要求高的应用场合，轻量级高效算法也是重要的发展方向。自监督学习则是逼近甚至超越人类智能的手段，那些能有效利用互联网上的大量的非标签数据的技术、学习通用知识并迁移到其他任务的技术，将变得越来越有价值并更广泛地被采纳。

2.6　深度学习图像处理基本单元

深度学习目前在计算机视觉的各个领域都有惊人的进展，从而发展出多样的深度学习网络结构。但是诸多复杂的网络结构仍然是基于一些基础结构组成，定制化的结构也是基础结构的变种。这些基本结构包括：卷积层/反卷积层、激活函数（activation function）、池化层、Dropout（随机失活）层、批正规化（batch normalization，BN）层、全连接层。

步幅（stride）：这是卷积及转置卷积的重要参数，表明卷积/转置卷积每次从当前像素完成卷积后向下一个进行卷积的像素移动的像素个数。

深度学习中的卷积：这与第 3 章中的空域图像增强相似，即用特定参数（如低通的高斯核、高通的边缘算子核，这里是通过学习）的模板在图像的局部区域计算特征。以最简单的二维卷积为例说明其过程：假设输入二维图像的大小为 $N_x \times N_y$（$x=0, 1, \cdots, N_x-1$；$y=0, 1, \cdots, N_y-1$），只有一个通道，卷积核大小为 3×3，图像不进行填充，步幅为 1，则该卷积核首先对输入图像的第二行行首 $(1, 1)$ 进行卷积，依次水平移动到行尾 $(N_x-2, 1)$，然后移动到第三行……直到移动到最后一行第 N_y-2 行，从 $(N_y-2, 1)$ 开始进行卷积运算直到移动行尾 (N_x-2, N_y-2)，从而得到 $(N_x-1) \times (N_y-1)$ 维特征。一般地，对于深度学习的某个卷积层的卷积运算，与之关联的有输入矩阵、输出矩阵、卷积核。输入矩阵有四个维度，分别为：样本数、图像高度、图像宽度、图像通道数（假设图像是二维的，三维的情况可以将通道数作为第三个维度的特例）。输出矩阵与输入矩阵一样具有四个维度，除了样本数一样外，图像高度、图像宽度、图像通道数的尺寸发生变化。卷积核同样是四个维度，但维度的含义与上面两者都不相同，分别为：卷积核高度、卷积核宽度、输入通道数、输出通道数（卷积核个数）。设卷积核的输入通道数为 C_{in}，输出通道数为 C_{out}，输入矩阵的图像高度和宽度分别为 H_{in} 与 W_{in}，卷积核的大小为 $(2K_h+1) \times (2K_w+1)$，输入图像的补 0 行与列的参数为 pad（对输入图像 $H_{in} \times W_{in}$，在最上与最下分别补 pad 行的 0，在最左与最右分别补 pad 列的 0，图像大小变成 $(H_{in}+2 \times pad)$ $(W_{in}+2 \times pad)$），在进行卷积运算时当前像素移到下个像素的像素数为步幅，则输出矩阵的高度 H_{out} 和宽度 W_{out} 的计算公式为

$$H_{out} = \frac{H_{in} - K_h + 2 \times pad}{stride} + 1, \quad W_{out} = \frac{W_{in} - K_w + 2 \times pad}{stride} + 1 \qquad (2\text{-}25)$$

运行卷积层时，通常希望输出的尺寸比输入更低，其中一种方法是使用池化层（如取每 2×2 网格的平均值/最大值将空间维度减半），另外一种办法就是使用一定大小的步幅提取特征。其思想是改变卷积核的移动步长跳过一些像素，步幅为 1 表示卷积核滑过每一个相距为 1 的像素（包括水平及垂直方向），是最基本的单步滑动，也是标准卷积模式；步幅为 2 则表示卷积核在完成当前像素的卷积后，在行的方向跳过相邻像素，从 (x, y) 跳到 $(x+2, y)$，完成当前行的卷积后，跳到 $y+2$ 行，

因此总体上卷积后的特征将在宽度及高度方向变成原来的 1/stride。对输入的 $H_{in} \times W_{in} \times C_{in}$ 图像(注意这里每个卷积核实际是三维的卷积)，每个卷积核的大小为 $K_h \times K_w \times C_{in}$，输出通道数为 C_{out}，则该卷积层的卷积核参数个数为 $C_{out} \times K_h \times K_w \times C_{in}$。下面看看卷积运算的特点(优点)以及一些变化(如空洞卷积、反卷积)。卷积作为深度学习网络提取特征的主要手段，对输入图像或特征进行三维甚至多维卷积的优势包括：卷积针对的是图像的局部操作，能够保持图像的结构关系；卷积是局部感知，通过扫描遍历图像，它能减少参数量，全局信息则通过更高层的信息综合得到；卷积的操作是为了提取图像特征，而图像特征与位置无关，因此遍历图像的卷积核的参数是不变的，即参数共享，不同的卷积核用于提取不同的特征，同一层的卷积核数量即为该层的特征数或通道数。

深度可分卷积是一种高效的运算方式，其原理是对不同的通道分别进行二维卷积，然后再用 1×1 卷积核扩展深度，这比对所有的通道进行三维卷积然后扩展深度要高效。以一个例子说明：假设输入层的大小是 7×7×3(高×宽×通道)，以 3×3×3 卷积核进行卷积后，输出为 5×5×1(仅有一个通道)，128 个 3×3×3 卷积运算后得到输出层 5×5×128，这样将输入层 7×7×3 转换成 5×5×128，空间维度(即高度和宽度)变小而深度增大。这种功能可以另一种方式实现，即深度可分卷积，这时的第一步是对输入的每个通道进行 3×3 的二维卷积，这样得到了 3 个 5×5×1 的特征图堆叠起来成为 5×5×3 的图像，降低了空间维度但维持深度不变，在深度可分卷积的第二步，用多个(128 个)1×1×3 的卷积核扩展深度，得到 128 个 5×5×1 的映射图，把它们叠加起来得到 5×5×128 的输出特征。上述两种方式的计算效率有很大差异，第一种方式所需的乘法总数为 128×3×3×3×5×5=86400，深度可分卷积方式所需的乘法数为 3×3×5×5+128×3×5×5=10275，只占第一种方式的 12%。与数学形态学中的卷积核的可分解性相似，通过卷积核的分解可以提高运算效率。

常见的另外两种卷积包括空洞卷积(dilated/atrous convolution)与转置卷积(transpose convolution)。在深度学习中为了增加感受野且降低计算量，就可以使用空洞卷积；在空洞卷积中可以设置膨胀系数 r，标准卷积是 $r=1$ 的空洞卷积；空洞卷积就是在卷积核中相邻元素间填充 $r-1$ 个 0。空洞卷积虽然可以扩大感受野，但是它也会导致局部信息丢失、得到的信息的相关性减低。

转置卷积是图像分割中常用到的一种上采样措施，其主要目的是将低分辨率的特征图上采样到原始图像的分辨率大小，以给出原始图像的分割结果。转置卷积又名反卷积，实际上它不是卷积的逆过程，它可以根据卷积核大小和输出的大小，恢复卷积前的图像尺寸，而不是恢复原始图像值；转置卷积的核将通过训练过程中学习得到。下面以一个简单的示例说明转置卷积的参数及对应的恢复关系。对于输入为 5×5 的图像，卷积核大小为 3×3，步幅 stride=2，补零 pad=0，卷积后输出大小为 2×2，卷积核为 $k = \begin{bmatrix} a & b & c \\ d & e & f \\ g & h & i \end{bmatrix}$，将输入 $X = [x_{ij}](i,j = 1,2,3,4,5)$ 写成 1

维列矢量 $x = [x_{11}\, x_{12} \ldots x_{15}\, x_{21} \ldots x_{25} \ldots x_{55}]^{\mathrm{T}}$，输出 $Y = \begin{bmatrix} y_1 & y_2 \\ y_3 & y_4 \end{bmatrix}$ 写成列向量形式

$y = [y_1, y_2, y_3, y_4]^{\mathrm{T}}$，由卷积核 k 可以构造稀疏矩阵 C，使得下列矩阵运算成立：
$y = Cx$，C 为 4×25 矩阵，第一行元素为$[a, b, c, 0, 0, d, e, f, 0, 0, g, h, i, 0, 0, 0, 0, 0,$
$0, 0, 0, 0, 0, 0, 0]$，于是由 y 估计 X 就可通过等式左右两边用矩阵 C^{T} 左乘得到，这
就是转置矩阵名称的来历。$C^{\mathrm{T}}y$ 为

$$\begin{bmatrix} ay_1 & by_1 & cy_1 + ay_2 & by_2 & cy_2 \\ dy_1 & ey_1 & fy_1 + dy_2 & ey_2 & fy_2 \\ gy_1 + ay_3 & hy_1 + by_3 & iy_1 + gy_2 + cy_3 + ay_4 & hy_2 + by_4 & iy_2 + cy_4 \\ dy_3 & ey_3 & fy_3 + dy_4 & ey_4 & fy_4 \\ gy_3 & hy_3 & iy_3 + gy_4 & hy_4 & iy_4 \end{bmatrix}$$

这等价于对转置卷积的输入 y 添加空洞、额外补零后，实施普通的卷积，而普通
的卷积核则为原始卷积核的水平垂直翻转，如下图所示：

i	h	g				
f	e	d				
c	b	a y_1		y_2		
		y_3		y_4		

　　实际中转置卷积核的参数通过学习得到，原因在于转置卷积本身也是任务驱
动，$C^{\mathrm{T}}C$ 不一定为单位矩阵。实际操作时，转置卷积的大小与前一级的普通卷积
一致或者人工设定，转置卷积的卷积核则通过学习得到；对于进行转置卷积的输
入特征 y，则按照相关参数进行补零和添加空洞，从而把转置卷积变成普通卷积
实现定位需要的上采样。一般地，设卷积核为 $k \times k$，步幅为 stride，转置卷积的输
入图像/特征的大小为 $i \times i$，则转置卷积的输入图像/特征需要添加的 pad=$k-1$，相
邻像素间的空洞大小为 stride–1，转置卷积后的特征输出大小为 $o \times o$，o=stride$\times$(i–
1)+k–2$\times$pad。

　　CNN 的卷积层由若干个特征图组成，每个特征图上的所有神经元共享同一个

卷积核的参数，由卷积核对前一层输入图像做卷积运算得到。第 l 层的第 j 个特征图矩阵 x_j^l 可由前一层若干个特征图卷积加权得到，一般可表示为 $x_j^l = f\left(\sum_{i \in N_j} x_i^{l-1} * k_{ij}^l + b_j^l\right)$。其中，$f$ 为神经元激活函数，通过对卷积层的线性变换输出进行非线性变换从而逼近任意形式的输入-输出关系；N_j 代表输入特征图的组合；$*$表示卷积运算；k_{ij}^l 为卷积核矩阵；b_j^l 为偏置常数。常用的神经元激活函数有 sigmoid 函数、tanh 函数、ReLU 函数等。

sigmoid 激活函数：$f(x) = 1/(1 + \exp(-x))$，它将神经元的输出信号映射到[0,1]之间；反向传播时，很容易出现梯度消失的问题(x 较大时，梯度接近 0)，这样在参数更新过程中，传到前几层的梯度几乎为 0，网络参数几乎不会再更新。另外，sigmoid 函数的输出值始终在 0 和 1 之间，这会导致后一层的神经元以当前层输出的非 0 均值作为输入；虽然使用 batch 进行训练能一定程度缓解非 0 均值这一问题，但仍旧给深度网络的训练造成不便。

tanh 激活函数：$f(x) = (\exp(x) - \exp(-x))/(\exp(x) + \exp(-x))$，它将神经元的输出信号映射到[-1,1]范围，其输出为 0 均值，实际应用中比 sigmoid 函数好，但也存在梯度消失问题(即在 x 的绝对值很大的地方)，这会导致训练效率低下。

ReLU(rectified linear unit，修正线性单元)激活函数：近几年深度学习领域非常流行的一种神经元激活函数，数学形式为 $f(x) = \max(0, x)$，它在 $x>0$ 时梯度恒等于 1，因此在反向传播过程中，前几层网络的参数也能得到快速更新，缓解了梯度消失问题，能明显加快 CNN 网络的收敛速度；但 $x<0$ 时，梯度为 0，将导致参数不能更新。

LReLU(leaky ReLU，泄漏修正线性单元)激活函数，使神经元在整个训练过程中持续得到更新，其激活函数表达式为 $f(x) = \begin{cases} x, & x > 0 \\ \alpha x, & x \leqslant 0 \end{cases}$，其中 α 为一个很小的正常数(如 0.01)；它解决了梯度消失问题($x>0$ 的梯度为 1，$x \leqslant 0$ 的梯度为 α)，但是其输出均值非 0。

采样层称为"池化"层，其作用是基于局部相关性原理进行池化采样，从而在减少数据量的同时保留有用信息。采样过程可以表示为 $x_j^l = f\left(\text{down}\left(x_j^{l-1}\right)\right)$，其中 $\text{down}(\cdot)$ 表示采样函数，常用的是最大值采样函数或均值采样函数。

CNN 在卷积层和采样层后，通常会连接一个或多个全连接层。第 l 层全连接层特征向量 x^l 可以表示为 $x^l = f\left(w^l x^{l-1} + b^l\right)$，其中 w^l 是权值矩阵，b^l 是偏置向量。当模型的最后输出层为逻辑回归层时，CNN 输出的每个节点表示输入图像属于某一类别 i 的概率 $p(Y = i|x, w, b) = \text{softmax}\left(w_i x + b_i\right) = \exp\left(w_i x + b_i\right)\Big/\sum_j \exp\left(w_j x + b_j\right)$，

其中，w 为最后一层的权参数，b 为相应偏置参数。

损失函数直接表达了神经网络模型希望产生的效果。损失函数计算训练样本的真实标记和神经网络的预测结果之间的误差，然后误差反向传播指导网络参数的学习。实际训练过程中损失函数值会以振荡形式逐步下降。损失函数描述了网络模型对问题的分类或者回归精度。一般来说，损失函数的值越小，代表网络模型预测越准确。损失函数的形式有多种，如回归任务中常用平方差函数 $L(y, f(x)) = \sum (y - f(x))^2$，回归中的预测值 $f(x)$ 和真实值 y 均是实数或者实数向量。分类问题中常用的损失函数是交叉熵(cross entropy)。交叉熵损失函数度量了数据的真实分布与神经网络估计分布的相似性：n 类的编码是采用 n 位 0-1 向量对 n 个类别进行标记，若样本属于第 k 类，则标记向量的第 k 位是 1，其他位为 0，而 $\hat{y}$ 是预测的概率分布，就是神经网络的输出层(softmax 层)的输出，同样有 n 位，则交叉熵的公式为

$$H(y, \hat{y}) = -\sum_i y_i \log(\hat{y}_i) \qquad (2\text{-}26)$$

式中，下标 i 是类别标号，取负号将最大值变成最小值问题。若有 n 个训练样本，则整个样本的平均交叉熵为

$$H(y, \hat{y}) = -\sum_n \sum_i y_{i,n} \log(\hat{y}_{i,n}) \qquad (2\text{-}27)$$

图像分割领域中另一个常用的是损失函数 D_{loss}，根据 Dice 系数设计的

$$D_{\text{loss}} = \frac{2\sum_{i=1}^{N} p_i g_i}{\sum_{i=1}^{N} p_i^2 + \sum_{i=1}^{N} g_i^2} \qquad (2\text{-}28)$$

其中，p_i、g_i 表示第 i 个像素值预测及真实值，1 代表目标、0 代表背景。由于背景及前景的比例不同，实际设计代价函数需要考虑这个因素，一种交叉熵的设定方式如下(肿瘤与正常组织的加权系数是倒过来的，保证两者的贡献一致)：

$$\text{Loss} = \begin{cases} -\sum_i \alpha \big(y_i \log(o_i) + (1 - y_i) \log(1 - o_i) \big), & y_i = 1 \\ -\sum_i \beta \big(y_i \log(o_i) + (1 - y_i) \log(1 - o_i) \big), & y_i = 0 \end{cases} \qquad (2\text{-}29)$$

其中，o_i 是分割网络经过 softmax 输出层的第 i 个像素/体素预测值，是相应的真值；α 与 β 分别是背景及前景像素占的比例。一般神经网络损失函数中包含正则项，有关网络训练参数的函数，常见的是 L1 范数、L2 范数，作为多网络参数的约束加

入到损失函数中指导模型训练。机器学习中有一个著名的"奥卡姆剃刀定律"：简单的模型通常是最有效的。正则项在神经网络中的作用是降低模型的复杂度。

学习率(learning rate)：下降到损失函数最小值的速率为学习率，亦即如果迭代前后的损失函数小于学习率就迭代终止。需要仔细地选择学习率，太大的话将会错过最佳方案；太小则会非常慢；训练前期取值较大，然后减小，是一种比较好的策略。

批正规化(BN)：深层神经网络在做非线性变换前的激活输入值 X 的分布会随着网络深度增加发生偏移，从而导致反向传播时低层神经网络的梯度消失，这是训练深层神经网络收敛越来越慢的本质原因；BN 就是通过强制的规范化手段，把每层神经网络任意神经元的输入值的分布强行变换成均值为 0、方差为 1 的标准正态分布，这样使得激活输入值落在非线性函数对输入比较敏感的区域使得输入的小变化就可导致损失函数较大的变化，避免梯度消失。此外，BN 为了保证非线性，对变换后的满足均值为 0、方差为 1 的 x 又进行了 scale 加上 shift 操作($x'=\text{scale}\times x+\text{shift}$)，即为每个神经元增加了两个学习参数 scale 和 shift，它们通过学习得到。BN 的思想还可用于某一中间层的标准化，即 layer normalization，以及某个通道及组合的标准化，即 group normalization。

Dropout 技术：CNN 中避免深度网络过拟合的重要技术之一。其主要思想是，在当前批样本的训练过程中，随机让网络中某些隐层节点的权值置为 0(备份置 0 前的权值)，这些节点可以理解为暂时不工作，不属于网络结构的一部分；待下一批样本输入网络训练时，若该节点没有被随机置 0，则更新节点的权值使其重新纳入网络结构中；对于 Dropout 的反向传播计算来说，前向时被置 0 的节点，其反向误差项也随之置为 0。从训练网络的角度来看，Dropout 技术使得每一批样本对应不同的网络结构，不同网络结构之间靠共享隐层权值关联，增加了网络的多样性；从训练的角度看，每次的随机模型宏观上是一种平均模型思想，增强了模型的鲁棒性。Dropout 的随机权值更新不再依赖于隐层节点的共同作用，防止了某些特征仅仅在其他特征存在时才有效的特殊情况。因此，Dropout 具备很好的适应变化的能力，可以大大降低网络的过拟合性，增强泛化能力。

不失一般性，下面以编码器-解码器结构为例解释跳跃连接(图 2.13)。跳跃连接卷积神经网络中的低层特征和高级特征都会直接影响图像语义分割的结果。高层特征反映了物体的类别和大致位置，而低层特征保留了物体的细节信息。卷积层一般都会输出多个特征图。跳跃连接有两种方式：合并和加法。假设编码器 1 的卷积层有 $c1$ 个通道，解码器 2 的卷积层有 $c2$ 个通道。合并是将这 $c1$ 和 $c2$ 个特征图在通道维度上连接，则合并完的特征图一共有 $c1+c2$ 个通道。加法是将 $c1$ 和 $c2$ 个特征图相加，显然 $c1$ 和 $c2$ 的维度应该相等，则相加后得到的特征图还是 $c1$ 个通道。跳跃连接有几个优势：不同层级的特征融合、避免训练时的梯度消失。

现举例分析如下：当分割网络做前向计算时，解码器2接受两条支路的特征图(编码器1和解码器1)；编码器1直接接受图像的输入，是低层特征，低层特征往往包含边缘、形状信息，因此该跳跃连接结合了低层特征和高层特征；当训练分割网络时，解码器2同样通过编码器1和解码器1进行反向传播，有利于网络的梯度传递。假设将全部的跳跃连接去掉，图像风格网络就变成了只有一条通道的卷积神经网络，由于层数增加，很容易出现梯度弥散的问题，低层编码器如编码器1的卷积层参数就会难以更新。

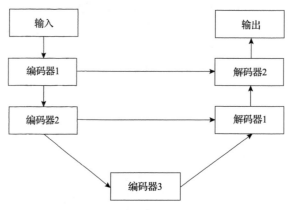

图 2.13   编码器-解码器结构

CNN 发展过程中的里程碑事件之一是微软的 He 博士小组提出了残差网络 ResNet[24]。ResNet 模型的核心是通过建立前面层与后面层之间的跳跃连接(特征相加)，有助于训练过程中梯度的反向传播，从而能训练出更深的 CNN 网络。具体而言，RestNet 中的残差学习，可以有效缓解深层网络的退化：任意深层 L 的特征 x_L 可以表达为浅层 l 的特征 x_l 加上一个残差函数，即

$$x_L = x_l + \sum_{i=l}^{L-1} F_{w_i}(x_i) = x_0 + \sum_{i=0}^{L-1} F_{w_i}(x_i) \tag{2-30}$$

其中，$F_{w_i}(x_i)$ 表示对 i 层的特征卷积然后激活。ResNet 中的激活函数用的是 ReLU。考虑反向传播过程，假设损失函数为 S，则有

$$\frac{\partial S}{\partial x_l} = \frac{\partial S}{\partial x_L}\frac{\partial x_L}{\partial x_l} = \frac{\partial S}{\partial x_L}\left(1 + \frac{\partial}{\partial x_l}\sum_{i=l}^{L-1} F_{w_i}(x_i)\right) \tag{2-31}$$

有如下观察：第一，$\dfrac{\partial}{\partial x_l}\sum_{i=l}^{L-1} F_{w_i}(x_i)$ 基本不可能总为-1，这意味着在 ResNet 中很少出现梯度消失的问题；第二，$\dfrac{\partial S}{\partial x_L}$ 表示 L 层的梯度，可以传递到比它浅的 l 层。

DenseNet 的基本思路与 ResNet 一致[27]，但是它建立的是前面所有层与后面层的密集连接，这种跳跃连接是通过添加新的通道实现的，通过特征在通道上的连接来实现特征重用；这些特点让 DenseNet 在参数和计算成本较少的情况下实现比 ResNet 更优越的性能，DenseNet 也因此斩获了 2017 年国际计算机视觉与模式识别大会的最佳论文奖。

注意力机制(attention mechanism)：一个广泛的概念，指人或机器等有选择性地关注和处理具有不同重要性程度的信息。注意力机制模拟人脑的复杂认知功能，让神经网络能够有选择性地接受和处理信息，提升神经网络对于大规模数据的表征、分析和理解能力，是神经网络应用和发展中的关键技术之一。已有的注意力方法有两种：选择性注意力机制、自注意力机制。选择性注意力机制是一种显式的注意力方法，通过预测数据各部分对于任务优化目标的重要性程度，得到注意力权重，然后利用注意力权重显式地增强数据(或特征)中的重要成分并抑制数据(或特征)中与任务优化目标无关的成分。对于神经网络中的信息 x，一般为神经网络的特征，将其作为注意力模型的输入；令函数 $F_\theta(\cdot)$ 表示注意力模型对应的函数变换，$F_{\text{norm}}(\cdot)$ 表示归一化操作，则对注意力掩膜 $\text{Att}(x)$ 可以根据如下公式得到

$$\text{Att}(x) = F_{\text{norm}}\left(F_\theta(x)\right) \tag{2-32}$$

其中，$F_\theta(\cdot)$ 是一个可学习函数，由神经网络实现，学习对于输入 x 不同成分的关注程度。归一化 $F_{\text{norm}}(\cdot)$ 是一个广义概念，其作用在于限定学习到的注意力权重的范围，可以由 softmax、sigmoid、tanh 等函数实现。对于学习到的注意力掩膜 $\text{Att}(x)$，通常将其与原始信号进行对应元素相乘，从而对原始信号中的信息进行选择，即

$$\tilde{x} = \text{Att}(x) \odot x \tag{2-33}$$

其中，$\tilde{x}$ 为注意力模型的输出，即对原始信号 x 进行增强或抑制之后的信号。根据注意力掩膜 $\text{Att}(x)$ 的取值将选择性注意力机制进一步分为软注意力(soft attention)和硬注意力(hard attention)。当注意力掩膜在[0,1]内连续取值时，其对原始信号 x 的不同成分进行增强和抑制，对应软注意力机制；而当其取值为 0 或 1 时，其对原始信号 x 的不同成分进行去除或保留，对应于硬注意力机制。选择性注意力机制的代表性工作是韩国高等科技研究所 Woo 小组提出的轻量级的通道注意力机制及空间注意力机制 CBAM[28]。CBAM 的通道注意力结构图见图 2.14：假设网络的输入特征为 $F \in \mathbb{R}^{H \times W \times C}$ (H、W、C 分别为输入特征的高、宽及通道数)，首先压缩输入特征的空间尺寸(通过平均池化和最大池化)得到 F_{avg}^C 和 F_{max}^C，它们的空间尺寸都为 $1 \times 1 \times C$；然后将这两个特征馈送到两个全连接层以融合输出特征向量(权值共享矩阵分别为 W_0 与 W_1，$W_0 \in \mathbb{R}^{C \times \frac{C}{r}}, W_1 \in \mathbb{R}^{\frac{C}{r} \times C}$，$r$ 为缩减率)，最后

经过 sigmoid 激活函数将特征映射到[0,1]区间获得注意力图 $M_C(F) \in \mathbb{R}^{1 \times 1 \times C}$，具体计算方式如下：

$$M_C(F) = \sigma(\text{MLP}(\text{AvgPool}(F)) + \text{MLP}(\text{MaxPool}(F)))$$
$$= \sigma\left(W_0\left(W_1\left(F_{\text{avg}}^C\right)\right) + W_0\left(W_1\left(F_{\text{max}}^C\right)\right)\right) \tag{2-34}$$

其中，σ 表示 sigmoid 激活函数；W_0 与 W_1 是多层感知器 MLP 学习的参数。

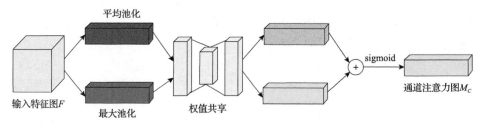

图 2.14　通道注意力机制模块示意图

CBAM 的空间注意力机制是这样实现的：沿着通道方向求最大值及平均值池化，得到 $\text{AvgPool}(F)$ 与 $\text{MaxPool}(F)$，它们的尺寸都是 $H \times W$，构成两个通道，再实施 7×7 的卷积，sigmoid 函数非线性化，即

$$M_S(F) = \sigma\left(W_s\left[\text{AvgPool}(F), \text{MaxPool}(F)\right]\right) \tag{2-35}$$

其中，W_s 表示 7×7 卷积；σ 表示 sigmoid 激活函数。

自注意力机制(self-attention mechanism)是一种将内部信息观察和外部信息观察对齐，从而增加局部特征表达准确度的注意力方法[25]。自注意力机制的核心是"非局部平均"思想，即先在非局部区域找到和目标位置相近的特征表达，然后利用目标位置(被称为 Query)信息表达和非局部区域其他位置(被称为 Key)信息表达的相似度，通过加权相加的方式在非局部区域范围实现信息传递，对目标位置的信息表达进行修正。通常将输入信号分为查询单元(Query，记为 Q)、键值单元(Key，记为 K)和表征单元(Value，记为 V)，其中 K 与 V 一一对应。对于给定的查询单元 Q，自注意力机制中的第 i 个键值(共有 N 个)单元 K_i 对应的注意力权重 a_i 根据 Q 和 K_i 之间的相关性 s_i 按照如下公式获得

$$a_i = \text{softmax}\left(s_i\right) = \frac{\text{e}^{s_i}}{\sum_{j=1}^{N} \text{e}^{s_j}} \tag{2-36}$$

其中，s_i 表示查询单元 Q 和第 i 个键值单元 K_i 之间的相关性，常见的实现方式有：点积运算、余弦相似性或者将 Q 和 K_i 作为输入利用神经网络学习它们之间的相似

性度量。自注意力机制通常利用上述公式中建模的注意力权重对于键值单元相对应的表征单元进行加权相加，从而得到注意力模块的输出

$$\tilde{x} = \sum_{j=1}^{N} a_j \times V_j \tag{2-37}$$

其中，V_j 表示与键值单元 K_j 相对应的表征单元。例如，在机器翻译任务中，K 和 V 可以对应于英文的句子或单词，而 Q 对应翻译出的中文的句子或单词。下面以一个简单的实例进一步说明自注意力机制。有时候我们期望网络能够看到全局，但是又要聚焦到重点信息上。例如在做自然语言处理时，句子中的词往往不是独立的，它与上下文相关，但是和上下文中不同的词的相关性是不同的，因此在处理这个词时，既要考虑它的上下文同时也要聚焦与它相关性更高的词，这就用到常说的自注意力机制。

自注意力机制的核心就是捕捉向量之间的相关性。比如下面这个示意图（图 2.15），输出一个向量 b^1 不只看 a^1 本身，还要看 a^2、a^3、a^4，但是看它们的程度不一样；这就需要计算 a^1 与 a^2、a^3、a^4 之间的相关性 α，相关性越高，则给予的重视程度就越高。

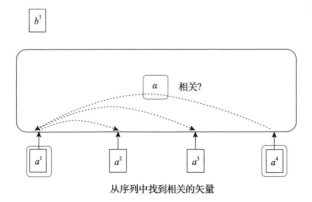

图 2.15　序列分析中的相关性示意图

两个向量之间的相关性计算的常见方法是求点积。具体的做法是对输入向量乘以变换矩阵 W^q 得到 Query 向量 q^i；对输入向量乘以矩阵 W^k 得到 Key 向量 k^i。将 q^1 与四个 Key $(k^1、k^2、k^3、k^4)$ 分别点积就得到四个相关性数值 α_{11}、α_{12}、α_{13}、α_{14}，然后通过 softmax 层进行归一化得到最后输出的相关性值，也称为"注意力分数" α'_{1i} ($i=1, 2, 3, 4$)，$\alpha'_{1i} = \dfrac{\exp(\alpha_{1i})}{\sum\limits_{j=1}^{4} \exp(\alpha_{1j})}$。得到了 a^1 对 a^1、a^2、a^3、a^4 之间的注意力分

数后，如何做到考虑全局又聚焦重点呢？通过上面计算出的注意力分数 α'_{1i} (i=1, 2, 3, 4)，我们已经知道 a^1 要给予 a^i (i=1, 2, 3, 4) 的关注程度了。接下来可抽取这些向量中重要的信息以输出 b^1，具体的做法是将输入向量 a^i (i=1, 2, 3, 4) 乘以一个新的变换矩阵 W^v 得到 Value 向量 (v^i, i=1, 2, 3, 4)。输出向量 b^1 的计算公式为 $b^1 = \sum_{i=1}^{4} \alpha'_{1i} v^i$。从这里可以看出，所有的向量都参与计算，这样就看到了全局；但是各向量参与计算的程度不一样，α'_{1i} (i=1, 2, 3, 4) 越大，对应向量 v^i 参与计算的程度就越大，最后得到的输出向量 b^1 就和该向量越相似，因此就做到了看全局又聚焦重点。通过上述同样的计算方式，也可以计算得到 b^2、b^3、b^4（计算 b^i 时，考虑的是 a^i 与 a^1、a^2、a^3、a^4 之间的相关性），而且 b^1、b^2、b^3、b^4 是可以并行计算的。下面从矩阵计算的角度来看自注意力机制。前面提到将输入 a^1、a^2、a^3、a^4 分别乘以变换矩阵 W^k 得到向量 k^1、k^2、k^3、k^4。可以将输入向量拼在一起得到矩阵 X=[a^1 a^2 a^3 a^4]，各个 Key 向量拼接成矩阵 K =[k^1 k^2 k^3 k^4]，各个 Value 向量拼接成矩阵 V =[v^1 v^2 v^3 v^4] 则有，$K = W^k X$，$Q = W^q X$，$V = W^v X$

$$A = \begin{bmatrix} \alpha_{11} & \alpha_{21} & \alpha_{31} & \alpha_{41} \\ \alpha_{12} & \alpha_{22} & \alpha_{32} & \alpha_{42} \\ \alpha_{13} & \alpha_{23} & \alpha_{33} & \alpha_{43} \\ \alpha_{14} & \alpha_{24} & \alpha_{34} & \alpha_{44} \end{bmatrix} = \begin{bmatrix} (k^1)^T \\ (k^2)^T \\ (k^3)^T \\ (k^4)^T \end{bmatrix} \begin{bmatrix} q^1 & q^2 & q^3 & q^4 \end{bmatrix} = K^T Q \qquad (2\text{-}38)$$

A 矩阵通过 softmax 层归一化得到 A'（沿着每列进行 softmax），$A' = \text{softmax}(A)$。将输出 b^i 拼接成矩阵 O，有 $O = \begin{bmatrix} b^1 & b^2 & b^3 & b^4 \end{bmatrix} = \begin{bmatrix} v^1 & v^2 & v^3 & v^4 \end{bmatrix} A' = VA'$。可以看出，自注意力机制看起来比较复杂，其实计算过程并不复杂，需要学习的参数只有 W^q、W^k 和 W^v。

生成对抗网络 (generative adversarial network, GAN) 在 DIP 的诸多领域都有出色的表现，后续章节会分别介绍在去噪、分割、配准中的应用，为此在这里简要介绍 GAN。

GAN 及其拓展已经开创了许多令人振奋的方式以解决图像分析领域中的挑战，如去噪、重建、分割、配准、数据仿真、检测或分类。另外，由于 GAN 合成的图像的真实效果已经达到前所未有的水平，这有助解决标注数据稀少和类别失衡这两大问题。GAN 的框架包含训练数据 X，其分布为 p_{real}，以及一对相互竞争的网络：含有参数 θ_G 的生成器 G 以及含有参数 θ_D 的判别器 D（图 2.16）。生成器 G 的目标是找到/实现一种映射 $\hat{x} = G(z, \theta_G)$，将潜在的输入 z（它可以是随机信

号，也可以是确定性的输入，服从 $z \sim p_z(z)$ 先验分布）映射为生成的数据 $\hat{x} \in \hat{X}$，该生成数据服从 $p_\theta(\hat{x}|z)$ 分布。生成器的主要目标就是优化该映射使得生成数据的分布 $p_\theta(\hat{x}|z)$ 与训练数据的分布相似，即 $p_\theta(\hat{x}|z) \sim p_{\text{real}}$。换句话说，生成器的主要目标就是生成的数据与真实数据是如此相似，以至于它们不能被分辨。要想使得生成的数据逼真到与真实数据难以辨认，光靠生成器是不够的，还需要判别器的帮助。判别器 D 的目标是区分真实的数据与生成器生成的数据。本质上讲，判别器 D 是一个二元分类器，将真实数据 x 判定为 1（$D(x)=1$），而将生成的数据 $\hat{x}$ 判定为 0（$D(\hat{x})=0$）。生成器 G 与判别器 D 互为对手：生成器 G 试图将生成的图像逐步逼近真实数据以误导判别器使其误判为真实数据，而判别器则一直努力学习以分辨真实数据与生成器生成的数据。

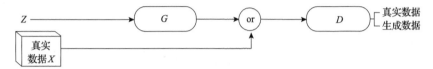

图 2.16　生成对抗网络 GAN 的结构示意图

其中的 or 表示它有两种输入（每次只有一种），要么为真实数据 X，要么为生成的数据 $G(z, \theta_G)$；判别器输出为对其输入数据的识别结果：真实或虚假/生成

数学上，GAN 的 D 与 G 通过如下损失函数的优化来实现对抗：

$$\min_G \max_D V(D,G) = \mathbb{E}_{x \sim p_{\text{data}}(x)}\left[\log(D(x))\right] + \mathbb{E}_{z \sim p_z(z)}\left[1 - \log(D(G(z)))\right] \quad (2\text{-}39)$$

其中，$\mathbb{E}$ 表示数学期望，通过对多个数据的训练求平均来实现；D 和 G 通常由 CNN 来实现，其优化采用两步的方式，固定 D 的 G 训练及固定 G 的 D 训练。

生成器 G 的训练为

$$\min_G \mathbb{E}_{z \sim p_z(z)}\left[1 - \log(D(G(z)))\right] \quad (2\text{-}40)$$

这时 D 的参数不变，输入为 z，生成器的 $G(z)$ 标签为 1，迭代的结果就是 $D(G(z))$ 不断增大，注意 D 的参数是根据前一轮迭代设置而不变的且对应于 $D(x)$ 趋近于最大，因此生成器的迭代就是使得 $G(z)$ 越来越接近 x。

判别器 D 的训练为

$$\max_D \left\{ \mathbb{E}_{x \sim p_{\text{data}}(x)}\left[\log(D(x))\right] + \mathbb{E}_{z \sim p_z(z)}\left[1 - \log(D(G(z)))\right] \right\} \quad (2\text{-}41)$$

判别器的输入有 $G(z)$ 与 x，标签分别为 0 与 1，G 固定不变，其最大化对应于 $\log(D(x))$ 最大化、$\log(D(G(z)))$ 的最小化，这是自然的目标函数。因此原始的判别器比较简单，为二分类判别器，但可以变成多任务的结构；技巧就是生成器的训练能通过判别器促进生成器所生成的数据更接近真实数据,这正是 GAN 的核心。

在对抗训练框架下,生成器 G 的更新只在判别器的梯度回传后进行,不需要建立输入的随机噪声 z、输入的真实图像 x,以及生成的图像 $\hat{x}$ 之间的对应关系。原始 GAN 难以训练,其收敛性严重依赖于超参数的调节以避免梯度消失和梯度爆炸,容易出现模式崩溃(mode collapse),即所生成的数据只能代表一种数据分布而不能代表输入数据的多种分布。为解决模式崩溃,CNN 已取代原始 GAN[23] 的多层感知机、WGAN[29]使用 Lipschitz 函数取代 $\log(d)$ 函数解决模式崩溃但收敛速度慢、LSGAN[30]以平方取代 log 函数(式(2-41))解决了模式崩溃且速度提高:

$$\min_G \max_D V(D,G) = \mathbb{E}_{x \sim p_{\text{data}}(x)}\Big[D(x)^2 \Big] + \mathbb{E}_{z \sim p_z(z)}\Big[(1 - D(G(z)))^2 \Big] \tag{2-42}$$

总结和复习思考

小结

2.1 节介绍了人眼视觉基础,基于数字图像质量评估的手段之一就是人眼对图像的主观感知;人眼的视觉特性是非线性的:感知的亮度与对比度呈现正相关、马赫带效应、幻觉与错觉、临界可辨识灰度差异(JND)对背景灰度的依赖性。

2.2 节介绍了数字图像的数学表示、坐标系,实现多分辨率的尺度变换、像素间的邻域关系、常用的数字图像格式。

2.3 节介绍了纹理的定义以及基于灰度共生矩阵的描述。

2.4 节介绍了数字图像的灰度插值,即确定坐标为非整数的图像空间点的灰度,这是一个典型的数学问题,这里介绍的主要方法有最近邻、双线性、三次多项式插值。

2.5 节介绍了深度学习的发展历史,期望读者能了解深度学习与浅层学习的关系,了解深度学习发展的历史性事件。

2.6 节介绍了深度学习图像处理的基本单元,包括卷积(普通卷积、空洞卷积与转置卷积)、常见的非线性激活函数、池化、全连接、常见的损失函数、批数据正规化、随机失活 Dropout、残差网络、注意力机制(空间注意力、通道注意力、自注意力)、生成对抗网络。

复习思考题

2.1 人眼的视觉属性有哪些? 针对人眼的这些视觉特性,反驳 "seeing is believing

眼见为实"。

2.2　从人眼的临界可辨识灰度差异(JND)属性，推论人眼可辨识的最小灰度差异的范围是多少？如何在实际中增强人眼对灰度差异的识别能力？

2.3　像素在邻域内的混合邻接的意义是什么？

2.4　数字图像的纹理表示的是像素还是区域的属性？灰度共生矩阵是如何表述这种属性的？

2.5　在什么条件下，最近邻插值、双线性插值和三次多项式插值的结果是一样的？

2.6　转置卷积是卷积的逆过程吗？如何通过转置卷积得到分辨率增加的特征，用简单的示例说明。

2.7*　(针对硕士研究生与博士研究生)生成对抗网络(GAN)利用其对抗训练的特性能增强深度学习网络的性能，但是其训练困难。阅读相关文献，了解 GAN 训练困难的具体表现及其解决方案。

2.8　对于 8 位的图像，人眼最多能分辨多少个不同的灰度？(提示：借助于 JND)

2.9　读图(下图)、顺时针方向旋转 15°(利用上述几种插值方法：最近邻、双线性、多项式)、输出图像，可用 C++、MATLAB、OpenCV、Python 编程。比较各种算法的优劣。

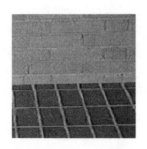

对于硕士研究生与博士研究生，建议将本题作为一个小的综合项目进行深入的研讨。以下是指导原则：

(1)为了逐个像素地评估插值运算的影响，建议正反各转 15°以获取金标准(近似的原图)。

(2)用实验数据证实正反旋转后的图像与原始图像没有位移，也没有灰度大小的比例偏差。

(3)从总体上度量每种插值方法的特性。

(4)对于每种插值方法，给出各自插值效果好以及效果不好的条件(基于实验数据)。

(5)对于每种插值方法，插值与原始图像的误差灰度绝对值的最大值、均值、中值各是多少？分析误差最大值、均值的原因。

2.10 假设中心在(x_0, y_0)的平坦区域被一个强度分布为$i(x, y) = Ke^{-\left[(x-x_0)^2+(y-y_0)^2\right]}$的光源照射，假设区域的反射恒等于 1.0，$K$=255，如果图像用 k 位的强度分辨率进行数字化，且眼睛可辨别相邻像素间 8 个灰度的变化，请问 k 取什么值将导致可见的伪轮廓？

2.11 考虑如下图所示的灰度图像，V 表示用于定义邻接性的灰度值集合。令 V 分别取$\{0, 1\}$和$\{1, 2\}$，计算 p 和 q 点间的 4、8、m 路径的最短长度（若两点间的路径不存在，长度为无穷）。

$$
\begin{array}{cccc}
3 & 1 & 2 & 1 \quad (q) \\
2 & 2 & 0 & 2 \\
1 & 2 & 1 & 1 \\
(p) \quad 1 & 0 & 1 & 2
\end{array}
$$

参 考 文 献

[1] 张广军. 机器视觉. 北京: 科学出版社, 2005.

[2] Gonzalez R C, Woods R E. Digital Image Processing. 2ed. New York: Pearson Education Inc, 2002.

[3] Lindeberg T. Scale Space Theory in Computer Vision. Dordrecht: Kluwer Academic Publishers, 1994.

[4] Sonka M, Hlavac V, Boyle R. 图像处理、分析与机器视觉. 3 版. 艾海舟, 苏廷超, 等译. 北京: 清华大学出版社, 2011.

[5] Parker J R. Algorithms for Image Processing and Computer Vision. New York: Wiley Computing Publishing, 1997.

[6] Haralick R M, Shanmugam K S. Combined spectral and spatial processing of ERTS imagery data. Remote Sensing of Environment, 1974, 3(1): 3-13.

[7] 罗述谦, 周果宏. 医学图像处理与分析. 2 版. 北京: 科学出版社, 2010.

[8] McCulloch W S, Pitts W. A logical calculus of the ideas immanent in nervous activity. The Bulletin of Mathematical Biophysics, 1943, 5: 115-133.

[9] Rosenblatt F. The perceptron: A perceiving and recognizing automation. New York: Cornell Aeronautical Laboratory, 1957: Report 85-60-1.

[10] Kelley H J. Gradient theory of optimal flight paths. ARS Journal, 1960, 30(10): 947-954.

[11] Minsky M L, Papert S A. Perceptrons: An Introduction to Computational Geometry. New York: The MIT Press, 1969.

[12] Fukushima K. Neocognitron: A self-organizing neural network model for a mechanism of pattern recognition unaffected by shift in position. Biological Cybernetics, 1980, 36: 193-202.

[13] Hopfield J J. Neural networks and physical systems with emergent collective computational abilities. Proceedings of the National Academy of Sciences, 1982, 79(8): 2554-2558.

[14] Ackley D H, Hinton G E, Sejnowski T J. A learning algorithm for Boltzmann machines. Cognitive Science, 1985, 9(1): 147-169.

[15] Rumelhart D E, Hinton G E, Williams R J. Learning representations by back-propagating errors. Nature, 1986, 323: 533-536.

[16] LeCun Y, Matan O, Boser B, et al. Handwritten zip code recognition with multilayer networks//Proceedings of the 10th International Conference on Pattern Recognition. New York: IEEE, 1990: 35-40.

[17] LeCun Y, Bottou L, Bengio Y, et al. Gradient-based learning applied to document recognition. Proceedings of the IEEE, 1998, 86(11): 2278-2324.

[18] Hinton G E, Salakhutdinov R R. Reducing the dimensionality of data with neural networks. Science, 2006, 313: 504-507.

[19] Deng J, Dong W, Socher R, et al. ImageNet: A large-scale hierarchical image database// Proceedings of 2009 IEEE Conference on Computer Vision and Pattern Recognition. Miami: IEEE, 2009: 248-255.

[20] Krizhevsky A, Sutskever I, Hinton G E. ImageNet classification with deep convolutional neural networks. Neural Information Processing Systems, 2012, 141: 1097-1105.

[21] Simonyan K, Zisserman A. Very deep convolutional networks for large-scale image recognition. arXiv: 1409. 1556, 2014.

[22] Szegedy C, Liu W, Jia Y, et al. Going deeper with convolutions. arXiv: 1409.4842, 2014.

[23] Goodfellow I J, Pouget-Abadie J, Mirza M, et al. Generative adversarial networks. arXiv: 1406.2661, 2014.

[24] He K, Zhang X, Ren S, et al. Deep residual learning for image recognition. arXiv: 1512.03385, 2015.

[25] Vaswani A, Shazeer N, Parmar N, et al. Attention is all you need//Proceedings of the 31st International Conference on Neural Information Processing Systems. California: Curran Associates Inc, 2017: 6000-6010.

[26] Brown T B, Mann B, Ryder N, et al. Language models are few-shot learners. arXiv: 2005.14165, 2020.

[27] Huang G, Liu Z, van der Maaten L, et al. Densely connected convolutional networks// Proceedings of 2017 IEEE Conference on Computer Vision and Pattern Recognition. Hawaii: IEEE, 2017: 4700-4708.

[28] Woo S, Park J, Lee J Y, et al. CBAM: Convolutional block attention module//Ferrari V, Hebert M, Sminchisescu, et al. European Conference on Computer Vision 2018. Cham: Springer, 2018: 3-19.

[29] Arjovsky M, Chintala S, Bottou L. Wasserstein GAN. arXiv:1701.07875, 2017.

[30] Mao X, Li Q, Xie H, et al. Least squares generative adversarial networks//Proceedings of 2017 International Conference on Computer Vision. Venice: IEEE, 2017: 2813-2821.

第3章 数字图像增强

图像增强是一类基本的图像处理技术,用以增强图像中的有用(这个取决于应用,主要是两大类应用,即视觉观察及自动图像理解)信息,目的是改善图像的视觉效果或使得增强后的图像更加适合于后续的图像处理任务。图像增强的一些典型形式包括:有目的地强调图像的整体或局部特性、将原来不清晰的图像变得清晰或强调某些感兴趣的特征、抑制不感兴趣的特征、改善图像质量、丰富信息量、加强图像判读和识别效果、满足某些特殊分析的需要等。

根据图像处理所在的空间,目前常用的图像增强技术包括基于图像空间域(简称空域)的增强方法、基于变换域的增强方法,以及基于二者结合的混合域增强方法。

在图像处理中,空域是指由像素/体素组成的空间,即图像域。空域增强方法指直接作用于像素/体素改变其特性的方法,具体的增强操作可以是定义在单个像素/体素的点操作、定义在邻域的模板操作或邻域操作。图像增强也可以基于对图像进行某种变换后的变换域中进行,最常见的是频率域;卷积理论是频域技术的基础,借助于该理论可实现频域与空域的等效;频域增强是通过改变图像中不同频率分量来实现的,作用于整幅图像。除了频域图像增强,为特定应用而生的其他变换域图像增强还有小波变换等。不论是空域还是变换域的图像均可看做矩阵,因此基于低秩矩阵估计的方法也是重要的图像增强方法。

本章先介绍空域图像增强,然后介绍频域图像增强、其他变换域图像增强(主要介绍基于小波变换的图像增强)、基于低秩矩阵估计的图像增强、混合域图像增强,最后介绍深度学习用于图像增强的噪声去除。

3.1 数字图像的空域增强

图像增强空域方法是直接对图像中的像素/体素的灰度进行操作,增强前后的图像空间不变。不失一般性,下面均以二维图像为例,增强前后的数字图像分别为 $f(x, y)$ 与 $g(x, y)$,可由式(3-1)定义

$$g(x,y) = T[f(x,y)] \tag{3-1}$$

其中,T 是对输入图像 $f(x, y)$ 的一种操作,定义域是 (x, y) 或其邻域。

3.1.1　灰度映射

图像的视觉效果取决于图像中各个像素/体素的灰度分布。灰度映射通过改变图像中像素/体素的灰度来改变图像视觉效果。进行灰度映射时，位置信息将被忽略，即相同的输入灰度将对应于相同的输出灰度，这时可以将输入灰度与输出灰度分别记为 s、t，它们具有相同的灰度范围 $[0, L{-}1]$，通常应该保证映射的单调性（单调不增或单调不减），则式 (3-1) 就变为

$$s = T(r) \tag{3-2}$$

灰度映射技术的关键是根据增强要求设计映射函数。映射函数的形式很多，以下给出几个典型的示例。

图像反转：利用这种变换的有医用 X 射线拍摄的正片与负片。这时

$$s = (L{-}1){-}r \tag{3-3}$$

动态范围压缩：压缩原始图像的灰度，常用的映射函数可以是对数或 n 次方（$n<1$），即

$$s = C \times r^{n} \, (n < 1) \tag{3-4}$$

$$s = C \times \log(1 + |r|) \tag{3-5}$$

其中，C 为尺度比例因子。式 (3-4)、式 (3-5) 可将原来动态范围较大的 r 转换为动态范围较小的 s。图 3.1(b) 显示了 Lena 图像动态范围压缩后的变换图像。

(a)　　　　　　　　　　　(b)　　　　　　　　　　　(c)

图 3.1　灰度图像的动态范围增强与压缩示例

(a) 原始 Lena 图像；(b) (c) 压缩/增大动态范围后的变换图像

动态范围增大：对应于增大原始图像的灰度，常用的映射函数有指数或 n 次幂（$n>1$），即

$$s = C \times r^n \ (n > 1) \tag{3-6}$$

$$s = C \times e^r \tag{3-7}$$

其中，C 为尺度因子。式(3-6)、式(3-7)可将原来动态范围较小的 r 转换为动态范围较大的 s。图 3.1(c)显示了 Lena 图像动态范围增大后的变换图像。

判断动态范围缩小或增大的方式就是看映射曲线是位于 $s=r$ 的上方还是下方。从局部来看，某个灰度处的动态范围取决于在该点的映射曲线的导数，大于 1 对应于动态范围增强，小于 1 对应于动态范围压缩，等于 1 则不改变动态范围。

图像的阈值化：一般情况下，假设有 k 个阈值($k \geqslant 1$)，分别为 Th_1、Th_2、$\cdots$、Th_k(升序排列)，而对应的输出灰度可取为 $s_k=(L-1)/k$ 的倍数，有

$$s = \begin{cases} 0, & r < Th_1 \\ s_k, & Th_1 \leqslant r < Th_2 \\ & \vdots \\ (k-1)s_k, & Th_{k-1} \leqslant r < Th_k \\ L-1, & r \geqslant Th_k \end{cases} \tag{3-8}$$

图像灰度阈值是最高效的图像分割方法，灰度阈值的优化计算将在后续章节深入探讨。而图像的阶梯量化可以看成阈值化的特例，即将图像灰度分阶段量化成较小的级数(阈值恒定间隔)，用较少的灰度级表征图像灰度，常用于图像灰度金字塔表征。

3.1.2　直方图修正

数字图像的灰度直方图(histogram)是数字图像中各种灰度的归一化分布图，记为 $h(i)$，表示灰度为 i 的像素/体素数目(N_i)在数字图像中的比例(portion)(设数字图像的像素/体素数目为 N，则 $h(i)=N_i/N$)，因此可以看做是灰度的概率分布图的数值估计。相关联的概念有累积直方图(accumulated histogram)，记为 $H(i) = \sum_{j=0}^{i} h(j)$。常见的数字图像灰度直方图修正有直方图均衡化(histogram equalization)与直方图指定化(histogram specification)。下面分别予以介绍。

直方图均衡化是一种灰度映射技术，其目的是寻找灰度变换 T，使得变换后的灰度 $s=T(r)$ 具有尽可能均匀的灰度分布。借助于累积灰度直方图，将变换前后的累积灰度直方图分别记为 $H_i(r)$ 与 $H_o(s)$。根据直方图均衡化的定义，原始图像 $f(x,y)$ 经过灰度映射 $T(r)$ 变换后，理想的情况是具有均匀分布，因此 $H_o(s)=(s+1)/L$。灰度变换前后的累积直方图要相等，因此，变换公式为

$$\sum_{j=0}^{s} h(j) = (s+1)/L \tag{3-9}$$

变换成数字图像空间域的操作就是

$$g(x,y) = s = LH_i(f(x,y)) - 1 \tag{3-10}$$

下面来分析数字图像灰度直方图均衡化的物理意义。给定任意图像$f(x,y)$,其信息熵为

$$-\sum_i h(i)\ln(h(i)), \quad \text{s.t.} \sum_i h(i) = 1 \tag{3-11}$$

使得信息熵最大的直方图分布对应于$h(i)$为均匀分布。因此直方图均衡化是使得信息熵最大的一种灰度映射!图 3.2 显示了偏亮及良好图像经过直方图均衡化后的变换效果及对应的变换后的灰度直方图。

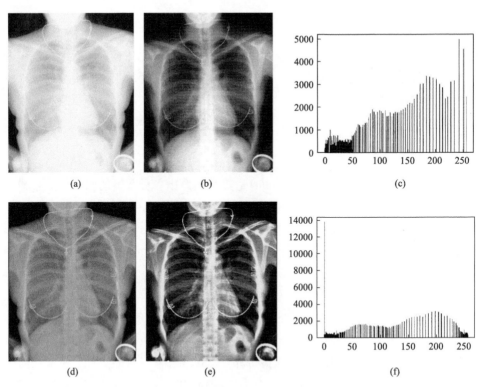

图 3.2　数字图像直方图均衡化效果图

(a)(d)原图；(b)(e)直方图均衡化后的变换图；(c)(f)对应的灰度直方图

下面再来分析直方图均衡化的实质。以一个实例来说明(图 3.3)。首先,直方图均衡化后的灰度直方图并非均衡,但是变换后的最大值与最小值的差比变换前的要减小(至少不增,不增的条件对应于原始图像具有均匀的灰度分布),这是因为处理的是数字图像具有离散性;变换后的有效灰度数减少了,这对应于在原始图像中像素数目较少的灰度与其近邻的灰度合并了,这个可以有严格的数学表述:假设原始图像中存在某一小频数的灰度 g_i ,其频数满足 $0 < (H_i(g_i) - H_i(g_i - 1)) < 1/(2L)$,则至少 g_i 与 $g_i - 1$ 被变换成同一灰度(根据式(3-9)),该数学条件也给出了可能被压缩的小频数是 $1/(2L)$,而不会被压缩的条件则对应于原始数字图像的灰度分布是均匀的;具有较大频数的灰度在变换后与其相邻的有效灰度的差值变大了,这将增加这种较大灰度频数的对比度。简单地说,数字图像灰度直方图均衡化化是一种使得信息熵最大化的灰度映射,它以压缩/牺牲小概率灰度获取尽可能均匀的灰度分布。

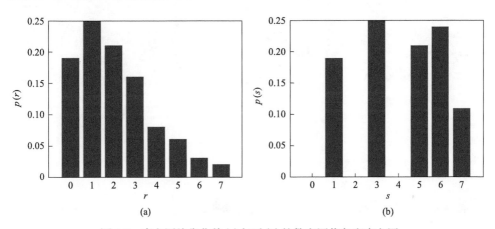

图 3.3 直方图均衡化前(a)与后(b)的数字图像灰度直方图

下面介绍数字图像的灰度直方图指定化,又称定制化(customization)或匹配(matching)。与直方图均衡化指定灰度映射后的灰度直方图为均匀的不同,经过直方图指定化变换后的灰度直方图为一给定任意直方图。具体表述为,对于输入的数字图像 $f(x, y)$,它具有灰度直方图分布 $h_i(r)$;求取一满足直方图指定化的灰度映射 $s = T(r)$,使得变换后的灰度直方图尽可能逼近指定的灰度直方图 $h_o(s)$,对应的累积灰度直方图分别为 $H_i(r)$ 与 $H_o(s)$。采用类似的基于累积灰度直方图相等的方法可求取该灰度映射:

$$H_i(r) = H_o(s) \tag{3-12}$$

数字实现时,输入灰度 r 与输出灰度 $s = T(r)$ 的对应关系可以由如下不等式确定

$$H_i(r) \geqslant H_o(s) \text{ 且 } H_i(r) < H_o(s+1) \tag{3-13}$$

不难看出，数字图像直方图均衡化是指定化的一种特例，对应的指定直方图为均匀分布。直方图指定化的应用场景包括：对于所获取的图像有期望的灰度直方图；类似内容的图像有一幅成像条件较好的作为参考，以标准化后续处理的条件(如灰度相减、匹配等)等。图 3.4 显示了一幅图像(图 3.2(a))直方图指定化到质量好的图像(图 3.2(d))得到的变换图像；显然，直方图指定化后与指定对象(图 3.2(d))相似，但由于原图有大量亮像素而在变换后出现饱和。

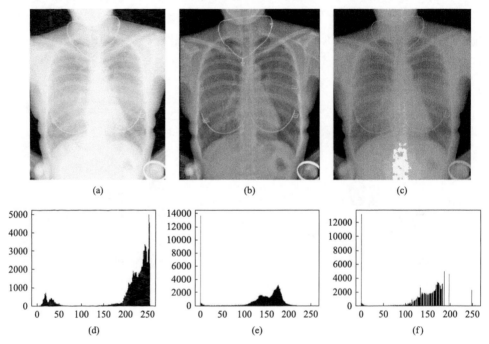

图 3.4 数字图像灰度直方图指定化的效果
(a)指定化到(b)得到(c), (d)(e)(f)分别是(a)(b)(c)的直方图

3.1.3 空域滤波

数字图像的空域滤波是指用像素/体素及其邻域所在的空间进行数字图像灰度运算的方法。"滤波"借助频率的概念，对应的事实是空域滤波方法存在等效的频域处理方法，因此可以相互借鉴与促进。不失一般性，我们依然假设处理二维图像 $f(x,y)$，满足 $0 \leqslant x < N_x$，$0 \leqslant y < N_y$，二维数字图像的空域滤波可直接拓展到三维。

空域滤波通常借助于模板(可对应英文包括 mask、kernel、template)运算来实现，用 $w(i, j)$ 来表示模板，其取值称为模板系数，其定义域为一矩形 $0 \leq i < N_i$，$0 \leq j < N_j$，且该模板大小远远小于图像的大小。模板构成局部坐标系，其坐标轴与图像坐标轴平行且同向，其原点可以由操作者定义，缺省情况是模板的中心，模板的局部坐标系在坐标轴方向的像素大小与原始图像相同，确保局部坐标系成为图像坐标系的子集，见图 3.5。

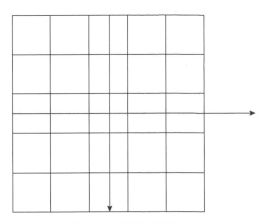

图 3.5　模板的局部坐标

原点可指定，缺省为模板的中心，模板的坐标轴则对应于图像坐标轴的平移

模板运算的基本思路是，某个像素的灰度值通过将模板中心移动到与该像素重合后实施邻域像素的灰度运算(运算的邻域及权值由模板的大小及权值)得到。模板运算中最常用的是模板卷积。模板卷积在空域的实现步骤如下：

(1)将模板遍历图像中的像素，对于每个待处理的像素，将模板中心平移到与该像素重合；

(2)将模板在该局部坐标下的各系数与同位置的图像像素灰度相乘；

(3)将所有乘积相加，并将该结果赋值于当前像素(模板原点位置对应的像素)。

一般说来，对输入图像 $f(x, y)$ 实施模板 $w(i, j)$ 的线性计算，将得到输出图像 $g(x, y)$，计算公式为

$$g(x, y) = \sum_{i=-(N_i-1)/2}^{(N_i-1)/2} \sum_{j=-(N_j-1)/2}^{(N_j-1)/2} f(x+i, y+j) \times w(i, j) \tag{3-14}$$

借助模板卷积，可以构建空域滤波器，将原始图像变换为增强图像。通过设计合适的模板系数就能得到不同的增强效果。空域滤波增强的主要目的是平滑或锐化图像，因此空域滤波器主要有平滑滤波器和锐化滤波器两种。

空域平滑滤波器：其目的是模糊图像以及抑制高频噪声，又分为线性平滑滤

波器和非线性平滑滤波器。线性平滑滤波器所用卷积模板的系数为非负实数，全部模板系数的和为1。

线性平滑滤波器的概念非常直观，它用滤波模板定义的邻域像素内的像素灰度的加权平均值取代当前像素的灰度值，这种处理减小了图像灰度的锐化程度。典型的随机噪声由灰度级的尖锐变化组成，因此常见的平滑处理就是降噪。然而，由于图像边缘(理想的图像边缘对应于不同物体的边界，是期望的核心信息)也是由图像灰度尖锐变化带来的特性，所以线性平滑滤波有不期望的模糊边缘的负面效应。另外，当细节很小时，可以用模板尺寸相对较大的线性平滑滤波器将它们消除。线性平滑卷积模板的最简单的一种形式是各个权值系数相等，对应于空间均值滤波。线性平滑滤波较合理的形式是模板系数随着离模板原点的距离增大而减小，最常见的形式就是高斯平滑模板(尺度空间理论平滑去细节的方式)，这样做的目的是减小平滑处理造成的图像模糊。图 3.6 给出了常见的两种线性平滑模板。

1/9	1/9	1/9
1/9	1/9	1/9
1/9	1/9	1/9

(a)

1/16	2/16	1/16
2/16	4/16	2/16
1/16	2/16	1/16

(b)

图 3.6　等权值的 3×3 模板(a)及权值随离模板中心的距离增大而减小的 3×3 模板(b)

图 3.7[1]展示了不同尺寸的正方形均值滤波的平滑效果(正方形边长为 3、5、9、15 和 35)。当正方形的边长为 3 时，可以观察到图像中有轻微的模糊，变模糊的是尺寸为 3 个像素左右的细节，随着模板尺寸的增大，更大的细节也变得模糊。一般地，对于尺度为 n(正方形模板的边长)的线性均值滤波，尺度小于 n 的图像细节都会变模糊。采用同样尺度的高斯滤波核，能在较少的模糊下取得平滑。

非线性平滑滤波器的最常见形式就是排序统计滤波器。排序统计滤波器也称为百分比滤波器，模板系数要么为 0、要么为 1，为 1 的位置表示该像素的灰度纳入统计。排序统计滤波器基于模板内模板系数为 1 的像素的灰度进行百分比排序，按照给定的百分比选取排序后序列中相应的像素灰度值作为当前像素的灰度值。常见的排序统计滤波器有中值滤波器(指定的百分比为 50%)、最大值滤波器(百分比为 100%)、最小值滤波器(百分比为 0)、中点滤波器(最大值与最小值的平均)。其中最大值、最小值滤波还可以通过数学形态学的膨胀与腐蚀得到。中值滤波器对于消除脉冲噪声比较有效；最大值滤波器可用来检测图像中一定邻域内最亮的点，并可以减弱灰度取值低的噪声，故对消除椒噪声(低信号脉冲噪声，或孤立的暗点噪声)比较有效；最小值滤波器可以用来检测图像中一定邻域内最暗的

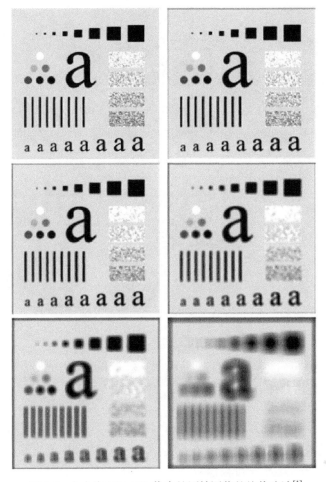

图 3.7　大小为 500×500 像素的原始图像的均值滤波[1]

从上到下、从左到右的图像分别为原始图像，边长为 3、5、9、15、35 的正方形均值滤波后的平滑图像：平滑会
使尺度与模板大小相似的细节变模糊

点，并可以减弱灰度取值高的噪声，故对消除盐噪声(高信号脉冲噪声，或孤立的亮点噪声)比较有效；中点滤波器对应于最大值滤波器与最小值滤波器的均值，它结合了排序统计和平均计算，对于消除多种随机分布的噪声如高斯噪声和均匀随机分布的噪声都比较有效。图 3.8 展示了一些排序统计滤波器的效果。

　　空间平滑滤波器还可以具有某种程度的自适应性，即自适应空间平滑滤波器[2]。它的原理是根据滤波器模板所覆盖像素集合的统计特性调节滤波器模板的大小或滤波器的计算方式。这里给出自适应中值滤波器的一种简单构造方式，它可以根据改变局部窗口内的灰度统计特性，增大或减小窗口大小并根据情况赋予更合理的赋值运算：用 f_{min}、f_{max}、f_{med} 分别表示噪声输入图像 $f(x, y)$ 在模板区域 W 中

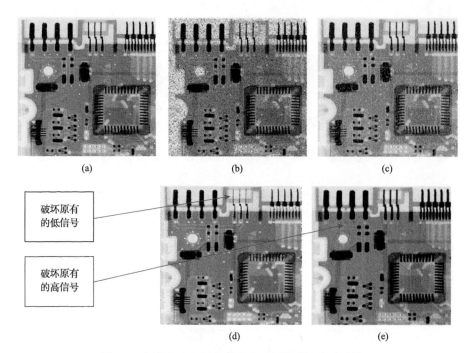

破坏原有
的低信号

破坏原有
的高信号

图 3.8　印刷电路板加椒盐噪声后的统计排序滤波效果

(a)原始图像；(b)椒噪声污染；(c)盐噪声污染；(d)3×3 模板最大值滤波对椒噪声图像(b)有抑制，但原始图像中
尺度不大于 3 的暗细节遭破坏(箭头)；(e)3×3 模板最小值滤波对盐噪声图像(c)有抑制，但原始图像中尺度不大于 3 的亮细节遭破坏(箭头)

像素灰度的最小值、最大值、中值，f_{xy} 表示噪声输入图像在像素 (x, y) 处的灰度值，S_w 表示允许模板的最大尺寸(最小尺寸为 3×3)。自适应中值滤波器在两个层次上进行处理，分别记为 A 层和 B 层。

A 层：自适应地改变模板大小。模板为边长为 n 的正方形，n 从 3 开始，增量为 2，最大值不超过 S_w，直到该模板内的 $(f_{max}-f_{min}) > g_{Th}$ 或 $n > S_w$。该步骤是在限定最大模板尺寸的条件下，找到最小的模板窗口使得该模板内的灰度差异足够大，这通常对应于灰度变化较大的区域，因为模板又尽可能地小，所以此种情况将对应于噪声的作用；当达到最大可允许的模板大小仍旧不能获得一定的灰度最大值与最小值差异时，对应于灰度均匀区域，可以假设噪声没有影响。B 层：根据 A 层确定的模板大小 n 以及灰度差异计算滤波图像，当 $(f_{max}-f_{min}) > g_{Th}$ 时，输出灰度取该模板内的灰度中值，即 $g(x, y) = f_{med}$，否则维持灰度不变，即 $g(x, y) = f(x, y)$。

图 3.9 显示了自适应中值滤波对具有椒盐噪声退化的印刷线路板图像的增强效果，它比固定尺寸的中值滤波能更好地平衡去除噪声和保留细节。

图 3.9　印刷线路板图像的中值滤波及自适应中值滤波效果

从左到右分别是受椒盐噪声退化的印刷电路板图像、7×7 中值滤波、自适应中值滤波（最大模板尺寸为 7×7，灰度阈值 $g_{Th}=(L-1)/10$）。可以看出 7×7 中值滤波能消除绝大多数的椒盐噪声，但因为模板尺寸较大而损失或破坏了一些亮的和暗的结构（箭头），而自适应中值滤波则在有细节的地方采用了最小的模板（3×3），从而能更好地保留细节

在图像空间域滤波算法中，对于高斯型噪声性能比较好的还有引导滤波（guided filter）、双边滤波（bilateral filter），以及非局部均值滤波（non-local mean, NLM）。双边滤波是一种典型的非线性局部滤波算法，在滤波过程中将空域信息与灰度信息分别作为滤波权值进行非线性组合，能够在滤除噪声的同时较好地保持图像的边缘结构特征。双边滤波定义为

$$g(x, y) = \frac{1}{w_p} \sum_{(i,j) \in N(x,y)} w_s(i, j) w_r(i, j) f(i, j) \tag{3-15}$$

其中，$N(x, y)$ 为像素点 (x, y) 的邻域像素集合；$w_s(i, j)$ 为空间域权值；$w_r(i, j)$ 为灰度域权值；w_p 为归一化参数。计算公式分别为

$$
\begin{aligned}
w_p &= \sum_{(i,j) \in N(x,y)} w_s(i, j) w_r(i, j) \\
w_s(i, j) &= \exp\left[-\frac{(i-x)^2 + (j-y)^2}{2\sigma_s^2} \right] \\
w_r(i, j) &= \exp\left[-\frac{(f(i,j) - f(x,y))^2}{2\sigma_r^2} \right]
\end{aligned}
\tag{3-16}
$$

式中，σ_s 是空间邻近度标准差；σ_r 是灰度相似度标准差。传统高斯滤波仅仅考虑了像素的空间距离而忽略了像素灰度值的变化，因此会在滤除噪声的同时造成边缘的模糊。双边滤波在传统高斯滤波器的基础上添加了邻域像素间的灰度差异权重，使得与中心像素灰度差异大的像素的加权权值变小，有效地保持了图像边缘结构。图 3.10 比较了高斯滤波与双边滤波的效果，可以看出双边滤波除了能减小原始图像中的噪声水平外，比高斯滤波能更好地保留边缘信息（尤以图像中 Lena

头发部分的细节保持为显著）。

(a)   (b)   (c)

图 3.10 Lena 图像的高斯滤波与双边滤波比较

(a) 含噪声的 Lena 图像；(b) 与 (c) 分别为高斯滤波及双边滤波的效果，其中 $\sigma_s = 3$ ，$w_r(i,j) = \dfrac{1}{1+|f(i,j)-f(x,y)|}$

引导滤波[3]是一种边缘保持平滑器，既可以有效地平滑背景细节又能保持边缘特征。引导滤波需要双输入，即输入观察图像（待滤波的图像）$f(x,y)$ 和引导图像 $I(x,y)$ 来计算输出图像 $g(x,y)$，其中在小的局部区域内让 $g(x,y)$ 的梯度与引导图像 $I(x,y)$ 的梯度呈线性关系，而线性关系的系数则由观察图像 $f(x,y)$ 与输出图像的灰度差异极小化确定，前者保持了引导图像的细节（梯度），后者则保持了原始图像的结构，因此在合理地选择引导图像的前提下能既保留输入图像的整体特征又充分获取图像的变化信息，$g(x,y) = \text{guidedFilter}(f,I,r,\varepsilon)$，其中 r 是滤波窗口的大小，ε 是正则化参数。引导滤波的重要条件是引导图像 I 与输出图像 g 之间在一个二维窗口内存在局部的线性模型。通常假设 g 是 I 在窗口 w_k 中的线性变换，其中窗口 w_k 以像素 k 为中心，大小为 $r \times r$，即

$$g_i = a_k I_i + b_k, \quad \forall i \in w_k \tag{3-17}$$

其中，g_i 和 I_i 表示像素所在的位置为 i 对应的输出和引导图像灰度值。这些像素都位于以 k 为中心的 $r \times r$ 邻域，该邻域像素集合简称为图像块 k（以像素 k 为中心的 $r \times r$ 图像块），式(3-17)表明在该图像块中，输出 g 与引导图像 I 用线性关系近似，参数 a_k 与 b_k 则是待定的参数。对式(3-17)两边取梯度，有

$$\nabla g = a_k \nabla I \tag{3-18}$$

即当引导图像 I 有边缘梯度时，输出图像 g 也有类似的边缘梯度，这正是引导滤波具有保持边缘特性的原因。

为了将输入 f 和输出 g 之间尽量保持结构相似，引导滤波通过最小化代价函

数计算线性系数 (a_k, b_k) 最优解。在窗口 w_k 中，最小化代价函数定义为

$$E(a_k, b_k) = \sum_{i \in w_k} \left[(a_k I_i + b_k - f_i)^2 + \varepsilon a_k^2 \right] \tag{3-19}$$

ε 为正则化参数，大于 0，其作用是避免出现过大的 a_k 以保持数据稳定性。式 (3-19) 的解为

$$a_k = \frac{\dfrac{1}{|w_k|} \sum_{i \in w_k} I_i f_i - \mu_k \overline{f}_k}{\sigma_k^2 + \varepsilon}, \quad b_k = \overline{f}_k - a_k \mu_k \tag{3-20}$$

其中，μ_k 和 σ_k^2 是引导图像 I 在窗口 w_k 中的均值和方差；$|w_k|$ 是窗口 w_k 中的像素数目；$\overline{f}_k$ 是输入图像 f 在窗口 w_k 中的均值。由于像素 i 被多个覆盖 i 的图像块 k 包含，在不同的窗口 w_k 中的 (a_k, b_k) 不相同，故需要对这些含有 i 的 k 窗口的 (a_k, b_k) 取平均以获得在像素位置 i 的输出

$$g_i = \frac{1}{|w_k|} \sum_{\forall k, i \in w_k} (a_k I_i + b_k) = \overline{a}_k I_i + \overline{b}_k \tag{3-21}$$

进行保持边缘的图像滤波时，通常让引导图像 I 与输入图像相等，这时有 $a_k = \dfrac{\sigma_k^2}{\sigma_k^2 + \epsilon}$，$b_k = (1 - a_k)\mu_k$，那些具有小的灰度方差（远小于 ε）的图像块被平滑，而那些具有较大的灰度方差的图像块（远大于 ε）被保留。

与双边滤波器参数的经验参数的对应：引导滤波的正则化参数 ε 对应于双边滤波的灰度相似度方差 σ_r^2，引导滤波的邻域半径 r 对应于双边滤波的空间邻近度标准差 σ_s。图 3.11 给出了双边滤波器与引导滤波器的滤波效果对比，引导滤波器能很好地解决双边滤波器的梯度反转及边缘伪影。

  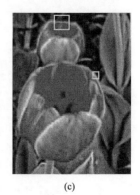

(a)　　　　　　　　　　(b)　　　　　　　　　　(c)

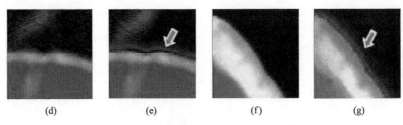

(d)　　　　　　(e)　　　　　　(f)　　　　　　(g)

图 3.11　引导滤波与双边滤波的比较[3]

(a)原始图像；(b)与(c)分别为引导滤波和双边滤波输出；(d)与(e)分别为引导滤波及双边滤波对上面小窗口图像的滤波结果(双边滤波有箭头所指的梯度反转伪影)；(f)与(g)分别为引导滤波及双边滤波对上面小窗口图像的滤波结果(双边滤波有箭头所指的边缘伪影)。参数为 $r=16$，$\varepsilon=0.1^2$，$\sigma_s=16$，$\sigma_r=0.1$

非局部均值滤波(NLM)是局部均值滤波的拓展，加权平均的像素在一个较大的窗口内(原则上可用全部图像，但考虑计算效率时，采用的是当前像素的某一个较大的窗口内，如 21×21)，权系数的计算则基于图像块(灰度图像 7×7，彩色图像 3×3)的相似性[4]。对于中心像素 p 的 21×21 窗口内(它们都对像素 p 的输出进行加权)的像素 q，权重则为 p 的图像块内的灰度分布与 q 为中心的图像块的灰度分布的相似性，即 $w(p,q)=\dfrac{1}{Z(p)}\exp\left(-\dfrac{\left\|v\left(N_p\right)-v\left(N_q\right)\right\|_2^2}{h^2}\right)$，$Z(p)=\displaystyle\sum_q\exp$

$\left(-\dfrac{\left\|v\left(N_p\right)-v\left(N_q\right)\right\|_2^2}{h^2}\right)$。其中，$h$ 是常数，控制指数衰减的速度；$v\left(N_p\right)$ 是以像素 p 为中心的图像块(大小为 7×7 或 9×9)的灰度矢量；h 取值 1.2σ。

图 3.12[4]显示了被高斯噪声污染的 Lena 图像的 NLM 滤波效果。

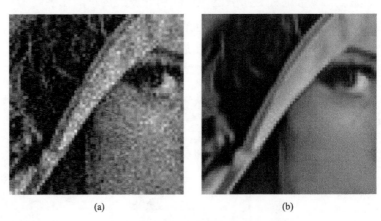

(a)　　　　　　　　　　　(b)

图 3.12　灰度图像的 NLM 效果[4]

(a)受高斯噪声污染的 Lena 图像(噪声标准差为 20)；(b)NLM 滤波效果(滤波器参数 h=24)

下面介绍空间锐化滤波器。锐化的主要目的是突出图像中的细节或者被模糊了的细节。锐化可以通过微分的数字化来实现，具体可以通过一阶微分及二阶微分来实现。一阶微分算子的构造原理是基于二维偏微分，即

$$\mathrm{d}f(x,y) = \frac{\partial f(x,y)}{\partial x}\mathrm{d}x + \frac{\partial f(x,y)}{\partial y}\mathrm{d}y \tag{3-22}$$

实际中，可用图像邻域内的差分 f_x、f_y 取代偏导数 $\dfrac{\partial f(x,y)}{\partial x}$ 与 $\dfrac{\partial f(x,y)}{\partial y}$，再利用如下公式得到锐化增强后的图像 $g(x,y)$（对应于图像灰度梯度矢量的模的计算采用 2 范数、1 范数和 ∞ 范数）。

$$g(x,y) = \sqrt{f_x^2 + f_y^2}, \text{ 或 } g(x,y) = |f_x| + |f_y|, \text{ 或 } g(x,y) = \max\{|f_x|,|f_y|\} \tag{3-23}$$

模板构造有很多方式，最常见的是 Sobel 算子、Roberts 算子及 Prewitt 算子，每个算子的 x、y 方向的模板分别记为 S_x/S_y、r_x/r_y、p_x/p_y。各自的定义如下：

$$S_x = \begin{bmatrix} -1 & 0 & 1 \\ -2 & 0 & 2 \\ -1 & 0 & 1 \end{bmatrix}, \quad S_y = \begin{bmatrix} 1 & 2 & 1 \\ 0 & 0 & 0 \\ -1 & -2 & -1 \end{bmatrix}, \quad r_x = \begin{bmatrix} 0 & 0 & 0 \\ 0 & 1 & 0 \\ 0 & 0 & -1 \end{bmatrix}, \quad r_y = \begin{bmatrix} 0 & 0 & 0 \\ 0 & 0 & 1 \\ 0 & -1 & 0 \end{bmatrix},$$

$$p_x = \begin{bmatrix} -1 & 0 & 1 \\ -1 & 0 & 1 \\ -1 & 0 & 1 \end{bmatrix}, \quad p_y = \begin{bmatrix} 1 & 1 & 1 \\ 0 & 0 & 0 \\ -1 & -1 & -1 \end{bmatrix}$$

这三个算子对 Lena 图像的锐化滤波效果见图 3.13。它们对于边缘检测的性能在图像分割章节还会进一步讨论。

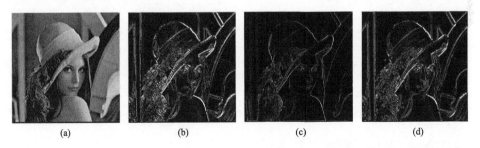

(a)　　　　　　　(b)　　　　　　　(c)　　　　　　　(d)

图 3.13　Lena 图像（a）及用 Sobel 算子（b）、Roberts 算子（c）、Prewitt 算子（d）增强的图像

基于二阶微分的图像空间锐化：从图像的细节的灰度分布特性可知，有些灰度变化特性在一阶微分上的显著性不如二阶微分，因此二阶微分提供了另一种增强细节的方式。图 3.14 展示了几种灰度截面的变化以及在一阶微分、二阶微分上的表现。

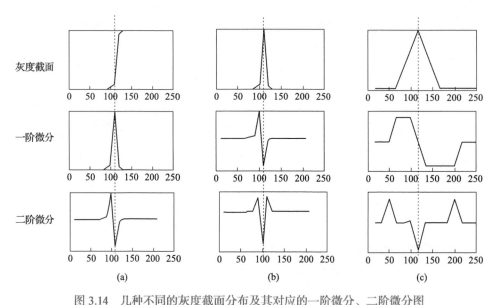

图 3.14　几种不同的灰度截面分布及其对应的一阶微分、二阶微分图

(a)阶跃形；(b)细线形；(c)斜坡渐变形。图像中的边缘在一阶微分上表现为幅值最大值附近，而在二阶微分上则表现为过零点附近。从定位性能上看，二阶微分优于一阶微分

　　二阶微分增强的常见形式是拉普拉斯算子(Laplacian operator)。其离散化可以有多种可能。一种可能是如式(3-27)所示。

$$\nabla^2 f(x,y) = \frac{\partial^2 f(x,y)}{\partial x^2} + \frac{\partial^2 f(x,y)}{\partial y^2} \tag{3-24}$$

$$\frac{\partial^2 f(x,y)}{\partial x^2} = f(x+1,y) + f(x-1,y) - 2f(x,y) \tag{3-25}$$

$$\frac{\partial^2 f(x,y)}{\partial y^2} = f(x,y+1) + f(x,y-1) - 2f(x,y) \tag{3-26}$$

$$\nabla^2 f(x,y) = f(x+1,y) + f(x-1,y) + f(x,y+1) + f(x,y-1) - 4f(x,y) \tag{3-27}$$

图 3.15 展示了几种离散化拉普拉斯算子[1]。

0	1	0
1	−4	1
0	1	0

1	1	1
1	−8	1
1	1	1

0	-1	0
-1	4	-1
0	-1	0

-1	-1	-1
-1	8	-1
-1	-1	-1

图 3.15   四种计算二阶微分的 3×3 模板

拉普拉斯算子作为微分算子，其增强效果将是强调图像中的灰度突变并抑制灰度图像变化缓慢的区域。构造增强图像的一种方式就是用原始图像减去拉普拉斯算子的绝对值，这样就间接增强了拉普拉斯算子为 0 的边缘点，即

$$g(x,y) = f(x,y) - |\nabla^2 f(x,y)| \tag{3-28}$$

图 3.16 显示了月球北极的图像及其拉普拉斯算子增强[1]。基于拉普拉斯算子的图像增强已经成为图像锐化处理的一个基本工具。

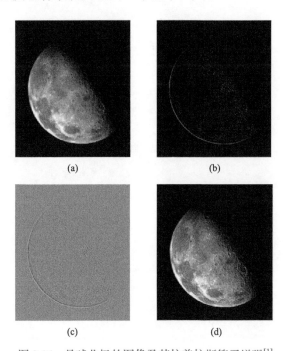

图 3.16   月球北极的图像及其拉普拉斯算子增强[1]

(a)月球北极图像；(b)拉普拉斯算子得到的滤波图像，零交叉对应于图像中的边缘点；(c)对图(b)进行线性映射，加上一个偏移量使得(b)中的负值变为 0 或正数；(d)利用式(3-28)计算基于拉普拉斯算子的增强图像，可以看出(d)比(a)的细节更清楚

3.2 数字图像的频域增强

傅里叶变换(Fourier transform)是由法国科学家 Jean-Baptiste Joseph Fourier (1768～1830)提出，起源于 Fourier 在 1807 年提交的一篇草稿，并在 Fourier 的热分析书里得到扩展[5]。

Fourier 在函数变换领域的重大贡献是指出任何周期函数都可以表示为不同频率的正弦/余弦和，是一种基函数的实现。对于非周期的函数(取值有限)也可以用正弦/余弦乘以加权函数的积分来表示，即傅里叶变换。用傅里叶变换表示的函数特征完全可以通过傅里叶逆变换来重建，且不会丢失任何信息。傅里叶变换的思想以及 20 世纪 50 年代后期快速傅里叶变换算法的发明[6]，使得傅里叶变换成为了主流的信号分析工具。

图像 $f(x, y)$ 的傅里叶变换记为 $F(u, v)$，其正变换及逆变换由式(3-29)与式(3-30)确定

$$F(u,v) = \int_{-\infty}^{\infty} \int_{-\infty}^{\infty} f(x,y) e^{-j2\pi(ux+vy)} dx dy \tag{3-29}$$

$$f(x,y) = \int_{-\infty}^{\infty} \int_{-\infty}^{\infty} F(u,v) e^{j2\pi(ux+vy)} du dv \tag{3-30}$$

其中，j 为虚数，满足 $j^2 = -1$。傅里叶变换在数学上的定义是严密的，它需要满足如下狄利克雷条件(Dirichlet condition)：具有有限个间断点、具有有限个极值点、绝对可积。

实际实现时，需要对傅里叶变换进行离散化，式(3-29)及式(3-30)离散化为

$$F(u,v) = \frac{1}{N_x N_y} \sum_{x=0}^{N_x-1} \sum_{y=0}^{N_y-1} f(x,y) e^{-2\pi j\left(\frac{ux}{N_x} + \frac{vy}{N_y}\right)} \tag{3-31}$$

$$f(x,y) = \sum_{u=0}^{N_x-1} \sum_{v=0}^{N_y-1} F(u,v) e^{2\pi j\left(\frac{ux}{N_x} + \frac{vy}{N_y}\right)} \tag{3-32}$$

傅里叶变换有很多优良的属性，尤其是频域的乘积对应于空域的卷积这个属性，通过卷积运算将频域与空域的运算联系起来。设有空域的两个函数 $f_1(x, y)$ 与 $f_2(x, y)$，它们各自的傅里叶变换分别为 $F_1(u, v)$ 与 $F_2(u, v)$，二者的频域相乘记为 $G(u, v)$，$G(u, v)$ 的傅里叶逆变换为 $g(x, y)$，即

$$G(u,v) = F_1(u,v)F_2(u,v) \Leftrightarrow g(x,y) = \text{IDIFT}(G(u,v)) = f_1(x,y) * f_2(x,y) \qquad (3\text{-}33)$$

其中，*表示卷积。频域增强的主要方式是低通滤波及高通滤波。空间域的卷积运算等价于频率域的相乘，因此频率域和图像空间域的操作可以互换以及互为解释，看何者更为方便。下面展示频率域的低通及高通滤波对应的逆变换，有助于理解其对应的空域操作。

频率域的滤波，就是设计合适的滤波器函数 $H(u,v)$，从输入图像 $f(x,y)$ 得到期望的输出图像 $g(x,y)$，而同一字母的大小写函数分别表示对应的空域函数及其傅里叶变换，即 $h(x,y)$ 与 $H(u,v)$、$f(x,y)$ 与 $F(u,v)$、$g(x,y)$ 与 $G(u,v)$。频率域的增强及其对应的空域卷积可表示为

$$G(u,v) = H(u,v)F(u,v) \Leftrightarrow g(x,y) = f(x,y) * h(x,y) \qquad (3\text{-}34)$$

频率域滤波器的设计对应于设计合适的 $H(u,v)$ 函数，而式(3-34)表示输出 $G(u,v)$ 是输入 $F(u,v)$ 与 $H(u,v)$ 相乘而得到，因此通常又将 $H(u,v)$ 称为传递函数。

先介绍平滑的频率域低通滤波器(smoothing frequency-domain low-pass filters)。图像中的边缘和其他灰度变化大的点或区域在图像的灰度级中主要处于傅里叶变换的高频部分，如图 3.17 所示。因此，图像的平滑或模糊化可以通过衰减图像傅里叶变换的高频成分来实现。这里介绍三种低通滤波器，分别是理想低通滤波器、巴特沃思(Butterworth)低通滤波器和高斯低通滤波器。

理想低通滤波器的传递函数将截断傅里叶变换的所有高频成分，即

$$H(u,v) = \begin{cases} 1, & D(u,v) \leqslant D_0 \\ 0, & D(u,v) > D_0 \end{cases} \qquad (3\text{-}35)$$

其中，D_0 是指定的非负数值(也称截止频率)；$D(u,v)$ 是 (u,v) 点距离频率中心或原点的距离(即 $D(u,v) = \sqrt{u^2 + v^2}$)。该滤波器的傅里叶逆变换波形见图 3.18(a)，有振铃效应(ringing effect)。

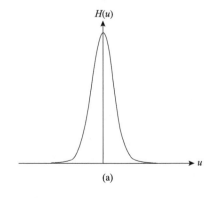

(a)

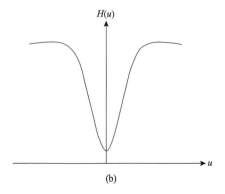

(b)

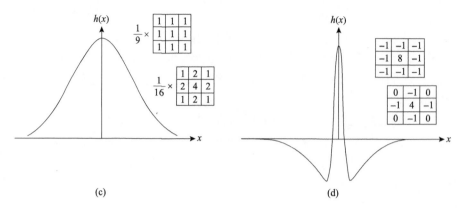

图 3.17　低通滤波器与高通滤波器

(a)频率域高斯低通滤波器及(c)对应的空间低通滤波器；(b)频率域高斯高通滤波器及(d)对应的空间高通滤波器

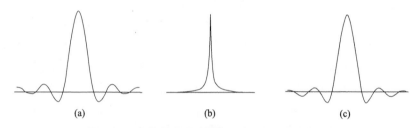

图 3.18　理想低通滤波器与巴特沃思低通滤波器

(a)理想低通滤波器对应的空域特性；(b)没有振铃的巴特沃思低通滤波器($D_0=5$ 和 $n=1$)；(c)有振铃的巴特沃思低通滤波器($D_0=5$ 和 $n=20$)

巴特沃思低通滤波器的频域传递函数由式(3-36)定义，即

$$H(u,v) = \frac{1}{1 + \left(D(u,v)/D_0\right)^{2n}} \tag{3-36}$$

其中，$D(u,v)$ 及 D_0 的意义同上；n 为正数，表示巴特沃思低通滤波器的阶数。该滤波器的傅里叶逆变换波形见图 3.18(b)和(c)，分别对应于 $D_0=5$ 和 $n=1$（图 3.18(b)无振铃）及 $D_0=5$ 和 $n=20$（图 3.18(c)有振铃）。

高斯低通滤波器的频域传递函数由式(3-37)定义，即

$$H(u,v) = e^{-D^2(u,v)/\left(2D_0^2\right)} \tag{3-37}$$

高斯低通滤波器没有振铃(取值全部为非负)。

图 3.19 展示了含有较多细节的原始图像及对应的三种平滑滤波效果。在平滑滤波时，要考虑没有振铃效应、抑制噪声并保留期望尺度下的细节。

 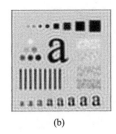 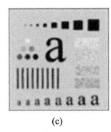 

(a)　　　　　　　　(b)　　　　　　　　(c)　　　　　　　　(d)

图 3.19　三种低通滤波器的效果

(a)原始图像；(b)截止频率 D_0 为 30 的理想低通滤波器滤波(振铃严重)；(c)巴特沃思低通滤波滤波($D_0=30$，$n=2$，
依然有振铃)；(d)截止频率为 230 的高斯低通滤波(无振铃)

下面介绍频率域的高通滤波器。与频率域的低通滤波器相似，高通滤波器也有对应的三种形式，即理想高通滤波器、巴特沃思高通滤波器及高斯高通滤波器。理想高通滤波器的传递函数为

$$H(u,v)=\begin{cases} 0, & D(u,v) \leqslant D_0 \\ 1, & D(u,v) > D_0 \end{cases} \tag{3-38}$$

其中，D_0 及 $D(u,v)$ 的意义同前。该滤波器的空间域形状见图 3.20(a)，有振铃效应。一个频域滤波器 $H(u,v)$ 的空间域表达式这样求取：①用 $(-1)^{u+v}$ 乘以 $H(u,v)$ 以中心化；②计算其傅里叶逆变换；③将傅里叶逆变换实部乘以 $(-1)^{x+y}$。

巴特沃思高通滤波器的频域传递函数由式(3-39)定义，即

$$H(u,v)=\frac{1}{1+\left(D(u,v)/D_0\right)^{-2n}} \tag{3-39}$$

其中，$D(u,v)$ 及 D_0 的意义同上；n 为正数，表示巴特沃思低通滤波器的阶数。该滤波器的空间域形状见图 3.20(b)(有轻微的振铃效应)，选择合适的参数可以避免振铃。

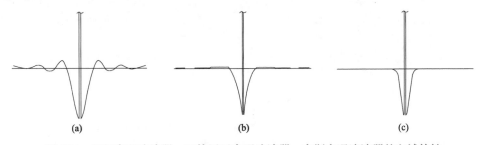

(a)　　　　　　　　　　(b)　　　　　　　　　　(c)

图 3.20　理想高通滤波器、巴特沃思高通滤波器、高斯高通滤波器的空域特性

(a)理想高通滤波器对应的空域特性(有明显的振铃效应)；(b)有轻微振铃效应的巴特沃思高通滤波器的空域特性；
(c)没有振铃效应的高斯高通滤波器的空域特性

高斯高通滤波器的频域传递函数由式(3-40)定义，即

$$H(u,v) = 1 - e^{-D^2(u,v)/(2D_0^2)}$$ (3-40)

高斯高通滤波器没有振铃(取值全部为非负)。该滤波器的空间域形状波形见图 3.20(c)。

图 3.21 展示了含有较多细节的原始图像及对应的三种高通滤波效果。在高通滤波时,要考虑没有振铃效应、增强一定尺度下的边缘或细节。

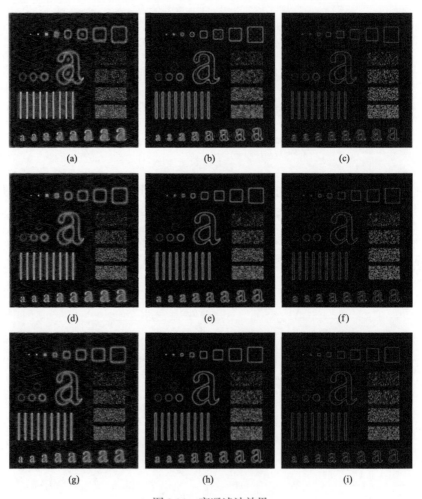

图 3.21　高通滤波效果

(a)(b)(c)分别是截止频率 D_0 为 15、30 和 80 的理想高通滤波器滤波效果,其中(a)与(b)中的振铃效应严重;(d)(e)(f)分别是 D_0 为 15、30 和 80 的 2 阶巴特沃思高通滤波器滤波效果,比(a)(b)(c)平滑些,(d)依然有明显的振铃;(g)(h)(i)分别是 D_0 为 15、30 和 80 的高斯高通滤波器滤波效果,没有振铃效应。可以看出,在相同的截止频率下,高斯高通滤波器的效果好于巴特沃思高通滤波器,巴特沃思高通滤波器的效果好于理想高通滤波器

频率域的图像增强除了前面介绍的抑制低频的高通滤波、抑制高频的低通滤

波器外,还有一种减弱低频而增强高频的滤波,即同态滤波(homomorphic filtering)。图像 $f(x, y)$ 可表达为照度分量(illumination) $i(x, y)$ 和反射分量(reflectance) $r(x, y)$ 两部分的乘积, 即

$$f(x, y) = i(x, y) \times r(x, y) \tag{3-41}$$

$$z(x, y) = \ln(f(x, y)) \tag{3-42}$$

结合上述两公式得到

$$Z(u, v) = F_i(u, v) + F_r(u, v) \tag{3-43}$$

其中, $F_i(u, v)$ 和 $F_r(u, v)$ 是 $\ln(i(x, y))$ 和 $\ln(r(x, y))$ 的傅里叶变换。如果在频率域利用滤波函数 $H(u, v)$ 对 $Z(u, v)$ 进行滤波, 则有

$$S(u, v) = H(u, v) \times Z(u, v) \tag{3-44}$$

对式(3-44)求取傅里叶逆变换,并将 $F_i(u, v)H(u, v)$ 及 $F_r(u, v)H(u, v)$ 的傅里叶逆变换分别记为 $i'(x, y)$ 与 $r'(x, y)$, 则有

$$s(x, y) = i'(x, y) + r'(x, y) \tag{3-45}$$

因为 $s(x, y)$ 是对原始图像 $f(x, y)$ 取对数后的增强, 取指数即可得到增强后的原始图像, 即

$$g'(x, y) = \exp(s(x, y)) = \exp(i'(x, y) + r'(x, y)) = i_0(x, y) \times r_0(x, y) \tag{3-46}$$

$$i_0(x, y) = \exp(i'(x, y)), \quad r_0(x, y) = \exp(r'(x, y)) \tag{3-47}$$

采用上述流程的增强方法可归结为图 3.22,这是同态滤波的一种特例。在这个特殊应用中,方法的关键是通过取对数将照射分量和反射分量分开。同态滤波函数 $H(u, v)$ 能分别对照射分量和反射分量分别进行操作。

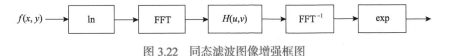

$$f(x, y) \longrightarrow \boxed{\ln} \longrightarrow \boxed{\text{FFT}} \longrightarrow \boxed{H(u, v)} \longrightarrow \boxed{\text{FFT}^{-1}} \longrightarrow \boxed{\exp} \longrightarrow$$

图 3.22　同态滤波图像增强框图

　　图像照射分量通常以空间域的慢变化为特征,而反射分量往往会在不同物体的连接部分呈现较大变化,这些特征导致图像取对数后的傅里叶变换的低频成分与照度分量相联系,而高频成分与反射分量相联系。虽然这些联系只是一种近似,

但这种物理解释有助于找到问题的解决方案。此外这种求对数然后取指数的思路，可以解决乘性噪声抑制问题。同态滤波的核心思想是：在增强高频成分的同时，并不去除低频成分，而是减弱低频成分。具体地，可以通过设计合适的传递函数 $H(u, v)$ 来实现。一种常见的同态滤波的实现方式是这样定义

$$H_{\text{homo}}(u,v) = (C_H - C_L)H_{\text{high}}(u,v) + C_L \tag{3-48}$$

其中，C_H 及 C_L 是两个常数，$C_H>1$、$0<C_L<1$；$H_{\text{high}}(u, v)$ 为一个高通滤波器，常取为高斯高通滤波器。由(3-48)可知，在低频段，$H_{\text{homo}}(u,v)$ 趋近于 C_L，随着频率的增加 $H_{\text{homo}}(u,v)$ 逐步增加，其上限是 C_H。因此该滤波器是削弱但不消除低频、增强高频，C_H/C_L 越大则对低频的削弱越严重，当 C_L 为 0 时该滤波器等价于高通滤波器。图 3.23 展示了同态滤波对暗细节的增强效果。

(a)   (b)

图 3.23   同态滤波对暗细节的增强效果[1]

(a)原始图像；(b)同态滤波后的图像(C_L=0.5，C_H=2.0)。可以看出，暗/亮区域内的细节得到了增强，但变换后的灰度范围缩小了

3.3   其他变换域的数字图像增强

变换域图像增强除了最常用的频率域外，还包括早期的一些图像变换(如离散余弦变换、沃尔什变换、阿达马变换)以及在频率域基础上发展出来的基于小波变换的图像增强。

数字图像处理中常用的正交变换除了傅里叶变换之外，还有余弦变换。与离散傅里叶变换需要进行复数的运算不同，离散余弦变换(discrete cosine transform, DCT)只需要进行实数的运算，在运算的资源(运算时间、计算机存储资源)方面更高效，因此它广泛用于语音和图像的压缩。离散余弦变换的正变换及逆变换由下式给出

$$F(u,v) = \sum_{x=0}^{N_x-1} \sum_{y=0}^{N_y-1} f(x,y) \left[a(u)\cos\left(\frac{(2x+1)u\pi}{2N_x}\right) \right] \left[b(v)\cos\left(\frac{(2y+1)v\pi}{2N_y}\right) \right] \quad (3\text{-}49)$$

$$f(x,y) = \sum_{u=0}^{N_x-1} \sum_{v=0}^{N_y-1} F(u,v) \left[a(u)\cos\left(\frac{(2x+1)u\pi}{2N_x}\right) \right] \left[b(v)\cos\left(\frac{(2y+1)v\pi}{2N_y}\right) \right] \quad (3\text{-}50)$$

与基于傅里叶变换的图像增强类似，基于离散余弦变换的图像增强可以利用式 (3-34) 通过合适的传递函数 $H(u,v)$ 的设计而实现，尽管现实中离散傅里叶变换的主要用途是图像压缩。

沃尔什变换 (Walsh transform) 是另外一种更为简化的变换 (变换矩阵简单，矩阵元素只取 1 或 –1)，占用存储空间少，产生容易，有快速算法，在大量数据需要实时处理的图像处理任务中得到广泛应用。以 $b_k(z)$ 表示 z 的二进制表达中的第 k 位 (从 0 位开始数)，它为 1 或 0，则输入图像 $f(x,y)$ 的沃尔什变换记为 $W(u,v)$，n 为二进制数的位数。正变换及逆变换公式如下：

$$W(u,v) = \frac{1}{\sqrt{N_xN_y}} \sum_{x=0}^{N_x-1} \sum_{y=0}^{N_y-1} f(x,y) \prod_{i=0}^{n-1} (-1)^{[b_i(x)b_{n-1-i}(u)+b_i(y)b_{n-1-i}(v)]} \quad (3\text{-}51)$$

$$f(x,y) = \frac{1}{\sqrt{N_xN_y}} \sum_{u=0}^{N_x-1} \sum_{v=0}^{N_y-1} W(u,v) \prod_{i=0}^{n-1} (-1)^{[b_i(x)b_{n-1-i}(u)+b_i(y)b_{n-1-i}(v)]} \quad (3\text{-}52)$$

阿达马变换 (Hadamard transform) 也叫做沃尔什-阿达马变换，与沃尔什变换十分相似，输入图像 $f(x,y)$ 的阿达马变换记为 $H(u,v)$，正变换及逆变换公式如下：

$$H(u,v) = \frac{1}{\sqrt{N_xN_y}} \sum_{x=0}^{N_x-1} \sum_{y=0}^{N_y-1} f(x,y) \prod_{i=0}^{n-1} (-1)^{[b_i(x)b_i(u)+b_i(y)b_i(v)]} \quad (3\text{-}53)$$

$$f(x,y) = \frac{1}{\sqrt{N_xN_y}} \sum_{u=0}^{N_x-1} \sum_{v=0}^{N_y-1} H(u,v) \prod_{i=0}^{n-1} (-1)^{[b_i(x)b_i(u)+b_i(y)b_i(v)]} \quad (3\text{-}54)$$

从信号处理角度来看，傅里叶变换将函数分解成了不同频率的三角波，是一个伟大的发现；但是在大量的应用中，傅里叶变换的局限性日趋明显。主要有两大缺陷：第一个缺陷就是，傅里叶变换没有局部特征，即时域的变换需要用频域大量的三角波去拟合；第二个缺陷就是，对于非平稳信号，傅里叶变换虽然可以看到是由哪些频率组成，但是不知道各成分对应的时刻是什么，这样就导致时域相差很大的两个信号对应于相同的频谱图 (图 3.24)。然而平稳信号大多是人为制造出来的，自然界的大量信号几乎都是非平稳的，因此寻求对傅里叶变换的改进以更好地刻画信号的局部性及非平稳性就意义重大，小波变换应运而生。

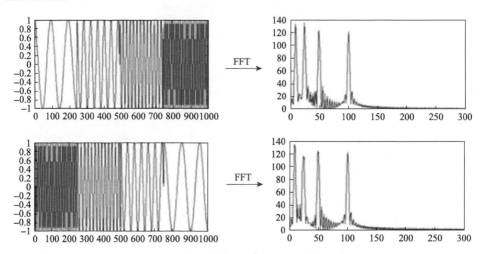

图 3.24　非平稳信号的傅里叶变换的缺陷

不能区分不同时刻的时域特性，只能反映总体的频率成分，图中时域特性的平移(左图)却对应于相同的傅里叶变换(右图)

小波变换(wavelet transform)：从信号处理的角度来讲，小波变换是强有力的时频分析/处理工具，是在克服傅里叶变换缺点的基础上发展而来的。从数学的角度讲，小波是构造函数空间正交基的基本单元，它是在能量有限空间 $L^2(\mathbb{R})$ 上满足允许条件的函数。一个信号从数学的角度讲，可以看做为自变量为时间 t 的函数 $s(t)$，信号能量有限的含义是

$$\int_{-\infty}^{\infty} |s(t)|^2 \, \mathrm{d}t = 0 \tag{3-55}$$

满足条件(3-55)的所有函数的集合就形成 $L^2(\mathbb{R})$。二维图像是定义在 $L^2(\mathbb{R}^2)$ 上的函数。一般地，$L^2(\mathbb{R})$ 上的任意函数 $s(t)$ 可以实现对一组标准正交基 $b_i(t)$ 的正交分解，即

$$s(t) = \sum_{i=1}^{\infty} c_i b_i(t) \tag{3-56}$$

其中，

$$c_i = \langle s(t), b_i(t) \rangle = \int_{-\infty}^{\infty} s(t) b_i(t) \mathrm{d}t \tag{3-57}$$

$$\langle b_k(t), b_l(t) \rangle = \int_{-\infty}^{\infty} b_k(t) b_l(t) \mathrm{d}t = \delta_{kl}, \quad k, l \text{为正整数} \tag{3-58}$$

对于给定信号 $s(t)$，关键是选择合适的基 $b_i(t)$，使得 $s(t)$ 在这组基下具有期望的特性，前面介绍了的沃尔什变换、傅里叶变换以及这里介绍的小波变换都是正交变换。为克服傅里叶变换的局限性，我们需要这样的数学工具：既能在时域很好地刻画信号的局部性，又能在频域反映信号的局部性。历经数学家的探索，创造的数学工具就是"小波"。从数学分解的角度，期望构造的另一个比 sint 更合适的基函数 $\psi(t)$，满足以下三个特性：第一，任何复杂的信号 $s(t)$ 都能由一个母函数 $\psi(t)$ 经过伸缩和平移产生的基的线性组合表示；第二，信号用新的基展开的系数要能反映出信号在时域上的局部化特性；第三，新的基函数 $\psi(t)$ 及其伸缩平移要比三角基 sint 更好地匹配非平稳信号。历史上，Haar 第一个找到了这样的基函数，这就是著名的 Haar 小波：

$$\psi_{\mathrm{Harr}}(t) = \begin{cases} 1, & t \in [0, 0.5) \\ -1, & t \in [0.5, 1) \end{cases} \tag{3-59}$$

数学上已经证明，$\{ 2^j \psi_{\mathrm{Harr}}(2^j t - k) | j, k \text{为正整数} \}$ 构成 $L^2(\mathbb{R})$ 的一个规范正交基。以下给出严格的数学定义。

定义：函数 $\psi(t) \in L^2(\mathbb{R})$ 称为基本小波，如果它满足以下的允许条件，即

$$C_\psi = \int_{-\infty}^{\infty} \frac{|\Psi(\omega)|}{|\omega|} \mathrm{d}\omega < \infty \tag{3-60}$$

其中，$\Psi(\omega)$ 是 $\psi(t)$ 的傅里叶变换。$\psi(t)$ 又称为母小波，因为其伸缩、平移可构成 $L^2(\mathbb{R})$ 的一个标准正交基。

$$\psi_{a,b}(t) = a^{-0.5} \psi\left(\frac{t-b}{a} \right), \quad a \in \mathbb{R}^+, b \in \mathbb{R} \tag{3-61}$$

与傅里叶变换一样，连续小波变换可以定义为函数与小波基的内积，即

$$\left(W_\psi s \right)(a, b) = \left\langle s(t), \psi_{a,b}(t) \right\rangle \tag{3-62}$$

将 a 与 b 离散化，令

$$a = 2^{-j}, \quad b = 2^{-j} k, \quad j, k \in \mathbb{Z} \tag{3-63}$$

可得离散小波变换

$$\left(DW_\psi s \right)(j, k) = \left\langle s(t), \psi_{j,k}(t) \right\rangle \tag{3-64}$$

$$\psi_{j,k}(t) = 2^{\frac{j}{2}}\psi\left(2^j t - k\right), \quad j,k \in \mathbb{Z} \tag{3-65}$$

信号 $s(t)$ 的小波分解公式展开为

$$s(t) = \sum_{j=1}^{\infty}\sum_{k=1}^{\infty} c_{j,k}\psi_{j,k}(t) \tag{3-66}$$

$$c_{j,k} = \left\langle s(t), \psi_{j,k}(t)\right\rangle \tag{3-67}$$

有别于傅里叶变换只有一个频率参数，小波变换有两个参数 j 与 k。$s(t)$ 对应于固定 j 的分量记为 $s_j(t)$，对应于

$$s_j(t) = \sum_{k=1}^{\infty} c_{j,k}\psi_{j,k}(t) \tag{3-68}$$

式 (3-68) 表示的就是固定参数 j（尺度参数，类似于频率概念）时，输入信号在该固定尺度上的投影。对 (3-68) 用逐步变小的尺度更精细地观察并叠加，从而得到最终的 $s(t)$，且对于增大的 j，$s_j(t)$ 求和的相邻项的平移量逐步变小，亦即高频成分（较大的 j）采用的是逐渐精细的取样步长 (2^{-j})，从而聚焦到 $s(t)$ 的细节，所以小波变换又称为"数学显微镜"。

除了最早的 Harr 小波，著名的小波还包括 Daubechies 小波、Coiflets 小波、Symlets 小波、Morlet 小波、Mexican hat 小波及 Meyer 小波。图 3.25~图 3.28 给出了这些小波的波形。

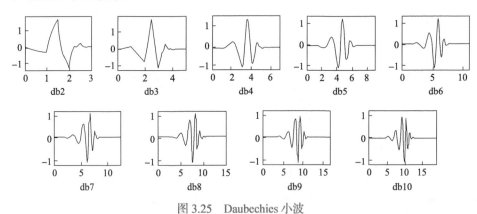

图 3.25　Daubechies 小波

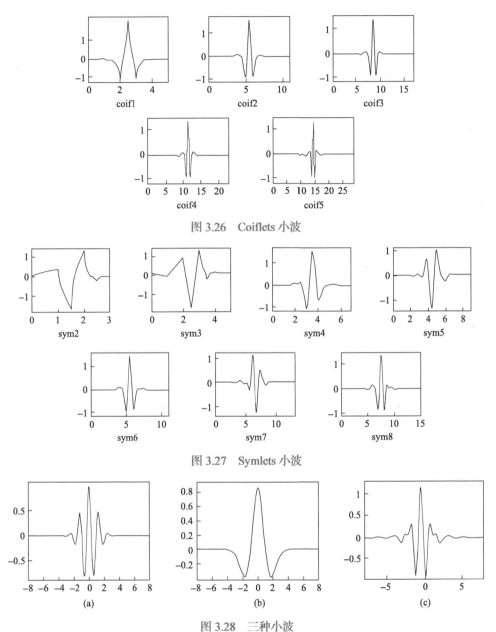

图 3.26　Coiflets 小波

图 3.27　Symlets 小波

图 3.28　三种小波

(a) Morlet 小波；(b) Mexican hat 小波；(c) Meyer 小波

　　离散小波实现的有效方法是使用低通与高通滤波器。1989 年，Mallat[7]提出了图像的小波多分辨率分析(multi-resolution analysis, MRA)。对于一维实值连续、能量有限信号 $s(t)$，能够被分解为正交的小波函数 $\psi(t)$ 与尺度函数 $\varphi(t)$ 的组合

$$s(t) = \sum_{k=-\infty}^{\infty} c(n)\varphi(t-k) + \sum_{j=0}^{\infty} \sum_{k=-\infty}^{\infty} d(j,k) 2^{\frac{j}{2}} \psi\left(2^j t - k\right) \tag{3-69}$$

尺度系数 $c(k)$ 和小波系数 $d(j,k)$ 可以通过 $s(t)$ 与各正交基的内积得到，即

$$c(k) = \int_{-\infty}^{\infty} s(t)\varphi(t-k)\mathrm{d}t, \ d(j,k) = 2^{j/2} \int_{-\infty}^{\infty} s(t)\psi\left(2^j t - k\right)\mathrm{d}t \tag{3-70}$$

尺度系数和小波系数通过在不同时刻(时间平移)度量对应信号的频率特性(尺度因子 j)，提供了一种时频分析信号的能力。一维尺度函数 $\varphi(t)$、小波函数 $\psi(t)$、低通滤波器 $h(t)$ 和高通滤波器 $g(t)$ 满足二尺度方程，它们揭示了相邻两级之间尺度函数和小波函数的相互关系:

$$\varphi(t) = \sqrt{2}\sum_k h(k)\varphi(2t-k), \ \psi(t) = \sqrt{2}\sum_k g(k)\varphi(2t-k), \ g(k) = (-1)^{k-1}h(1-k)$$

$$\tag{3-71}$$

二维可分离的尺度函数 $\varphi(x,y)$ 和三个可分离的方向敏感小波 ψ^{H}、ψ^{V}、ψ^{D} 由下式定义:

$$\varphi(x,y) = \varphi(x)\varphi(y), \quad \psi^{\mathrm{H}}(x,y) = \psi(x)\varphi(y),$$
$$\psi^{\mathrm{V}}(x,y) = \varphi(x)\psi(y), \quad \psi^{\mathrm{D}}(x,y) = \psi(x)\psi(y) \tag{3-72}$$

以 LL 记低频分量、LH 记水平细节、HL 记垂直细节、HH 记对角方向细节，则图像的多分辨率分解就是不断地将不同尺度上的 LL 分量进行分解。图 3.29 显示了图像的三层分解示意图。

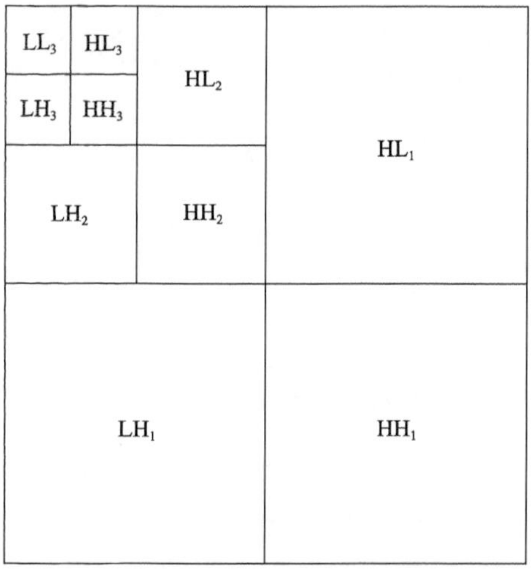

图 3.29　图像的小波三层分解示意图

一层分解对应于：LL_1、LH_1、HL_1 与 HH_1；二层分解就是在一层分解的基础上进一步地对 LL_1 进行分解，即将 LL_1 分解为 LL_2、LH_2、HL_2 与 HH_2；三层分解就是在二层分解的基础上更进一步地将 LL_2 分解成 LL_3、LH_3、HL_3 级 HH_3。该分解可以递归地持续下去，一般地，k 层分解 $(k \geqslant 2)$ 将有一个低频分量(对应于输入图像的总体粗略估计，分辨率为输入图像的 $2^{-(k-1)}$)，以及 $3 \times k$ 个高频细节；在第 j 层 $(j < k)$，对应的分辨率为输入图像的 $2^{-(j-1)}$，在该分辨率下的细节 LH_j、HL_j 及 HH_j。对于输入图像 $f(x,y)$，第 k 层近似 LL_k 或 $C_k^L f(x,y)$ 及三个细节 C_k^V、C_k^H 和 C_k^D 的计算公式如下：

$$C_k^L f(x,y) = \left\langle f(x,y),\ 2^{-k}\varphi\left(2^{-k}x - n_1\right)2^{-k}\varphi\left(2^{-k}y - n_2\right)\right\rangle \tag{3-73}$$

$$C_k^V f(x,y) = \left\langle f(x,y),\ 2^{-k}\varphi\left(2^{-k}x - n_1\right)2^{-k}\psi\left(2^{-k}y - n_2\right)\right\rangle \tag{3-74}$$

$$C_k^H f(x,y) = \left\langle f(x,y),\ 2^{-k}\psi\left(2^{-k}x - n_1\right)2^{-k}\varphi\left(2^{-k}y - n_2\right)\right\rangle \tag{3-75}$$

$$C_k^D f(x,y) = \left\langle f(x,y),\ 2^{-k}\psi\left(2^{-k}x - n_1\right)2^{-k}\psi\left(2^{-k}y - n_2\right)\right\rangle \tag{3-76}$$

各层小波系数计算中，L、H、V、D 分别表示低频、水平、垂直、对角方向细节。有

$$C_0^L(m,n) = C(m,n) \tag{3-77}$$

式中，$C(m,n)$ 为原始输入图像。与前面一样，$h(\cdot)$ 与 $g(\cdot)$ 分别为小波分解低通与高通滤波器，而 $h_r(\cdot)$ 与 $g_r(\cdot)$ 分别为小波重建的低通与高通滤波器。多分辨率分解与重建的关系见图 3.30(第 j 层小波系数的分解与重建)。多分辨率分解系数计算如下，重建式如 (3-82) 所示：

$$C_k^L(i,j) = \sum_m \sum_n C_{k-1}^L(m,n)h(m-2i)h(n-2j) \tag{3-78}$$

$$C_k^H(i,j) = \sum_m \sum_n C_{k-1}^H(m,n)g(m-2i)h(n-2j) \tag{3-79}$$

$$C_k^V(i,j) = \sum_m \sum_n C_{k-1}^V(m,n)h(m-2i)g(n-2j) \tag{3-80}$$

$$C_k^D(i,j) = \sum_m \sum_n C_{k-1}^D(m,n)g(m-2i)g(n-2j) \tag{3-81}$$

$$C_{k-1}^{L}(i,j) = \sum_{m}\sum_{n} C_{k}^{L}(m,n)h_{\mathrm{r}}(i-2m)h_{\mathrm{r}}(j-2n)$$
$$+ \sum_{m}\sum_{n} C_{k}^{H}(m,n)g_{\mathrm{r}}(i-2m)h_{\mathrm{r}}(j-2n)$$
$$+ \sum_{m}\sum_{n} C_{k}^{V}(m,n)h_{\mathrm{r}}(i-2m)g_{\mathrm{r}}(j-2n) \qquad (3\text{-}82)$$
$$+ \sum_{m}\sum_{n} C_{k}^{D}(m,n)g_{\mathrm{r}}(i-2m)g_{\mathrm{r}}(j-2n)$$

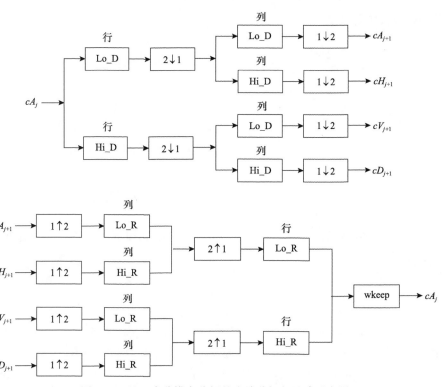

图 3.30 基于多分辨率分析的小波分解与重建示意图

cA_j 表示第 j 层的低频小波系数，0 层为原始图像，对应于式 (3-77) 的 $C_0^{L}(m,n)$；cH_{j+1}、cV_{j+1}、cD_{j+1} 分别为第 $j+1$ 层的 H、V、D 细节；Lo_D、Hi_D 对应于小波分解的低频与高频滤波器，对应于 $h(\cdot)$ 与 $g(\cdot)$；Lo_R、Hi_R 对应于小波重建的低频与高频滤波器，对应于 $h_{\mathrm{r}}(\cdot)$ 与 $g_{\mathrm{r}}(\cdot)$；wkeep 表示求和；2↑1 及 2↓1 表示上采样及下采样

常见的小波函数的 Daubechies 小波、Symlets 小波、Coiflets 小波的低通及高通滤波器 (包括分解滤波器 h、g 及重建滤波器 h_{r}、g_{r}) 请参阅文献 [8] 的附录 A、B、C，其中 n 是滤波器的系数个数，p 为小波函数的衰减指数 (vanishing moment)，如 p 为 2 则表明

$$\int_{-\infty}^{\infty} t^{p}\psi(t)\mathrm{d}t = 0 \qquad (3\text{-}83)$$

其中系数关系满足

$$g(n) = (-1)^n h(T+1-n), \quad h_r(n) = h(T+1-n),$$
$$g_r(n) = g(T+1-n) \tag{3-84}$$

其中，T 是滤波器非零系数的个数，这些系数在表中的索引值以 1 开始计数。因此滤波系数可以由低通滤波器 h 唯一确定。但在重建与分解时，系数的索引值则从 0 开始计数。

对于 Harr 小波，其低通及高通滤波器系数为 $h[0]=h[1]=\dfrac{1}{\sqrt{2}}$，$g[0]=\dfrac{1}{\sqrt{2}}$，$g[1]=-\dfrac{1}{\sqrt{2}}$。则根据式 (3-78) ～式 (3-81)，有 $C_{k+1}^{L}(m,n)=\dfrac{1}{2}\Big[C_k^{L}(2m,2n)+C_k^{L}(2m+1,2n)+C_k^{L}(2m,2n+1)+C_k^{L}(2m+1,2n+1)\Big]$，等价于 $\dfrac{1}{2}\begin{bmatrix}1 & 1\\1 & 1\end{bmatrix}$ 对 $\begin{bmatrix}C_k^{L}(2m,2n) & C_k^{L}(2m+1,2n)\\C_k^{L}(2m,2n+1) & C_k^{L}(2m+1,2n+1)\end{bmatrix}$ 的卷积。类似地，可得到 $C_{k+1}^{H}(m,n)$、$C_{k+1}^{V}(m,n)$、$C_{k+1}^{D}(m,n)$ 的等价矩阵 $\dfrac{1}{2}\begin{bmatrix}1 & -1\\1 & -1\end{bmatrix}$、$\dfrac{1}{2}\begin{bmatrix}1 & 1\\-1 & -1\end{bmatrix}$、$\dfrac{1}{2}\begin{bmatrix}1 & -1\\-1 & 1\end{bmatrix}$；重构公式为（重建滤波系数与分解滤波系数相同）$m$ 与 n 均为偶数

$$C_k^{L}(m,n)=\frac{1}{2}\left[C_{k+1}^{L}\left(\frac{m}{2},\frac{n}{2}\right)+C_{k+1}^{V}\left(\frac{m}{2},\frac{n}{2}\right)+C_{k+1}^{H}\left(\frac{m}{2},\frac{n}{2}\right)+C_{k+1}^{D}\left(\frac{m}{2},\frac{n}{2}\right)\right]$$

m 为偶数，n 为奇数

$$C_k^{L}(m,n)=\frac{1}{2}\left[C_{k+1}^{L}\left(\frac{m}{2},\frac{n-1}{2}\right)-C_{k+1}^{V}\left(\frac{m}{2},\frac{n-1}{2}\right)+C_{k+1}^{H}\left(\frac{m}{2},\frac{n-1}{2}\right)-C_{k+1}^{D}\left(\frac{m}{2},\frac{n-1}{2}\right)\right]$$

m 为奇数，n 为偶数

$$C_k^{L}(m,n)=\frac{1}{2}\left[C_{k+1}^{L}\left(\frac{m-1}{2},\frac{n}{2}\right)+C_{k+1}^{V}\left(\frac{m-1}{2},\frac{n}{2}\right)-C_{k+1}^{H}\left(\frac{m-1}{2},\frac{n}{2}\right)-C_{k+1}^{D}\left(\frac{m-1}{2},\frac{1}{2}\right)\right]$$

m 与 n 均为奇数

$$C_k^{L}(m,n)=\frac{1}{2}\left[C_{k+1}^{L}\left(\frac{m-1}{2},\frac{n-1}{2}\right)-C_{k+1}^{V}\left(\frac{m-1}{2},\frac{n-1}{2}\right)-C_{k+1}^{H}\left(\frac{m-1}{2},\frac{n-1}{2}\right)+C_{k+1}^{D}\left(\frac{m-1}{2},\frac{n-1}{2}\right)\right]$$

例 3.1　以 Harr 小波为例，展示一幅 4×4 图像的分解与重构，原图像为

$$C_0^L = \begin{bmatrix} 13 & 14 & 15 & 16 \\ 23 & 24 & 25 & 26 \\ 20 & 21 & 22 & 23 \\ 19 & 18 & 17 & 16 \end{bmatrix}$$

解　一阶分解分别为 $C_1^L = \begin{bmatrix} 37 & 41 \\ 39 & 39 \end{bmatrix}$、$C_1^V = \begin{bmatrix} -10 & -10 \\ 2 & 6 \end{bmatrix}$、$C_1^H = \begin{bmatrix} -1 & -1 \\ 0 & 0 \end{bmatrix}$、

$C_1^D = \begin{bmatrix} 0 & 0 \\ -1 & -1 \end{bmatrix}$。由 C_1^t 重建 C_0^L，结果记为 c_0，重建结果 c_0 与原始图像 C_0^L 完全一样。

Harr 小波是唯一不需要对原图像进行延拓而完全重建的小波。

小波去噪的理论依据是，小波变换具有很强的数据去相关性，能够使信号的能量集中在少量大的小波系数中，噪声分布在整个小波域并对应于大量数值小的小波系数，小波分解后信号的小波系数的幅值要大于噪声的小波系数的幅值。常见的方法之一是阈值去噪，其思想就是对小波分解后的除了最低频以外的各层系数的模进行阈值化(小于阈值的设为 0)，然后再利用阈值化后的小波系数重建出去噪后的图像。图 3.31 显示了带噪声的 CT 头颅图像的阈值去噪及重建。

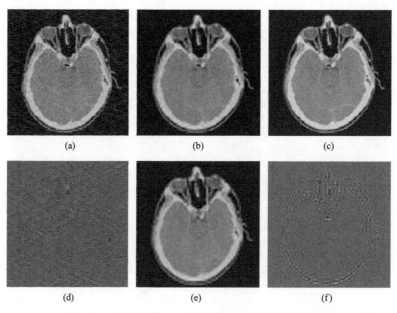

(a)　　　　　　　(b)　　　　　　　(c)

(d)　　　　　　　(e)　　　　　　　(f)

图 3.31　带噪声的 CT 头颅图像的阈值去噪及重建[1]

(a)带噪声的 CT 头颅图像；(b)采用四阶对称小波 Symlets 小波(其对应的分解与重建的低通和高通滤波器见图 3.32)进行一层分解然后对高频次数阈值化(<94.9093 则置 0)后重建的结果；(c)采用四阶对称小波 Symlets 小波二层分解对第一层的高频分量实施阈值化(<94.9093 则置 0)后重建的结果；(d)二层分解后对第一层及第二层所有高频分量实施阈值化(<94.9093 则置 0)后重建的结果；(e)与(f)分别是(c)与(a)的差别以及(e)与(a)的差别

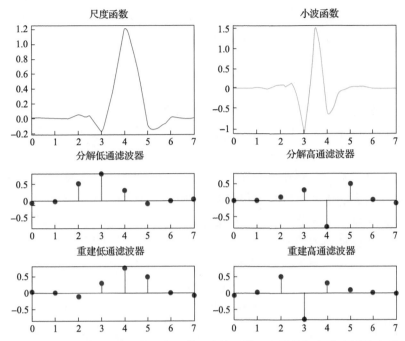

图 3.32　四阶对称小波 Symlets 的尺度函数、小波函数，以及分解和重建低通/高通滤波器

表 3.1 给出了四阶对称小波 Symlets 的小波分解与重建的相关参数。

表 3.1　四阶对称小波的小波分解低通/高通滤波器参数 LoD/HiD、小波重建低通/高通滤波器参数 LoR/HiR

n	LoD	HiD	LoR	HiR
0	−0.075765715	−0.032223101	0.032223101	−0.075765715
1	−0.029635528	−0.012603967	−0.012603967	0.029635528
2	0.497618668	0.099219544	−0.099219544	0.497618668
3	0.803738752	0.297857796	0.297857796	−0.803738752
4	0.297857796	−0.803738752	0.803738752	0.297857796
5	−0.099219544	0.497618668	0.497618668	0.099219544
6	−0.012603967	0.029635528	−0.029635528	−0.012603967
7	0.032223101	−0.075765715	−0.075765715	−0.032223101

小波多分辨率分解的噪声去除中阈值的确定有很多相关的研究。常用的全局阈值公式为

$$Th = \sigma\sqrt{2\ln\left(N_x N_y\right)} \tag{3-85}$$

其中，σ 为噪声标准差；$N_x N_y$ 是对应尺度下的图像像素数（如第一层为原始图像，第二层则为原始图像的 1/4）。σ 需要从图像中进行估计，一种估计方式是第一层分解的对角分量 HH_1 绝对值的中值除以 0.6745[10]，这样对于不同尺度下的高频分量将有不同的阈值。除了阈值化，更为高级的算法是学习信号中小波系数的噪声模型，以得到性能更优越的噪声抑制[10]。噪声和信号的小波系数模的特性也被用来抑制噪声：当尺度增大时，信号和噪声的小波系数模呈现不同的变化，信号的小波系数模极大值为非负且增加，而噪声的小波系数模极大值为负且减小，这可以用来去除部分噪声。此外，相邻尺度的小波系数的相关性也被用来消除噪声：信号的各尺度上的小波系数具有很强的相关性，而噪声的小波系数则缺乏这种相关性，据此可以用来区分信号和噪声的小波系数。

图像的边缘是一种重要的视觉信息，是图像最基本的特征之一；通常认为图像的边缘是图像灰度变化剧烈的像素。基于小波变换的图像边缘检测能取得优越的性能，其基本思想是由一个二维低通平滑滤波函数的 x 及 y 方向的一阶偏导数构造两个母小波对图像进行小波变换得到小波变换系数模及相位。具体地，设 $\theta(x,y)$ 为一个二维低通平滑函数，则可定义如下两个小波母函数 $\psi_a^1(x,y)$ 与 $\psi_a^2(x,y)$，其中 a 为尺度因子

$$\theta_a(x,y) = \frac{1}{a^2}\theta\left(\frac{x}{a}, \frac{y}{a}\right), \ \psi_a^1(x,y) = \frac{\partial\theta_a(x,y)}{\partial x}, \ \psi_a^2(x,y) = \frac{\partial\theta_a(x,y)}{\partial y} \quad (3\text{-}86)$$

由此可以得到两个小波变换 $W_1 f(a,b_1,b_2)$ 与 $W_2 f(a,b_1,b_2)$，即

$$W_i f(a,b_1,b_2) = \frac{1}{a}\int_{-\infty}^{\infty}\int_{-\infty}^{\infty} f(x,y)\left[\psi_a^i\left(\frac{x-b_1}{a}, \frac{y-b_2}{a}\right)\right]^* \mathrm{d}x\mathrm{d}y, \ i=1,2 \quad (3\text{-}87)$$

其中，$\left[\psi_a^i(x,y)\right]^*$ 表示 $\psi_a^i(x,y)$ 的复共轭。则小波系数的模值与相位分别为

$$Mf(a,x,y) = \sqrt{|W_1 f(a,x,y)|^2 + |W_2 f(a,x,y)|^2}, \ Af(a,x,y) = \arctan\frac{W_2 f(a,x,y)}{W_1 f(a,x,y)}$$
$$(3\text{-}88)$$

小波系数模相位方向的模极大值就是对应的图像边缘像素。另外，在基于小波变换进行边缘检测时，小波变换还可以利用卷积进行计算，即如下公式：

$$W_1 f(a,x,y) = a\frac{\partial}{\partial x}(f * \theta_a)(x,y), W_2 f(a,x,y) = a\frac{\partial}{\partial y}(f * \theta_a)(x,y) \quad (3\text{-}89)$$

其中，*表示卷积。文献[11]探索了基于阈值及基于小波系数奇异值分解求取小波变换下的边缘(W-SVD)，并与 Canny 边缘算子(Canny)、标准小波变换取阈值(WT)、先用非局部均值滤波然后进行 Canny 边缘算子的方法(NLMF-C)进行了比较。其中 WT 方法是设置一阈值 T，当 $Mf(a,x,y)>T$ 时，(x,y) 为边缘点。W-SVD方法则将边缘看做一类奇异点而采用局部区域的奇异值分解求取像素的小波变换系数模值与方向，然后采用与 Canny 边缘算子相似的方法用双阈值求取边缘。图 3.33 显示了 Lena 图像添加均方差分别为 0、10、20、30 的高斯噪声四种算法

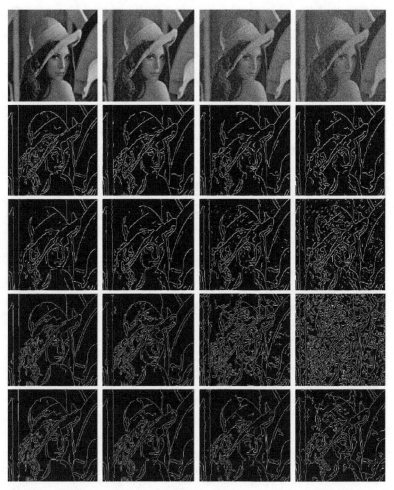

图 3.33　四种边缘检测算法对高斯噪声污染的 Lena 图像的边缘检测比较[11]
第一行为高斯噪声的 σ 取值 0、10、20、30 污染后的 Lena 图像；第二行、第三行、第四行、第五行分别对应于
W-SVD 方法、WT 方法、Canny 方法、NLMF-C 方法获得的边缘

所检测到的边缘。量化指标为 Pratt 品质系数，其定义为

$$\text{Pratt品质系数} = \frac{1}{\max\{N_\text{I}, N_\text{A}\}} \sum_{k=1}^{N_\text{A}} \frac{1}{1+\beta d_k^2} \tag{3-90}$$

其中，N_I、N_A 分别为理想边缘点的个数及实际检测到的边缘点的个数；β 是用于惩罚错位边缘而设定的常数；d 是检测到的边缘点与理想边缘点的距离，理想边缘设定为在不含噪声情况下 Canny 算子检测到的边缘。Pratt 品质系数越接近 1 则说明边缘检测效果越好。

表 3.2 给出了这四种算法的边缘检测定量比较，可以看出，随着噪声的增加，Pratt 品质系数会下降，但 W-SVD 都取得最优边缘检测效果；当噪声较严重时（$\sigma \geqslant 20$），小波变换方法优于 Canny 边缘算子。基于边缘检测时的小波变换可以用卷积来实现（式(3-89)），用高斯平滑函数时，对应的 x 及 y 方向的方向导数的卷积分别为

$$g_x(\sigma, x, y) = f(x, y) * \left(-\frac{x}{2\pi\sigma^4} e^{-\frac{x^2+y^2}{2\sigma^2}} \right), \quad g_y(\sigma, x, y) = f(x, y) * \left(-\frac{y}{2\pi\sigma^4} e^{-\frac{x^2+y^2}{2\sigma^2}} \right)$$
$$\tag{3-91}$$

则 x 及 y 方向的卷积掩膜分别可以由 $-\dfrac{x}{2\pi\sigma^4} e^{\frac{x^2+y^2}{2\sigma^2}}$、$-\dfrac{y}{2\pi\sigma^4} e^{\frac{x^2+y^2}{2\sigma^2}}$ 得到。

表 3.2　四种边缘检测算子分别对不同标准差的高斯噪声 Lena 图像边缘检测的 Pratt 品质系数[11]

边缘检测方法	高斯噪声参数			
	$\sigma=0$	$\sigma=10$	$\sigma=20$	$\sigma=30$
W-SVD	0.9332	0.9253	0.8886	0.8256
WT	0.8671	0.8874	0.8592	0.7369
Canny	1.0000	0.8930	0.7041	0.5309
NLMF-C	1.0000	0.9206	0.8729	0.7894

3.4　基于低秩矩阵稀疏分解的图像去噪

观测得到的数字图像或者样本往往存在高度冗余性，这种冗余性一方面提供了丰富详细的图像信息，同时也给数据处理带来困难：如何在数据的冗余性中找到有用潜在的信息是非常必要的工作。把数字图像当做一个矩阵来看，图像本身高度的冗余性造成了矩阵的低秩性。从理论上讲，高维的冗余数据本质上位于低维的子空间，可以通过计算数据矩阵的最佳低秩逼近得到。随着压缩感知技术（compressed sensing, CS）和稀疏表示理论的逐步发展与完善，低秩矩阵稀疏分解

作为一种高维数据分析和处理技术被广泛地研究。向量/矩阵的稀疏性指的是向量/矩阵中大部分元素为 0，矩阵的低秩性是指矩阵的秩小于矩阵的行数或列数。

压缩感知技术[12]旨在利用稀疏性进行信号的非相干性采样与高效重建，其中，非相干性采样是信号 $x \in R^{n \times 1}$ 到观测 $y \in R^{m \times 1}$ 的线性映射 Φ: $R^{n \times 1} \to R^{m \times 1}$ $(m \ll n)$ 过程，具体前向离散数学过程为

$$y = \Phi x + \zeta \tag{3-92}$$

这里 $\zeta \in R^{m \times 1}$ 为观测噪声，一般服从加性高斯假设。因为信号 x 满足空域稀疏（光滑）或者变换域稀疏，一个基于稀疏正则的欠定反问题的变分求解有

$$\min_{x \in R^{n \times 1}} \frac{\lambda}{2} \|\Phi x - y\|_2^2 + \rho(x) \tag{3-93}$$

这里无约束形式包含正则化参数 λ 以及正则化项 $\rho(x)$。针对目标信号 x 的编码格式，可考虑向量稀疏或者矩阵低秩的凸松弛约束，即 $\rho(x) = \|x\|_1$ 或者 $\rho(x) = \|x\|_*$。基于压缩感知框架的信号处理技术，尤其是稀疏去噪领域，受到广泛关注并迅速发展。早期代表性方法多为基于变换域稀疏去噪方法；近年来也有学者提出基于深度学习获取磁共振快速成像的稀疏与低秩先验[13]。

压缩感知技术利用信号所对应向量或矩阵的稀疏性进行信号的采样与重建。随着压缩感知技术的深入研究，低秩矩阵稀疏分解(sparse and low-rank matrix decomposition)得到了广泛的研究，也被称为低秩矩阵恢复、鲁棒主成分分析、低秩非相干分解等。一般来说，低秩矩阵稀疏分解是将图像矩阵分解为低秩矩阵和稀疏矩阵的技术，低秩矩阵往往对应图像的低维部分，而稀疏矩阵则对应于噪声或高维部分。

设 $A \in C_r^{m \times n}$ $(r>0)$，$A^H A$ 的特征值为 $\lambda_1 \geqslant \lambda_2 \geqslant \cdots \geqslant \lambda_r \geqslant \lambda_{r+1} = \cdots = \lambda_n = 0$，则称 $\sigma_i = \sqrt{\lambda_i}$ $(i = 1, 2, \cdots, r)$ 为 A 的奇异值。这里 $C_r^{m \times n}$ 表示秩为 r 的 $m \times n$ 复数矩阵，A^H 为矩阵 A 的共轭转置矩阵。

从数学上讲，已知带噪声的观测矩阵 A，低秩矩阵稀疏分解的目的是将其分解为一个低秩矩阵部分 L 和一个稀疏矩阵部分 S，即 $A = L + S$，该问题可以由下述优化问题描述

$$\min_{L,S} \left(\text{rank}(L) + \gamma \|S\|_0 \right), \quad \text{s.t. } A = L + S \tag{3-94}$$

其中，$A, L, S \in R^{m \times n}$；$\gamma$ 为平衡因子。由于最优化问题中求解 $\text{rank}(L)$（L 的秩）和 $\|S\|_0$（矩阵 S 中非 0 元素的个数）均属于非线性非凸的组合优化问题求解困难，可借鉴压缩感知问题的研究成果，使用稀疏矩阵 S 的 l_1 范数 $\|S\|_1$ 代替 $\|S\|_0$，使用低

秩矩阵 L 的核范数 $\|L\|_*$ 取代 $\mathrm{rank}(L)$，其中 $\|L\|_* = \sum_{k=1}^{r} \sigma_k(L)$（即矩阵 L 的所有奇异值之和），因此低秩矩阵稀疏分解问题可以转化为下述凸优化问题

$$\min_{L,S}\left(\|L\|_* + \gamma\|S\|_1\right), \quad \text{s. t. } A = L + S \tag{3-95}$$

定理：设 $A \in C_r^{m\times n}$ $(r>0)$，则存在 m 阶酉矩阵 U 和 n 阶酉矩阵 V，使得

$$U^{\mathrm{H}}AV = \begin{pmatrix} \Sigma & 0 \\ 0 & 0 \end{pmatrix} \tag{3-96}$$

其中，$\Sigma = \mathrm{diag}(\sigma_1,\sigma_2,\cdots,\sigma_r)$，而 $\sigma_i(i=1,2,\cdots,r)$ 为 A 的非零奇异值。将 (3-96) 改写为

$$A = U\begin{pmatrix} \Sigma & 0 \\ 0 & 0 \end{pmatrix}V^{\mathrm{H}} = \sum_{t=1}^{r}\sigma_t u_t v_t^{\mathrm{H}} = U_1\Sigma_r V_1^{\mathrm{H}} \tag{3-97}$$

称之为 A 的奇异值分解 (singular value decomposition, SVD)，其中 $\Sigma_r = \mathrm{diag}(\sigma_1, \sigma_2,\cdots,\sigma_r) \in \mathbb{R}^{r\times r}$（为实数对角矩阵，各特征值为正），$U_1 = (u_1,u_2,\cdots,u_r) \in \mathbb{C}^{m\times r}$ 为 AA^{H} 非零特征值对应的次酉矩阵，$V_1 = (v_1,v_2,\cdots,v_r) \in \mathbb{C}^{n\times r}$ 为 $A^{\mathrm{H}}A$ 非零特征值对应的次酉矩阵。对式 (3-97) 两边求共轭转置，然后右乘 $U_1\Sigma_r^{-1}$，并注意 $U_1^{\mathrm{H}}U_1 = I_r$（$r\times r$ 单位矩阵），可得 U_1 与 V_1 的关系

$$V_1 = A^{\mathrm{H}}U_1\Sigma_r^{-1}, \quad U_1 = AV_1\Sigma_r^{-1} \tag{3-98}$$

低秩矩阵稀疏分解符合现实世界中的很多物理模型，对于求解这些问题具有坚实的理论保证，也存在解决类似凸优化问题的有效算法。各种算法中，目前最有效的是增广拉格朗日乘子法 (augmented Lagrange multiplier, ALM)。非精确 ALM (inexact ALM, IALM) 减少了奇异值分解的次数并得到与 ALM 相似的低秩分解效果。

基于 IALM 方法对式 (3-95) 的问题进行低秩矩阵稀疏分解，对应的拉格朗日函数为

$$\mathcal{L}(L,S,Y;\mu) = \|L\|_* + \gamma\|S\|_1 + \mathrm{tr}\left\{Y^{\mathrm{T}}(A-L-S)\right\} + \frac{\mu}{2}\|A-L-S\|_F^2 \tag{3-99}$$

式中，Y 为拉格朗日乘子；$\mu>0$ 为惩罚因子；$\mathrm{tr}\{\cdot\}$ 为矩阵的迹。$J(Y) = \max\left(\|Y\|_2, \gamma^{-1}\|Y\|_\infty\right)$（矩阵的无穷范数是行绝对值之和的最大值）。下面给出 IALM 算法细节，其中分解的稀疏矩阵记为 E，S 则表示 SVD 分解的准对角矩阵。

输入：$A \in R^{m \times n}$，γ

输出：(L_K, E_K)

初始化：给定 $\rho > 1$，$\mu_1 = m \times n / (4\|A\|_1)$；$K=0$，$Y_0 = A / J(A)$，$E_0 = 0$

迭代过程：

1. $(U, S, V) = \mathrm{SVD}\left(A - E_K + \mu_K^{-1} Y_K\right)$

2. $L_{K+1} = U S_{\mu_K^{-1}}(S) V^{\mathrm{T}}$

3. $E_{K+1} = S_{\lambda \mu_K^{-1}}\left[A - L_{K+1} + \mu_K^{-1} Y_K\right]$

4. $Y_{K+1} = Y_K + \mu_K\left(A - L_{K+1} - E_{K+1}\right)$；$\mu_{K+1} = \rho \mu_K$；$K = K+1$

End　while$(\| A - L_{K+1} - E_{K+1} \|_F^2 \geq 10^{-7} \|A\|_F^2$

算法中用到了软阈值算子修改矩阵的奇异值，即

$$S_\varepsilon(x) = \begin{cases} x - \varepsilon, & 若 x > \varepsilon \\ x + \varepsilon, & 若 x < -\varepsilon \\ 0, & 其他 \end{cases} \tag{3-100}$$

例 3.2　求矩阵 $A = \begin{bmatrix} 2 & 0 \\ 0 & -i \\ 0 & 0 \end{bmatrix}$ 的奇异值分解表达式。

解　步骤一：求出 AA^{H} 的非零特征值即 A 的奇异值，其特征值为 $\sigma_1^2 = 4$，$\sigma_2^2 = 1$，0，所以 A 的奇异值为 $\sigma_1 = 2$，$\sigma_2 = 1$，$\Sigma_r = \mathrm{diag}(2,1)$。

步骤二：求出 AA^{H} 非零特征值对应的次酉矩阵 U_1。根据特征值与特征矢量的定义，有 $AA^{\mathrm{H}}u_t = \sigma_t^2 u_t$ $(t=1, 2)$，对应的单位特征矢量为 $u_1 = (1,0,0)^{\mathrm{T}}$，$u_2 = (0,1,0)^{\mathrm{T}}$，所以 AA^{H} 非零特征值对应的次酉矩阵 U_1 为 $U_1 = (u_1, u_2), u_1 = (1,0,0)^{\mathrm{T}}, u_2 = (0,1,0)^{\mathrm{T}}$，$A^{\mathrm{H}}A$ 非零特征值对应的次酉矩阵 V_1 为

$$V_1 = A^{\mathrm{H}} U_1 \Sigma_r^{-1} = \begin{bmatrix} 1 & 0 \\ 0 & i \end{bmatrix}，\text{ 所以 } A = U_1 \Sigma_r V_1^H = \begin{bmatrix} 1 & 0 \\ 0 & 1 \\ 0 & 0 \end{bmatrix} \begin{bmatrix} 2 & 0 \\ 0 & 1 \end{bmatrix} \begin{bmatrix} 1 & 0 \\ 0 & i \end{bmatrix}^H 。$$

图 3.34 给出了针对 Lena 图像处理的实例[14]。首先对含噪图像 $A_{\mathrm{N}} = L + \mathrm{Noise}$ 使用 IALM 方法进行低秩稀疏分解 $A_{\mathrm{N}} = L + S$，得到低秩矩阵 L 和稀疏矩阵 S，其中稀疏矩阵 $S = S_{\mathrm{N}} + S_{\mathrm{H}}$。对稀疏矩阵 S 使用中值滤波以滤除 S_{N} 得到 $\hat{S}_{\mathrm{H}}$，最后令

$\hat{A} = L + \hat{S}_{\mathrm{H}}$ 得到去除噪声后的图像。这里 $\gamma = \dfrac{1}{\sqrt{\max(m,n)}}$。采用峰值信噪比(peak SNR, PSNR)表征噪声去除的效果,其计算公式为

$$10\log\left\{\frac{\left[\max(A(x,y))\right]^2 \times m \times n}{\sum\limits_{x=0}^{m}\sum\limits_{y=0}^{n}(\hat{A}(x,y)-\hat{A}(x,y))^2}\right\}$$

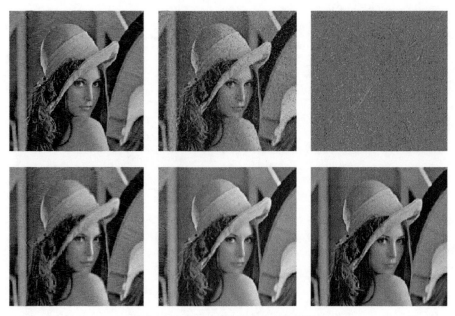

图 3.34　Lena 图像的加噪与去噪[14]

第一行从左至右:原始 Lena 图像、添加椒盐噪声后的 Lena 图像(PSNR 为 18.47dB)、分解后的稀疏部分图像;第二行从左至右分别为 IALM 方法去噪(PSNR 为 28.83dB)、中值滤波去噪(PSNR 为 30.93dB)、文献[14]的方法(PSNR 为 32.69dB)

　　需要注意的是,基于低秩矩阵稀疏分解的方法对于稀疏噪声的消除非常有效(如脉冲噪声),但是对于分布均匀且不具有稀疏性的噪声如高斯噪声,去除效果并不理想。

3.5　混合域图像增强

　　混合域图像增强,目的是结合空域及变换域图像增强的各自优势得到更好的增强效果。这种混合方式有两种。第一种是级联方式,可以先对图像做空域/变换域增强,再进行变换域/空域增强,例如先在频域进行同态滤波,然后在空间域进

行直方图均衡化或指定化。第二种方式是把图像分成互不交叠的子图像，对每个子图像可以采用不同的增强方式，包括同域的不同变换、不同域的变换、空域与变换域混合的不同方式及不同变换。更一般的情况则是不同增强方法的分别增强再融合(fusion)。

块匹配三维联合滤波(block matching，3D collaborative filtering, BM3D)[15]是一种性能优越的混合滤波算法，在求像素滤波的权系数时采用的是图像块之间的相似性，且只局限于那些与当前处理像素的邻域内的图像块相似的图像块，图像块之间的相似性及权系数的计算可基于图像空间或变换空间。块匹配是一种特定的用于找相似图像块的方法，找到相似 2D 图像块以后再把它们堆砌在一起形成 3D 数组。

带噪声的图像为 $z(x) = y(x) + \eta(x)$，其中 y 是无噪图像，$\eta(x)$ 是加性噪声，x 是空间坐标，Z_x 记为以 x 为中心、大小为 $N_1 \times N_1$ 的图像块，该图像块的最左上像素为 $z(x)$。σ 为添加的高斯噪声的均方差。参考图像块为 Z_{x_R}。

块匹配的相似性测度为 $d\left(Z_{x_1}, Z_{x_2}\right) = N_1^{-1} \left\| \gamma\left(T_{2D}\left(Z_{x_1}\right), \lambda_{thr2D} \times \sigma\sqrt{2\log\left(N_1^2\right)} \right) \right.$

$\left. - \gamma\left(T_{2D}\left(Z_{x_2}\right), \lambda_{thr2D} \times \sigma\sqrt{2\log\left(N_1^2\right)} \right) \right\|_2$，其中，$T_{2D}$ 是单变换算子(如离散傅里叶变换、离散小波变换等)，γ 是一个硬阈值算子，λ_{thr2D} 是固定的阈值参数，$\|\cdot\|_2$ 为二阶范数，γ 的定义为 $\gamma(\lambda, \lambda_{thr}) = \begin{cases} \lambda, & \text{若}|\lambda| > \lambda_{thr} \\ 0, & \text{其他} \end{cases}$。匹配的结果是一些与参考图像块 Z_{x_R} 相似的图像块的中心像素坐标，记为 S_{x_R}，计算公式为 $S_{x_R} = \left\{ x \mid d\left(Z_{x_R}, Z_x\right) < \tau_{match} \right\}$，其中 τ_{match} 是两个被认为相似的图像块 Z_{x_R}、Z_x 之间不能超过的距离常数，因为 $d\left(Z_{x_R}, Z_{x_R}\right) = 0$，所以 $|S_{x_R}| \geqslant 1$。这些与 Z_{x_R} 相似的图像块被堆叠成 3D 图，大 $N_1 \times N_1 \times |S_{x_R}|$，记为 $Z_{S_{x_R}}$，对该三维图像块进行 3D 西变换 T_{3D} 以获得真实信号的稀疏表示，对变换系数用硬阈值减弱噪声，然后使用逆变换获得该 3D 图像块的重建 $\hat{Y}_{S_{x_R}} = T_{3D}^{-1}\left(\gamma\left(T_{3D}\left(Z_{x_R}\right), \lambda_{thr3D} \times \sigma\sqrt{2\log\left(N_1^2\right)} \right) \right)$，其中 λ_{thr3D} 是一个固定阈值。$\hat{Y}_{S_{x_R}}$ 含有 $|S_{x_R}|$ 个 $N_1 \times N_1$ 图像块，每个图像块的中心坐标 x 在形成 S_{x_R} 时已知；每个图像块 S_x 的权重为

$$w_{x_R} = \begin{cases} \dfrac{1}{N_{har}}, & \text{若}N_{har} \geqslant 1 \\ 1, & \text{其他} \end{cases} \tag{3-101}$$

其中，N_{har} 是图像块中变换系数在进行硬阈值处理后系数不为 0 的个数。

估计聚合(estimate aggregation)：对所有的参考图像块进行处理后，我们就得到局部图像块估计的集合 $\hat{Y}^{x_R}_{x \in S_{x_R}}$，由于不同的 x_R 图像块有重叠，得到的估计是过完备的。在位置 x 上的最终估计是所有局部估计的加权平均，公式为

$$\hat{y}(x) = \frac{\sum_{x_R}\sum_{x_m \in S_{x_R}} w_{x_R} \hat{Y}^{x_R}_{x_m}}{\sum_{x_R}\sum_{x_m \in S_{x_R}} w_{x_R} \chi_{x_m}} \tag{3-102}$$

其中，χ_{x_m} 是中心位于 x_m 的 $N_1 \times N_1$ 图像块的像素数目。式(3-102)的含义：以像素 x 为中心的图像块 x_R 中，考虑堆叠的三维图像块 S_{x_R}（所有与 x 作为参考点的图像块相似的图像块），任意一个与 Z_{x_R} 相似的图像块其相似权重为 w_{x_R}（全为去除的系数的话，权重为1；去除的系数数目越多，则 N_{har} 越小，权重越大）其正变换的逆变换后的估计是 $\hat{Y}^{x_R}_{x_m}$，该相似图像块的任意像素记为 x_m，则该像素对像素 x 滤波的贡献为 $w_{x_R} \hat{Y}^{x_R}_{x_m}$，遍历不同的相似图像块；然后考虑参考图像块的中心不在 x 处却包含 x，把这些都加起来再除以加权系数的和。

上述计算可拓展到维纳滤波(Wiener filter extension)。作为对上述硬阈值方法的拓展，可以构造基于经验的维纳滤波器。首先是块匹配的更改 $S_{x_R} = \left\{ x \middle| N_1^{-1} \left\| \left(E_{x_R} - \bar{E}_{x_R} \right) - \left(E_x - \bar{E}_x \right) \right\|_2 < T_{match} \right\}$，其中 $\bar{E}_{x_R}$、$\bar{E}_x$ 是图像块 E_{x_R}、E_x 的均值。再就是 3D 变换域空间去噪的更改，用线性维纳滤波取代硬阈值，在三维变换空间计算衰减系数 $W_{S_{x_R}} = \dfrac{\left| T_{3D}\left(E_{S_{x_R}} \right) \right|^2}{\left| T_{3D}\left(E_{S_{x_R}} \right) \right|^2 + \sigma^2}$，$E_{S_{x_R}}$ 是所有相似的 $E_x \in E_{x \in S_{x_R}}$ 图像块堆砌成的 3D 图像块，求逆变换得到以 x 为参考图像块的 3D 图像块的灰度估计 $\hat{Y}_{S_{x_R}} = T_{3D}^{-1}\left(W_{S_{x_R}} T_{3D}\left(Z_{S_{x_R}} \right) \right)$，其中 $Z_{S_{x_R}}$ 是含噪声的输入图像数据。确定权系数的公式(3-101)变为公式(3-103)：

$$w_{x_R} = \left(\sum_{i=1}^{N_1} \sum_{j=1}^{N_1} \sum_{t=1}^{|S_{x_R}|} \left| W_{S_{x_R}}(i,j,t) \right|^2 \right)^{-1} \tag{3-103}$$

BM3D 是一种去除高斯噪声的优秀方法，在去除高斯噪声的同时能很好地保留细节；缺点是由于需要对每个图像块进行匹配操作，因而计算量较大，如图 3.35 所示。

图 3.35　Lena 图像加噪后的 BM3D 滤波结果[15]

左上图像 Lena（$\sigma = 35$），左下为两个放大的局部窗口；右边为对应 BM3D 的滤波结果（PSNR 为 30.61dB）

3.6　深度学习图像增强

图像增强的定义非常广泛，指的是有目的地强调图像的整体或局部特性，例如改善图像的颜色、亮度和对比度等，将原来不清晰的图像变得清晰或强调某些感兴趣的特征，扩大图像中不同物体特征之间的差别，抑制不感兴趣的特征，提高图像的视觉效果。传统的图像增强已经被研究了很长时间，现有的方法可大致分为三类：空域方法、变换域方法和混合域方法。传统的方法一般比较简单且速度比较快，但是没有考虑到图像中的上下文信息等，所以取得效果不是很好。这里重点介绍基于深度学习的图像去噪。

在文献[16]中，将图像去噪变成利用 CNN 从噪声图像分离出噪声的问题，将所提出的方法记为 DnCNN。网络结构是对 VGG 进行修改，训练方式采用残差学习，卷积核大小为 3×3，把所有的池化都去掉（因此深度为 d 的卷积层的感受野为 $(2d+1) \times (2d+1)$）；固定噪声水平 $\sigma = 25$，对于高斯噪声取感受野为 35×35，对应于 17 层，而对于其他类型的去噪则取更大的感受野对应 $d=20$ 层。输入是含有噪声的图像 $y = x + v$，x 与 v 分别为无噪声图像和噪声，采用学习的函数 $F(y) = x$ 来预测没有噪声的图像 x，采用残差学习来训练残差映射 $R(y) \approx v$，$x = y - R(y)$，学习的损失函数为

$$L(\Theta) = \frac{1}{2N} \sum_{i=1}^{N} \left\| R(y_i; \Theta) - (y_i - x_i) \right\|_F^2 \tag{3-104}$$

式中，Θ 为 DnCNN 待学习的参数；$(y_i, x_i)_{i=1}^{N}$ 为 N 对有噪-无噪的训练图像。图 3.36 为 DnCNN 的网络结构示意图，含有三种类型的层，即 Conv+ReLU（第一层，卷积 $3\times3\times1/3$+ReLU 激活）、Conv+BN+ReLU（第 2 到第 D–1 层，卷积 $3\times3\times64$、BN、ReLU）、Conv（最后一层，$1/3$ 个 $3\times3\times64$ 的卷积）重建输出，对输入添加足够多的 0 确保所有层的大小与输入相同以避免图像的边界伪影。DnCNN 的训练：400 幅 180×180 图像，高斯噪声 $\sigma = 15, 25, 50$。DnCNN 强大的三种功能：去除噪声水平可变的噪声、处理高分辨率重建、处理 JPEG 图像质量退化，效果看上去没有明显的伪影。

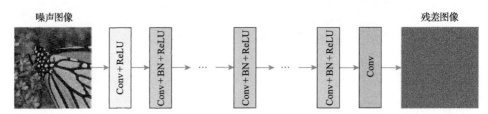

图 3.36　DnCNN 的网络结构示意图[16]

Conv 表示卷积，BN 表示批正规化，ReLU 表示激活函数

目前的去噪方法往往会造成图像模糊，尤其是对于大噪声的图像。下面介绍一个基于 GAN 且保持图像锐化的去噪方法[17]，即 SAGAN（sharpness-aware generative adversarial network），GAN 引入的对抗损失可望降低去噪的模糊效应，同时添加了锐化检测网络来度量去噪后的图像的锐化程度。图像的局部锐化程度采用的是局部二值模式 LBP[18]，即

$$\mathrm{LBP}_{P,R}^{\mathrm{riu2}} = \begin{cases} \sum_{p=0}^{P} s(g_p - g_c), & U(\mathrm{LBP}_{P,R}) \leqslant 2 \\ P+1, & \text{其他} \end{cases} \tag{3-105}$$

$$U(\mathrm{LBP}_{P,R}) = \left| s(g_{P-1} - g_c) - s(g_0 - g_c) \right| + \sum_{p=1}^{P-1} \left| s(g_p - g_c) - s(g_{p-1} - g_c) \right| \tag{3-106}$$

其中，g_c 为中心像素的灰度；p 为中心像素的 8-邻域像素（P=8）；$s(x)$ 取值为 1/0，对应于 x 大于 0 或小于等于 0。图 3.37 显示了 8-邻域像素的各种情况，实心圆表示取值 0（邻域像素灰度小于中心像素灰度），空心圆表示取值 1（邻域像素灰度大于中心像素灰度）。

riu2 表示 $U \leqslant 2$ 的旋转不变的 LBP，在以中心像素 (x_c, y_c) 为中心的半径为 R 的 P 的邻域像素的 (x_p, y_p)（p=0, 1, 2,···, P–1）（这些邻域像素按逆时针顺序编号，从 0°、45°一直到 360°）局部二值模式，U 是邻域像素与中心像素灰度差的绝对值

大于某一阈值 T_{LBP}（大于该阈值的邻域像素设置为 1，否则为 0；阈值取 0）的 0/1
改变的次数。锐化程度度量为[17]

$$m_{\text{LBP}} = \frac{1}{9}\sum_{i=6}^{9} n\left(i = \text{LBP}_{8,1}^{\text{riu2}}\right) \qquad (3-107)$$

表示 8-邻域中 $\text{LBP}_{8,1}^{\text{riu2}}$ 为 6 到 9 所占的比例。

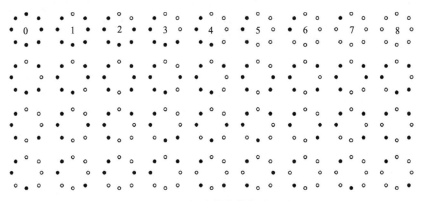

图 3.37 8-邻域像素的各种分布
实心圆表示取值 0，空心圆表示取值 1

SAGAN 含有三个网络：生成器 G、判别器 D、锐度检测网络 S。生成器 G，
学习一种映射 $G: x \rightarrow \hat{y}$，其中 x 是实际的低剂量 CT 图像，y 是正常 CT 图像（即
低剂量图像通过去除噪声后的金标准图像），$\hat{y}$ 是生成器生成的去噪图像，其目
的是逼近金标准 y。判别器 D：区分真实的去噪图像对 (x, y) 与生成的图像对 $(x, \hat{y})$。
对抗网络的损失函数为

$$L_{\text{adv}}(G, D) = \min_{G}\max_{D}\left\{\mathop{\mathbb{E}}_{(x,y)\sim p_{\text{data}}(x,y)}\left[D(x,y)\right]^2 + \mathop{\mathbb{E}}_{x\sim p_{\text{data}}(x)}\left[D(x,\hat{y})-1\right]^2\right\} \qquad (3-108)$$

G 还添加传统的数据真实性损失，即 $L_{L_1}(G) = \mathop{\mathbb{E}}_{(x,y)\sim p_{\text{data}}(x,y)}\left[\|\,y-\hat{y}\,\|_1\right]$，$S$ 则是比较 y
与 $\hat{y}$ 的锐度，各个像素的锐度由式(3-107)计算，这项损失也添加到生成器中，即
$L_{\text{sharp}}(G) = \mathop{\mathbb{E}}_{(x,y)\sim p_{\text{data}}(x,y)}\left[\|S(\hat{y})-S(y)\|_2\right]$，其中 2 表示 2 阶范数。总体损失函数及其
优化为 $L_{\text{SAGAN}} = \arg\min_{G}\max_{D}\left(L_{\text{adv}}(G,D) + \lambda_1 L_{L_1}(G) + \lambda_2 L_{\text{sharp}}(G)\right)$，其中 λ_1 与 λ_2 为常
数(100 及 0.001)。实现方式为 UNet256+长的跳跃连接作为 G 网络，识别器为
PatchGAN[19]。图 3.38 显示了对体膜及患者图像的去噪保细节效果。

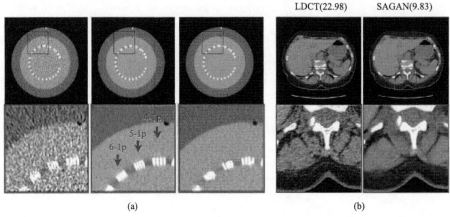

图 3.38　SAGAN 能去噪并保持图像锐化和细节[17]

(a)对有噪声的 CT 体膜的成像及去噪，上排从左到右分别为低剂量 CT 体膜、正常 CT 体膜、对低剂量 CT 体膜进行 SAGAN 处理得到的结果，下排为上排在红色框内的放大，可以看出 SAGAN 能很好地去除低剂量噪声的噪声同时还能保留好的细节(细的标尺仍旧能分辨出来)；(b)对患者 LDCT 图像的处理，左上图为原始图像，右下图为右上图中红色框内的放大，右上图为 SAGAN 的对左上图的处理结果，蓝色框内的局部图像在右下图中放大，括号内的数字是选择 20 个均匀区域计算得到的噪声水平，即原始噪声为 22.98，而 SAGAN 处理后者下降为 9.83，数字是以单位 HU (Hounsfield unit) 表示的 CT 值

总结和复习思考

小结

3.1 节介绍了数字图像的空域增强，即在图像空间内的三种增强方式：灰度映射、直方图修正和空域滤波。一般地，灰度映射可以为线性或非线性，需要保持映射的单调不增或不减性。直方图修正是一种非线性灰度映射，主要有直方图均衡化和直方图指定化，而直方图均衡化可以看做是将直方图指定为均匀分布的直方图指定化，直方图均衡化的实质是一种使得信息熵最大化的灰度映射，它以压缩/牺牲小概率灰度获取尽可能均匀的灰度分布。空域滤波增强主要有平滑和锐化两种，平滑又有线性和非线性两种，平滑权系数取高斯分布较均匀权重为佳，非线性平滑主要是排序统计滤波，锐化主要有基于一阶偏导数和二阶偏导数的方法，一阶增强的 Sobel 算子具有较好的综合性能，二阶偏导数增强主要是拉普拉斯算子。双边滤波、引导滤波、非局部均值滤波器能很好地兼顾去噪与保边缘。

3.2 节介绍了数字图像的频域增强，即设计频率滤波函数 $H(u, v)$ 实现低频及高频增强，基本理论支撑就是：频率域的滤波函数与输入图像的傅里叶变换的乘积等价于输入图像与滤波函数的傅里叶逆变换的卷积。理想低通/高通滤波都有振铃效应，而巴特沃思低通/高通滤波器选择合适的参数就没有振铃效应，高斯低通/

高通滤波器没有振铃效应。频率增强除了高通与低通滤波外，还有一种减弱低频且增强高频的同态滤波。

3.3 节介绍了其他变换域的数字图像增强，包括最常用的离散余弦变换 DCT 及离散小波变换 DWT，比较简单的沃尔什变换与阿达马变换。重点介绍了图像的小波多分辨率分解 MRA，通过低通滤波器、高通滤波器实现分级分解，每一级都对上一级(初始是原始图像)的低频分量进行四个分量的分解：低频 LL 分量、水平 LH、垂直 HL、对角 HH 细节，小波多分辨率去噪对应于分解系数中除低频以外的各级小波系数的绝对值很小的部分取 0。还介绍了基于小波变换的边缘检测。

3.4 节介绍了基于低秩矩阵稀疏分解的图像去噪，针对图像数据的二维矩阵表征和矩阵分解理论进行图像增强。

3.5 节介绍了混合域图像增强，即结合空域及变换域图像增强的各自优势得到更好的增强效果，组合方式可以很灵活，重点介绍了基于图像块匹配的三维联合滤波 BM3D。

3.6 节介绍了深度学习图像增强，主要介绍了保持图像锐化的去噪方法。与传统图像去噪方式不同，可以在目标函数中专门添加对图像锐化程度的约束项实现保持锐度的去噪。

复习思考题

3.1　如何判断图像灰度映射的动态范围是拉伸、压缩，还是不变？

3.2　数字图像直方图均衡化的物理意义是什么？

3.3　直方图指定化可能的应用场景是什么？

3.4　论证高斯平滑优于均匀平滑的合理性。

3.5　如何自适应地改变中值滤波器的窗口大小？

3.6　在滤波时为什么要避免振铃效应？

3.7　同态滤波是减弱低频且增强高频，试研究增强低频且减弱高频的滤波器的特点，并用如下图像做实验看滤波后的效果。

3.8 试研究高斯低通滤波器的特性，并与均值滤波器的性能进行比较。

3.9 数字图像的小波多分辨率分解方法如何实现噪声抑制？

3.10 深度学习图像去噪的优势有哪些？与传统方法相比，有哪些缺点？

3.11 试证明第二次直方图均衡化处理的结果与第一次直方图均衡化的结果相同。

3.12 有两幅图像 $f(x,y)$ 和 $g(x,y)$，其灰度直方图分别为 h_f 和 h_g。在什么条件下能得到二者的如下运算的灰度直方图？并简述在每种情况下如何得到灰度直方图。

$(a) f(x,y)+g(x,y)$； $(b) f(x,y)-g(x,y)$； $(c) f(x,y)\times g(x,y)$； $(d) f(x,y)\div g(x,y)$

3.13 试证明卷积定理的正确性。

3.14 设空间域滤波器是将点 (x,y) 直接相邻的 4 个点取均值，但排除该点本身。请在频域中计算出等价的滤波器 $H(u,v)$，并证明该滤波器是一个低通滤波器。

3.15 对于灰度差分 $f(x+1,y)-f(x,y)$，试计算该操作的等价滤波器，并证明该滤波器是高通的。

3.16 给出一幅 $M\times N$ 大小的图像，要求做一个实验，它由截止频率为 D_0 的高斯型低通滤波器重复进行低通滤波，可以忽略计算的舍入误差。

（a）以 K 表示滤波器使用的次数。在没有试验前，能预测 K 为足够大时的结果吗？如果能，结果是什么？

（b）推导出 K 最小值的表达式，以保证能够得到预测的结果。

3.17 对于给定的四阶对称小波 Symlets 的滤波器 h 与 g，推导出该小波对于二维图像分解的四个滤波器参数矩阵，以分别获得 LL、LH、HL、HH，其中 $h(\cdot)=$ {–0.07577, –0.02964, 0.49762, 0.80374, 0.29786, –0.09922, –0.01296, 0.03222}，$g(\cdot)=$ {–0.03222, –0.01260, 0.09922, 0.29786, –0.80374, 0.49762, 0.02964, –0.07577}。

3.18 试计算 σ 为 1 时，采用高斯平滑函数进行小波变换求取图像边缘时，在 x 及 y 方向的卷积模板（提示：借助式(3-91)，高斯函数的 3σ 以外的取值可以近似为 0）。

3.19 试述双边滤波与高斯平滑的关系。

3.20 图像块匹配三维联合滤波 BM3D 与空域滤波方法的最大区别是什么？

3.21* 查阅相关文献，理解图像引导滤波能在去除噪声的同时又能很好地保留边缘信息的原理，以及其他相关的图像处理应用(博士研究生思考题)。

参 考 文 献

[1] Gonzalez R C, Woods R E. Digital Image Processing. 2ed. New York: Pearson Education Inc, 2002.

[2] 章毓晋. 图像处理和分析教程. 北京: 人民邮电出版社, 2009.

[3] He K M, Sun J, Tang X O. Guided image filtering. IEEE Transactions on Pattern Analysis and Machine Intelligence, 2013, 35(6): 1397-1409.

[4] Buades A, Coll B, Morel J M. A review of image denoising algorithms, with a new one. SIAM Journal of Multiscale Modeling and Simulation, 2005, 4(2): 490-530.

[5] Fourier J B J. Theorie analytique de la chaleur. Paris: Chez Firmin Didot, Pere et Fils, 1822.

[6] Cooley J W, Tukey J W. An algorithm for the machine calculation of complex Fourier series. Mathematics of Computation, 1965, 19(2): 297-301.

[7] Mallat S G. A theory for multiresolution signal decomposition: the wavelet representation. IEEE Transactions on Pattern Analysis and Machine Intelligence, 1989, 11(7): 674-693.

[8] Liu C L. A Tutorial of the Wavelet Transform. Taipei: Taiwan University, 2010.

[9] Chang S G, Yu B, Vetterli M. Adaptive wavelet thresholding for image denoising and compression. IEEE Transactions on Image Processing, 2000, 9(9): 1532-1546.

[10] Hel-Or Y, Shaked D. A discriminative approach for wavelet denosing. IEEE Transactions on Image Processing, 2008, 17(4): 443-457.

[11] 朱晓临, 李雪艳, 邢燕, 等. 基于小波和奇异值分解的图像边缘检测. 图学学报, 2014, 35(4): 563-570.

[12] Donoho D L. Compressed sensing. IEEE Transactions on Information Theory, 2006, 52(4): 1289-1306.

[13] Ke Z, Huang W, Cui Z X, et al. Learned low-rank priors in dynamic MR imaging. IEEE Transactions on on Medical Imaging, 2021, 40(12): 3698-3710.

[14] 李珅. 基于稀疏表示的图像去噪和超分辨率重建研究. 北京: 中国科学院大学博士学位论文, 2014.

[15] Dabov K, Foi A, Katkovnik V, et al. Image denoising by sparse 3-D transform-domain collaborative filtering. IEEE Transactions on Image Processing, 2007, 16(8): 2080-2095.

[16] Zhang K, Zuo W M, Chen Y J, et al. Beyond a Gaussian denoiser: residual learning of deep CNN for image denoising. IEEE Transactions on Image Processing, 2017, 26(7): 3142-3155.

[17] Yi X, Babyn P. Sharpness-aware low-dose CT denoising using conditional generative adversarial network. Journal of Digital Imaging, 2018, 31: 655-669.

[18] Ojala T, Pietikainen M, Maenpaa T. Multiresolution gray-scale and rotation invariant texture classification with local binary patterns. IEEE Transactions on Pattern Analysis and Machine Intelligence, 2002, 24(7): 971-987.

[19] Isola P, Zhu J Y, Zhou T H, et al. Image-to-image translation with conditional adversarial networks//Proceedings of 2017 IEEE Conference on Computer Vision and Pattern Recognition. Hawaii: IEEE, 2017: 5967-5976.

第4章　数字图像压缩

随着应用领域的拓展、成像手段及技术的进步，在技术上图像的分辨率(包括空间分辨率和灰度分辨率)和成像频段(spectral band)的数量也在增加，用来表示数字图像的数据量很大且有继续增大的趋势。大数据量的图像数据会给存储器的存储容量、信道的带宽、计算机的处理能力带来挑战。因此数据压缩方法具有重大价值。

进入信息时代后，人们对数字图像的质量要求越发提高，数字图像也向着更清晰、更高分辨率的方向发展。随着大数据时代的到来，图像数据量的增长速度远超存储设备和传输技术的发展速度，只增加存储容量和网络带宽并不是解决问题的根本方法，寻找更加合理的图像压缩算法是解决这一问题的有效办法之一。

本章将介绍图像编码的经典方法，包括无损压缩中的霍夫曼编码、算术编码、位平面编码、LZW 编码、无损预测编码，以及有损编码中的变换编码(离散余弦变换、小波变换)、有损预测编码、模型编码。还介绍基于重要性的深度学习图像压缩方法。

4.1　数字图像压缩基础

图像数字化后的数据量是很大的，一幅 1024×768 的 24 位图像，不经压缩的数据量为 2.25MB，需要考虑对数据冗余的压缩。数字图像的冗余主要表现在以下方面：

第一，空间冗余。数字图像中的规则物体/背景(所谓规则指的是有序而不是完全杂乱无章的)所具有的相关性。

第二，时间冗余。指的是序列图像(如电视图像、运动图像)所包含的相邻图像之间的相关性。

第三，结构冗余。有些图像有着非常强的纹理结构或自相似性，称之为结构上的冗余。

第四，信息熵冗余。如果图像中平均每个像素使用的比特数大于该图像的信息熵，则该图像存在信息熵冗余。

第五，视觉冗余。人眼接收信息的能力是有限的，对图像的感知分辨率也是有限的。去掉或减少人眼不能感知或不敏感的那部分图像信息，对应的就是去除视觉冗余。

第六，知识冗余。指有些图像中包含与先验知识有关的信息，如人脸的固定结构。

数字图像数据的这些冗余信息为图像压缩编码提供了依据。

图像压缩目的是，在保证所要求图像质量的条件下尽量地压缩数据比特率，以节省存储空间与信道容量。图像质量的标准可采用保真度准则，又分为主观保真度与客观保真度。设原始图像 $f(x,y)$ 压缩后变成大小相同的 $f_c(x,y)$，由如下指标表征客观保真度：均方误差(mean square error, MSE)、正规化均方误差(NMSE)、信噪比(signal-to-noise ratio, SNR)、峰值信噪比(PSNR)、失真占比(PRD)。

$$\text{MSE} = \frac{1}{N_x N_y} \sum_{i=0}^{N_x-1} \sum_{j=0}^{N_y-1} \left| f(i,j) - f_c(i,j) \right|^2 \tag{4-1}$$

$$\text{NMSE} = \frac{\text{MSE}}{\delta_f^2}, \quad \delta_f^2 = \frac{1}{N_x N_y} \sum_{i=0}^{N_x-1} \sum_{j=0}^{N_y-1} f^2(i,j) \tag{4-2}$$

$$\text{SNR} = 10\lg \frac{\delta_f^2}{\text{MSE}} \tag{4-3}$$

$$\text{PSNR} = 10\lg \frac{Q^2}{\text{MSE}} \tag{4-4}$$

$$\text{PRD} = \sqrt{\frac{\sum_{i=0}^{N_x-1} \sum_{j=0}^{N_y-1} \left(f(i,j) - f_c(i,j) \right)^2}{\sum_{i=0}^{N_x-1} \sum_{j=0}^{N_y-1} f^2(i,j)}} \tag{4-5}$$

其中，Q 为最高灰度值。

图像质量主观评价尺度可按 5 分制来进行评价：5 分对应于非常好的图像，评价尺度是"丝毫看不出图像质量变坏"；4 分对应于好的图像，评价尺度是"能看出质量变化，但不妨碍观看"；3 分对应于中等的图像，评判尺度是"清楚看出图像质量变坏，稍妨碍观看"；2 分对应于差的图像，评判标准是"对观看较有影响"；1 分对应于非常差的图像，评判尺度是"非常严重的质量变坏，基本不能观看"。

通常图像压缩编码效率的高低可以通过重构图像的冗余度、整个算法的编码效率以及最终图像压缩比来反映。假设待处理图像的平均码的长度是 L，图像的信息熵是 H，压缩后的图像的平均码长为 L_C，则有冗余度 R、编码效率 η、压缩比 C_R，定义如下：

$$R = \frac{L}{H} - 1 \tag{4-6}$$

$$\eta = \frac{1}{1+R} \tag{4-7}$$

$$C_R = \frac{L}{L_C} \tag{4-8}$$

早在 1948 年,信息论的鼻祖香农(Shannon)在其创立信息论的奠基性论文"通信的数学理论"[1]中指出:数据是信息和冗余度的组合,并给出了信息熵的概念(即排除了冗余后的信息量均值)。1952 年 Huffman[2]提出了第一个实用的编码方法。1952 年 Culter 最先提出了差分脉冲码调制的概念[3]。1968 年 Andrews 和 Pratt 首次利用离散傅里叶变换取得了较好的压缩效果[4]。1974 年 Ahmed 等提出离散余弦变换[5],被称为变换编码的基本方法。1976 年 Rissanen 提出算术编码[6]。1983 年 Burt 与 Adelson[7]提出塔形编码方法使压缩比有很大提高。第二代图像编码技术是 Kunt 等[8]于 1985 年提出的,他们认为,第一代图像编码技术是指以信息论和数字信号处理技术为理论基础,旨在去除图像数据中的线性相关性的一类编码技术,其去除客观和视觉冗余信息的能力已接近极限,压缩比大约在 10:1。第二代图像编码技术指不局限于信息论的框架,要求充分利用人的视觉生理心理和图像信源的各种特征,能获得高压缩比的一类编码技术,其压缩比多在 30:1 至 70:1 之间,有的甚至高达 100:1,例子包括基于图像的方向分解的编码。自 20 世纪 90 年代以来的小波变换编码(仍旧属于第一代变换编码)有优异的压缩性能[9],且提供了天然的多尺度、多分辨率的图像描述方法,因而得到了广泛的应用。针对不断拓展的应用(如高清视频流、增强现实),数字图像压缩技术仍旧在不断地发展进化中,如针对提高电视会议和可视电话等的图像效果的运动模型编码、基于深度学习的编码等。图 4.1 是一种对数字图像压缩的历史概括。

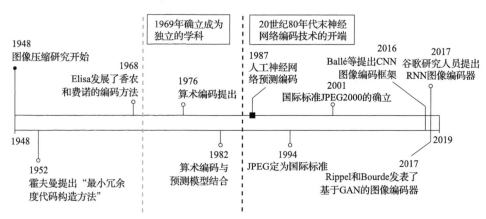

图 4.1　数字图像压缩的一些历史时间节点

Dua 等[10]综述了多光谱图像的压缩方法的优缺点及挑战,挑战或局限性包括:对实时性的研究还欠缺、以应用为中心的研发还不足;在文献[11]中,关于医学图像的压缩的挑战包括实时性、有损压缩中的噪声抑制;从二维拓展到三维图像/视频的压缩有待加强[12];图像压缩应该基于机器智能与人类感知的联合优化[13]。

4.2　图像压缩模型

图像压缩系统包含两个主要功能模块:编码器和解码器(图 4.2)。编码器由消除输入冗余的信源编码器和增强信源编码器输出的噪声抗扰性的信道编码器构成;类似地,解码器则由信道解码器和信源解码器构成。如果编码器和解码器之间的信道是无噪声的,则信道编码器和解码器可以略去。

图 4.2　常用的图像压缩系统模型

4.2.1　信源编码器和信源解码器

信源编码器的任务是减少或消除输入图像中的编码冗余。特定的应用及与之相联系的保真度要求决定了给定情况下的最佳编码方法。图 4.3 给出了信源编码及解码框图[14]。

图 4.3　信源编码器和信源解码器流程

在信源编码处理的第一阶段(图 4.3 中的转换器),转换器将输入数据转换为可以减少像素间冗余的格式,这一步操作通常是可逆的,并且有可能直接减少表示图像的数据量,一种实现方式就是行程编码。转换器将图像变换成一个系数阵列,使后续的编码处理更容易找到像素间冗余而进行压缩。在信源编码处理的量化器模块中,将转换器的输出精度调整到与预设的保真度准则相一致,以减少输入图像的心理视觉冗余;这一步是不可逆的,当希望进行无误差压缩时,该步骤需要略去。在信源编码处理的符号编码器模块中,符号编码器生成固定或可变长度的编码表示输入图像。

信源解码器包含两部分:符号解码器、反向转换器(图 4.3),解码与编码互为逆操作,因此符号解码器与符号编码器、反向转换器与转换器构成了逆操作对,获得最终的经过压缩后的图像。

4.2.2 信道编码器和信道解码器

当信道带有噪声或易于出现错误时，信道编码器和解码器就在编码、解码处理中扮演十分重要的角色。信道编码器和解码器通过向信源编码数据中插入预制的冗余数据来减小信道噪声的影响。信道编码器几乎不包含冗余，因此如果没有附加这种"预制的冗余"，在信道传输中将会对噪声非常敏感。

最有用的一种信道编码技术是由 Hamming[15]在 1950 年提出的。这种技术基于这样的思路：在被编码的数据中添加足够的位数，以确保有效的不同码字变化的位数最少。Hamming 通过例子说明，如果将 3 位冗余码加到 4 位码字上，使得任意两个有效的码字之间的距离为 3（两个码字之间的距离是这样定义的：它是从第一个码字变换到第二个码字需要改变的第一个码字中的数字变化的最少数目，如二进码字 101101 到 011101 的二进制位数第 6、第 5 两位不同，因此这两个二进码字的距离是 2），则所有的一位错误都可以检测出来并得到纠正（通过添加额外的冗余位，多位错误也可以得到检测和纠正）。与 4 位二进码字 $b_3b_2b_1b_0$ 相关联的 7 位二进制 Hamming 码字 $h_1h_2h_3h_4h_5h_6h_7$ 的关系是

$$
\begin{aligned}
&h_1 = b_3 \oplus b_2 \oplus b_0 \quad h_3 = b_3 \\
&h_2 = b_3 \oplus b_1 \oplus b_0 \quad h_5 = b_2 \\
&h_4 = b_2 \oplus b_1 \oplus b_0 \quad h_6 = b_1 \quad h_7 = b_0
\end{aligned}
\tag{4-9}
$$

其中，$\oplus$ 表示二进制异或运算(exclusive OR)。显然，由上面的定义可知，h_1、h_2、h_4 分别是位字段(bit field) $b_3b_2b_0$、$b_3b_1b_0$、$b_2b_1b_0$ 的偶校验(位字段的偶校验指的是该字段中值为 1 的位数是偶数)，即这三个位字段若有偶数个位数的值为 1，则对应的 Hamming 位取值为 1。

对 Hamming 编码进行解码时，信道解码器必须为先前设立的偶校验的各个位字段进行奇校验并检查解码值，可能的位错误由非零奇偶校验字 $c_4c_2c_1$ 给出

$$
\begin{aligned}
&c_1 = h_1 \oplus h_3 \oplus h_5 \oplus h_7 \\
&c_2 = h_2 \oplus h_3 \oplus h_6 \oplus h_7 \\
&c_4 = h_4 \oplus h_5 \oplus h_6 \oplus h_7
\end{aligned}
\tag{4-10}
$$

如果 c_4、c_2、c_1 中出现了一个非零值，则解码器需要在校验字发现错误的位置补充码字位，然后从纠正后的码字中提取码字 $h_3h_5h_6h_7$。

显然，加入了信道编解码，虽然能增强噪声抗扰度，但压缩率会降低。

4.3　无损图像压缩

有很多应用场合需要无损压缩，包括用于诊断的医学影像、用于证据的法律方面的图像、资源昂贵的遥感图像、资源稀缺的文物等图像，必须保留原有图像的所有信息。这里将简要介绍霍夫曼编码（Huffman encoding）、算术编码、位平面编码、LZW 编码和无损预测编码。

4.3.1　霍夫曼编码

霍夫曼编码是消除编码冗余最常用的技术之一；霍夫曼编码能给出最短的单一信源符号码字。

霍夫曼编码过程可分为两步：消除信号源符号数量、逐步赋值。

下面结合一个例子具体介绍[16]：设信源符号集为 $B=\{b_1, b_2, b_3, b_4\}$，各符号对应的概率为 $u=\{P(b_1), P(b_2), P(b_3), P(b_4)\}=\{0.1, 0.38, 0.22, 0.3\}$，则信源的熵为 $H(u) = -0.1\log 0.1 - 0.38\log 0.38 - 0.22\log 0.22 - 0.3\log 0.3 = 1.864$。第一步，将信源符号按概率从大到小排列，然后将概率最小的两个符号合并得到一个组合符号，再将这个组合符号与其他尚没有组合的符号按照概率从大到小排序，直到只有两个符号为止。第二步，从上述消减到最小的信源单位，逐步回到初始的单一信源；开始时，消减到的信源只有两个，将 0 赋值给概率大的信源（0.62）、1 赋值给概率小的信源（0.38）；消减到的信源从两个增加到 3 个，找到本次消减合并的两个信源，分别将 00 赋值到概率大的信源（0.32）、01 赋值到概率小的信源（0.30）；再进一步回溯，对应于合并了最初的两个信源 b_1 与 b_3，将 000 赋值给概率大的信源（0.22）、001 赋值给概率小的信源。至此每个非组合信源都得到了唯一的编码，即具有可变长度的霍夫曼编码：b_2、b_4、b_3、b_1 的霍夫曼编码分别为二进制的 1、01、000 与 001（表 4.1）。

表 4.1　一个例子的霍夫曼编码形成过程

初始信源		信源的消减		初始信源的赋值		消减信源的赋值			
符号	概率	1	2	0		1		2	
b_2	0.38	0.38	0.62	0.38	1	0.38	1	0.62	0
b_4	0.30	0.32	0.38	0.30	01	0.32	00	0.38	1
b_3	0.22	0.30		0.22	000	0.30	01		
b_1	0.10			0.10	001				

如果信源有 N 个符号，则所需的信源消减次数为 $N-2$。当需要对大量符号编码时，构造最优霍夫曼编码的计算量会很大，此时可以采用一些亚优的方法，通

过牺牲编码效率来换取计算量的减少。一种常用的方法是截断方法：它只对最可能出现的前 M 个符号进行霍夫曼编码，而对其他的小概率符号可采用加合适的前缀（如 1）与简单编码（如最简单的二进制编码，概率由高到低赋予由大到小的码，如剩余的有 6 个小概率码，概率从大到小的符号分别记为 b_0、b_1、b_2、b_3、b_4、b_5，则它们分别赋予局部码 000、001、010、011、100、101、110，若前面的 M 个符号的最大码长为 L，则可加全部为 0 的前缀使得前缀长度+3（局部码的长度）大于 L。具体地，若 L 为 4，则前缀为 00，这样这 5 个小概率符号的编码为 00 000、00 001、00 010、00 011、00 100、00 101、00 110）。

4.3.2 算术编码

算术编码是一种从整个符号序列出发，采用递推形式连续编码的方法。在算术编码中，源符号与码字间的一一对应关系并不存在；一个算术码字要赋给整个信源符号序列，而每个码字本身确定了 0 和 1 之间的一个实数区间。

根据信源符号出现的概率和排序确定小数的每一个位，让区间长度正比于概率，从而产生信源符号序列对应的算术编码小数，位于[0,1)；解码为编码的逆过程，由[0,1)的小数恢复符号序列。下面以一个简单实例说明这个过程。

例 4.1 假设信源符号为{A, B, C, D}，各自概率分别为{0.1, 0.4, 0.2, 0.3}，求 $CADACDB$ 的编码。先建立[0,1)区间内每个符号对应的区间，这个依赖于符号的顺序，这里以 $ABCD$ 的顺序来建立区间，这时 A 的区间为[0, 0.1)，B 的区间为[0.1, 0.1+0.4)=[0.1, 0.5)，C 的区间为[0.5, 0.5+0.2)=[0.5, 0.7)，D 的区间为[0.7, 0.7+0.3)=[0.7, 1)。类似地，如果按照 $DCBA$ 的顺序来排，则 D、C、B、A 对应的区间为[0, 0.3)、[0.3, 0.5)、[0.5, 0.9)、[0.9, 1)。按照 $ABCD$ 的顺序指定区间进行信源符号串 $CADACDB$ 编码。

解： 先求第一个符号对应的区间，根据 $ABCD$ 顺序区间，C 的区间为[0.5, 0.7)，得到了第一个估计 0.50。

加入第二个符号，求取对应的区间。第二个符号 A 的区间为[0, 0.1)，取[0.5, 0.7)区间的[0, 0.1)部分，对应于[0.5+0×(0.7−0.5), 0.5+0.1×(0.7−0.5))=[0.5, 0.52)。

加入第三个符号 D，对应的区间为[0.7, 1)，取[0.5, 0.52)的[0.7, 1)部分，对应于[0.5+0.7×(0.52−0.5), 0.5+1×(0.52−0.5)])=[0.514, 0.52)。

加入第四个符号 A，对应的区间为[0, 0.1)，取[0.514, 0.52)的[0, 0.1)部分，对应于[0.514, 0.514+0.1×(0.52 0.514))=[0.514, 0.5146)。

加入第五个符号 C，对应的区间为[0.5, 0.7)，取[0.514, 0.5146)的[0.5, 0.7)部分，对应于[0.514+0.5×(0.5146−0.514), 0.514+0.7×(0.5146−0.514))=[0.5143, 0.51442)。

加入第六个符号 D，对应的区间为[0.7, 1)，取[0.5143, 0.51442)的[0.7, 1)部分，对应于[0.5143+0.7×(0.51442−0.5143), 0.5143+1.0×(0.51442−0.5143))= [0.514384,

0.51442）。

　　加入第七个符号 B, 对应的区间为[0.1, 0.5)，取[0.514384, 0.51442)的[0.1, 0.5)部分，得[0.514384+0.1×(0.51442–0.514384), 0.514384+0.5×(0.51442–0.514384))=[0.5143876, 0.51442)。

　　CADACDB 最后的区间为[0.5143876, 0.51442)，其最小值 0.5143876 为该符号串的算术编码。由上面的编码过程可知，每添加一个符号，区间就更进一步细化（即区间长度是单调递减的），当字符串长度不断增加时，该区间长度趋于零。在右边添加新的符号可以通过叠加的方式进行编码。

　　下面用同一例子来演示解码过程。

　　例 4.2　求取算术编码为 0.5143876 对应的符号序列，其中 A、B、C、D 具有如上所述的概率以及编码是基于 ABCD 的顺序。

　　解：解码过程将是逐步将编码对应到区间以确定相应的符号。

　　0.5143876 位于[0.5, 0.7)，故首个符号将是 C；再计算 0.5143876 在[0.5, 0.7)的比例，(0.5143876–0.5)/(0.7–0.5)=0.071938, 位于[0, 0.1)对应于第二个符号为 A, CA 对应的区间为[0.5, 0.52)；再计算 0.5143876 在[0.5, 0.52)中的比例为 0.71938, 位于[0.7, 1)故第三个符号为 D, CAD 对应的区间为[0.514, 0.52)；再计算 0.5143876 在[0.514, 0.52)中的比例 0.0646, 位于[0, 0.1)故第四个符号为 A, CADA 对应的区间为[0.514, 0.5146)；计算 0.5143876 在[0.514, 0.5146)中的比例为 0.643, 位于[0.5, 0.7)，故第五个符号为 C, CADAC 的区间为[0.5143, 0.51442)；计算 0.5143876 在[0.5143, 0.51442)中的比例为 0.72, 对应于 D 所在的区间，第六个符号为 D, CADACD 的区间为[0.514384, 0.51442)；计算 0.5143876 在[0.514384, 0.51442)中的比例为 0.1, 该值为 B 符号对应区间的最小值，解码过程结束，为 CADACDB。

　　因此解码结束的条件是，待解码的编码对应于某一符号代表的区间的最小值。

4.3.3　位平面编码

　　位平面编码(bit-plane encoding)是一种基于将灰度图像分解成多个二值图像并对每个二值图像进行压缩的技术。这种技术除了能减少或消除编码冗余外，还能消除或减少图像中的像素相关冗余，所以通常会比霍夫曼编码更有效。该方法主要有两个步骤：位平面分解、位平面编码。

　　一幅灰度图像由多个比特(bit)构成，每个比特构成了一个位平面。对于非医学图像通常用 8bit 表示，对应于 8 个位平面，编号为 0~7, 位平面 0/7 分别表示最低/最高位。位平面分解就是将一幅具有 m bit 灰度级的图像分解成 m 幅 1bit 的二值图像。具有 m bit 灰度级的图像灰度值可以用如下多项式表示：

$$a_{m-1}2^{m-1} + a_{m-2}2^{m-2} + \cdots + a_1 2^1 + a_0 2^0 \qquad (4\text{-}11)$$

这里多项式系数 $a_i(i=0, 1, \cdots, m-1)$ 取值为 0 或 1。根据这个表示，把灰度图像分解成多个二值图像集合的一种简单方法就是把上述多项式的 m 个系数分别分给 m 个 1bit 的位平面。这种分解方法的一个固有缺点是像素点的灰度值的微小变化有可能对应于位平面的较多变化，如相邻的两个灰度值分别为 $127(01111111_2)$ 和 $128(10000000_2)$ 时，对应的灰度在每个位平面上都发生了变化。一种可减小这种小灰度变化影响的位分解方法是用 m bit 的格雷码(Gray code) g_i $(i=0, 1, \cdots, m-1)$，与多项式 (4-11) 对应的格雷码由下式计算

$$g_i = \begin{cases} a_i \oplus a_{i+1}, & 0 \leqslant i < m-1 \\ a_i, & i = m-1 \end{cases} \qquad (4\text{-}12)$$

其中，$\oplus$ 表示异或操作。后续的位平面编码针对格雷码 g_i 进行，得到格雷码的解码后，可以由格雷码直接计算出原始码 a_i，$a_i = g_i \oplus a_{i+1}$。格雷码的特点是灰度值的小变化不会导致格雷码的大变化，如 127 和 128 的格雷码分别为 01000000_2 与 11000000_2，二者的格雷码只有一位差异。

至于每个位平面的编码，这里介绍行程编码(run-length coding)方法。行程编码又称游程编码、行程长度编码、变动长度编码，是一种相对简单的统计编码技术。其思路是将一个相同值的连续串用一个代表值和串长来代替，如 "*aaabccdddd*" 经过行程编码后可以用 "*3a1b2c4d*" 来表示。在数字图像中，由于光栅扫描是逐行进行的缘故，将每行图像中的具有相同灰度值的连通区域称为一个行程。一维行程编码的基本思路就是对一组从左到右扫描得到的连续的 0 或 1 行程用行程的长度来编码，而不是对每个像素分别编码。为表示不同值 (0 或 1) 的行程，需要建立行程值的约定，常用的约定有：指出每行第 1 个行程的值；设每行都由 (长度可以是零) 0 行程 (也可是 1 行程) 开始。上述一维行程编码概念很容易推广到二维及三维行程编码。

行程编码是一种无损压缩技术，比较适合于二值图像的编码。为了达到好的压缩效果，行程编码会与其他编码方法混合使用。如 JPEG 中，行程编码和离散余弦变换和霍夫曼编码一起使用。该方法所获得的压缩比取决于图像本身的特点，具有相同灰度值的图像块/连通区域越大、图像块/连通区域数目越少，获得的压缩比就越高，反之压缩比就越小。

4.3.4 LZW 编码

LZW(Lempel-Ziv-Welch)编码是一种无损压缩编码，在完成编码的同时也生成了特定字符序列表及对应的代码。具体地说，LZW 编码把每一个第一次出现的

符号串用一个数值来编码，在解码时再将这个数值还原成对应的符号串。例如，用数字 0100_2 代表符号串"*abccddeee*"，每当出现该符号串时，都用 0100_2 代替，这样就起到了压缩的作用。至于 0100_2 与符号串的对应关系则是在编码过程中动态生成的，且这种对应关系隐含在压缩数据中以便后续解码建立对应关系。GIF文件采用了这种压缩算法。

4.3.5　无损预测编码

预测编码是一类对像素灰度的新增信息进行编码的方法，新增信息被定义为像素灰度实际值与预测值之间的差异，该类方法通过引入像素灰度的预测值而消除空间上较为接近的冗余信息。在预测比较准确时，预测误差的动态范围会远远小于原始灰度图像的动态范围，所以对预测误差的编码的比特数会大大减少，从而实现高的压缩比。

图 4.4 显示了一个无损预测编码系统的基本组成部分：一个编码器、一个解码器，以及相同的预测器。当输入图像 $f(x, y)$ 的像素序列 $f_n(n = 1, 2, \cdots)$ 逐个进入编码器时，编码器会根据若干个过去的输入数据计算当前输入像素的预测（估计）值，将预测器的输出四舍五入为最接近的整数 $\hat{f}_n$ 并用来计算预测误差

$$e_n = f_n - \hat{f}_n \tag{4-13}$$

这个误差可以用符号编码器进行编码得到压缩图像。在解码端，根据压缩图像重建预测编码 e_n，并与输出的预测值 $\hat{f}_n$ 相加得到解压图像的像素序列灰度：

$$f_n = e_n + \hat{f}_n \tag{4-14}$$

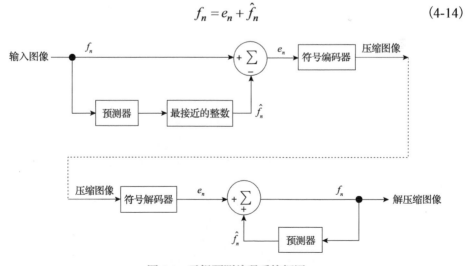

图 4.4　无损预测编码系统框图

很多情况下，可以采用将 m 个先前的(即按照扫描顺序，比当前像素先出现的)像素值进行线性组合得到当前像素的预测值：

$$\hat{f}_n = \text{round}\left[\sum_{i=1}^{m} a_i f_{n-i}\right] \tag{4-15}$$

其中，m 称为线性预测器的阶；round 是四舍五入操作；a_i 是预测系数；$n-i$ 对应于当前像素之前的空间坐标。对于一维线性预测，前面 m 个像素的坐标为 $(x-i, y)$；对于二维线性预测，预测是对图像从左向右、从上向下(即图像坐标系的正向)所扫描得到的先前像素的函数；对于三维线性预测，预测可基于上述同帧像素和前面帧的所有像素进行。

下面给出一个线性无损预测编码示例[16]。以最简单的一维线性预测编码为例，此时 $\hat{f}_n = f_{n-1}$ (表4.2)。表中第1行为需编码序列的标号，第2行为需编码序列像素的灰度值，第3行为需编码序列的像素的前一个像素的灰度值，第4行为计算的预测值，第5行为预测的误差序列(即被压缩的编码)。由表4.2可见，需要编码的序列的动态范围(10～104)远远大于压缩码(即预测误差)序列的动态范围(0～10)，这样就达到了压缩的目的。

表4.2　一个线性预测编码示例

n	0	1	2	3	4	5	6	7	8	9	10	11	12	13	14	15
f_n	10	10	12	15	19	24	30	37	45	54	64	74	83	91	98	104
f_{n-1}	—	10	10	12	15	19	24	30	37	45	54	64	74	83	91	98
$\hat{f}_n$	—	10	10	12	15	19	24	30	37	45	54	64	74	83	91	98
e_n	—	0	2	3	4	5	6	7	8	9	10	10	9	8	7	6

4.4　有损图像压缩

与无损压缩方法不同，有损编码是以牺牲图像重建的准确度而换取压缩比增加的概念为基础。如果产生的失真(可能是明显可见，也可能不易察觉)是可容忍的，则压缩能力的提高就是有效的。实际上，很多有损编码技术可以根据压缩比率超过100∶1来重建不易或不能察觉的失真的单色图像，并且压缩重建生成的图像与原图像进行10∶1到50∶1压缩的图像之间没有本质上的区别，单色图像的无损压缩编码很少能取得大于3∶1的压缩结果。无损与有损压缩的主要差别在于是否存在图4.3中的量化器模块，有该模块对应于有损压缩。

下面分别介绍有损预测编码、变换编码(离散余弦变换、小波变换)、模型编码。

4.4.1　有损预测编码

与无损预测编码相比，有损预测编码增加了量化器；由于允许有重建误差，需要考虑优化的预测器和量化器。图 4.5 给出了有损预测编码的框图。量化器的输入是预测误差 e_n，将该误差映射成有限范围内的输出 $\dot{e}_n$，该输出确定了与有损预测编码相联系的压缩和失真量。为了适应量化步骤的加入，并保证编码器和解码器生成的预测相等，实现的手段是在反馈环中设置一个有损编码器的预测器，对应于反馈环的输入 $\dot{f}_n$ 由在无损预测压缩中介绍的重建预测图像 $\hat{f}_n$ 和相应的量化误差 $\dot{e}_n$ 产生，即

$$\dot{f}_n = \dot{e}_n + \hat{f}_n \tag{4-16}$$

这样一个闭环结构能防止在解码器的输出端产生误差。

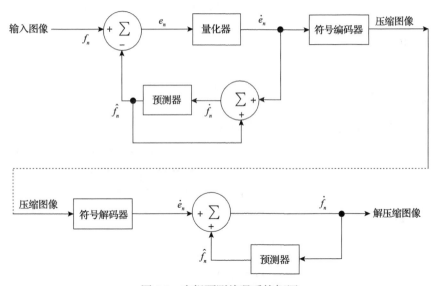

图 4.5　有损预测编码系统框图

最简单的有损预测编码方法是增量调制（delta modulation，DM）方法，其预测器和量化器分别为

$$\hat{f}_n = a\dot{f}_{n-1} \tag{4-17}$$

$$\dot{e}_n = \begin{cases} +c, & e_n > 0 \\ -c, & e_n \leqslant 0 \end{cases} \tag{4-18}$$

其中，a 是预测系数（一般不大于 1）；c 是正的常数。该量化器的输出只有 2 个值，

可用单个比特表示。下面给出一个 DM 编码实例(表 4.3[16]),将式(4-17)与式(4-18)的常数 a 与 c 分别取为 1 与 5,设输入序列为{12,16, 14, 18, 22, 32, 46, 52, 50, 51, 50},编码开始时先将第一个输入像素直接传给编码器,初始条件为 $\dot{f}_0 = f_0 = 12$;注意 $e_n = f_n - \hat{f}_n$,$\dot{e}_n$ 通过关系式(4-18)由 e_n 确定,$\dot{f}_n$ 通过关系式(4-16)由 $\dot{e}_n$ 及 $\hat{f}_n$ 确定;迭代由式(4-17)启动,从 $\dot{f}_n$ 启动到 $n+1$。

表 4.3　一个增量调制方法编码实例

输入		编码与解码				误差
n	f_n	$\hat{f}_n$	e_n	$\dot{e}_n$	$\dot{f}_n$	$f_n - \dot{f}_n$
0	12	—	—	—	12	0
1	16	12	4	5	17	−1
2	14	17	−3	−5	12	2
3	18	12	6	5	17	1
4	22	17	5	5	22	0
5	32	22	10	5	27	5
6	46	27	19	5	32	14
7	52	32	20	5	37	15
8	50	37	13	5	42	8
9	51	42	9	5	47	4
10	50	47	3	5	52	−2

一般情况下,能最小化编码器的均方预测误差的最优预测器可以采用差值脉冲码调制法(differential pulse code modulation, DPCM)。对于一个马尔可夫源,可以用一个 4 阶线性预测器来预测:

$$\hat{f}(x,y) = a_1 f(x, y-1) + a_2 f(x-1, y-1) + a_3 f(x-1, y) + a_4 f(x+1, y-1) \qquad (4-19)$$

其中,系数 $a_1 \sim a_4$ 都为非负实数且和不大于 1,即

$$\sum_{i=1}^{4} a_i \leqslant 1 \qquad (4-20)$$

除了最优预测,最优量化对预测编码的性能也很重要。图 4.6 是典型的量化函数,这个阶梯状的函数 $t=q(s)$ 是输入 s 的奇函数,可完全描述第一象限的 $L/2$ 个输入输出对 s_i 与 t_i,这些值给出的转折点确定了函数的不连续性并被称为量化器的判别与重建级。按照惯例,可将半开区间 $(s_i, s_{i+1}]$ 映射到 t_{i+1}。最优量化器的设计就是要在给定优化和输入信号 s 的概率密度函数 $p(s)$ 的条件下选择最优的 s_i 和 t_i。如果用最小均方量化误差(即 $E\{(s-t_i)^2\}$)作为准则,且 $p(s)$ 为偶函数(对应

于正负量的分布对称），最小误差条件为

$$\int_{s_{i-1}}^{s_i} (s - t_i) p(s) \mathrm{d}s = 0, \quad i = 1, 2, \cdots, L/2 \tag{4-21}$$

其中

$$s_i = \begin{cases} 0, & i = 0 \\ (t_i + t_{i+1})/2, & i = 1, 2, \cdots, \dfrac{L}{2} - 1 \\ \infty, & i = L/2 \end{cases} \tag{4-22}$$

满足上述条件的量化器称为 L 级 Lloyd-Max 量化器。

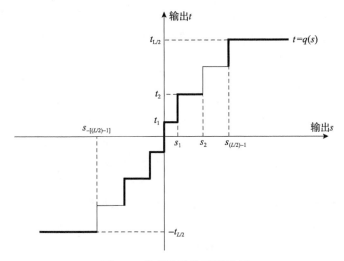

图 4.6　典型的量化函数示例

4.4.2　变换编码

　　本节介绍基于图像变换的编码方法，即对实施变换后的图像进行编码、解码、求逆变换，最终得到图像空间的解压图像（图 4.7）。

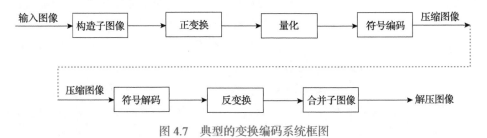

图 4.7　典型的变换编码系统框图

在变换编码中常用可逆的变换(如这里介绍的离散余弦变换与小波变换)将待编码/压缩图像映射成一组变换系数,然后将这些系数进行量化和编码。对大多数自然界的图像,变换后得到的系数值都较小,可以对这些系数进行较粗糙的量化而只产生较小的失真。较粗糙的量化可以减少表达图像所需要的数据量,因此通过变换编码可以实现图像压缩的目的。因为信息有损失(尽管某些信息损失的失真较小),所以变换编码是有损的。本节我们将介绍离散余弦变换(discrete cosine transform, DCT)编码及离散小波变换(discrete wavelet transform, DWT)编码。

图 4.7 给出了典型的基于正交变换(DCT)的编码系统框图。编码部分由 4 个模块构成:构造子图像、正变换、量化和符号编码。在编码部分,1 幅 $N_x \times N_y$ 的图像先被划分成 $\frac{N_x}{n} \times \frac{N_y}{n}$ 个大小为 n×n 的子图像;子图像变换的目的是降低或消除子图像像素之间的相关性,或将尽可能多的信息集中到尽可能少的变换系数上;量化模块将有选择性地消除或较粗糙地量化携带信息最少的系数,因为它们对重建的子图像的质量影响最小;符号编码模块对量化了的系数进行编码。解码部分由一系列与编码部分的逆操作模块构成,但量化模块不可逆,所以在解码部分没有对应的模块。当上述的四个模块至少有一个模块可以根据图像局部内容进行调整时,就称为自适应变换编码,否则称为非自适应变换编码。下面介绍四个模块的一些重要考量。关于子图像构造,如何选择子图像的大小是影响变换编码误差和计算复杂度的重要因素。在多数情况下,子图像的大小需满足以下两个条件:第一,相邻子图像之间的相关/冗余减少到某个可接受的水平;第二,子图像的长和宽都是 2 的整数次幂,以简化变换的计算。一般情况下,压缩量和计算复杂度都随着图像大小的增加而增加;最常用的子图像大小是 8×8 和 16×16。关于图像变换,有多种可能的选择,但效果有差异。需要注意的是,变换编码中对图像数据的压缩并不是在变换步骤取得的,而是在量化所得到的变换系数时取得的。如何选择变换取决于可允许的重建误差和计算量要求,一个能把最多的信息集中到最少的系数上去的变换所产生的重建误差将最小。常见的变换有霍特林变换(Hotelling transform)、沃尔什-阿达马变换(WHT)、DCT、离散傅里叶变换(DFT),这些变换中信息集中能力从大到小依次为霍特林变换、DCT、DFT 和 WHT,计算所需计算量从大到小的次序为霍特林变换、DCT、DFT 和 WHT,综合考虑压缩效率和计算复杂度,DCT 具有优势并重点介绍。关于量化,其程度与去除的变换系数的数量和相对重要性以及依赖表示保留系数的精度有关;在多数变换编码系统中,保留的系数是根据下列两个准则来确定的:最大方差准则对应的分区编码与最大幅度准则对应的阈值编码;分区编码的基础是信息论中的不确定性原理,根据这个原理,具有最大方差的变换系数含有最多的图像信息,因此需要保留在编码过程中;为保留这些系数,可设计一个分区模块与子图像中的对应元素相乘;

在这个分区模块中，对应最大方差系数的位置是 1，其他位置是 0；一般具有最大方差的系数接近于图像变换的原点，所以典型的分区模块如图 4.8(a) 所示；因为保留的系数需要量化和编码，所以区分模块中的每个元素也可以用每个系数编码所需的比特数表示，如图 4.8(b) 所示。阈值编码本质上是自适应的，子图像像素灰度值大于阈值时就保留进行量化编码；常见的有三种对变换子图像取灰度阈值的方法：所有的子图像用一个统一的全局阈值、对各个子图像分别用不同的阈值、根据子图像中各系数的位置选取不同的阈值。

1	1	1	1	1	0	0	0
1	1	1	1	0	0	0	0
1	1	1	0	0	0	0	0
1	1	0	0	0	0	0	0
1	0	0	0	0	0	0	0
0	0	0	0	0	0	0	0
0	0	0	0	0	0	0	0
0	0	0	0	0	0	0	0

8	7	6	4	3	2	1	0
7	6	5	4	3	2	1	0
6	5	4	3	3	1	1	0
4	4	3	3	2	1	0	0
3	3	3	2	1	1	0	0
2	2	1	1	1	0	0	0
1	1	1	0	0	0	0	0
0	0	0	0	0	0	0	0

(a)   (b)

图 4.8 典型的分区模块

(a) 保留的待编码的子图像像素 (1)；(b) 对应的每个子图像像素分配的比特数

离散小波变换 (DWT) 编码由于优越的性能得到了广泛的研究和应用，国际标准 JPEG-2000、MPEG-IV、H.264 等都使用了 DWT 编码。基于 DWT 的变换编码的基本思路也是通过变换减小各像素间的相关性来压缩图像。其框图与图 4.7 相似，不同的是小波变换编码解码不需要图像分块，这是因为小波变换的计算效率很高，且本质上具有局部性，因此小波变换编码就不会产生如果使用 DCT 变换而在高压缩比时的块效应，更适合于需要高压缩比的应用。有实验表明，采用小波变换编码不仅比一般的变换编码在给定压缩率的情况下有较小的图像重建误差，且能明显提高重建图像的主观质量。图像的小波变换编码通常是在图像多分辨率分析框架下实现。下面简要说明小波变换编码中需要考虑的几个因素。第一，小波的选择：小波的选择会影响小波变换编码系统设计的各个方面，小波的类型直接影响变换计算的复杂性并间接地影响系统压缩和重建可接受图像误差的能力，基于小波的压缩中最广泛使用的小波包括 Harr 小波、Daubechies 小波和双正交小波。第二，分解层数的选择：分解层数也影响小波编码计算的复杂度和重建误差。P 个尺度的快速小波变换包括 P 个滤波器组的迭代、正反变换的计算操作次数随着分解层数的增加而增加 ($3P+1$)；随着分解层数的增加，对低尺度系数的量化也会逐步增加，而这将会对重建图像中越来越大的区域产生影响；很多应用中，可综合存储或传输图像的分辨率，以及最低可用近似图像的尺度来确定。第三，量化设计：对小波编码、压缩和重建误差影响最大的是系数的量化；尽管最常用的是均匀量化，但量化效果可以通过增大量化间隔或在不同尺度调整量化间隔来进一步优化。DWT编码也可以看做是一种特殊的子带编码(subband coding)。子带编码是一种以信号频谱为依据的编码方法，即将信号分解成不同频带分量（这些分量叫做子带）去除信号相关性，再将分量分别进行取样、量化、编码。

4.4.3 模型编码

大多数图像编码方法，如预测编码、变换编码、矢量编码（首先将图像分块，并把每一个子图像块按一维方式重新排列形成图像矢量，然后将这些矢量与码书中的码字进行比较找到最匹配的码字，最后将该码字在码书中的索引值作为该子块的编码）都是基于信息理论的编码，将图像看做是随机信号，利用信号的随机特性进行压缩。模型编码则利用图像的结构模型来表征图像，从某种意义上考虑了场景的三维特性。模型编码的主要优势在于用结构的方式来描述图像内容。分为2D及3D模型编码方法。对于2D方法，主要有基于轮廓、区域、物体、形变三角形编码的方法。对于3D方法，主要有基于物体的编码、基于三维模型的编码[17]。

作为一个例子，介绍一种基于区域增长的编码[18]。由区域增长将图像划分成区域。为了获取高的压缩比，区域增长后得到的区域数目应该不大于100，然后对区域的轮廓进行编码（比如用起始点坐标+8个方向的编码）。最后，对每个区域灰度进行编码，用二阶多项式进行逼近。这种方法适合于图像由几个大的区域构成。基本思路也适用于对感兴趣区的模型编码。

一般地，该方法在编码端通过图像分析将图像中的感兴趣区分离出来并对感兴趣区建模，通过提取几何特征、色度特征等得到模型特征；在解码端，通过模型参数将图像与图像内的感兴趣区结合，得到重建图像。与传统的方法相比，模型编码更注重减少图像内容的失真，将以往的图像灰度失真转换为图像内感兴趣区集合的位置、角度等的失真。

4.5 数字图像压缩标准

数字图像编码方法的探索还在进一步地深入，如近期的基于深度学习的图像压缩，基于深度学习的自编码器学习紧凑的表征然后进行编码解码，还有基于循环神经网络、生成对抗网络方面的研究，正在成为热点，性能还在改善之中。与此并行的是基于先进成熟的压缩技术的数字图像压缩标准的建设。

20世纪80年代以后，为了推广数据压缩技术的应用，ISO(International

Organization for Standardization)、IEC(International Electrician Committee)和ITU (International Telecommunication Union)陆续完成各种数据压缩与通信的标准和建议,形成了相应的数字图像压缩标准。

静止图像压缩标准主要有JPEG及JPEG2000。JPEG标准由ISO制定,是面向连续色调静止图像的一种压缩标准(continuous tone still image compression standards),JPEG格式是最常见的图像文件格式,后缀名为.jpg或.jpeg。JPEG组织成立于1986年,JPEG标准于1992年正式通过。在该压缩编码标准中,有四种运行模式,其中一种是基于预测编码的无损压缩算法,另外三种是基于离散余弦变换(DCT)的有损压缩算法。

(1)JPEG的无损压缩编码模式:采用预测法和霍夫曼编码(或算术编码)实现。

(2)JPEG的基于DCT的顺序编码模式:根据DCT变换原理,按照从上到下、从左到右的顺序对图像进行压缩编码;在接收端按照上述规律进行解码;在此过程中有信息丢失,是有损图像压缩。

(3)JPEG的基于DCT的累进编码模式:以DCT变换为基础,通过多次扫描、由粗到细逐步累加的方式对图像进行数据压缩。

(4)JPEG的基于DCT的分层编码模式:从低分辨率开始逐步提高分辨率的编码模式,能够获得更高的压缩比。

JPEG标准自从1992年通过以来,由于其优良的品质而获得成功。然而,随着多媒体应用领域的不断扩展,对质量提出了新的需求。JPEG采用DCT将图像压缩为8×8的小块,压缩率越高,丢失的信息越多。为此,JPEG组织从1997年开始对JPEG标准进行更新换代,并于2000年推出新的晋级版标准JPEG2000。JPEG2000的最大改进就是放弃了JPEG标准的分块DCT,而改用小波变换。JPEG2000不仅能提高图像的压缩质量,尤其是高压缩比时的压缩质量,而且增加了一些功能,包括根据图像质量、视觉感受和分辨率进行渐进压缩传输等,符号编码使用的是位平面编码和算术编码。JPEG2000在高压缩比及质量要求高的情况要优于JPEG,但是对于无损或接近无损的压缩JPEG2000相对于JPEG的优势不大。JPEG2000的文件后缀为.jp2。JPEG2000标准本身无须授权费,但是编码的核心部分的各种算法被大量注册专利,为了难以避开这些专利费用而开发出免授权费的商用编码器,这或许是目前JPEG2000技术没有得到广泛应用的原因之一。

运动图像压缩标准主要有MPEG。MPEG(moving picture experts group)从1990年开始制定运动图像压缩标准,1992年底,第一个运动图像压缩标准MPEG-1被批准为国际标准,它采用了块方式的运动补偿、DCT、量化等技术,被广泛地用于VCD;MPEG-2于1994年11月为数字电视而提出来,用于广播电视和DVD,并适用于HDTV,使得原打算为HDTV设计的MPEG-3还没出世就被抛弃了。2000年年初发布的MPEG-4则有很大的不同:MPEG-1和MPEG-2采用以香农信息论

为基础的预测编码、DCT、熵编码及运动补偿等第一代数据压缩编码技术，而
MPEG-4 则是基于第二代压缩编码技术制定的国际标准；MPEG-4 以视听媒体对
象为基本单元，采用基于内容的压缩编码，以实现数字音频、图形合成应用以及
交互式媒体的集成，该标准对 VCD、DVD 等视听消费电子及数字电视和高清晰
度电视(DTV 及 HDTV)、多媒体通信等产生了巨大深远的影响。

二值图像压缩标准主要有 JBIG。JBIG(joint bi-level image experts group)于
1988 年成立，并在 1993 年制定 JBIG 标准，2000 年又制定了 JBIG2，采用行程编
码及霍夫曼编码相结合，只对行程长度进行编码，黑与白的长度可以用不同的编
码。JBIG 标准主要是无损压缩，JBIG2 标准支持无损压缩及有损压缩，无损压缩
时 JBIG2 的压缩效率比 JBIG 要高 2~4 倍。

4.6 深度学习图像压缩

2016 年 Toderici 等[19]提出了一种基于卷积神经网络和循环神经网络的图像压
缩算法：图像压缩网络由编码网络、二值化网络、解码网络和熵编码网络四部分
组成，成为第一个超越 JPEG 的神经网络图像压缩框架。

2017 年 Li 等[20]提出了基于图像内容加权的图像压缩方法，该方法在传统自
编码器结构的基础上加入了重要性图的概念，使用三个卷积层和三个残差块对输
入图像生成重要性图，并根据重要性图对编码进行筛选，去除不重要的比特位以
提高压缩性能，图 4.9 给出了该方法的结构框图。

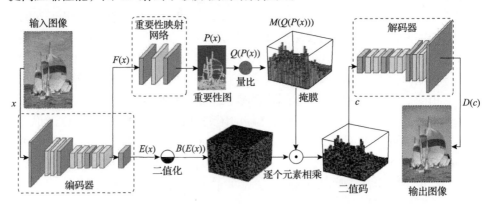

图 4.9　实现基于内容重要性的图像压缩的 CNN 结构示意图[20]

下面较详细地介绍参考文献[20]的方法。

基于深度学习的有损图像压缩可以泛化为通过联合学习编码器、量化器、解
码器使得信息熵及失真联动优化。尽管可以用 CNN 表征并通过反向传播优化编
码器与解码器，但量化器的学习却是挑战，因为它不可微分。无损压缩可以看做

是有损压缩的特例，所以以可变参数的有损压缩为例探讨图像压缩具有普适性。

引入内容重要性图来引导图像压缩。输入图像 $x \in \mathbb{R}^{h \times w}$，$e = E(x) \in \mathbb{R}^{n \times h \times w}$ 为编码网络的输出，含有 n 个大小与原始图像一样的特征图，$p = P(x)$ 表示每个像素的非负的重要性程度。对于 (i, j) 像素的重要性程度 $p_{i,j}$ 满足 $\frac{l-1}{L} \leqslant p_{i,j} < \frac{l}{L}$，只在空间位置 (i, j) 编码并存储前 $\frac{nl}{L}$ 位 $\left\{ e_{1ij}, e_{2ij}, \cdots, e_{\frac{nl}{L}ij} \right\}$，其中 L 是重要性程度的位数，$\frac{n}{L}$ 是每个重要性水平对应的位数，空间位置 (i, j) 的其他位数 $\left\{ e_{\left(\frac{nl}{L}+1\right)ij}, e_{\left(\frac{nl}{L}+2\right)ij}, \cdots, e_{nij} \right\}$ 自动设置为 0 而不需要存到码中。这样就可以给富含内容的像素指派更多的位数，从而能以较小的代价保留图像细节；此外，重要性程度的和 $\sum_{i,j} p_{i,j}$ 可以自然连续地估计压缩比，直接用作压缩比参数的控制手段。

由于引入了重要性程度图，不再需要在训练编码与解码时计算熵率，从而可以采用更简单的量化器的二值化：sigmoid 的输出大于 0.5 就二值化为 1，否则为 0。如图 4.9 所示，所提出的图像压缩框架包含四个主要部分：卷积编码器、重要性程度图网络、二值化器、卷积解码器。对于给定的输入图像 x，卷积编码器通过卷积层确定了一个非线性分析变换得到 x 的编码 $E(x)$，二值化器则将 $E(x)$ 进行二值化得到 $B(E(x))$，当 $E(x)$ 大于 0.5 时取值为 1，否则为 0；重要性图网络的输入是编码器的中间结果，输出则是输入图像的重要性程度 $P(x)$；采用舍入函数对 $P(x)$ 进行量化，并在 $P(x)$ 的引导下生成与 $B(E(x))$ 大小相同的掩膜 $M(P(x))$；基于 $M(P(x))$ 对二进制码进行裁剪；最后解码器定义一个非线性合成变换得到解码结果 $\hat{x}$。

编码器与解码器都是全卷积网络。编码器有三个卷积层及三个残差块，每个残差块又含有两个卷积层，去掉了批正规化层。输入图像 x 首先用 128 个 8×8 的卷积核进行卷积，步幅 stride=4；紧随的是一个残差块；256 个 4×4 卷积核、步幅 stride=2；两个残差块得到中间特征图 $F(x)$；最后由 m 个 1×1 的卷积核得到编码器的输出 $E(x)$。需要指出的是，对于低的压缩比模型 $m=64$，否则取 128。解码器 $D(c)$ 与编码器对称，其中 c 是输入图像 x 的编码。

二值化器的操作还考虑到了反向传播的可导性，以 e_{ijk} 表示编码器的输出 $e=E(x)$ 的一个元素，位于[0, 1]。二值化器的操作由下式确定

$$\tilde{B}(e_{ijk}) = \begin{cases} 1, & e_{ijk} > 1 \\ e_{ijk}, & 1 \leqslant e_{ijk} < 0 \\ 0, & e_{ijk} \leqslant 0 \end{cases} \tag{4-23}$$

重要性图网络：基本的考虑是，光滑的区域应该分配较少的比特数而具有复杂结构或细节的区域应该分配更多的比特数。因此引入内容加权的重要性图来进行比特数分配和控制压缩率，该图的大小与编码器的输出一样，重要性图的各元素取值位于[0,1]。设计了神经网络从输入图像 x 学习重要性图。其输入为编码器最后面的残差块的特征 $F(x)$，采用三层卷积层产生重要性图 $p=P(x)$。设 p 的大小为 $h \times w$，编码器输出共有 n 个特征图。对于 p 中的给定元素 p_{ij}，其重要性图由下式定义

$$Q(p_{ij}) = l - 1, \quad 若 \frac{l-1}{L} \leqslant p_{ij} < \frac{l}{L}, l = 1, 2, \cdots, L \tag{4-24}$$

其中，L 是重要性水平，且 $n \bmod L = 0$。从重要性图 $Q(p)$ 可计算重要性掩膜 $m = M(p)$，见式(4-25)，其中 k 是第 k 个编码器输出特征图。

$$m_{kij} = \begin{cases} 1, & k \leqslant \dfrac{n}{L} Q(p_{ij}) \\ 0, & 其他 \end{cases} \tag{4-25}$$

最后的输入图像 x 的编码 c 为 $c = M(p) \circ B(e)$，其中 $\circ$ 表示位与位的乘积。图 4.10 显示了一幅图像及其对应的重要性图。

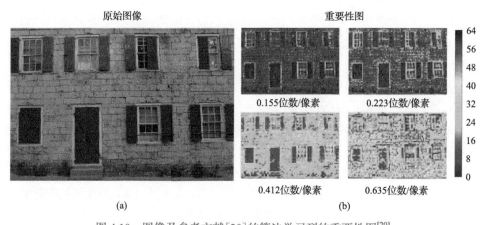

原始图像

重要性图

0.155位数/像素

0.223位数/像素

0.412位数/像素

0.635位数/像素

(a)　　　　　　　　　　　　　(b)

图 4.10　图像及参考文献[20]的算法学习到的重要性图[20]

原始图像(a)、不同压缩比(每个像素的位数分别为 0.155、0.233、0.412 与 0.635)下重要性图(b)的彩色映射

损失函数：包含失真及压缩率损失，即 $L = \sum\limits_{x \in X} \{ L_D(c, x) + \gamma L_R(x) \}$，其中 c 为 x 的码，$L_D(c, x) = \| D(c) - x \|_2^2$ 为图像失真损失；压缩比损失基于连续码长计算：编码器的输出 $E(x)$ 大小为 $n \times h \times w$，码字包括两部分，即重要性图 $Q(p)$、裁剪后的二进制码 $\dfrac{n}{L} \sum\limits_{i,j} Q(p_{ij})$，考虑到反向传播的优化，将该项损失定义为

$$L_R(x) = \begin{cases} \sum\limits_{i,j} (P(x))_{ij} - r, & \sum\limits_{i,j} (P(x))_{ij} > r \\ 0, & \text{其他} \end{cases} \tag{4-26}$$

其中，r 为给定的常数，可基于给定的压缩比对应的码长设定。

　　评价指标包括压缩比=每个像素的位数 bpp，图像失真参数为峰值信噪比 (PSNR)、结构相似性(structural similarity, SSIM)、多尺度结构相似性。

　　实验结果表明，对于高压缩比图像，性能远远优于 JPEG 及 JPEG 2000(图4.11)，与其他深度学习方法相比，在保留图像细节及压缩视觉伪像方面性能更佳。训练用的是部分 ImageNet 数据，而测试用的是 Kodak 数据。

图 4.11　参考文献[20]的算法在高压缩比(低 bpp)的细节保持优于 JPEG 及 JPEG 2000[20]
左上原图，三个方框标出了后续比较的内容，左下为金标准，右上为 JPEG，右中为 JPEG 2000，右下为该算法的
压缩结果，对应的 bpp/PSNR/SSIM 分别为 0.106/22.14/0.589、0.118/25.30/0.645 和 0.116/26.48/0.715

　　需要指出的是，深度学习应用于图像压缩的研究很活跃，主要是基于 CNN(59.6%)，还有一些基于其他网络结构，如自编码器 AE(17.4%)、生成对抗网络 GAN(9.2%)、循环神经网络 RNN(8.3%)、改进的 AE(5.5%)[21]。一些还需更进一步深入研究的问题包括：兼顾语义保真及视觉保真的图像压缩、信息率失真理论引导下的用于图像压缩的深度神经网络的设计与训练、图像压缩的高效存储与高效计算。

总结和复习思考

小结

　　4.1 节介绍了数字图像压缩基础：数字图像的内容存在冗余，所以可以压缩；

数字图像压缩的目的是在保证所要求图像质量的前提下尽可能地压缩数据比特率；图像质量用保真度量化，而图像压缩效率则主要用压缩效率来量化。

4.2 节介绍了数字图像压缩模型，包括编码器和解码器。信源编码器负责减少或消除输入图像中的编码冗余，包括转换器（将图像变成系数阵列便于编码）、量化器（不可逆的量化误差）、符号编码器（生成编码表示输入图像）；信道编码器用以提高信源编码的抗噪声能力。解码与编码互为逆操作，信源解码包括符号解码和反向转换器，信道编码和解码通过向信源编码器中插入预制的冗余数据来减少信道噪声的影响。

4.3 节是有关图像的无损压缩，介绍了最常用的可变长度霍夫曼编码（基于信源的概率分布、大概率赋小码、概率从小到大两两合并并分别赋予 0/1）、算术编码（区间长度正比于信源概率）、位平面编码（将灰度图像分解成位平面后编码）、LZW 编码（类似于查找表）、无损预测编码（预测的误差范围远小于原始信号范围）。

4.4 节是有关图像的有损压缩，介绍了有损预测编码、变换编码（DCT、DWT）、模型编码（将图像分解成结构模型然后进行编码）。

4.5 节介绍了数字图像压缩标准，包括静止图像、运动图像和二值图像标准。

4.6 节介绍了深度学习图像压缩，重点介绍了基于图像内容加权的压缩方法，即学习重要性图并据此进行编码筛选。重要性网络的基本思路就是：光滑的区域应该分配较少的比特数，而具有复杂结构或细节的区域应该分配更多的比特数，因此可以通过引入内容加权的重要性图进行输入图像的比特数分配和控制压缩率。

复习思考题

4.1 数字图像冗余的主要表现形式有哪些？

4.2 数字图像压缩中用于表征图像压缩后的图像质量及压缩效率的度量有哪些？

4.3 从结构上讲，有损压缩与无损压缩的差别是什么？

4.4 简述霍夫曼编码过程。

4.5 简述预测编码的过程，它为什么能压缩图像？怎样实现无损及有损预测编码？

4.6 简述位平面编码的基本思想和过程。

4.7 简述图像变换编码的过程，为什么它们是有损的？

4.8 离散余弦变换 DCT 与离散小波变换 DWT 变换编码的主要差别是什么？

4.9 什么是模型编码？试举例说明。

4.10 数字图像压缩的主要标准有哪些？

4.11 试述深度学习图像压缩的实现形式，如何实现可控的压缩率？

4.12 对于一个三符号的信源有多少个唯一的霍夫曼编码？构造这些唯一的编码。

4.13 算术解码过程是编码过程的逆过程,对给出的编码模型信息 0.23355 进行解码。符号 a、e、i、o、u、! 的概率分别为 0.2、0.3、0.1、0.2、0.1、0.1。

参 考 文 献

[1] Shannon C E. A mathematical theory of communications. The Bell System Technical Journal, 1948, 27: 379-423.

[2] Huffman D A. A method for the construction of minimum-redundancy codes. Proceedings of the IRE, 1952, 40: 1098-1101.

[3] Culter C C. Differential quantization of communication signals: US Patent, 2605361. 1952.

[4] Andrews H C, Pratt W K. Fourier transform coding of images//Proceedings of Hawaii International Conference on System Sciences, Hawaii, 1968: 677-679.

[5] Ahmed N, Natarajan T, Rao K R. Discrete cosine transform. IEEE Transactions on Computers, 1974, 23(1): 90-93.

[6] Rissanen J J. Generalized kraft inequality and arithmetic coding. IBM Journal of Research and Development, 1976, 20(3): 198-203.

[7] Burt P, Adelson E. The Laplacian pyramid as a compact image code. IEEE Transactions on Communications, 1983, 31(4): 532-540.

[8] Kunt M, Ikonomopoulos A, Kocher M. Second-generation image-coding techniques. Proceedings of the IEEE, 1985, 73(4): 549-574.

[9] Antonini M, Barlaud M, Mathieu P, et al. Image coding using wavelet transform. IEEE Transactions on Image Processing, 1992, 1(2): 205-220.

[10] Dua Y, Kumar V, Singh R S. Comprehensive review of hyperspectral image compressione algorithms. Optical Engineering, 2020, 59(9): 090902.

[11] Kumar P, Parmar A. Versatile approaches for medical image compression: A review. Procedoa Computer Science, 2020, 167: 1380-1389.

[12] Xu M, Li C, Zhang S, Le Callet P. State-of-the-art in 360° video/image processing: perception, assessment and compression. IEEE Journal of Selected Topics in Signal Processing, 2020, 14(1): 5-26.

[13] Hu Y, Yang W, Ma Z, et al. Learning end-to-end lossy image compression: A benchmark. IEEE Transactions of Pattern Analysis and Machine Intelligence, 2022, 44(8): 4194-4211.

[14] Gonzalez R C, Woods R E. Digital Image Processing. 2ed. New York: Pearson Education Inc, 2002.

[15] Hamming R W. Error detecting and error correcting codes. The Bell System Technical Journal, 1950, 29: 147-160.

[16] 章毓晋. 图像处理和分析教程. 北京: 人民邮电出版社, 2009.

[17] Aizawa K, Huang T S. Model-based image coding: Advanced video coding techniques for very low bit-rate applications. Proceedings of the IEEE, 1995, 83 (2): 259-271.

[18] Kunt M, Kocher M. Second-generation image-coding techniques. Proceedings of the IEEE, 1985, 73 (4): 549-574.

[19] Toderici G, Vincent D, Johnston N, et al. Full resolution image compression with recurrent neural networks//Proceedings of 2017 IEEE Conference on Computer Vision and Pattern Recognition. Hawaii: IEEE, 2017: 5435-5443.

[20] Li M, Zuo W M, Gu S H, et al. Learning convolutional networks for content-weighted image compression//Proceedings of 2018 IEEE/CVF Conference on Computer Vision and Pattern Recognition. Utah: IEEE, 2018: 3214-3223.

[21] Mishira D, Singh S K, Singh R K. Deep architectures for image compression: A critical review. Signal Processing, 2022, 191: 108346.

第5章　数字图像复原

图像复原(image restoration)与图像增强相似,其目的是改善给定的图像质量。尽管图像增强和图像复原的内容有交叉,但二者也有显著区别:图像增强主要是一个主观的过程,它是一个探索性过程,针对人类视觉系统的特点去改善图像让看图者更满意或提高后续图像分析的性能;而图像复原主要是一个客观的过程,试图用图像退化(image degradation)过程的先验知识来复原被退化的图像。因而,图像复原本质上将退化模型化,并采用退化的逆过程对退化图像进行处理以复原出原始未退化的图像。

最早的数字图像复原技术可以追溯到20世纪50年代的早期美国和苏联的空间项目。恶劣的成像环境、设备的振动、飞行器旋转等因素使图像产生不同程度的退化。在当时的技术背景下,这些退化造成了巨大的经济损失。这驱动了解决退化问题的图像复原研究。

图像复原技术早期的成果主要归功于数字信号处理中的逆滤波技术、现代控制理论的参数识别。一些现代方法极大地丰富了图像复原技术的研究,典型有小波分析、深度学习等。复原对象也从单一的灰度拓展到彩色图像复原,应用领域从空间探测拓展到了医学、通信、天文、艺术、气象、消费电子等领域,成为广泛关注的焦点。

噪声是一种常见的图像退化因素,虽然对噪声的一般了解可以采用不同的增强技术(如第3章介绍的方法),但是如果对噪声模型有更好的理解,采用图像复原技术的处理可能获得更好更具期待的效果。第3章及第10章有关图像去噪的方法与思想均可用于本章。

数字图像复原技术可有多种分类方法。在给定模型的条件下,图像复原技术可以分为无约束和有约束的两大类;基于是否需要交互,可以分为自动和交互两大类;基于图像处理所在的域,可以分为空域与变换域(最常见的包括频域与小波域)。

本章各节内容如下:5.1节介绍图像退化的背景知识;5.2节对常见的造成退化的噪声给出了定量描述,以期获得更好、更具针对性的噪声图像复原方法;5.3节介绍用于消除由空域噪声造成的退化图像的各类滤波器,包括组合滤波器;5.4节介绍无约束图像复原;5.5节介绍有约束复原,包括典型的有约束恢复维纳滤波,并给出了一个基于小波多尺度分解复原的阴天图像复原例子;5.6节介绍深度学习图像复原。

5.1　常见图像退化及一般建模

本节介绍图像退化的典型情形及基本退化模型。

　　图像退化指由场景得到的图像没能准确地反映场景的真实内容，图像内容出现了失真。一般用图像退化来表示和描述成像过程中各种图像质量的下降过程和下降因素。图像退化的实例很多，如图像的模糊、变形、噪声、透镜色差或像差、聚焦不准等。

　　例如，透镜色差/像差是光学系统的一种固有缺陷，它限制了由摄像机拍摄到的图像的空间分辨能力，即使有理想的光学系统，图像的空间分辨率还会由于光波的衍射而受限。另外，摄像机镜头聚焦不准(失焦)造成的模糊也常见，如错误调焦也将导致图像退化，也会限制图像的空间分辨率。

　　在图像采集过程中产生的许多种退化通常被称为模糊，它限制了信号的频带。在图像记录过程中产生的主要退化常为噪声，可源于测量误差、计数误差等。图像模糊对应于高频分量受到抑制或消除。一般而言，模糊是一个确定性过程，通常情况下可以用一个足够准确的数学模型来描述。另一方面，噪声干扰是一个统计过程，它对特定图像的影响通常是不确定的，但是可以通过噪声的统计特性进行相应的处理。

　　下面通过例子给出一些具体的退化过程和类型的直观描述(图 5.1)[1]。其中每列图的上图及下图分别代表没有退化及退化后的情况。

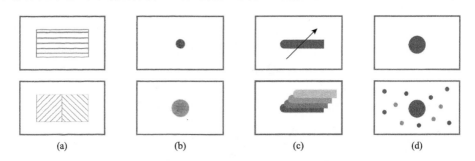

(a)　　　　　　　(b)　　　　　　　(c)　　　　　　　(d)

图 5.1　4 种常见的图像退化示例[1]

上图分别为一种非线性退化(a)、光学系统的模糊退化(b)、运动模糊退化(c)、随机噪声(d)；下图为上图对应的退化后图像示例

　　图 5.1(a)所示为一种非线性退化，即原来亮度光滑或形状规则的图案变得不规则，如广播电视中的亮度信号并不是实际的亮度信号，早期显示设备的转移特性是指数约为 2.2 的幂函数。图 5.1(b)为一种模糊造成的退化，许多实用的光学成像系统的衍射可以用这种模型表示，其主要特征是原本清晰的图案变大，边缘

变得模糊。图 5.1(c)为一种场景中目标(快速)运动造成的模糊退化,在拍摄过程中摄像机发生振动也会产生这种退化,对应于目标的图案沿运动方向拖长,呈现叠影;在实际拍摄过程中,如果目标运动超过图像平面上一个以上像素的距离就会造成模糊,使用望远镜头的系统(视场较窄)对这类图像的退化非常敏感。图 5.1(d)所示为随机噪声的叠加,原本只有目标的图像上叠加了许多随机的亮点和暗点,目标和背景都受到影响。

在本章中,退化过程被模型化为一个退化函数和一个加性噪声项(图 5.2)。该系统通过退化函数 H 作用于输入图像 $f(x, y)$,然后叠加噪声 $n(x, y)$ 得到退化后的输出图像 $g(x, y)$。图像复原问题就变成,给定退化后的图像 $g(x, y)$ 和关于退化函数 H 的一些知识以及噪声项 $n(x, y)$,获得尽可能接近输入图像 $f(x, y)$ 的复原估计 $\hat{f}(x, y)$。

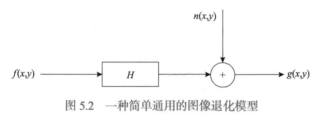

图 5.2　一种简单通用的图像退化模型

如果系统 H 是一个线性、不依赖于位置的过程,则在空间域中给出的退化图像由下式给出

$$g(x, y) = h(x, y) * f(x, y) + n(x, y) \tag{5-1}$$

其中,$h(x, y)$ 是退化函数的空间描述;$*$ 为空间卷积。根据傅里叶变换理论,可把式(5-1)写成等价的频域描述

$$G(u, v) = H(u, v)F(u, v) + N(u, v) \tag{5-2}$$

式(5-2)中的大写字母项是式(5-1)中相应项的傅里叶变换。

退化函数的估计是控制理论中系统辨识的内容,一般可以通过参数辨识或构造类似于退化系统的模型通过实验确定(如频率响应)。当退化函数为 1 时,退化将完全依赖于对应的噪声。

5.2　常见图像噪声

噪声是一种最常见的退化因素,也是图像复原重点研究的内容。一般认为噪声产生的效果是负面的,如无线电中的静电干扰或道路上的喧闹将影响人的对话或欣赏音乐、电视机上的雪花点或模糊的纸张打印效果降低了人观看和理解的能力。

数字图像的噪声主要来源于图像的数字化过程和/或传输过程。图像传感器的性能受多种因素的影响，主要因素是图像获取中的环境条件和传感器自身的质量，如使用摄像机获取图像时，光照程度和传感器温度是生成图像中产生大量噪声的主要因素，图像在传输过程中将受到传输信道的干扰而被噪声污染，如通过无线网络传输的图像可能因为光或其他大气因素的干扰而被污染。

本章假设噪声独立于空间坐标，且与图像本身无关联（即假设噪声分量与图像像素的灰度无关）。这些假设至少在某些应用中是无效的（如 X 射线和核医学成像），但处理空间非独立和相关噪声的复杂情况不在本章讨论的范围。

在很多情况下，噪声的（随机/规则）特性是次要的，重要的是它的强度，反映该属性的指标是信噪比(SNR)，即噪声相对于信号的强度比值。图像的信噪比应该等于图像信号与噪声的功率谱之比，但功率谱难以计算，常用近似估计得到：计算图像所有像素的局部方差，将局部方差的最大值当做信号方差，最小值是噪声方差，求出最大值与最小值的比值再转换成分贝数。

下面介绍几种常见的噪声[1]。

热噪声(thermal noise)：也称 Johnson-Nyquist 噪声。该噪声对应于 20 世纪 20 年代贝尔实验室的 Johnson 和 Nyquist 研究的导电载流子由热扰动产生的噪声。这种噪声在从零频率直到很高的频率范围内的分布一致，一般认为它可以产生对不同波长具有相同能量的频谱。这种噪声也称为高斯噪声(其空间幅值符合高斯分布)或白噪声(其频率覆盖整个频谱)。

闪烁噪声(flicker noise)：也是由电流运动导致的一种噪声。电子或电荷的流动并不是一个连续完美的过程，其随机性会产生一个很难量化和测量的交流成分。在由碳组成的电阻中，这种随机性会远大于一般的统计所能预料的数值。这种噪声一般具有反比于频率的频谱，所以也叫 $1/f$ 噪声，一般常在 1000Hz 以下的低频时比较明显，也有人将其称为粉色噪声。

发射噪声(emitting noise)：它是电流非均匀流动或者电子运动的随机性导致的噪声，这在电子从真空管的热阴极或半导体三极管的发射极被发射出来时尤为明显。发射噪声也常形象地被称为"房顶雨"(rain on roof)噪声，它也服从高斯分布。

有色噪声(colored noise)：指的是非白色频谱的宽带噪声。相对白色噪声而言，有色噪声中低频分量占据了较大比重，典型的例子包括汽车的运动、风扇、电钻等产生的噪声。

由于噪声的影响，图像像素的灰度会发生变化。噪声的灰度可以看做随机变量，其分布用概率密度函数(probability density function, PDF)来刻画。下面介绍几种重要的噪声 PDF，每种噪声通常都会给出其一阶中心矩即均值、二阶中心矩即方差。

高斯噪声(Gaussian noise)：指噪声幅度的分布满足高斯分布的噪声。高斯随

机变量 z 的 PDF 由下式确定

$$p(z) = \frac{1}{\sqrt{2\pi}\sigma} e^{-\frac{(z-\mu)^2}{2\sigma^2}} \tag{5-3}$$

其中，z 代表灰度随机变量；μ 是 z 的均值；σ 是 z 的标准差。高斯噪声是唯一一种 PDF 能用其一阶和二阶中心矩表征的分布。高斯噪声的灰度值多集中在均值附近，随着离均值的距离而呈现指数减少。高斯噪声的典型例子包括电子设备的噪声或传感器(由于不良照明或高温度)的噪声。高斯噪声在数学上容易处理，许多分布接近高斯分布的噪声也常用高斯近似模型来近似处理。高斯噪声是随机分布的，受高斯噪声作用的图像中每个像素都有可能受高斯噪声影响而改变灰度值，灰度值改变的量多在 μ 附近。

瑞利噪声(Rayleigh noise)：其 PDF 由下式给出

$$p(z) = \begin{cases} \dfrac{2}{b}(z-a)e^{-(z-a)^2/b}, & z \geqslant a \\ 0, & z < a \end{cases} \tag{5-4}$$

该种分布的均值 μ 与方差 σ^2 分别为

$$\mu = a + \sqrt{\left(\frac{\pi b}{4}\right)}, \quad \sigma^2 = \frac{b(4-\pi)}{4}$$

瑞利分布对于近视偏移(skewed)的直方图逼近很有效。

爱尔兰噪声(Erlang noise)：该噪声的 PDF 由下式确定

$$p(z) = \begin{cases} \dfrac{a^b z^{b-1}}{(b-1)!} e^{-az}, & z \geqslant 0 \\ 0, & z < 0 \end{cases} \tag{5-5}$$

其中，$a>0$，b 为正整数；!表示阶乘运算。该种分布的均值 μ 与方差 σ^2 分别为

$$\mu = \frac{b}{a}, \quad \sigma^2 = \frac{b}{a^2}$$

指数噪声(exponential noise)：该噪声的 PDF 为

$$p(z) = \begin{cases} ae^{-az}, & z \geqslant 0 \\ 0, & z < 0 \end{cases} \tag{5-6}$$

其中，$a>0$。该种分布的均值 μ 与方差 σ^2 分别为

$$\mu = \frac{1}{a}, \quad \sigma^2 = \frac{1}{a^2}$$

注意指数分布是 $b=1$ 的爱尔兰分布。

均匀噪声（uniform noise）：该噪声的 PDF 为

$$p(z) = \begin{cases} \dfrac{1}{b-a}, & a \leqslant z \leqslant b \\ 0, & \text{其他} \end{cases} \tag{5-7}$$

该种分布的均值 μ 与方差 σ^2 分别为

$$\mu = \frac{a+b}{2}, \quad \sigma^2 = \frac{(b-a)^2}{12}$$

脉冲噪声（impulse noise）：该噪声的 PDF 为

$$p(z) = \begin{cases} P_a, & z = a \\ P_b, & z = b \\ 0, & \text{其他} \end{cases} \tag{5-8}$$

对于灰度为 8 位的数字图像，如果 b 为大于 128 的很大的值，对应于图像中的亮点，类似于白色的盐，称为盐噪声；若 a 为小于 128 的很小的值，对应于图像中的暗点，类似于黑色的胡椒，称为胡椒噪声。同时含有白色和黑色脉冲的噪声称为椒盐脉冲噪声。

图 5.3 给出了一幅图像及被上述噪声退化后的图像及对应的灰度直方图[2]。

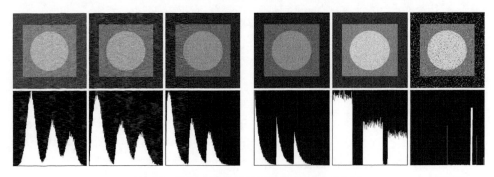

图 5.3   受噪声退化后的图像及其灰度直方图

从左到右分别为高斯噪声、瑞利噪声、爱尔兰噪声、指数噪声、均匀噪声及椒盐脉冲噪声污染后的图像（第一行）及对应的灰度直方图（第二行）

5.3 空域噪声滤波器

当图像中唯一的退化因素是噪声时，式(5-1)、式(5-2)变成

$$g(x,y) = f(x,y) + n(x,y), \qquad G(u,v) = F(u,v) + N(u,v) \tag{5-9}$$

由于噪声是未知的，一般而言从 $g(x,y)$ 或 $G(u,v)$ 中直接减去噪声是不可行的。针对式(5-9)的图像噪声退化，可以选择空间滤波方法较好地恢复图像。在这一特殊情况下，图像的增强和复原几乎是不可区别的。

令 S_{xy} 为中心在 (x,y)，尺寸为 $m×n$ 的矩形子图像内的像素点集合。

首先来看均值滤波器，它代表一类空域噪声滤波器。常见的均值有算术均值、几何均值、谐波均值及逆谐波均值，分别介绍如下。

算术均值滤波器就是以当前像素 (x, y) 的邻域内的灰度算术均值作为复原图像 $\hat{f}(x,y)$，即

$$\hat{f}(x,y) = \frac{1}{mn} \sum_{(p,q) \in S_{xy}} g(p,q) \tag{5-10}$$

它在降低噪声的同时也模糊了图像。

几何均值滤波器以当前像素 (x, y) 的邻域内的灰度几何均值作为复原图像 $\hat{f}(x,y)$，即

$$\hat{f}(x,y) = \left[\prod_{(p,q) \in S_{xy}} g(p,q) \right]^{\frac{1}{mn}} \tag{5-11}$$

几何均值滤波器对图像的平滑作用与算术均值滤波器相当，但能保持更多的图像细节。

谐波均值滤波器(harmonic mean filter)：以当前像素 (x, y) 的邻域内的灰度灰度谐波均值作为复原图像 $\hat{f}(x,y)$，即

$$\hat{f}(x,y) = \frac{mn}{\sum_{(p,q) \in S_{xy}} \frac{1}{g(p,q)}} \tag{5-12}$$

它对高斯噪声有较好的滤除效果，也能很好地抑制高的脉冲噪声(即盐噪声)。

逆谐波均值滤波器(contra-harmonic mean filter)：以当前像素 (x, y) 的邻域内的灰度灰度逆谐波均值值作为复原图像 $\hat{f}(x,y)$，即

$$\hat{f}(x, y) = \frac{\sum_{(p,q) \in S_{xy}} g^{Q+1}(p,q)}{\sum_{(p,q) \in S_{xy}} g^{Q}(p,q)} \tag{5-13}$$

其中，Q 为常数，被称为滤波器的阶数。当 Q 为正数时，可消除椒噪声；当 Q 为负数时，可消除盐噪声；当 Q 为 0 时，该滤波器退化为算术均值滤波器；当 Q 为 -1 时，该滤波器退化为谐波均值滤波器。因此逆谐波均值滤波器是一种较通用的均值类滤波器，算术均值滤波器、谐波均值滤波器都是逆谐波均值滤波器的特例。

图 5.4 显示了印刷电路板(printed circuit board, PCB)图像在高斯噪声下的算术均值和几何均值滤波器的效果，有一定的抑制作用。上面的行，从左到右为原始 PCB 图像、受高斯噪声污染后的图像；下面的行，从左到右分别为 3×3 算术均值滤波和 3×3 几何均值滤波的。本章关于该 PCB 图像的噪声污染及复原实验数据借助了文献[2]。

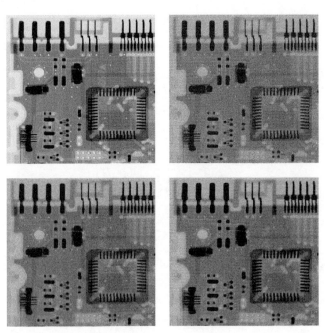

图 5.4　印刷电路板 PCB 图像受高斯噪声污染后的算术均值与几何均值滤波器的效果

图 5.5 显示了 PCB 图像受椒盐噪声污染后通过取值不同的逆谐波均值滤波器复原的效果。第一列对应于椒噪声污染的 PCB 图像及 Q=1.5 的逆谐波滤波效果，第二列对应于盐噪声污染的 PCB 图像及 Q=-1.5 的逆谐波滤波效果，二者都能取得较好的复原结果。

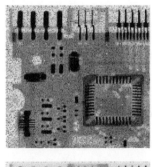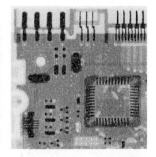
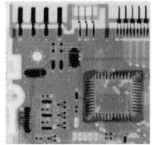

图 5.5　椒噪声(左)及盐噪声(右)污染的 PCB 图像及 Q=1.5(下图左)和 Q=-1.5(下图右)的逆谐波滤波

　　在前面的图像增强章节已知中值滤波器能很好地兼顾去噪与保持图像细节。作为中值滤波的拓展，在这里考察排序统计滤波器(order-statistics filter)，以当前像素 (x,y) 的邻域 S_{xy} 中的像素灰度的排序值作为滤波器的输出。常见的排序统计滤波器有最大值滤波器、最小值滤波器、中点滤波器、中值滤波器、修正后的阿尔法均值滤波器，分别介绍如下。

　　中值滤波器就是用邻域内像素灰度的中值作为当前像素的灰度，即

$$\hat{f}(x,y) = \underset{(p,q)\in S_{xy}}{\text{median}}\, g(p,q) \tag{5-14}$$

中值滤波对于消除脉冲噪声比较有效。

　　最大值和最小值滤波器是用邻域内像素灰度的最大值 max(排序 100%)和最小值 min(排序 0%)作为当前像素的灰度，即

$$\hat{f}(x,y) = \underset{(p,q)\in S_{xy}}{\max}\, g(p,q),\quad \hat{f}(x,y) = \underset{(p,q)\in S_{xy}}{\min}\, g(p,q) \tag{5-15}$$

最大值滤波、最小值滤波还可以用后续的数学形态学实现，分别对椒噪声、盐噪声有很好的抑制作用。

　　中点滤波器(midpoint filter)以邻域内像素灰度的最大值和最小值的平均作为当前像素的灰度，即

$$\hat{f}(x,y) = \frac{1}{2}\left[\max_{(p,q)\in S_{xy}} g(p,q) + \min_{(p,q)\in S_{xy}} g(p,q)\right] \qquad (5\text{-}16)$$

中点滤波器结合了排序统计和平均，对于高斯噪声和均匀随机噪声的抑制都比较有效。

修正后的阿尔法均值滤波器(alpha-trimmed mean filter)是在当前像素邻域内去掉灰度最高及最低的部分像素后(各为 $d/2$ 个像素)计算剩余像素的灰度平均作为当前像素的灰度，即

$$\hat{f}(x,y) = \frac{1}{mn-d}\sum_{(p,q)\in S_{xy}} g_r(p,q) \qquad (5\text{-}17)$$

其中，$g_r(x, y)$ 为在 S_{xy} 中去掉 $d/2$ 个最亮像素、$d/2$ 个最暗像素后剩余的 $mn-d$ 个像素，d 可取 0 到 $mn\sim1$ 之间的任意整数。当 d 为 0 时，该滤波器退化为算术均值滤波器；$d=mn-1$ 时，退化为中值滤波器。修正后的阿尔法均值滤波器在多种噪声的情况下均适用，例如均匀噪声+椒盐噪声(图 5.8)。

图 5.6 显示了小邻域内(3×3)的多次中值滤波逐步消除椒盐噪声，小的邻域保证了较小的细节仍能保留。

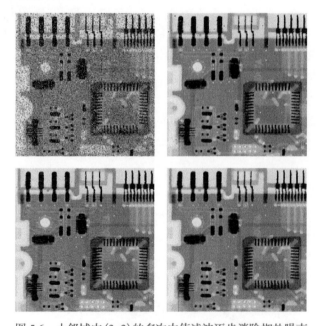

图 5.6　小邻域内(3×3)的多次中值滤波逐步消除椒盐噪声

从左至右、从上到下分别为：受椒盐噪声污染的 PCB 图像、一次 3×3 中值滤波、二次 3×3 中值滤波、三次 3×3 中值滤波结果

图 5.7 显示了最大值、最小值滤波消除椒噪声与盐噪声，在抑制噪声的同时会破坏原图像中的小的暗细节、亮细节(箭头)。

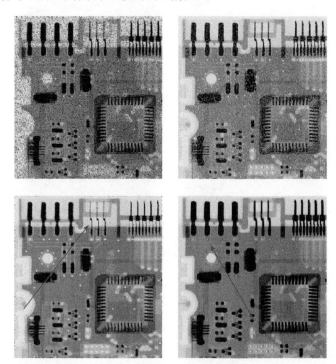

图 5.7　最大值、最小值滤波消除椒噪声与盐噪声

从左至右、从上到下分别为：受椒噪声污染的 PCB 图像、受盐噪声污染的 PCB 图像、最大值滤波、最小值滤波结果，箭头所指是破坏的细节(与图 5.4 的左上图相比)

图 5.8 显示了均匀噪声污染的 PCB、5×5 算术均值滤波、5×5 中值滤波效果(第一列)，以及均匀噪声+椒盐噪声污染的 PCB、5×5 几何均值滤波、5×5 修正后的阿尔法均值滤波(d=5)的滤波效果(第二列)。从结果看，对于含有均匀噪声的图像，算术均值与几何均值滤波的效果较差，中值滤波及修正后的阿尔法均值滤波可以获得较好的复原效果。

显然滤波器的效果依赖于邻域的大小 S_{xy}。除了简单的固定邻域大小的方案，实际中也可根据图像的局部特性设计出自适应改变。这里给出一种简单的改变中值滤波器邻域大小的自适应方案：先定义如下符号，即 z_{min}、z_{max}、z_{med}、z_{xy} 为 S_{xy} 中的灰度最小值、最大值、中值、当前像素(x, y)处的灰度，S_{max} 为 S_{xy} 允许的最大尺寸；自适应中值滤波器算法工作在两个层次，即自适应改变邻域大小的 A 层及计算滤波结果的 B 层；在 A 层，邻域大小从 3×3 逐步开始增加，直到该邻域内的(z_{max}–z_{min})大于给定的阈值 g_{Th} 或该邻域已经不能再增大了(已经为 S_{max})，固定这个邻域大小进入 B 层；B 层是根据 A 层确定的邻域大小及邻域内灰度最大值

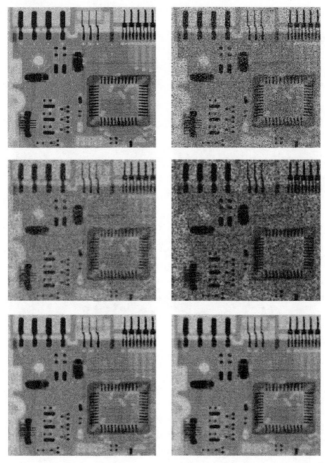

图 5.8　算术均值、几何均值、中值、修正后阿尔法均值滤波的效果

第一列从上至下分别对应：PCB 图像被均匀噪声污染、5×5 算术均值滤波效果、5×5 中值滤波效果；第二列从上
至下分别对应于 PCB 图像被均匀噪声+椒盐噪声污染、5×5 几何均值滤波效果、5×5 修正后的
阿尔法均值滤波(d=5)效果

与最小值的差确定滤波器输出，即当$(z_{max}-z_{min})>g_{Th}$时输出 z_{med}，否则输出 z_{xy}。
自适应中值滤波的优势在图 5.9 中得以体现：取得了更好地保留细节与抑制噪声
的平衡。

　　另外，滤波器还可以采用组合的方式将多个或多种滤波器联合使用，以取长
补短，取得比单个滤波器更好的滤波效果。这里介绍两种滤波器组合方式[1]。第
一种组合方式是将快速的线性滤波器与排序统计滤波器组合构成混合滤波器，这
样的优势是能在总体较大的邻域系统实现快速的运算(线性滤波器用大的邻域系
统、排序统计滤波器用较小的邻域系统)；例如中值滤波为 3×3 邻域系统，而算术
均值滤波为以当前像素(x, y)为中心的 $m×n$ 邻域系统 S_{xy}，则该两种滤波器构造的

混合滤波器的输出为

$$\hat{f}(x,y) = \frac{1}{mn}\mathrm{Median}\left(\sum_{(p,q)\in S_{(x-1)y}} g(p,q) + \sum_{(p,q)\in S_{xy}} g(p,q) + \sum_{(p,q)\in S_{(x+1)y}} g(p,q)\right.$$
$$+ \sum_{(p,q)\in S_{(x-1)(y-1)}} g(p,q) + \sum_{(p,q)\in S_{x(y-1)}} g(p,q) + \sum_{(p,q)\in S_{(x+1)(y-1)}} g(p,q)$$
$$\left. + \sum_{(p,q)\in S_{(x-1)(y+1)}} g(p,q) + \sum_{(p,q)\in S_{x(y+1)}} g(p,q) + \sum_{(p,q)\in S_{(x+1)(y+1)}} g(p,q)\right)$$

$$(5\text{-}18)$$

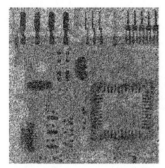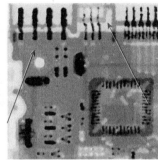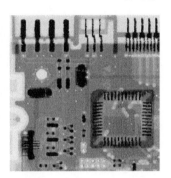

图 5.9　中值、自适应中值滤波的滤波效果

从左至右分别为：受严重椒盐噪声污染的 PCB 图像 ($P_a=P_b=0.25$)、7×7 中值滤波 (箭头处破坏了原图中的黑、白细节)、自适应中值滤波 ($S_{max}=7$) 滤波效果

　　由于运算的主要负担在排序，对于大的邻域 $m\times n$，该混合滤波器的运算速度近似于 3×3 的中值滤波，算术平均用大的邻域 $m\times n$ 可借助于引入积分图像快速实现，从而以略高于 3×3 邻域的排序复杂度取得近似于 $m\times n$ 邻域的排序。第二种组合方式是选择性滤波器，即根据噪声性质的不同选取合适的滤波器进行滤波，其中线性滤波器能较好地抑制高斯噪声和均匀分布噪声、中值滤波器能较好地抑制脉冲噪声、修正后的阿尔法均值滤波对脉冲噪声及均匀噪声都有很好的滤波效果。该类滤波器包含两个模块，即噪声类型检测及滤波器选择模块：通常先判别像素是否被脉冲噪声污染，若是可采用中值滤波，若不是则采用其他滤波如修正后的阿尔法均值滤波。在文献[1]中介绍了基于灰度范围准则与局部灰度差异准则判定是否为椒盐噪声，实际中可根据相关的研究积累确定噪声类型：包括成像的物理过程估计与经验模型，其中高斯噪声是最常见的噪声类型。

5.4　图像的无约束复原

　　图像复原的模型要根据图像退化的模型来构建。常见的图像复原模型主要分为无约束复原与有约束复原。

无约束复原方法将数字图像看做为一个数字矩阵，从数学角度进行处理而不考虑图像复原后的物理约束。从式(5-1)可得

$$n(x,y) = g(x,y) - h(x,y) * f(x,y) \qquad (5\text{-}19)$$

其中，*表示卷积。在对噪声 $n(x,y)$ 没有先验知识的情况下，图像复原可描述为寻找原始图像 $f(x,y)$ 的估计 $\hat{f}(x,y)$，使得式(5-19)在最小均方误差意义下最接近退化图像 $g(x,y)$，即要使 $n(x,y)$ 的 2 范数最小，也即损失函数 $L(\hat{f})$ 为

$$L(\hat{f}) = \sum_{x=0}^{N_x-1} \sum_{y=0}^{N_y-1} \left[g(x,y) - h(x,y) * \hat{f}(x,y) \right]^2 \qquad (5\text{-}20)$$

逆滤波(inverse filtering)是一种简单直接的无约束图像恢复方法，鉴于空域卷积对应于频域的相乘，式(5-20)更方便在频域进行描述。式(5-2)可改写为

$$\hat{F}(u,v) = F(u,v) + \frac{N(u,v)}{H(u,v)} \qquad (5\text{-}21)$$

从式(5-21)可以看出两个问题。第一，因为 $N(u,v)$ 是随机的，所以即便知道了退化函数 $H(u,v)$ 也不能精确地恢复原始图像；第二，若退化函数 $H(u,v)$ 在频率平面 UV 上的绝对值很小，$N(u,v)/H(u,v)$ 就会放大噪声的作用使得复原结果与期望结果有较大偏差。一般，$H(u,v)$ 随 (u,v) 离原点的距离的增加而迅速减小，而噪声 $N(u,v)$ 却变化缓慢，因此实际操作时，可以对(5-21)得到的 $\hat{F}(u,v)$ 进行低通滤波消除 $H(u,v)$ 绝对值小的问题，而没有进行低通滤波直接求傅里叶逆变换就对应于全滤波。低通滤波器可取截止频率为 D_0 的巴特沃思低通滤波滤波器或高斯滤波器。图 5.10 显示了正确确定截止频率的滤波效果[2]，这通常要靠实验确定。

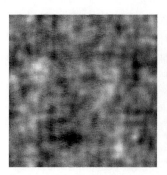

图 5.10　逆滤波复原需要选择合适的截止频率

从上到下、从左到右的四个图像分别表示全滤波复原（傅里叶逆变换不做任何处理）、半径为 40 的低通滤波复原、半径为 70 的低通滤波复原、半径为 85 的低通滤波复原。实现的细节是对估计的复原图像的傅里叶变换 $\hat{F}(u,v)$ 乘以一个指定截止频率的巴特沃思低通滤波器后取傅里叶逆变换。可以看出，截止频率为 40 时复原图像模糊、85 时退化、70 时合适；因此，截止频率太大太小均不合适，而合适的截止频率需要由实验确定

5.5　图像的有约束复原

图像的有约束恢复方法很多，其中维纳滤波器是一种最小均方误差滤波器，其目标是使得估计的复原图像 $\hat{f}(x,y)$ 与未污染图像 $f(x,y)$ 的均方误差最小，即

$$E\left\{\left[\hat{f}(x,y)-f(x,y)\right]^2\right\}=\min \tag{5-22}$$

其中，E 表示数学期望。假定噪声和图像互不相关，则复原图像 $\hat{f}(x,y)$ 的傅里叶变换 $\hat{F}(u,v)$ 满足如下条件：

$$\hat{F}(u,v)=\left[\frac{1}{H(u,v)}\times\frac{\left|H(u,v)\right|^2}{\left|H(u,v)\right|^2+\dfrac{S_\eta(u,v)}{S_f(u,v)}}\right]G(u,v) \tag{5-23}$$

其中，$G(u,v)$ 是退化图像 $g(x,y)$ 的傅里叶变换；$H(u,v)$ 是退化函数；$S_\eta(u,v)=|N(u,v)|^2$ 为噪声的功率谱（自相关函数的傅里叶变换）；$S_f(u,v)=|f(u,v)|^2$ 为未退化图像的功率谱。对于未知噪声及未退化图像功率谱的情形，可以用如下近似公式进行近似复原，其中 K 为常数，由实验确定

$$\hat{F}(u,v)=\frac{G(u,v)}{H(u,v)}\times\frac{\left|H(u,v)\right|^2}{\left|H(u,v)\right|^2+K} \tag{5-24}$$

维纳滤波在选择合适的 K 情况下能够得到很好的复原效果 (图 5.11[2]) 。

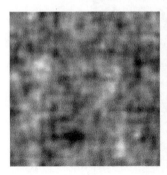

图 5.11　维纳滤波在选择合适的 K 情况下能够得到好的复原效果

从左到右分别为全逆滤波复原、半径受限的无约束低通滤波复原、交互选择 K 的维纳滤波复原; 从视觉效果来看，维纳滤波的效果最好

作为一个实例，下面介绍阴天图像的复原。先介绍阴天图像的退化模型。阴天条件下的图像一般颜色昏暗，可见度低，入射光受损，其物理模型可以写成

$$S = R \times L \qquad (5\text{-}25)$$

其中，S 表示退化图像 $(g(x, y))$；R 表示反射图像即待复原的清晰图像 $(f(x, y))$；L 表示入射光 $(l(x, y))$。阴天图像的复原有很多相关研究，这里介绍一种基于小波多分辨率分析的方法[3]。$l(x, y)$ 包含图像中缓慢变化的低频信息，由退化后的图像 $g(x, y)$ 通过与邻近像素的加权平均进行逼近。在单个尺度下的图像复原模型为

$$\log\left(\hat{f}_i(x, y)\right) = \log[g_i(x, y)] - \log[\text{Gauss}(x, y) * g_i(x, y)], \quad i=\{\text{红、绿、蓝}\} \quad (5\text{-}26)$$

其中，$\text{Gauss}(x, y)$ 是均值为 0、标准差为 σ 的高斯尺度函数；*表示卷积操作。

利用式 (5-26) 进行单尺度复原时，小的尺度能够保持好的细节，但整体亮度和色度损失严重；当尺度较大时，图像细节丢失，亮度和色度则有较好的恢复。基于小尺度与大尺度的图像复原特征，可以采用多尺度融合的方式进行复原。具体地，阴天图像的多尺度融合复原的数学模型为

$$\log\left(\hat{f}_i(x, y)\right) = \sum_{n=1}^{N} \omega_n \{\log[g_i(x, y)] - \log[\text{Gauss}_n(x, y) * g_i(x, y)]\} \quad (5\text{-}27)$$

这里的 i 依旧表示彩色图像的三个分量，分别复原。N 取 4，即 4 尺度融合，融合系数 ω_n 基于小波分解。4 个尺度分别对应于原始图像总像素数的 0.5 次方的 10%、20%、30% 和 50%。小波分解则基于 Daubechies 4 小波基，进行二层分解。融合规则是，在 3×3 局部出口内，计算低频小波分量的局部能量 (小波系数的平方和均

值)、高频小波分量的局部标准差(小波系数的局部标准差),4 个尺度下的低频分量基于局部能量、6 个高频分量基于局部标准差进行融合。4 个尺度的图像都做小波二层分解,然后根据式(5-27)对该 4 个尺度进行融合再重建。图 5.12~图 5.14给出了实验过程及结果[3]。

(a)　　　　　　　　　　　　　　　(b)

图 5.12　同一场景的清晰图像及退化图像

(a)光照充足;(b)阴天光照不足

(a)　　　　　　　　　　　　　　　(b)

图 5.13　尺度分别为 32(a)及 512(b)的单尺度图像复原

输入为图 5.12(b)

作为退化模型的实例,考察常见的运动模糊。假设图像 $f(x, y)$ 进行平面运动,$x_0(t)$ 和 $y_0(t)$ 分别是在 x 和 y 方向上随时间变化的位移。假设快门的开启和关闭时间非常短,光学成像过程不会受到图像运动的干扰,T 为曝光时间,则运动模糊对应的退化函数 $H(u, v)$ 可以由式(5-28)确定

$$H(u, v) = \int_0^T \mathrm{e}^{-j2\pi[ux_0(t) + vy_0(t)]} \mathrm{d}t \tag{5-28}$$

当在 x、y 方向进行匀速直线运动,位移为 $x_0(t) = at/T$ 和 $y_0(t) = bt/T$ 时,则式(5-28)

变成

$$H(u,v) = \frac{T}{\pi(ua+vb)}\sin[\pi(ua+vb)]e^{-j\pi(ua+vb)} \tag{5-29}$$

(a)   (b)

图 5.14　实验结果[3]

(a)阴天退化图像；(b)用基于 Daubechies 4 小波二层分解、4 尺度融合后的复原图像，与该场景的清晰图像
(图 5.12(a))接近

　　图 5.15 显示了原始图像经过参数 $a=b=0.1$ 和 $T=1$ 运动模糊前后的图像[2]。模糊图像的复原是具有挑战性的，尤其是退化图像中存在噪声时。

(a)   (b)

图 5.15　原始图像经过运动模糊前后的图像[2]

(a)原始图像；(b)基于式(5-29)中 $a=b=0.1$ 和 $T=1$ 的运动模糊图像

　　关于复原图像的质量评估，分为两种情况，即有参考图像（未退化的图像）和无参考图像的客观评价。有参考图像的客观评价，可通过比较复原图像与参考图像的灰度差异来确定，包括平均绝对值差（mean absolute error, MAE）、均方误差（MSE）、信噪比（SNR）、峰值信噪比（PSNR）、结构相似度（SSIM）等。保持与前

面的记号一致,退化图像、估计的复原图像及未退化的参考图像分别记为 $g(x, y)$、$\hat{f}(x, y)$、$f(x, y)$。这些评价指标的定义如下:

$$\text{MAE} = \frac{\sum\limits_{x=0}^{N_x-1} \sum\limits_{y=0}^{N_y-1} |\hat{f}(x, y) - f(x, y)|}{N_x \times N_y} \tag{5-30}$$

$$\text{MSE} = \frac{\sum\limits_{x=0}^{N_x-1} \sum\limits_{y=0}^{N_y-1} (\hat{f}(x, y) - f(x, y))^2}{N_x \times N_y} \tag{5-31}$$

$$\text{SNR} = 10\log\left\{ \frac{[f(x, y)]^2 \times N_x N_y}{\sum\limits_{x=0}^{N_x-1} \sum\limits_{y=0}^{N_y-1} (\hat{f}(x, y) - f(x, y))^2} \right\} \tag{5-32}$$

$$\text{PSNR} = 10\log\left\{ \frac{[\max(f(x, y)]^2 \times N_x N_y}{\sum\limits_{x=0}^{N_x-1} \sum\limits_{y=0}^{N_y-1} (\hat{f}(x, y) - f(x, y))^2} \right\} \tag{5-33}$$

$$\text{SSIM} = \frac{(2\mu_x\mu_y + C_1)(2\sigma_{xy} + C_2)}{(\mu_x^2 + \mu_y^2 + C_1)(\sigma_x^2 + \sigma_y^2 + C_2)} \tag{5-34}$$

其中

$$\mu_x = \frac{\sum\limits_{x=0}^{N_x-1} \sum\limits_{y=0}^{N_y-1} f(x, y)}{N_x N_y}, \quad \mu_y = \frac{\sum\limits_{x=0}^{N_x-1} \sum\limits_{y=0}^{N_y-1} \hat{f}(x, y)}{N_x N_y}, \quad \sigma_{xy} = \frac{1}{N_x N_y - 1} \sum\limits_{x=0}^{N_x-1}$$

$$\sum\limits_{y=0}^{N_y-1} [f(x, y) - \mu_x][\hat{f}(x, y) - \mu_y], C_1 = 255 \times K_1, C_2 = (255 \times K_2)^2$$

K_1、K_2 为 0～1 之间的常数。

对于无参考图像 $f(x, y)$ 的复原质量评估,常用的评价指标包括标准差(SD)反映图像的对比度、信息熵(information entropy, IE)反映图像信息量的大小、平均梯度(mean gradient, MG)反映图像细节变化程度,以及平均边缘强度(mean edge intensity, MEI)、清晰度(articulation, A)。比较复原图像 $\hat{f}(x,y)$ 与观察到的退化图像 $g(x,y)$ 的上述参数以评估复原的好坏。为体现计算是针对这两幅图像,将计算的图像记为 $fg(x,y)$。

$$\mathrm{SD} = \sqrt{\frac{\sum_{x=0}^{N_x-1}\sum_{y=0}^{N_y-1}\left(\hat{f}(x,y)-\mu_y\right)^2}{N_x N_y}} \tag{5-35}$$

$$\mathrm{IE} = -\sum_{i=0}^{L-1} h_i \ln(h_i) \tag{5-36}$$

其中,h_i 表示图像中灰度为 i 出现的频率,即灰度直方图在 i 灰度的取值。

$$\mathrm{MG} = \frac{1}{N_x N_y}\sum_{x=0}^{N_x-1}\sum_{y=0}^{N_y-1}\sqrt{\frac{\left(\frac{\partial fg(x,y)}{\partial x}\right)^2+\left(\frac{\partial fg(x,y)}{\partial y}\right)^2}{2}} \tag{5-37}$$

其中偏导数可以用一阶差分逼近,换成 Sobel 算子在 X 及 Y 方向的差分模板。

$$\mathrm{MEI} = \frac{1}{N_x N_y}\sum_{x=0}^{N_x-1}\sum_{y=0}^{N_y-1}\sqrt{\left(fg_x(x,y)\right)^2+\left(fg_y(x,y)\right)^2} \tag{5-38}$$

其中,$fg_x(x,y)$ 和 $fg_y(x,y)$ 分别表示 $fg(x,y)$ 在水平和垂直方向与 Sobel 边缘算子卷积的结果。

$$A = \sum_{x=0}^{N_x-1}\sum_{y=0}^{N_y-1}C\left[fg(x,y)\right] \tag{5-39}$$

其中,$C[fg(x,y)]$ 表示 Canny 边缘算子对 $fg(x,y)$ 提取边缘后由阈值 0.5 得到的二值图像。

实验表明,复原后的图像(图 5.14(b))得到的平均梯度及边缘强度分别为 5.81 及 60.99,明显好于原图(图 5.14(a))的 2.37 与 25.33。

5.6　深度学习图像复原

单幅图像复原是从其退化的低质量图像(如下采样后的、含有噪声的、压缩了或/和变模糊了)产生视觉上舒适的高质量图像。图像复原具有挑战性,原因在于图像退化过程是不可逆的,因此图像退化的求逆过程为病态的。现有的图像复原方法主要有基于模型及基于学习的方法，而基于深度学习的方法比起传统的方法具有复杂模型学习的优势。这里将专注于 IR 的几个代表性应用：图像超分辨（super-resolution, SR）、去噪（denoising, DN）、降低压缩伪影（compression artifact reduction, CAR）及图像去模糊化（deblurring）。

本节先介绍一种高效的亚像素卷积 CNN 进行超高分辨率重建[4]。该方法只是在高分辨率图像的末端才将分辨率从低分辨提升到所需的高分辨，高分辨的图像由低分辨图像的特征学习得到，将绝大多数高分辨的运算建立在分辨率要低得多的低分辨图像上。为此，提出了一种更加高效的亚像素卷积层学习上采样操作以得到高分辨率图像。设单幅低分辨率图像 I^{LR} 复原到高分辨率图像 I^{HR}，空间分辨率放大倍数为 r，因此图像大小由 $H×W×C$ 复原到 $(rH)×(rW)×C$，其中 C 是输入图像的通道数。图 5.16 是一种高效亚像素卷积神经网络（efficient sub-pixel convolutional neural network，ESPCNN）结构。

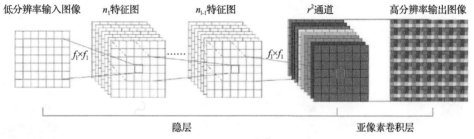

图 5.16　一种高效亚像素卷积神经网络结构[4]

包含两层 CNN 以提取特征、一个亚像素卷积层汇聚从低分辨率图像提取的特征并单步构建高分辨率图像

对于由 L 层构成的网络，其数学功能可表述为

$$f^1\left(I^{LR};W_1,b_1\right)=\phi\left(W_1 * I^{LR}+b_1\right) \tag{5-40}$$

$$f^l\left(I^{LR};W_l,b_l\right)=\phi\left(W_l * f^{l-1}\left(I^{LR}\right)+b_l\right) \tag{5-41}$$

其中，W_l、b_l（l=1, 2,$\cdots$, L–1）为网络中可学习的权系数及偏移量，$W_l \in R^{n_{l-1}\times n_l \times k_l \times k_l}$，$n_l$ 是第 1 层的特征数（通道数），n_0=C，k_l 是第 k 层卷积核大小，b_l 是长度为 l 的矢量；ϕ 是非线性激活函数。最后一层即第 L 层将低分辨率特征变成高分辨率图像，通过将 r^2 个 L–1 层输出的大小为 $H×W×C$ 的低分辨率特征重新排列成为 $(rH)×(rW)×C$ 的高分辨率图像（分别对应于高分辨率的高、宽与通道数），通过将 r^2 个 L–1 层输出的特征排列为一个张量 $T(H×W×(Cr^2))$ 而实现，生成的高分辨率图像记为

$$\mathcal{PS}(T)_{x,y,c}=T_{\left[\frac{x}{r}\right],\left[\frac{y}{r}\right],c\times r\times \bmod(y,r)+c\times \bmod(x,r)} \tag{5-42}$$

其中，(x,y,c) 为高分辨率图像的坐标及通道数。举例而言，假设只有一个通道 $c=1$，$r=3$（即 9 倍放大），$x=2$ 且 $y=2$，则 $[x/r]=[y/r]=0$，T 的通道数是 0～8，而这里将 $1×3×2+1×2=8$ 即第 8 个特征图的 $(0,0)$ 灰度选做高分辨率 $(2,2)$ 的灰度。目标函数是高分辨率金标准与复原的高分辨率图像的像素灰度差的平方和均值。

本节后续将详细介绍 Zhang 等提出的基于残差密集网络（residual dense network, RDN）的深度学习方法[5]以充分利用低质量的原始图像的多层级的特征信息。该方法提出了残差密集模块（residual dense block, RDB）通过密集连接卷积层提取丰富的局部信息，并进行 RDB 中的局部特征融合；得到了完整的密集局部特征后，使用总体特征融合来自适应地学习总体层级特征；通过实例展示了残差密集网络 RDN 在图像复原 IR 领域的几种代表性应用，包括单幅图像的超分辨率重建、图像去噪、图像压缩伪影消除、图像去模糊化，取得了比现有的方法不论是定量还是视觉上都要好的效果。

图 5.17 展示了所提出的用于图像复原的残差密集网络，包括图像超分辨（图 5.17(a)），去噪、去除压缩伪影及去模糊化（图 5.17(b)）[5]。

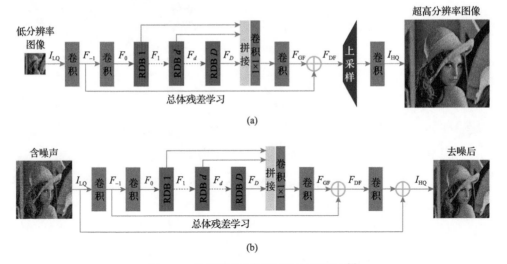

图 5.17　用于图像复原的残差密集网络[5]

(a)用于超分辨；(b)用于图像去噪、去除压缩伪影和图像去模糊化

如图 5.17(a)所示，RDN 主要包括四部分：浅层特征提取网络、残差密集模块、密集特征融合（dense feature fusion, DFF）、上采样网络（UPNet）。以低质量图像 I_{LQ} 及高质量图像 I_{HQ} 为 RDN 的输入和输出。用两层卷积层（Conv）提取浅层特征，第一层卷积层从 LQ 输入提取特征 F_{-1}，即 $F_{-1}=H_{SFE1}(I_{LQ})$，其中 $H_{SFE1}(\cdot)$ 表示卷积操作；对 F_{-1} 进行更进一步的浅层特征提取和总体偏差学习，即 $F_0=H_{SFE2}(F_{-1})$，其中 $H_{SFE2}(\cdot)$ 表示第二个浅层特征提取的卷积操作，并将作为

残差密集模块的输入。

假设有 D 个 RDB，第 d 个 RDB 的输出为 F_d，即

$$F_d = H_{\text{RDB},d}(F_{d-1}) = H_{\text{RDB},d}\left(H_{\text{RDB},d-1}\left(\cdots\left(H_{\text{DRB},1}(F_0)\right)\cdots\right)\right) \tag{5-43}$$

其中，$H_{\text{RDB},d}$ 表示第 d 个 RDB 的操作，对应于复合函数操作如卷积和线性修正单元 ReLU。由于 F_d 是利用第 d 层内部的卷积层生成的，可以把 F_d 看做是局部特征。

通过一系列 RDB 提取了分层特征后，就进行密集特征融合（DFF）。DFF 包括总体特征融合（global feature fusion, GFF）和总体残差学习。DFF 充分利用了所有前面层的信息，可以表述为 $F_{\text{DF}} = H_{\text{DFF}}(F_{-1}, F_0, F_1, \cdots, F_D)$，其中 F_{DF} 是通过合成函数 H_{DFF} 操作后的输出。

从低质量空间提取了局部及总体特征后，利用上采样网络 UPNet 对这些特征进行上采样转换到高质量空间。采用的是 ESPCNN[4]，后面再连接一个卷积层。RDN 的输出为 $I_{\text{HQ}} = H_{\text{RDN}}(I_{\text{LQ}})$，其中 H_{RDN} 表示是 RDN 网络的函数。对于 DN、CAR 及去模糊化的 RDN，不需要进行上采样，输入与输出的分辨率一样。如图 5.17(b) 所示，去除 UPNet 中的上采样并通过残差学习得到高质量输出 $I_{\text{HQ}} = H_{\text{RDN}}(I_{\text{LQ}}) + I_{\text{LQ}}$。

RDB 的细节见图 5.18，包括密集连接层、局部特征融合（local feature fusion, LFF）、局部残差学习。

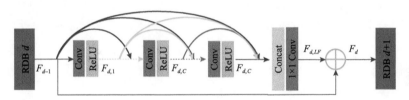

图 5.18　残差密集模块（RDB）的网络架构[5]

Conv 表示卷积，ReLU 表示激活，Concat 表示拼接

RDB 的基本思路是从所有的卷积层尽可能多地融合信息。但是直接将所有卷积层的特征图融合是不现实的，因为这会将超量的特征黏合在一起；因此，可以采用先进行局部特征的自适应融合，然后再将融合的特征传送到其后的特征融合。这是通过如下方式实现的：将前面的 RDB 的状态传送到当前 RDB 的所有层。设第 d 个 RDB 的输入与输出分别为 F_{d-1} 与 F_d，它们都有 G_0 个特征图，第 d 个 RDB 的第 c 层卷积的输出为

$$F_{d,c} = \sigma\left(W_{d,c}\left[F_{d-1}, F_{d,1}, \cdots, F_{d,c-1}\right]\right) \tag{5-44}$$

其中，σ 表示 ReLU 激活函数；$W_{d,c}$ 为本个 RDB（第 d 个）中第 c 层卷积层的权系数（为了书写的简便省略了偏移项）；假设 $F_{d,c}$ 含有 G 个特征图；$[F_{d-1},F_{d,1},\cdots,F_{d,c-1}]$ 表示 $d-1$ 个 RDB 的特征图、第 d 个 RDB 的第一层卷积层的特征图……第 d 个 RDB 的第 $c-1$ 层卷积层的特征图的拼接，得到的特征图个数为 $G_0+(c-1)\times G$。前面的 RDB 及（本 RDB）各卷积层均与（本 RDB）后续卷积层有直接的连接，这不仅保留了前馈属性，还能提取局部密集特征。

局部特征融合：LFF 用以自适应地融合前面 RDB 的特征及当前 RDB 所有卷积层的特征。如前所述，前一个 RDB（第 $d-1$ 个）的特征图通过拼接的方式直接引入到当前 RDB（第 d 个），这是减少特征个数的关键；另一方面，引入 1×1 卷积层来自适应地控制输出信息；将这种操作命名为局部特征融合，即 $F_{d,\text{LF}}=H_{\text{LFF}}^d\left([F_{d-1},F_{d,1},\cdots,F_{d,c},\cdots,F_{d,C}]\right)$，其中 H_{LFF}^d 表示第 d 个 RDB 的 1×1 卷积层的功能。

局部残差学习（local residual learning, LRL）：在 RDB 中引入 LRL 是为了更进一步地改善信息流通并允许更大的信息流通，第 d 个 RDB 的最后输出为 $F_d=F_{d-1}+F_{d,\text{LF}}$。由于有密集连接和局部残差学习，这个模块的结构才被称为 RDB。

密集特征融合：用一系列 RDB 提取局部密集特征后，将采用 DFF 来整体地挖掘各层级特征。DFF 包括全局特征融合和全局残差学习。

全局特征融合（global feature fusion, GFF）：将所有的 RDB 特征进行融合来提取全局特征 F_{GF}，即 $F_{\text{GF}}=H_{\text{GFF}}\left([F_1,F_2,\cdots,F_D]\right)$，$[F_1,F_2,\cdots,F_D]$ 为第一到第 D 个 RDB 产生的特征的拼接（通道方向），而 H_{GFF} 则是 1×1 及 3×3 卷积的复合，1×1 卷积层用以自适应地融合不同层级的一些特征，紧随其后的 3×3 卷积层则用于更进一步地提取总体残差特征。

全局残差学习（global residual learning, GRL）：利用全局残差学习得到特征图用于进行上采样，即 $F_{\text{DF}}=F_{-1}+F_{\text{GF}}$，其中 F_{-1} 是浅层特征图。

RDN 的实施细节：卷积核为 3×3，除了局部及全局特征融合时采用 1×1 的卷积核；对于卷积核为 3×3, stride=1、pad=1 以确保卷积后的输出大小保持不变；浅层特征提取层、局部及全局特征融合层都有 G_0=64 个滤波器；RDB 的其他层都有 G=64 个滤波器+ReLU；对于图像超分辨 SR，利用 ESPCNN[5]进行上采样到高分辨来作为 UPNet；对于 DN、CAR 则去掉 UPNet 中的上采样；最后的三层卷积用以输出高质量图像的三个通道；只用一个通道时可以处理灰度图像，如灰度图像的去噪。图 5.19～图 5.22 分别展示了该算法用于超高分辨率重建（放大倍数 4 倍）、图像去噪（高斯噪声的均方差达 50）、图像压缩伪影去除、图像去模糊化的结果，图中都给出了退化了的原图、待复原的金标准、几种代表性的算法以及 RDN

方法的结果，其中 RDN 方法性能接近金标准且优于其他方法。

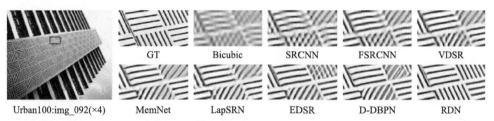

图 5.19　残差密集网络用于超高分辨率重建的结果[5]

来自公共数据 Urban100，红色方框内的局部图像，4 倍放大后的超分辨结果，GT 是金标准，直接双三次插值的结果非常模糊，RDN 是该方法得到的超分辨结果，接近金标准且优于其他方法

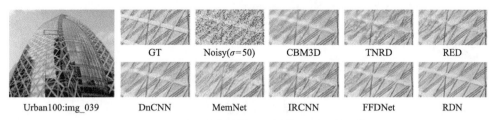

图 5.20　残差密集网络用于图像去噪的结果[5]

来自公共数据 Urban100，红色方框内的局部图像去噪效果，GT 是金标准，叠加了严重的高斯噪声，RDN 是该方法得到的去噪图像，接近金标准且优于其他方法

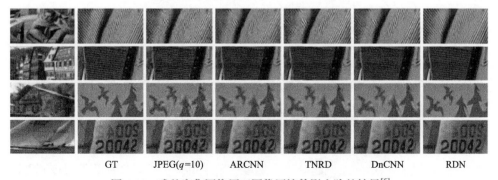

图 5.21　残差密集网络用于图像压缩伪影去除的结果[5]

红色方框内的局部图像去压缩伪影，GT 是金标准，RDN 是该方法得到的去伪影图像，接近金标准且优于其他方法

图 5.22　残差密集网络用于图像去模糊化的结果[5]

来自公共数据 Urban100，红色及绿色方框内的局部图像去模糊化，GT 是金标准，RDN 是该方法得到的去模糊化后图像，接近金标准且优于其他方法

RDN 具有独特的优势，采用 RDB 作为基本模块，利用了局部及全局信息的融合，能够得到非常强的表征能力；RDN 比残差网络的参数少，得到的性能比密集网络还好，在模型大小与性能上取得了良好的平滑。RDN 的问题也是图像复原的难点，在特别大的放大系数下，RDN 可能得不到合适的细节，可能的原因是输入图像的信息缺失。

能以更好的质量复原更劣质的图像依旧是图像复原的挑战，放大倍数很大的超分辨重建、特别重的噪声的去除、CAR 中的低 JPEG 质量、去模糊化中的严重的模糊伪影，这些都待继续创新与突破。

总结和复习思考

小结

5.1 节介绍了图像退化的典型情形：一种非线性退化、光学系统的模糊退化、运动模糊退化、随机噪声，以及基本退化模型：一个退化函数及一个加性噪声。

5.2 节介绍了常见的图像噪声及概率密度函数。

5.3 节介绍了常见的空域噪声滤波器，这时与图像增强的对应的方法不用区分；自适应改变窗口大小可改善性能。

5.4 节介绍了无约束图像复原，即不考虑复原的物理约束，常用的方法是逆滤波。

5.5 节介绍了有约束图像复原，常用的方法是维纳滤波，作为实例介绍了运动模糊建模及阴天图像的复原，将阴天图像建模为低频与高频分量，多分辨率小波分解得到复原的估计。

5.6 节介绍了深度学习图像复原，其基本思路就是充分地提取局部信息并融合局部信息、提取总体信息并充分融合，目的是从金标准数据中充分学习图像退化的复杂过程/细节（这一点比起分割、配准的要求更高，局部特征的学习更充分）。了解深度学习图像复原的优势及该领域的挑战：能以更好的质量复原更劣质的图像依旧是图像复原的挑战，放大倍数很大的超分辨重建、特别重的噪声的去除、低 JPEG 质量的压缩伪影降低、去模糊化中的严重的模糊伪影，这些都待继续创新与突破。

复习思考题

5.1 阐述图像退化函数的复杂性，并给出对图像退化进行频域分析的条件。

5.2 什么是椒盐噪声，为何得名？

5.3 在中值滤波的设计中，如何选择合适的局部窗口大小？

5.4　逆滤波时为什么要进行低通滤波？

5.5　深度学习图像复原的优势是什么？目前深度学习获取丰富的局部信息的主要手段有哪些？

5.6　从应用层面来看，图像复原的主要挑战有哪些？

5.7　在图像获取中，一幅图像进行了在垂直方向上的匀速运动用时 T_1，然后转为水平方向的匀速运动用时 T_2，忽略图像改变运动方向的时间以及快门开关时间，给出模糊函数 $H(u,v)$ 的表达式。

5.8　考虑在 x 方向均匀加速导致的图像模糊问题。若图像在 $t=0$ 静止，用均匀加速度 a 加速，对于时间 T，试求出模糊退化函数 $H(u,v)$。

参 考 文 献

[1] 章毓晋. 图像处理和分析教程. 北京: 人民邮电出版社, 2009.

[2] Gonzalez R C, Woods R E. Digital Image Processing. 2ed. New York: Pearson Education Inc, 2002.

[3] 陈震. 不利天气条件下图像复原方法研究. 哈尔滨: 哈尔滨工程大学博士学位论文, 2015.

[4] Shi W Z, Caballero J, Huszar F, et al. Real-time single image and video super-resolution using an efficient sub-pixel convolutional neural network//Proceedings of the IEEE Conference on Computer Vision and Pattern Recognition. Las Vegas: IEEE, 2016: 1874-1883.

[5] Zhang Y L, Tian Y P, Kong Y, et al. Residual dense network for image restoration. IEEE Transactions on Pattern Analysis and Machine Intelligence, 2021, 43(7): 2480-2495.

第 6 章　数学形态学图像处理

数学形态学(mathematical morphology)是以形态为基础对图像进行分析的一类数学工具,它的理论基础是集合论,其基本思想是用具有一定形态的结构元(structuring element)去度量和提取图像中的对应形状。初期的数学形态学基于并应用于二值图像,后来发展了适用于灰度图像的形态学操作方法。通常认为数学形态学的基本运算有 4 个:膨胀(dilation)、腐蚀(erosion)、闭(closing)和开(opening)。也有学者将击中与否(hit-or-miss)作为基本运算。基于这些基本运算可构造一些组合运算以及实用算法。

本章各节安排如下:

6.1 节介绍数学形态学历史和相关的集合论基础知识。

6.2 节介绍五种二值图像的数学形态学基本运算及一些典型应用,如平滑形状、断开细小的连接。

6.3 节介绍灰度图像数学形态学的四种基本运算。

6.4 节介绍灰度图像数学形态学的典型应用如顶帽变换增强亮或暗的细节、粒度计算获取不同大小亮或暗的粒子的分布。

需要指出的是,数学形态学是数字图像处理中唯一要用到另外类似于图像的结构元,因此结构元的特性扮演着重要的角色。本章特别强调,在定义及实现膨胀与腐蚀的时候,对应于用结构元的转置及结构元本身进行操作;当结构元不具备对称性时,结构元的转置与结构元本身不相同;膨胀、腐蚀分别对应于在结构元定义的局部坐标系内求灰度最大与最小,具有可分解性,因此对大结构元的运算可以通过结构元分解提高运算效率。

6.1　数学形态学的背景知识

数学形态学诞生于 1964 年,当时还是博士研究生 Jean Serra 在他的导师 George Matheron 的指导下在巴黎矿业学院(Ecole des Mines de Paris)做定量岩相学分析以预测其开采特性,从理论和实践两方面奠定了数学形态学的基础,在 1964 年的报告 "l' analyse petrographique quantitative" 中给出了结构元、击中与否变换;他们在 1966 年首次将这种方法称为 "数学形态学"。1982 年,Jean Serra 主编的 *Image Analysis and Mathematical Morphology* 一书出版,标志着该学科已基本成熟。

从产生起至 20 世纪 70 年代中叶，数学形态学主要专注于二值图像的处理，包括膨胀、腐蚀、开、闭、击中与否、求二值图像的骨架等。随后至 80 年代中叶，数学形态学已经拓展到灰度图像的操作，除了灰度图像的膨胀、腐蚀、开、闭，还引入了形态学梯度、顶帽变换以及 Watershed 分水岭分割（该部分内容放到了下一章即数字图像的传统分割方法中）。此后进一步拓展到图像处理的其他领域，如运动分析、算法与硬件结构的协调发展。

下面介绍数学形态学的数学基础，即相关的集合论知识以及结构元的转置的求取。

令 A 为一个二维数的集合，如果 $a=(a_1, a_2)$ 是 A 的元素，则将其写成 $a \in A$。如果 a 不是 A 的元素，则写成 $a \notin A$。不包含任何元素的集合称为空集，用 $\varnothing$ 表示。集合由一对大括号中的内容表示，如 $C=\{w \mid w=-d, d \in D\}$ 的意思是：集合 C 是元素 w 的集合，而 w 是取集合 D 中所有元素的负值得到。如果集合 A 的每个元素又是另一个集合 B 的元素，则称 A 是 B 的子集，记为 $A \subseteq B$。两个集合 A 和 B 的并集可表示为 $C = A \bigcup B$，它包含集合 A 和 B 所有的元素。集合 A 与 B 的交集记为 $D = A \bigcap B$，包含同时属于集合 A 与 B 的元素。如果集合 A 与 B 没有共同的元素，则称它们不相容或互斥，即 $A \bigcap B = \varnothing$。集合 A 的补集记为 A^c，表示论域内不包含于 A 中的所有元素，即 $A^c = \{w \mid w \notin A\}$。集合 A 与 B 的差记为 $A-B$，定义为 $A-B = \{w \mid w \in A, w \notin B\} = A \bigcap B^c$，它包含了所有属于 A 但不属于 B 的元素。集合 A 的反转或转置是相对于其原点的，记为 $\hat{A}$，定义为 $\hat{A} = \{w \mid w = -a, a \in A\}$。集合 A 的移位对应于其每个元素都位移一个指定的量，即 $(A)_z = \{c \mid c = a+z, \ a \in A\}$。

二值形态学中的运算对象是集合，一般设 A 为图像集合，B 为结构元素，数学形态学运算是用 B 对 A 进行操作。需要指出的是，结构元 B 本身也可看做一个图像的集合，它有自己的局部坐标系，通常在定义 B 时会指定其原点（本章中以 $\triangle$ 标示其位置），没有指定时对应于其中心。结构元 B 的转置就是针对结构元的原点进行矩阵的转置，记为 $\hat{B}$。如 $B = \begin{bmatrix} 1 & 0 \\ 1 & 1_{\triangle} \end{bmatrix}$，则 $\hat{B} = \begin{bmatrix} 1_{\triangle} & 1 \\ 0 & 1 \end{bmatrix}$。

6.2　二值图像数学形态学

设集合 A 与 B 是二维整数集合 Z^2 的两个子集，B 是结构元，$\hat{B}$ 是结构元转置。二值图像的数学形态学操作主要有膨胀、腐蚀、关、开，以及击中与否。下面给出这些操作的定义。

集合 A 与结构元 B 的膨胀记为 $A \oplus B$，其定义为

$$A \oplus B = \{w \mid (\hat{B})_w \bigcap A \neq \varnothing\} \tag{6-1}$$

即 B 转置后的位移与 A 相交不为空集的像素为 1，否则为 0。实际实现时，先将结构元反转，求得 $\hat{B}$，再将 $\hat{B}$ 的原点移动到图像 A 的像素 w 位置，在此局部坐标系下，若 $\hat{B}_w$ 中为 1 的元素中 A 中至少有一个像素为 1，则图像 A 的像素 w 位置的输出为 1，否则为 0。图 6.1(b) 展示了 A 对 B 的膨胀在像素 $(3,4)$ 位置处的运算情况，其中 $B = \begin{bmatrix} 1 & 0 \\ 1 & 1_\Delta \end{bmatrix}$，$\hat{B} = \begin{bmatrix} 1_\Delta & 1 \\ 0 & 1 \end{bmatrix}$。

1	0	1	0	1	0	1	0	1	0
1	1	1	1	0	1	1	0	1	1
1	1	1	1	1	1	1	0	1	0
1	1	0	1	1	0	1	0	1	1
1	0	1	0	1	1	1	1	0	0
1	0	0	0	1	1	0	1	1	1
1	1	0	0	0	1	1	1	0	0
1	0	0	0	1	0	1	1	0	0
1	1	0	1	0	1	0	1	0	0
1	1	1	1	1	1	1	1	1	1

(a)

0/1	1/1
0/0	1/1

(b)

0/1	1/0
1/1	0/1

(c)

图 6.1 二值图像 A 在 $(3,4)$ 位置处的膨胀与腐蚀示例

(a) 二值图像 A；(b) 二值图像 A 在 $(3,4)$ 的邻域与 $(\hat{B})_{(3,4)}$ 的集合（2×2 像素）的取值，其中斜线前为 A 的取值，斜线后为 $(\hat{B})_{(3,4)}$ 的取值；(c) 二值图像 A 在 $(3,4)$ 的邻域与 $(B)_{(3,4)}$ 的集合（2×2 像素）的取值，膨胀、腐蚀后的图像在 $(3,4)$ 的输出为 1/0

集合 A 与结构元 B 的腐蚀记为 $A \ominus B$，其定义为

$$A \ominus B = \{w \,|\, (B)_w \subseteq A\} \tag{6-2}$$

即 B 位移后（移动到 A 的当前像素）的集合是 A 的子集。实际实现时，将 B 的原点移动到图像 A 的像素 w 位置，在此局部坐标系下，若 B_w 中为 1 的元素中 A 的像素都为 1，则图像 A 的像素 w 位置的输出为 1，否则为 0。图 6.1(c) 展示了 A 对 B 的腐蚀在像素 $(3,4)$ 位置处的运算情况。

集合 A 对结构元 B 的开操作记为 $A \circ B$，定义为 A 先腐蚀，再对腐蚀的结果进行膨胀，腐蚀和膨胀的结构元都是 B，即

$$A \circ B = (A \ominus B) \oplus B \tag{6-3}$$

集合 A 对结构元 B 的闭操作记为 $A \cdot B$，定义为 A 先膨胀，再对膨胀的结果进行腐蚀，腐蚀和膨胀的结构元都是 B，即

$$A \cdot B = (A \oplus B) \ominus B \tag{6-4}$$

A 对结构元 B 的击中与否变换记为 $A \circledast B$，它是一种对结构元 B 的 1 元素及 0 元素同时进行限定的变换，定义如下：

$$A \circledast B = (A \ominus B_1) \bigcap (A^c \ominus B_0) \tag{6-5}$$

其中，B_1 与 B_0 分别是 B 中为 1 的元素组成的集合以及 B 中为 0 的元素组成的集合，它们与 B 具有相同的大小和相同的原点；B 中所有为 1 的元素复制到 B_1 中，而 B_1 中的其他元素设置为 0；B 中所有为 0 的元素复制到 B_0 中设置为 1，而 B_0 中的其他元素设置为 0。例如，对于前述的 $B = \begin{bmatrix} 1 & 0 \\ 1 & 1_\Delta \end{bmatrix}$，则有 $B_1 = \begin{bmatrix} 1 & 0 \\ 1 & 1_\Delta \end{bmatrix}$，$B_0 = \begin{bmatrix} 0 & 1 \\ 0 & 0_\Delta \end{bmatrix}$。击中与否变换在早期常用于计算二值图像的骨架。

例 6.1　结合实例说明，为什么膨胀与腐蚀应该针对结构元 B 的转置与本身。

解　因为膨胀与腐蚀是对偶操作，先膨胀后腐蚀的目的是添加少量的 1 像素，添加的像素对应的局部形状要能与 B 有较紧密的联系。设 $\hat{B} = \begin{bmatrix} 1 & 1 \\ 0 & 1_\Delta \end{bmatrix}$，则 $B = \begin{bmatrix} 1_\Delta & 0 \\ 1 & 1 \end{bmatrix}$。图 6.2 展示了闭操作时，膨胀用 $\hat{B}$，而腐蚀分别用 $\hat{B}$ 及 B 的结果。可以看出，膨胀用 $\hat{B}$，腐蚀也用 $\hat{B}$ 时(图 6.2(c))才能仅改变少量的前景像素(添加了 4 个前景像素)，而腐蚀用 B 时则将大幅度改变原始图像(图 6.2(d)，减少 7 个前景像素、增加 7 个前景像素)。这间接说明了膨胀用 $\hat{B}$、腐蚀也用 $\hat{B}$ 的合理性。

可以证明，当结构元的原点为 1 时，膨胀后的图像不小于原始图像，而腐蚀后的图像则不大于原始图像，这可从其定义直接推导出来。对于式(6.1)，设在图像的任意位置 w，A 为 1，则 $(\hat{B})_w \bigcap A$ 至少含有 1 个前景像素(即 w 处)，因此膨胀后 w 处的依旧为 1，也因此膨胀后的图像不小于 A；类似地，根据式(6.2)，设 w 位置的 A 为 0，则 $(B)_w$ 在原点为 1，不满足 $(B)_w \subseteq A$，因此腐蚀后 w 处的取值为 0，即腐蚀后的图像不大于 A。

下面简要介绍二值图像形态学的一些应用。

第一个例子是用开运算消除图像的细节，产生滤波器的效果。图 6.3 为包含了边长为 1、3、5、7、9 和 15 像素的正方形二值图像(图 6.3(a))，使用 13×13 像素大小的结构元(原点为中心，结构元素全部为 1)对原始图像进行腐蚀后只留下了边长为 15 的正方形的中心像素(图 6.3(b))，腐蚀后再用同一结构元的膨胀即开运算就恢复了原图中 15×15 的正方形，而把小于该结构元的细节全部去除(图 6.3(c))。该例表明，数学形态学的开操作能够把小于结构元的前景消除。类似地，数学形态学的闭操作能够把间距小于结构元的相邻的前景区域连接起来。

0	0	0	0	0	0	0	0
0	0	0	X	X	0	0	0
0	0	X	X	X	X	0	0
0	X	0	0	0	0	0	0
0	0	0	0	0	0	0	0

(a)

0	0	Y	Y	Y	Y	0	0
0	Y	Y	X	X	X	Y	0
Y	X	X	X	X	X	X	0
0	X	0	0	0	0	0	0
0	0	0	0	0	0	0	0

(b)

0	0	多	多	多	多	0	0
0	0	0	X	X	0	0	0
0	X	X	X	X	0	0	0
0	X	0	0	X	0	0	0
0	0	0	X	0	0	0	0

(c)

0	0	多	多	多	多	0	0
0	多	多	X	X	多	0	0
0	0	少	少	少	少	0	0
0	少	0	少	少	0	0	0
0	0	0	0	0	0	0	0

(d)

图 6.2　闭操作时膨胀与腐蚀的结构元互为转置才能得到期望的结果示例

(a)原始二值图像 A，X 表示为 1 的像素；(b)A 对 $\hat{B}$ 进行膨胀的结果，列出的 Y 是膨胀后由 0 变成 1 的像素；(c)对图(b)进行结构元为 $\hat{B}$ 的腐蚀，相对于图(a)，多了 4 个前景像素；(d)对图(a)进行结构元为 B 的腐蚀，相对于图(a)，将 7 个背景像素变为前景像素并将 7 个前景像素变为背景像素，较大程度地改变了原图的结构

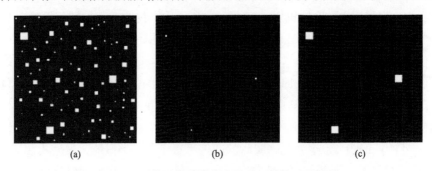

图 6.3　二值图像开操作去除小于结构元的前景

(a)经过 13×13 的结构元腐蚀去掉了小于该结构元的正方形(b)，再经过相同的结构元进行膨胀即恢复了原始图像中大于结构元的前景并消除了小于结构元的前景(c)

　　第二个例子[1]是关于开运算与闭运算对二值图像轮廓的平滑效果。开运算会去掉细小的前景凸起(图 6.4)，而闭运算则能填补尖小的背景(图 6.5)。

　　第三个例子是一幅二值图像的膨胀、腐蚀以及形态学边缘(图 6.6)。

　　需要指出的是，形态学梯度可以有多种表达形式，它依赖于结构元的大小及选择，一般将结构元 B 设为 3×3 正方形内元素全为 1 或仅仅是对角元素不为 1 的

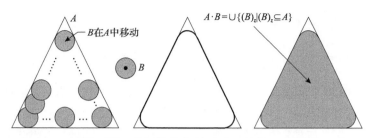

图 6.4　开运算平滑二值图像轮廓(去除小于结构元的前景的凸起)

A 为三角形前景区域，由形状为圆的结构元进行开操作，则得到的结果(最右图像)就是灰色区域前景，这个灰色区域由原三角形区域去除了小于结构元 B 的尖角而得到

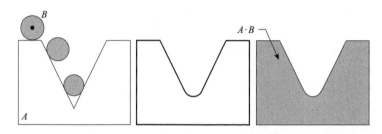

图 6.5　闭运算平滑二值图像轮廓(去除小于结构元的背景的凸起)

A 为各直线段围成的区域内及直线段上的像素为 1 的二值图像，结构元 B 的圆心是原点，圆形区域内的元素均为 1，经过闭操作后，A 中的最下端的尖细区域被平滑，闭操作后该尖小背景区域被变成前景从而平滑了轮廓

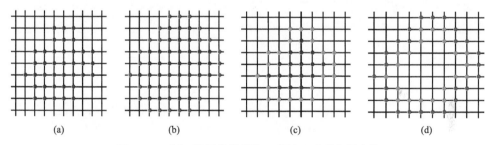

图 6.6　一幅二值图像的膨胀、腐蚀以及形态学边缘

一幅二值图像(a)(蓝色的点为前景像素)及其膨胀(b)(红色点为增加的前景像素)、腐蚀(c)(墨绿色点为减少的前景像素)、形态学梯度=膨胀–腐蚀(d)(红色，红色+墨绿色点为其前景像素)。这里的结构元是原点位于中心的 3×3 矩阵，原点及其 4-邻域像素值为 1，其他为 0

对称结构元，则二值图像 A 的形态学梯度可以有如下形式：$A \oplus B - A$、$A \oplus B - A \ominus B$、$A - A \ominus B$。

6.3　灰度图像数学形态学

灰度图像的数学形态学操作主要有膨胀、腐蚀、关及开。下面给出这些操作的定义。

灰度图像 $f(x,y)$ 对结构元 $B(s,t)$ 的膨胀记为 $f \oplus B$，其定义为

$$(f \oplus B)(x,y) = \max\{f(x-s,y-t) \mid (x-s,y-t) \in D_f;(s,t) \in D_B\} \tag{6-6}$$

其中，D_B、D_f 分别是 $B(s,t)$ 及 $f(x,y)$ 的定义域。这个定义与二值图像的膨胀相似，只是这里变成了最大值(二值图像是通过集合来定义，给出的是任意像素 w 处为 1 的条件，而 1 正是二值图像中的灰度最大值)，因此二值图像可看做灰度图像膨胀的特例。实现方式与二值图像膨胀相似：求结构元转置 $\hat{B}$，将 $\hat{B}$ 的原点移动到当前像素与 $f(x,y)$ 对齐，然后将 $\hat{B}_{(x,y)}(s,t)$ 中为 1 的位置的 $f(x+s,y+t)$ 值都列出来，选择其最大值作为 $(f \oplus B)(x,y)$ 的灰度值(图 6.7)。

210	178	190	185	192	190	189	192	194	196
205	186	192	187	185	188	192	194	196	198
200	190	188	184	182	186	190	192	194	196
192	186	184	200	190	178	183	187	190	192
185	183	180	192	185	168	179	182	185	188
190	192	186	184	178	150	187	190	183	185
201	205	208	210	212	213	209	203	205	208
195	201	211	208	211	200	205	203	206	210
201	203	205	221	201	210	208	207	198	196
211	209	210	215	209	208	210	205	206	208

(a)

1	0	1
1	1_Δ	0
0	1	0

(b)

0	1	0
0	1_Δ	1
1	0	1

(c)

图 6.7 灰度图像的膨胀与腐蚀计算

(a)原始灰度图像；(b) $\hat{B}$；(c) B。在(4,4)位置处的膨胀就是取 $\hat{B}_{(4,4)}(s,t)$ 中元素为 1 的 $f(4+s,4+t)$ 的灰度最大值，对应于求 $f(3,3)$、$f(5,3)$、$f(3,4)$、$f(4,4)$、$f(4,5)$ 的最大值，为 200；在(4,4)位置处的腐蚀就是取 $B_{(4,4)}(s,t)$ 中元素为 1 的 $f(4+s,4+t)$ 的灰度最小值，对应于求 $f(4,3)$、$f(4,4)$、$f(5,4)$、$f(3,5)$、$f(5,5)$ 的最小值，为 150

灰度图像 $f(x,y)$ 对结构元 $B(s,t)$ 的腐蚀记为 $f \ominus B$，其定义为

$$(f \ominus B)(x,y) = \min\{f(x+s,y+t) \mid (x+s,y+t) \in D_f;(s,t) \in D_B\} \tag{6-7}$$

这个定义与二值图像的腐蚀相似，只是这里变成了最小值(二值图像是通过集合来定义，给出的是任意像素 w 处为 1 的条件)。实现方式也与二值图像腐蚀相似，将结构元 B 的原点移动到当前像素与 $f(x,y)$ 对齐，然后将 $B_{(x,y)}(s,t)$ 中为 1 的位置的 $f(x+s,y+t)$ 值都列出来，选择其最小的，即为 $(f \ominus B)(x,y)$ 的灰度值，示例见图 6.7。注意膨胀与腐蚀的定义中的邻域位置计算分别用的是减法与加法(式(6-6)与式(6-7))，减法变成加法的方式是对结构元的转置然后进行邻域操作：局部坐

标系下 $B(s, t)$ 与当前像素 (x, y) 对齐，取 $B_{(x,y)}(s, t)$ 为 1 的元素的对应的灰度值 $f(x+s, y+t)$ 的最小值作为腐蚀后的灰度；局部坐标系下 $\hat{B}_{(x,y)}(s, t)$ 与当前像素 (x, y) 对齐，取 $\hat{B}_{(x,y)}(s, t)$ 为 1 的元素对应的灰度值 $f(x+s, y+t)$（等价于 $B_{(x,y)}(-s, -t)$ 为 1 的元素对应的 $f(x-s, y-t)$）的最大值作为膨胀后的灰度。

灰度图像 $f(x, y)$ 对结构元 $B(s, t)$ 的开记为 $f \circ B$，其定义为

$$(f \circ B)(x, y) = [(f \ominus B) \oplus B](x, y) \tag{6-8}$$

这个定义与二值图像的开操作相似，它由 $f(x, y)$ 先对结构元 $B(s, t)$ 进行腐蚀操作，腐蚀后的图像再对结构元 $B(s, t)$ 进行膨胀操作。

灰度图像 $f(x, y)$ 对结构元 $B(s, t)$ 的闭记为 $f \cdot B$，其定义为

$$(f \cdot B)(x, y) = [(f \oplus B) \ominus B](x, y) \tag{6-9}$$

这个定义与二值图像的闭操作相似，它由 $f(x, y)$ 先对结构元 $B(s, t)$ 进行膨胀操作，膨胀后的图像再对结构元 $B(s, t)$ 进行腐蚀操作。

由于当前像素 (x, y) 的邻域内 $\hat{B}_{(x,y)}(s, t) = 1$ 的像素灰度最大值可以进行分解，即对一部分 $\hat{B}_{(x,y)}(s, t) = 1$ 的像素求灰度最大值，再对另外的 $\hat{B}_{(x,y)}(s, t) = 1$ 的像素灰度求最大值，将这样得到的多个最大值融合（即找到这些值的最大值）从而得到 $f(x, y)$ 经过结构元 $\hat{B}_{(x,y)}(s, t)$ 膨胀后的灰度值，这种特性称为最大值的可分解性。这等价于把结构元 $\hat{B}(s, t)$ 进行分解，例如分解成 $\hat{B}_1(s, t)$ 和 $\hat{B}_2(s, t)$，比如若 $\hat{B}(s, t)$ 为元素全为 1 的 5×5 的对称矩阵，则它可分解为 $\hat{B}_1(s, t)$ 为全部元素为 1 的 5×1 的对称矩阵和 $\hat{B}_2(s, t)$ 为全部元素为 1 的 1×5 的对称矩阵，则有

$$B(s, t) = (B_1 \oplus B_2)(s, t) \tag{6-10}$$

$$(f \oplus B)(x, y) = [(f \oplus B_1) \oplus B_2](x, y) \tag{6-11}$$

结构元的分解可用于数学形态学算子的快速计算。比如 $f(x, y)$ 对 $B(s, t)$ 为元素全为 1 的 5×5 的对称矩阵计算膨胀时，直接计算需要 25 次的数值比较；而分解成 $B_1(s, t)$ 和 $B_2(s, t)$ 后，则只需要 10 次数值比较，计算量由 5×5 次比较减小为 $5+5$ 次比较；结构元对应的矩阵越大，则加速越显著。类似地，最小值也具有邻域可分解性，因此有

$$(f \ominus B)(x, y) = [(f \ominus B_1) \ominus B_2](x, y) \tag{6-12}$$

　　下面给出一个灰度形态学的处理效果例子。对于原点为 1 且有其他元素为 1 的结构元，膨胀会增大白色区域、腐蚀会增大黑色区域、闭/开则会消除比结构元小的暗/亮结构(图 6.8)。

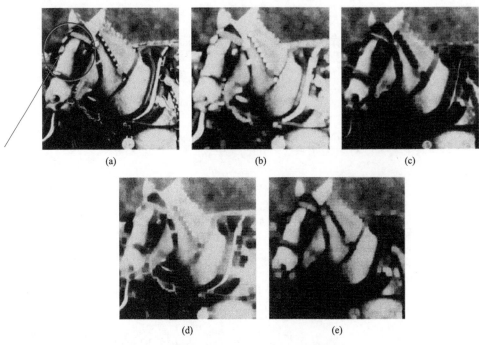

图 6.8　灰度图像的基本形态学操作示例

灰度图像(原始图像(a))的膨胀(b)、腐蚀(c)、闭(d)及开(e)操作的效果图。采用全为 1 的 5×5 对称结构元。注意原图中箭头指向的暗区域在后续处理后的变化：膨胀(b)后该区域的亮像素面积扩大、腐蚀(c)后该区域的暗像素面积扩大、闭(d)后该区域的亮像素面积增大(程度小于膨胀)、开(e)后该区域的暗像素面积扩大(程度小于腐蚀)

6.4　灰度图像数学形态学应用

　　这里介绍几种典型应用。

　　第一，可以基于灰度形态学处理进行平滑，比如开运算后紧接着进行闭运算，可消除图像中小于结构元的亮和暗的结构。注意这是非线性运算，结果的好坏很大程度上取决于结构元的选取。图 6.9(a) 显示了以元素全为 1 的 5×5 对称结构元对图 6.8(a)进行闭+开操作，比 5×5 小的亮区域及暗区域都消失了。

　　第二，可以基于灰度形态学重新定义灰度图像的梯度，这有别于数学意义上的梯度定义，用邻域内的最大值减最小值或当前值、当前值减邻域内的最小值来估计灰度梯度，因此不会出现负值，也因此这有别于数学意义上的梯度。图 6.9(b)

显示了由膨胀-腐蚀的方式估计形态学梯度，可以看出，图像中灰度尖锐过渡的区域得到增强(使用元素全为 1 的 5×5 对称结构元)。需要指出的是，当使用对称结构元时，形态学梯度对边缘方向性的依赖比空间增强技术中的梯度算子要小；基于膨胀与腐蚀的高梯度区域被加宽，结构元越大则加宽的程度越大。

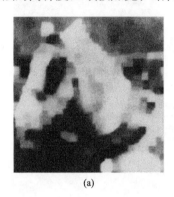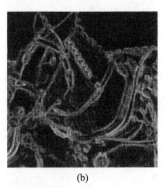

(a)   (b)

图 6.9 灰度图像形态学的应用示例

采用元素全为 1 的 5×5 对称结构元：(a)对原图(图 6.8(a))实施闭+开操作，消除小于结构元的暗区域及亮区域；(b)对原图实施膨胀-腐蚀的形态学灰度计算，高梯度区域被加宽

第三，在图像处理中有两种获取感兴趣特性的方式[2]，一种是直接获取感兴趣的特征，另一种是去除不相关的特性，其中后者可能还容易实现些，灰度图像的顶帽变换(top hat transform)就是实现第二种特性的一种方法，它的主要应用有消除图像中非相关特征及不均匀背景的均匀化。顶帽变换的名称来源是，最初使用的是带有平顶的圆柱形或平行六面体的结构元素，这种结构元能够很好地增强阴影的细节。由于待消除的不相关的特征可以是亮的或是暗的，因此顶帽变换又有白顶帽(white top hat, WTH)和黑顶帽变换(black top hat, BTH)两种，它们的定义为

$$\text{WTH}(f,B)(x,y) = f(x,y) - (f \circ B)(x,y) \tag{6-13}$$

$$\text{BTH}(f,B)(x,y) = (f \cdot B)(x,y) - f(x,y) \tag{6-14}$$

其中白顶帽变换将增强比结构元小的亮细节(图 6.10)，而黑顶帽变换则增强比结构元小的暗细节；当结构元取很大的数值时，可消除图像中的不均匀背景(图 6.11和图 6.12)。

第四，灰度图像的形态学处理可以帮助实现具有不同大小的纹理分割。这里给出了两个不同大小的黑色圆的分离的例子，具有较好的启发性[1]。对于图 6.13(a)给定的原始图像，这里有两种大小不同的低灰度圆形区域，白色背景不够均匀，如果我们把这幅图像看做是两种圆形区域组成的纹理图像，用如下的数学形态学

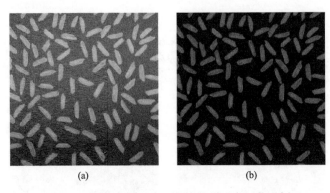

图 6.10　灰度图像的白顶帽变换增强亮细节示例

有白细节但背景不均匀的图像(a)、白顶帽变换(结构元大小比白细节大(b))突出白细节并抑制白细节外的特征。
该图像若用原图进行灰度阈值分割将困难且丢失细节(见图 7.4)

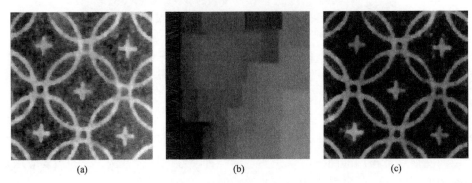

图 6.11　白顶帽变换估计不均匀的暗背景以增强亮细节示例[2]

用大结构元校正背景的不均匀性，感兴趣目标物为亮色。(a)黑色背景呈现较大不均匀性的原始图像；(b)用较大
的元素全为 1 的对称正方形结构元进行开操作得到背景的估计；(c)白顶帽变换得到较均匀背景下的图像

图 6.12　黑顶帽变换估计不均匀的亮背景以增强暗细节示例[2]

用大结构元校正背景的不均匀性，感兴趣目标物为暗色。(a)白色背景呈现较大不均匀性的原始图像；(b)用较大
的元素全为 1 的对称正方形结构元进行闭操作得到背景的估计；(c)黑顶帽变换得到较均匀背景下的图像

处理就能较高效、简易地实现两种纹理区域的分割。先考虑左边较小的圆，用与
其大小相当且略大的元素全为 1 的对称正方形结构元对图像进行闭操作，就会把
左边所有的黑色小圆变成白色，而右边大于该结构元的黑色圆保持不变；用大于

大圆间距离的结构元对上述结果做开运算，此时图像右边的亮细节被消除，致使图像右边全变成了黑色，这样就得到左边为白色、右边为黑色的一幅简单图像，简单的灰度阈值操作就能产生图 6.13(b) 的边界(白色折线)。

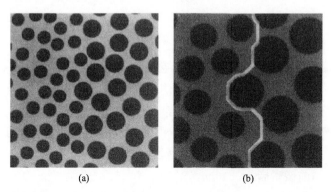

(a) (b)

图 6.13　灰度图像的开与闭实现纹理(不同尺度的黑色圆)分割示例
两种不同大小的黑色圆可看做两种纹理(a)，利用数学形态学的开与闭可将这两种纹理分离开，即图中通过简单的灰度阈值生成的白色折线(b)，过程请阅正文

第五，粒度测定(granulometry)，即计算图像中不同大小粒子的分布，这个是对应用四的进一步拓展。其原理是，开操作对输入图像中与结构元尺度相似的粒子的亮区域影响最大。计算的步骤如下：

(1) 用尺寸增加的结构元对图像进行开运算；

(2) 对每一次开运算，计算原图像减开运算得到差图像，即对当前结构元的白顶帽变换，差图像的高灰度区域主要反映这一尺度下的亮区域粒子；

(3) 把白顶帽变换得到的图像进行二值化(可采用简单的阈值分割)，用得到的分割前景除以每个粒子的面积(当前结构元即为半径)，得到当前尺度粒子的个数；

(4) 重复步骤(1)到(3)，得到从小到大粒子数的分布。结果见图 6.14。

 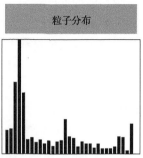

粒子分布

图 6.14　粒度测定示例
不同大小的白色粒子及其数目分布的计算

161

总结和复习思考

小结

6.1 节是数学形态学的背景知识，奠基性工作主要由当时年轻有为的博士生 Jean Serra 完成，因此我们的年轻学子当奋发图强，勇攀高峰，在研究生阶段正值创新力最强的阶段，有望做出一流的工作；数学基础是集合的平移、转置等基本操作；核心概念包括结构元的局部坐标系和原点。

6.2 节介绍了二值图像数学形态学，基本概念是元素属于或不属于集合（对应于图像中的 1 或 0）。需要掌握膨胀与腐蚀定义的要义。膨胀的定义是，转置后的结构元移动到当前像素后为 1 的元素集合，与原始图像在当前像素的邻域内的 1 元素集合之间的交集不为空，输出则为 1（否则为 0）；腐蚀的定义是，结构元移动到当前像素后为 1 的元素集合，应该为原始图像在当前像素的邻域内的 1 元素集合的子集，输出为 1。

6.3 节介绍了灰度图像数学形态学，它是二值图像数学形态学的推广（都是将结构元的原点移动到当前像素，对结构元或结构元的转置后的 1 元素求取原始图像的灰度最小值或最大值，二值图像的最小值/最大值为 0/1），不同的是灰度图像没有击中与否变换。理解最大值/最小值的全局性，从而可以对结构元进行分解。

6.4 节介绍了灰度图像数学形态学的应用，主要包括：图像平滑、估计灰度梯度、顶帽变换消除图像中非相关特征及不均匀背景的均匀化、帮助实现不同大小的纹理分割、计算图像中不同大小粒子的分布。

复习思考题

6.1 二值图像膨胀与腐蚀后的结果与原始二值图像之间的关系如何？
6.2 什么形态学操作同时对二值图像的前景及背景像素进行限定，如何限定？
6.3 灰度图像膨胀与腐蚀后的结果与原始灰度图像之间的关系如何？
6.4 图像的开/闭操作的主要功效是什么，对应的结构元有什么考虑？
6.5 请描述数学形态学与图像增强的联系。
6.6 对图像（下图），计算其粒子大小分布，并画出分布图。

提示：①选择合适的开运算结构元大小及增量步长，结构元取元素全为 1 的正方形结构元；②原始图像与图像开运算后相减，还要做灰度阈值处理，只考虑那些灰度差足够大的区域；③分布频率对应于灰度显著变化的区域的面积除以结构元大小（3×3,5×5…）；④可用自动或手动方法排除背景干扰。

6.7 对于下图（下图），试设计合适的数学形态学算法对图中的白色结构进行增强，编程实现，并给出源代码及其中所用的各参数。

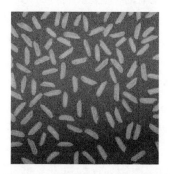

6.8 试述如何用数学形态学操作实现图像中亮细节或暗细节的增强。

参 考 文 献

[1] Gonzalez R C, Woods R E. Digital Image Processing. 2ed. New York: Pearson Education Inc, 2002.

[2] Sollie P. Morphological Image Analysis: Principles and Applications. Berlin: Springer, 1999.

第7章　数字图像分割的传统方法

数字图像分割是连接图像处理与图像分析的桥梁，它把图像划分为各具特性的互不交叠的区域并提取感兴趣的目标。有了感兴趣的目标，更高层的分析和理解就有了基础。图像分割又分成语义分割(semantic segmentation)与实例分割(instance segmentation)。语义分割是指对图像的每个像素/体素进行分类，得到所属的类属；实例分割是语义分割的子类型，同时对每个目标进行定位和语义分割，每个目标即为实例。例如，一幅图像中有三个兔子，则在语义分割层面不区分三个兔子，而在实例层面需要区分三个兔子。没有特殊说明的话，本书的分割均指语义分割。

在数字图像的研究和应用中，人们往往只对图像中的某些部分感兴趣，这些部分通常称为目标物(object)或前景(foreground，其他部分则称为背景background)。目标物或前景一般对应于图像中具有某种特性的区域，这些特性可以是灰度、颜色、纹理等。目标物或前景可以对应于单个或多个区域。

数字图像分割一直是数字图像处理的热点及难点。数字图像分割方法可以分为基于灰度阈值(thresholding)的分割方法、基于图像边缘(edge)的分割方法、基于区域属性的分割方法，以及基于特定理论的图像分割方法。前面三种方法又统称为传统的图像分割方法，将在本章中讲述，而基于特定理论的分割方法则在第8章中讲述。

本章各节安排如下：

7.1 节介绍图像分割的定义及历史。

7.2 节介绍各种灰度阈值计算方法，包括全局灰度阈值与局部灰度阈值、监督和非监督灰度阈值计算方法。

7.3 节介绍常见的边缘算子及图像边缘的计算方法。

7.4 节介绍常见的基于区域特性的图像分割方法。

7.5 节介绍分水岭分割方法，它是一种基于数学形态学的分割方法，当特征图像选择为梯度幅值时分水岭将收敛于图像的边缘，因此有较高的定位精度，基于这种高精度定位特点可以对那些定位粗糙的分割结果进行细化。

7.6 节介绍一种区域分割与边缘分割的融合方法。

本章的特色有三：第一，比较完整系统地总结图像灰度阈值的计算方法，尤其是基于先验知识的有监督的全局灰度阈值计算方法以克服无监督方法难以处理复杂及退化图像、局部灰度阈值的计算方法以克服全局灰度阈值的局限；第二，总结分水岭分割方法用于分割的细化步骤并给出了实例；第三，探索区域分割与边缘分割的融合，实现二者的优势互补并给出实例。

7.1　数字图像分割的历史回顾

数字图像分割从 20 世纪 70 年代以来一直得到人们的高度重视，它是数字图像处理领域最活跃的研究内容。数字图像分割的定义可以借助于集合概念进行表述。

令集合 R 代表整个图像区域，对 R 的分割可看做将 R 分成若干个满足以下 5 个条件的非空子集（子区域）$R_1, R_2, \cdots, R_n$，其中 $P(R_i)$ 表示集合 R_i 中元素的某种性质，$\varnothing$ 是空集。

(1) $\bigcup_{i=1}^{n} R_i = R$ 。

(2) $R_i \bigcap R_j = \varnothing$，对所有的 $i \neq j$ 。

(3) $P(R_i) = \text{True}$，$i=1, 2, \cdots, n$。

(4) $P(R_i \bigcap R_j) = \text{False}$，对所有的 $i \neq j$。

(5) R_i 是连通区域（$i=1, 2, \cdots, n$）。

上述条件（1）指的是分割得到的全部子区域的总和（并集）应该能包括图像中所有像素；条件（2）表明各个区域互不相交；条件（3）指出在分割后得到的属于同一区域的像素应该具有某些相同特性；条件（4）指的是分割后得到的不同区域的像素应该具有一些不同的特性；条件（5）要求同一个区域内的像素是连通的。

早在 20 世纪 70 年代，灰度阈值分割、图像边缘的计算及基于区域的合并与分裂就引起了广大研究者的浓厚兴趣，代表性的方法包括 1979 年发表的基于灰度直方图计算类间方差最大化的 Otsu（大津）阈值计算方法[1]；1978 年发表的基于区域分裂分割图像[2]；1970 年 Rosenfeld 就发表了有关边缘算子计算方法的文章，但有代表性的 Canny 边缘算子则在 1986 年由 Canny 提出[3]；基于信息熵最大化的阈值分割在 1981 年发表[4]，随后出现了各种熵最大化的阈值计算方法，如模糊熵、交叉熵等；1986 年发表的基于最小分类误差的灰度阈值计算[5]；1988 年发表的主动轮廓模型[6]；2002 年发表的能改变拓扑结构的主动轮廓模型，即水平集[7]；2005 年发表的图切割分割方法[8]；2006 年发表的基于先验知识的有监督灰度阈值计算方法[9]；基于全卷积网络的深度学习分割则在 2015 年提出[10]，以及随后发展的 U-Net、DenseNet 等。图像分割一直是 DIP 的热点及难点，高效、自动、鲁棒的图像分割方法是研究者不断努力的方向。

7.2 灰度阈值计算

基于图像灰度阈值的分割由于其直观性和易于实现的特性，在图像分割应用中具有重要地位，被广泛地应用于计算机视觉的初始分割，适用于不同类别的灰度有显著差异。灰度阈值可以有多个：对于二类问题，只需要一个灰度阈值；一般地，k 类问题需要 $k-1$ 个灰度阈值，记为 $T_i(x,y)$ ($i=1, 2, \cdots, k-1$)（按照升序排列）。若 $T_i(x,y)$ 不依赖于 (x,y)，则对应于全局灰度阈值，否则为局部灰度阈值。基于灰度阈值 $T_i(x,y)$，可把原始图像 $f(x,y)$ 分割为 k 类；不失一般性，将分割结果记为 $g(x,y)$，将第 i 类的灰度值设定为恒定，用 $i+1$ 表示，则基于灰度阈值 $T_i(x,y)$ 的分割一种计算公式为

$$g(x,y) = \begin{cases} 2, & f(x,y) \leqslant T_1(x,y) \\ \vdots & \vdots \\ k+1, & T_{k-1}(x,y) < f(x,y) \leqslant T_k(x,y) \\ k+2, & f(x,y) > T_k(x,y) \end{cases} \tag{7-1}$$

本节介绍的图像灰度阈值计算，除非特别说明，都以二类全局阈值为例进行阐述。

7.2.1 基于类间方差最大化的灰度阈值计算

类间方差最大化方法由 Otsu 在 1979 年提出[1]，因此简记为 Otsu 阈值算法，中文又翻译为大津算法。其基本思路就是将图像分割看成模式识别的分类问题，通过计算类间方差最大化获得优化的阈值。该方法是数字图像灰度阈值计算方面发表的最早、适用性强、摆脱了根据经验来试验灰度阈值的方法，因此极大地促进了后续灰度阈值计算的研究。该方法可以推广到多类问题，即根据灰度把图像分成 k 类并求取 k 个灰度阈值(式(7-1))。后续有学者研究了其局限性，这在本节的最后将略做说明。

大津算法只需要原始图像的灰度直方图，对其分析而得到 k 个优化阈值。先看 $k=1$ 的情况。对于原始图像 $f(x,y)$，其灰度直方图 $h(i)$ ($i=0, 1, \cdots, L-1$) 是该图像灰度为 i 的点数占图像总体像素数目的比例，由下式确定

$$h(i) = \frac{1}{N_x \times N_y} \sum_{x=0}^{N_x-1} \sum_{y=0}^{N_y-1} (f(x,y) = i) \tag{7-2}$$

对于一个灰度阈值的情形，根据灰度将图像分为两类，即 $C_0 = [0, 1, \cdots, t]$，$C_1 = [t+1,$

$t+2, \cdots, L-1$],则可计算类概率

$$w_0 = w(t) = P\left(C_0\right) = \sum_{i=0}^{t} h(i), \quad w_1 = 1 - w_0 = 1 - w(t) \tag{7-3}$$

以及类均值

$$\mu_0 = \frac{1}{w(t)} \sum_{i=0}^{t} [i \times h(i)] = \frac{\mu(t)}{w(t)}, \quad \mu_1 = \frac{1}{1-w(t)} \sum_{i=t+1}^{L-1} [i \times h(i)] = \frac{\mu_T - \mu(t)}{1 - w(t)} \tag{7-4}$$

其中

$$\mu(t) = \sum_{i=0}^{t} [i \times h(i)], \quad \mu_T = \mu(L-1) = w_0 \mu_0 + w_1 \mu_1 \tag{7-5}$$

类间方差

$$\begin{aligned}
\sigma_{\mathrm{B}}^2(t) &= w_0 \left(\mu_0 - \mu_T\right)^2 + w_1 \left(\mu_1 - \mu_T\right)^2 = w_0 \left(\mu_0 - w_0 \mu_0 - w_1 \mu_1\right)^2 \\
&\quad + w_1 \left(\mu_1 - w_0 \mu_0 - w_1 \mu_1\right)^2 = w_0 w_1 \left(\mu_0 - \mu_1\right)^2
\end{aligned} \tag{7-6}$$

最优灰度阈值 t^*是使得类间方差最大化的 t 值,即

$$t^* = \arg \max_{0 \leqslant t \leqslant L-1} \sigma_{\mathrm{B}}^2(t) \tag{7-7}$$

遍历所有的 t 值求得最大的类间方差即可获得最优阈值。图 7.1 显示了利用大津算法对两幅磁共振图像进行二值化的结果:若期望的前景是颅骨内的脑组织,则大津算法对图 7.1 第一行的二值化效果不错,但对图 7.1 第二行的二值化效果就差很多,主要是将丢失一部分皮层灰质。

正如在文献[1]中所述,大津算法能够推广到多类问题,即 $k>1$ 的情况;但是随着 k 的增加,阈值的可信度将降低,主要原因是当类别数增加时,目标函数(类间方差)将逐步失去其原有的意义。这里给出 $k=2$ 的数学推算。将两个灰度阈值分别记为 t_1、t_2,其中 $t_1<t_2$,则该二阈值将图像分成三类,即 $C_0=[0, 1, \cdots, t_1]$,$C_1=[t_1+1, t_1+2, \cdots, t_2]$,$C_2=[t_2+1, t_2+2, \cdots, L-1]$,目标函数仍旧为最大类间方差,计算公式为

$$\sigma_{\mathrm{B}}^2\left(t_1, t_2\right) = w_0 \left(\mu_0 - \mu_T\right)^2 + w_1 \left(\mu_1 - \mu_T\right)^2 + w_2 \left(\mu_2 - \mu_T\right)^2 \tag{7-8}$$

其中类概率为

$$w_0 = \sum_{i=0}^{t_1} h(i), \quad w_1 = \sum_{t_1+1}^{t_2} h(i), \quad w_2 = \sum_{t_2+1}^{L-1} h(i) = 1 - w_0 - w_1 \tag{7-9}$$

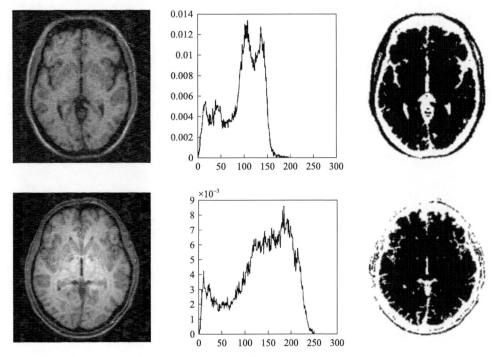

图 7.1　大津算法[1]的二值化示例

磁共振 T1 加权图像、对应的灰度直方图及 Otsu 阈值二值化图像。若以脑内的灰质与白质作为期望的待分割的前景，则第一行的 Otsu 阈值适中，第二行的 Otsu 阈值偏大而出现欠分割

类均值和总体均值为

$$\mu_0 = \frac{1}{w_0}\sum_{i=0}^{t_1}[i\times h(i)], \ \ \mu_1 = \frac{1}{w_1}\sum_{i=t_1+1}^{t_2}[i\times h(i)], \ \ \mu_2 = \frac{1}{w_2}\sum_{i=t_2+1}^{L-1}[i\times h(i)], \ \ \mu_T = \sum_{i=0}^{L-1}[i\times h(i)]$$

$$(7\text{-}10)$$

最优阈值 t_1^* 与 t_2^* 将使得类间方差最大化，即

$$\sigma_{\mathrm{B}}^2\left(t_1^*, t_2^*\right) = \max_{0\leqslant t_1<t_2<L} \sigma_{\mathrm{B}}^2\left(t_1, t_2\right) \tag{7-11}$$

由于大津算法简单易实施，助力了其广泛应用；在应用过程中发现了其问题，其中的基本结论是[11]：阈值将偏移到具有较大的类内方差或类概率，趋势是使得两类的类内方差及类概率相似，因此不适合类内方差及类概率相差很大的图像的二值化。

7.2.2　基于最小分类误差的灰度阈值计算

最小分类误差方法的基本思路是用概率分布去估计每一个类的特征，然后基于分类误差最小求取灰度阈值；该方法的正式的数学表述由 Kittler 与 Illingworth 在 1986 年发表[5]。与类间方差最大化方法不同，这里要基于灰度分布估计每个类的概率密度，复杂度增高：对于服从高斯分布的类特征，能借助于最大期望 (expectation-maximization, EM)算法求取优化阈值。该方法简记为 CE 阈值方法。

下面给出相关的数学推导。先考虑二分类问题，即假设图像 $f(x, y)$ 由背景和前景组成，前景和背景灰度分布的概率密度为 $P_1(Z)$ 和 $P_2(Z)$，前景占整幅图像的像素比例为 θ，则该图像总的灰度概率密度分布为

$$P(Z) = \theta P_1(Z) + (1-\theta)P_2(Z) \tag{7-12}$$

假设图像的背景灰度比前景灰度高，对于任意给定的灰度阈值 t，可计算出分类误差

$$E(t) = \theta \int_t^{\infty} P_1(Z)\mathrm{d}Z + (1-\theta)\int_{-\infty}^t P_2(Z)\mathrm{d}Z \tag{7-13}$$

对式(7-13)求 t 的导数以获取 $E(t)$ 的极小值，得到极小值或分类误差最小的阈值 t^* 满足

$$\theta P_1\left(t^*\right) = (1-\theta)P_2\left(t^*\right) \tag{7-14}$$

式(7-14)是一般分布下的优化阈值计算公式，需要通过某种方式估计二类的概率及所占比例。当二类的灰度分布都服从高斯分布时，这些参数都可以通过 EM 算法估计。假设 P_1 与 P_2 分别服从高斯分布 $N(\mu_1, \sigma_1)$ 与 $N(\mu_2, \sigma_2)$，则最小分类误差阈值计算由式(7-14)具体化为式(7-15)，

$$\ln\sigma_1 + \ln(1-\theta) - \frac{\left(t^* - \mu_2\right)^2}{2\sigma_2^2} = \ln\sigma_2 + \ln\theta - \frac{\left(t^* - \mu_1\right)^2}{2\sigma_1^2} \tag{7-15}$$

若 $\sigma_1 = \sigma_2$，则式(7-15)变成

$$t^* = \frac{\mu_1 + \mu_2}{2} + \frac{\sigma}{\mu_1 - \mu_2}\ln\left(\frac{1-\theta}{\theta}\right) \tag{7-16}$$

图 7.2 显示了一幅灰度图像[5]，以及对应的灰度直方图和基于 CE 阈值的二值化图。由于两类存在灰度交叠，任何整体阈值都会导致有分类误差。

显然，该方法能够直接推广到多类问题，以下给出 $k=2$ 的公式推导。将两个灰度阈值分别记为 t_1、t_2，其中 $t_1 < t_2$，则该二阈值将图像分成三类，即 $C_0=[0, 1, \cdots, t_1]$，$C_1=[t_1+1, t_1+2, \cdots, t_2]$，$C_2=[t_2+1, t_2+2, \cdots, L-1]$，目标函数仍旧为最小分类误差，灰度由小到大的三类的概率密度分别为 $P_1(Z)$、$P_2(Z)$ 和 $P_3(Z)$，这三类占整幅图

像的像素比例为 θ_1、θ_2 与 $\theta_3 = (1 - \theta_1 - \theta_2)$，则分类误差的计算公式为 $E(t_1, t_2)$：

$$E(t_1, t_2) = \theta_1 \int_{t_1}^{\infty} P_1(Z)\mathrm{d}Z + \theta_2 \left[\int_{-\infty}^{t_1} P_2(Z)\mathrm{d}Z + \int_{t_2}^{\infty} P_2(Z)\mathrm{d}Z \right] + \theta_3 \int_{-\infty}^{t_2} P_3(Z)\mathrm{d}Z$$

(7-17)

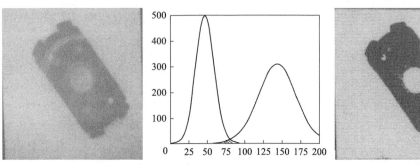

图 7.2　一幅灰度图像，以及对应的灰度直方图和 CE 阈值二值化结果，假设灰度服从高斯分布[5]

$E(t_1, t_2)$ 分别对 t_1 与 t_2 取偏导数并让其等于 0 即得到最小分类误差的必要条件，即

$$\frac{\partial E(t_1, t_2)}{\partial t_1} = -\theta_1 P_1(t_1) + \theta_2 P_2(t_1) = 0 \tag{7-18}$$

$$\frac{\partial E(t_1, t_2)}{\partial t_2} = -\theta_2 P_2(t_2) + \theta_3 P_3(t_2) = 0 \tag{7-19}$$

最小分类误差方法估计各类的概率密度及各类所占的像素比例是棘手的问题，这限制了该方法的应用。所幸的是，当已知各类的灰度服从高斯分布时能用 EM 算法得到优化解。

7.2.3　基于一维熵最大化的灰度阈值计算

一维熵最大化方法由 Pun 在 1981 年提出[4]，其基本思路是将图像分成几类后对应的信息熵，即一维熵是最大的。该方法简记为 OE 阈值方法。

假设图像 $f(x, y)$ 的灰度直方图为 $h(i)$ $(i=0, 1, \cdots, L-1)$，则图像的信息熵为

$$\mathrm{Ent}(L-1) = -\int_0^{L-1} h(i)\ln[h(i)]\mathrm{d}i = -\sum_{i=0}^{L-1} h(i)\ln[h(i)] \tag{7-20}$$

其中，$\mathrm{Ent}(t) = -\sum_{i=0}^{t} h(i)\ln[h(i)]$。

先考虑二类问题：选择一个灰度阈值 t，使得对应的两类分割的信息量最大。与前面的描述一样，灰度阈值 t 将原始图像 $f(x, y)$ 分为两类，即 $C_0 = [0, 1, \cdots, t]$，$C_1 = [t+1, t+2, \cdots, L-1]$。分成两类后，第一类的概率分布为 $h(i)/H(t)$ $(i=0, 1, \cdots, t)$，

其中 $H(t)$ 是图像 $f(x, y)$ 的累积直方图

$$H(t) = \sum_{i=0}^{t} h(i) \tag{7-21}$$

则第一类及第二类的概率分布分别为

$$\frac{h(i)}{H(t)}\ (i=0,1,\cdots,t) \text{ 与 } \frac{h(i)}{1-H(t)}\ (i=t+1,t+2,\cdots,L-1) \tag{7-22}$$

分别计算第一类及第二类的信息熵，并求和作为分割后的一维信息熵，它是阈值 t 的函数，记为 $C(t)$，则有

$$C(t) = -\sum_{i=0}^{t}\frac{h(i)}{H(t)}\ln\left[\frac{h(i)}{H(t)}\right] - \sum_{i=t+1}^{L-1}\frac{h(i)}{(1-H(t))}\ln\left[\frac{h(i)}{1-H(t)}\right] \tag{7-23}$$

对式 (7-23) 化简得

$$C(t) = \ln\left[H(t)\times(1-H(t))\right] + \frac{\text{Ent}(t)}{H(t)} + \frac{\text{Ent}(L-1)-\text{Ent}(t)}{1-H(t)} \tag{7-24}$$

对式 (7-24) 遍历不同的 t，求取最大的 $C(t)$ 及对应的 t^* 即为 OE 的优化灰度阈值。图 7.3 给出了 Cameraman 的原始图像、灰度直方图以及对应的 OE 阈值的二值化结果。若以其中的男士为分割对象，该阈值有较大的过分割。

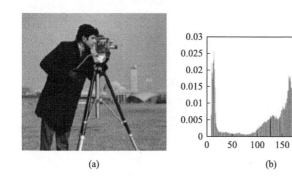 

(a)　　　　　　　　(b)　　　　　　　　(c)

图 7.3　基于一维熵的灰度阈值化[4]作用于 Cameraman
(a) Cameraman 的原始图像；(b) 灰度直方图；(c) OE 阈值的二值化图像

显然，该方法能轻易地推广到多类问题，即 $k>1$ 的情况。以下给出 $k=2$ 的公式推导。将两个灰度阈值分别记为 t_1、t_2，其中 $t_1<t_2$，则该二阈值将图像分成三类，即 $C_0=[0,1,\cdots,t_1]$，$C_1=[t_1+1,t_1+2,\cdots,t_2]$，$C_2=[t_2+1,t_2+2,\cdots,L-1]$，目标函数仍旧为最大一维熵

$$C(t_1, t_2) = -\sum_{i=0}^{t_1} \left\{ \frac{h(i)}{H(t_1)} \times \ln\left[\frac{h(i)}{H(t_1)}\right] \right\} - \sum_{i=t_1}^{t_2} \left\{ \frac{h(i)}{H(t_2) - H(t_1)} \right.$$
$$\left. \times \ln\left[\frac{h(i)}{H(t_2) - H(t_1)}\right] \right\} - \sum_{i=t_2+1}^{L-1} \left\{ \frac{h(i)}{1 - H(t_2)} \times \ln\left[\frac{h(i)}{1 - H(t_2)}\right] \right\} \tag{7-25}$$

遍历 $0 < t_1 < t_2 < L-1$，求取 $C(t_1, t_2)$ 最大值对应的取值即为最优阈值 t_1^* 与 t_2^*。

7.2.4　基于模糊熵最大化的灰度阈值计算

本节先介绍模糊集合的基本知识，然后引出与之相关的灰度图像的模糊化以及基于模糊熵最大化的灰度阈值计算方法。

1965 年美国控制论专家 Zadeh 教授在 *Information and Control* 杂志上发表了题为"Fuzzy Sets"的论文[12]，提出用"隶属函数"（membership function）突破经典集合论中属于或不属于的绝对关系，标志着数学的一个新分支，即模糊数学的诞生。模糊数学是继经典数学、统计数学后发展起来的数学学科。统计数学将数学的应用范围从确定性领域扩大到了随机领域，即从必然现象到随机现象；而模糊数学则是把数学的应用范围从确定性的范围扩大到了模糊领域，即从精确现象到模糊现象。概念的内涵是指该概念所反映的对象的本质属性的总和，而概念的外延则指的是概念所反映的本质属性的一切对象。当一个概念不能用一个分明的集合来表达其外延的时候，便有某些对象的类属不分明而呈现出模糊性，所以模糊性指的就是概念外延的不分明性、事物对概念归属的亦此亦彼性。

模糊集合可以看做是普通集合的概念延伸。对于普通集合 A，它是具有某种共同性质事物的全体，每个个别事物称为集合 A 的元素，因此普通集合可以用元素 x 的特征函数表示，特征函数只能取值为 0 或 1，以表明元素是属于或不属于该集合，对象的范围为论域 U。以下给出模糊集合的数学定义。

模糊集合：设论域 U 上的一个模糊子集 A 由其隶属度函数 $\mu_A(x)$ 唯一确定；$\mu_A(x)$ 为元素 x 属于模糊子集 A 的隶属度，为 0~1 之间的实数，它是普通集合的特征函数的推广。

表 7.1 简要概括了经典集合与模糊子集的区别。

表 7.1　经典集合与模糊子集的区别

项目	经典集合	模糊子集
表达概念	外延	内涵
函数表示	特征函数	隶属度函数
取值范围	0 或 1	[0, 1]
边界转变	从属于到不属于的转变是突变的	从属于到不属于的转变是逐渐的

因此，模糊子集的关键是构造隶属度函数，确定元素隶属度的大小关系比其绝对值要容易实现些，而如何确定合理的隶属度函数显然依赖于应用，目前也没有统一的解决方案。Zadeh 构造了年轻与年老这两个模糊子集的隶属度[13]。这两个模糊子集的隶属度函数分别记为 $\mu_Y(x)$ 与 $\mu_O(x)$，由下式定义（论域 U 在原文中为 $[0, 100]$，现在 100 岁以上的老人已经很多，但人的寿命似乎还不能超过 200，所以，这里将论域定义为 $U=[0, 200]$）

$$\mu_O(x)=\begin{cases} 0, & 0\leqslant x\leqslant 50 \\ \left[1+\left(\dfrac{5}{x-50}\right)^2\right]^{-1}, & 50<x\leqslant 200 \end{cases} \tag{7-26}$$

$$\mu_Y(x)=\begin{cases} 1, & 0\leqslant x\leqslant 25 \\ \left[1+\left(\dfrac{x-25}{5}\right)^2\right]^{-1}, & 25<x\leqslant 200 \end{cases} \tag{7-27}$$

这两个模糊子集表达的概念是，年龄>55 岁以后迅速衰老，对应于 $\mu_O(50)=0$，$\mu_O(55)=0.5$，$\mu_O(60)=0.8$，$\mu_O(100)=0.999$。年龄>30 以后不再年轻，即 $\mu_Y(25)=1$，$\mu_Y(30)=0.5$，$\mu_Y(40)=0.1$。

假设图像由前景和背景构成，前景灰度比背景灰度高。可以构造两个模糊子集：F 表示前景的灰度，B 表示背景的灰度，则可以通过如下的方式确定 F 及 B 的隶属度，它们满足

$$\mu_F(x)=\begin{cases} 0, & 0\leqslant x\leqslant p \\ \dfrac{x-p}{q-p}, & p<x\leqslant q \\ 1, & x>q \end{cases} \tag{7-28}$$

$$\mu_B(x)=\begin{cases} 1, & 0\leqslant x\leqslant p \\ \dfrac{q-x}{q-p}, & p<x\leqslant q \\ 0, & x>q \end{cases} \tag{7-29}$$

其中，p 与 q 是两个待确定的参数。模糊熵最大化的灰度阈值方法由 Tobias 与 Seara 在 2002 年提出[14]。其基本思想是将一幅图像 $f(x, y)$ 看做一个模糊矩阵，根据上述的例子将图像灰度转化成该灰度对背景及前景的隶属度函数，据此计算并优化图像的模糊度量而获取优化阈值。这里只考虑一个灰度阈值的二值化。首先，通过

以下方式将图像 $f(x,y)$ 转化成模糊矩阵：具有升半柯西分布形式的模糊化函数 ($K>0$)

$$\mu(f(x,y),p,q)=\begin{cases} 0, & f(x,y)\leqslant p \\ \dfrac{K(f(x,y)-p)^2}{1+K(f(x,y)-p)^2}, & p<f(x,y)\leqslant q \\ 1, & f(x,y)>q \end{cases} \quad (7\text{-}30)$$

以及线性模糊化函数

$$\mu(f(x,y),p,q)=\begin{cases} 0, & f(x,y)\leqslant p \\ \dfrac{f(x,y)-p}{q-p}, & p<f(x,y)\leqslant q \\ 1, & f(x,y)>q \end{cases} \quad (7\text{-}31)$$

除此之外还有很多其他的模糊化函数。从原始图像 $f(x,y)$ 得到了它的带有参数 p 与 q 的模糊化矩阵 $\mu(f(x,y),p,q)$ 后，就可以计算图像 $f(x,y)$ 的模糊率 $V(p,q)$ 和模糊熵 $E(p,q)$。对于任何像素 (i,j)，其模糊度是隶属函数到 0 与 1 的最小距离，该二距离分别为 $\mu(f(i,j),p,q)$ 与 $1-\mu(f(i,j),p,q)$，不大于 0.5。在公式中将 $\mu(f(i,j),p,q)$ 简记为 $\mu(i,j,p,q)$，

$$V(p,q)=\frac{2}{N_xN_y}\sum_{i=0}^{N_x-1}\sum_{j=0}^{N_y-1}\min[\mu(i,j,p,q),1-\mu(i,j,p,q)]$$

$$E(p,q)=\frac{-2}{N_xN_y\ln2}\sum_{i=0}^{N_x-1}\sum_{j=0}^{N_y-1}\{\mu(i,j,p,q)\ln\mu(i,j,p,q)$$
$$+[1-\mu(i,j,p,q)]\ln[1-\mu(i,j,p,q)]\}$$

一般情况下，图像 $f(x,y)$ 的灰度直方图较为复杂，峰谷不明显，相应的 $V(p,q)$ 可能有多个谷底，这时可选取 $V(p,q)$ 所有极小值中的最小值或最大 $E(p,q)$ 所对应的 $(p+q)/2$ 作为阈值。这里，p、q 是对图像进行模糊化的参数，决定了模糊化的性质，间接地确定了分类或分割的阈值。该方法可以推广至多类，但是较复杂。

该方法简记为 FE 阈值方法，图 7.4 给出了该方法的分割结果，并与大津算法进行了相比。作为延伸的知识，对于背景灰度变化导致的阈值计算困难问题，还可以通过图像处理方法降低背景灰度不均而简化阈值计算，其中数学形态学的顶帽变化就有这种功能；当背景灰度变均匀后，就可采用简单的阈值计算方法获得好的二值化结果。

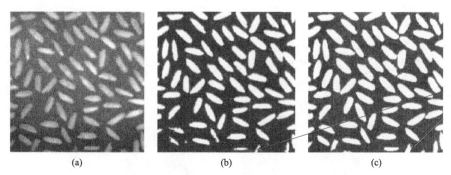

图 7.4 基于模糊熵的灰度阈值[14]及 Otsu 阈值[1]二值化比较

(a)背景灰度不均匀的原始图像；(b)Otsu 阈值二值化；(c)FE 阈值二值化(采用线性模糊化函数，由式(7-31)得到，如红色箭头所示)，表明基于 FE 的阈值要优于 Otsu 阈值

7.2.5 基于图像过渡区域的灰度阈值计算

数字图像中介于前景与背景的区域是有宽度的，该区域叫过渡区域(transition region, TR)，在物理属性上过渡区域可以看做广义边缘。该方法通过估计过渡区域，并计算该区域的灰度统计量得到灰度阈值，由华中科技大学的张天序教授团队提出[15]。他基于局部熵图像估计过渡区域 $\mathrm{ITR}(x, y)$，即

$$\mathrm{ITR}(x, y) = \begin{cases} f(x, y), & \mathrm{LE}(x, y) \geqslant E_T \\ 0, & \mathrm{LE}(x, y) < E_T \end{cases} \tag{7-32}$$

其中 E_T 是所有像素在 $M_k \times N_k$ 邻域内的局部熵图像 $\mathrm{LE}(x, y)$ 的最大值的 0.7 倍，文中的窗口大小为 15×15。此外，过渡区域还可以通过下述剪切函数的极值获取，即

$$f_{\mathrm{high}}(x, y, q) = \begin{cases} q, & f(x, y) \geqslant q \\ f(x, y), & f(x, y) < q \end{cases}, \quad f_{\mathrm{low}}(x, y, q) = \begin{cases} f(x, y), & f(x, y) > q \\ q, & f(x, y) \leqslant q \end{cases} \tag{7-33}$$

可以利用任意的灰度梯度算子计算上面两个剪切函数的梯度幅值 $g_{\mathrm{high}}(x, y, q)$ 及 $g_{\mathrm{low}}(x, y, q)$，并计算有效平均梯度 $\mathrm{EAG}_{\mathrm{low}}(q)$、$\mathrm{EAG}_{\mathrm{high}}(q)$(梯度幅值为非零的像素的梯度均值)，求极值得到 q_{high} 与 q_{low}

$$q_{\mathrm{high}} = \arg\left\{\max\left[\mathrm{EAG}_{\mathrm{high}}(q)\right]\right\}, \quad q_{\mathrm{low}} = \arg\left\{\max\left[\mathrm{EAG}_{\mathrm{low}}(q)\right]\right\} \tag{7-34}$$

求取过渡区域

$$\mathrm{ITR}(x, y) = \begin{cases} f(x, y), & q_{\mathrm{low}} \leqslant f(x, y) \leqslant q_{\mathrm{high}} \\ 0, & \text{其他} \end{cases} \tag{7-35}$$

基于式(7-32)或式(7-35)得到过渡区域 $\text{ITR}(x, y)$ 后，可以计算 $\text{ITR}(x, y)$ 中不为 0 的所有像素的灰度均值作为基于过渡区域的优化阈值进行二值化。

该方法简记为 TR 阈值方法，图 7.5 显示了 TR 阈值对 Cameraman 图像的二值化。可以看出，若以其中的男士为前景，则灰度阈值偏低，有较严重的过分割。

图 7.5　基于过渡区域的灰度阈值计算[15]及对 Cameraman 图像的二值化示例

需要说明的是，基于过渡区域的阈值计算只适合于两类的简单场景。

7.2.6　结合先验知识的有监督灰度阈值计算

前面介绍的基于某种准则的灰度阈值计算都没有引入先验知识的机制，二值化结果无法适应需要监督的应用场景，结果不仅依赖于图像中感兴趣的物体，也不能排除不相关的背景的信息。比如对于位于中央的前景，如果摄像机离前景较近，则前景所占的比例就较大，否则就较小；再比如，如果用户知道要通过阈值获取图像中灰度的最亮、最暗或者中间亮度的物体，前面的阈值计算方法显然需要引入相关的机制才有可能得到期望的阈值。

文献[9]对这些问题展开了深入的研究，提出了结合先验知识的有监督灰度阈值计算方法。引入感兴趣区(ROI)以排除不相关背景的影响；对待分割物体的监督，是通过先验知识限定前景的低灰度与高灰度实现；在指定的低灰度与高灰度之间计算优化的阈值，则是基于前面介绍的传统灰度阈值方法；先验知识的最终目的是获取分割物体的低灰度与高灰度所确定的灰度范围，这是通过有监督的训练得到。下面详细介绍这种方法。

该方法对应的阈值计算的框架，分成三部分：求取 ROI、获取限定前景的灰度范围 g_{low} 与 g_{high}、在灰度范围 g_{low} 与 g_{high} 内使用传统的灰度阈值方法计算优化的灰度阈值。

第一部分是求取包含前景的 ROI，目的是消除不相关的背景的影响。获取 ROI 既可以用自动的也可以用半自动甚至手动的方法；ROI 应该包含所有的前景而尽量少地包含背景；最极端的情况就是 ROI 为整幅图像。下面通过几个例子说明 ROI 的获取。第一个例子就是头部磁共振图像，要分析的是脑部的灰质、白质、脑脊液，因此一个自然的 ROI 就是颅骨所包含的区域，见图 7.6 第一排，其计算比较简单，即简单的灰度阈二值化、连通区域分析和背景孔洞填充。第二个例子与第一个例子相似，处理的图像是胸腔 CT，若需要分割的是胸骨与椎骨，则较合适的 ROI 就是图 7.6 第二排右图的黑色区域，前景集中在黑色区域的内边界附近。第三个例子是图 7.5 的 Cameraman 图像，前景是男士，考虑到 ROI 计算的可行性，将 ROI 设置为整幅图像。

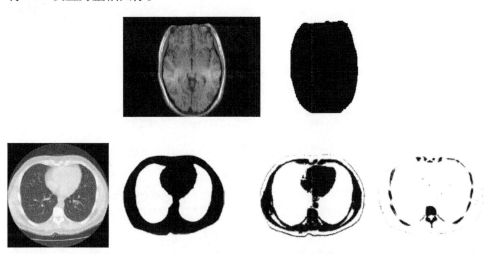

图 7.6　有监督灰度阈值计算及示例[9]

图像的灰度阈值计算限定在包含前景的 ROI 内以消除不相关的背景区域的影响。第一排：脑部图像(左)的 ROI
应该是颅骨包含的区域(右，黑色区域)。第二排：胸腔 CT 图像，前景是胸骨与椎骨，ROI 就是图中的黑色区域，
前景位于黑色区域的内边界附近，第二排从左到右分别为 CT 原始图像、ROI、基于大津算法的分割、基于 ROI
内限定阈值范围的 RC_Otsu 的分割

第二部分是通过训练获取前景的灰度范围 g_{low} 与 g_{high}，这里可以分成三种情况。因为这里要对灰度范围进行限定，所以该类方法都以 RC 作为前缀，限定范围后若用大津算法则阈值记为 RC_Otsu。

第一种情况是有很多类似的图像及对应的分割金标准，从金标准加裕量来确定 ROI 内前景的灰度范围。例子是磁共振轴向图片，该切片含有重要的解剖结构即前连合与后连合，在神经影像分析方面具有重要意义，其分割(得到其中的灰质、白质)很重要，有大量的该类图片，统计在颅骨内背景所占的比例为 16%～23%，允许有 2%的裕量，因此背景所占的比例变为 14%～25%；在此比例范围内，将图像限定在 ROI 内，采用大津算法也能得到好的二值化结果，见图 7.7。

第二种情况对应于只有单幅图像，有其他先验，可以将这种先验转化为背景或前景的比例范围或前景的灰度范围。一个例子就是图 7.6 第二排的胸腔 CT 图像，先验知识是，在 ROI 的内边界附近有 1～3 个骨头像素，通过计算该 ROI 的内边

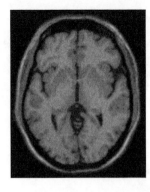 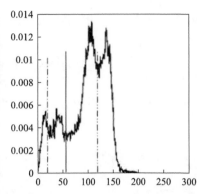 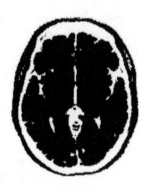

图 7.7　前景比例范围限定的 Otsu 阈值计算及二值化示例[9]

过前后连合的磁共振 T1 加权轴向切片，ROI 为颅骨内区域，两条虚垂直红线对应于前景的低灰度与高灰度（累积直方图上百分比分别为 14% 与 25%），将直方图限定在这两条虚线对应的部分进行二类的 Otsu 阈值计算，红色实直线对应于该阈值 RC_Otsu，右边为基于该阈值得到的二值图像

缘像素个数以及 ROI 含有的像素数，得到前景所占 ROI 的比例为 80%～94%，求取 ROI 内的灰度直方图与累积直方图对应为 80% 及 94% 的灰度作为 g_{low} 与 g_{high}，并对此范围内的灰度直方图求取二类的 Otsu 阈值。第二排左四为该阈值对应的二值化图像，得到了期望的骨头；而第二排左三为直接在原始图像上求取二类的 Otsu 阈值所得到的二值化图像，阈值偏小导致严重的过分割。

　　第三种情况就是没有先验知识，有两种方式来估计前景的灰度范围。第一种方式就是在图像上画方格来粗略估计背景或前景的比例范围。对 Cameraman 中男士的比例估计，可以将原始图像 8 等分，男士所占的比例约为 25%，考虑到这个估计的粗糙性以及图中背景与前景的灰度重叠，将这种比例估计的容忍度设为 10%，因此可以认为前景的比例范围为 25%±10%，即 15%～35%。图 7.8 显示了基于这个灰度范围对原始图像的灰度直方图进行基于模糊熵最大化的阈值计算，并与直接针对原始图像不进行灰度限定的模糊熵最大化的阈值计算进行了比较；二值化结果表明，范围限定的阈值二值化效果要远远优于没有范围限定的效果。第二种方式就是采用交互的方式分别选定一个或多个前景点及背景点，以此来估计前景的灰度范围，但这种方式将有较大的操作变化，选取不同的点可能会导致二值化结果的改变，指导原则见文献[16]：在选择背景点时尽量让该点的灰度接近前景，选择前景点时尽量让其灰度接近背景以得到更加紧致的灰度范围。图 7.9 显示了一幅磁共振血管造影图像的二值化结果，通过交互获取的背景/前景点灰度分别为 81/190 与 66/210，然后在此灰度范围内对这个图像（作为 ROI）进行二类 Otsu 阈值计算，得到的二值化结果类似；而直接对原始图像进行二类 Otsu 阈值计算的二值化则有严重的过分割。这种交互式训练具有很强的实用性，能够方便地推广到多类：以如下方式分离最亮的物体、第二亮的物体……直至最暗的物体，即从最亮及第二亮的物体中各选择一个像素求取灰度阈值将最亮的物体分割出来，然后从第二亮及第三亮的物体中各选一个像素确定灰度阈值将第二亮的物体分离出来，以此类推直到把倒数第二亮的物体分离出来即得到指定灰度范围的物体或前景。

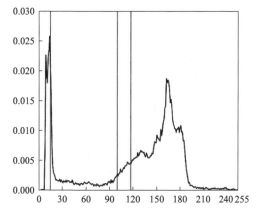

图 7.8　前景比例范围限定的模糊熵阈值计算及二值化示例[9]

Cameraman 的二值化：第一排从左至右对应于原始图像及对应的灰度直方图；第二排从左至右，基于模糊熵 FE 阈值[15]的二值化图像、限定灰度范围的 RC_FE 阈值二值化图像，后者要优于前者

图 7.9　直接 Otsu 阈值、对 Otsu 算法实施交互训练以限定灰度范围的阈值分割示例

从磁共振血管造影图像分割小血管：从左到右分别为原图，以及从前景及背景选定前景灰度范围 81～190 的 Otsu 阈值分割、66～210 的 Otsu 阈值分割、直接对原图的 Otsu 阈值分割

第三部分是在指定的前景灰度范围 g_{low} 与 g_{high} 内，对 ROI 的灰度直方图进行截断，只保留该范围内的灰度直方图，然后采用前述的各种传统的灰度阈值计算方法。需要指出的是，在此范围内的灰度一般不服从高斯分布，因此最小分类误

差方法不适用；Otsu 算法、一维熵 OE 算法、模糊熵 FE 算法、过渡区域 TR 算法都可以运用于本节介绍的范围限定(range constrained, RC)的灰度阈值计算，对应的算法分别简记为 RC_Otsu、RC_OE、RC_FE 及 RC_TR 方法。

值得指出的是，这里通过定义 ROI 排除非相关的背景对前景的影响是一种普适的思路，甚至可以看做是递进式的分割，即初始 ROI 看做第一次分割，据此计算的第二次分割可以当做第二次分割的 ROI 逐步精细化；通过训练获取前景的灰度范围 g_{low} 与 g_{high}，将排除该灰度范围之外的灰度对灰度阈值的影响，它本身是具有很强的物理意义的：设 ROI 内分成两类，前景灰度高于背景灰度，则先验知识表达的是，比 g_{low} 低的灰度一定属于背景、比 g_{high} 高的灰度一定属于前景，不确定类属的是位于 (g_{low}, g_{high}) 的灰度，这个灰度范围的像素分成二类可以采用传统的灰度阈值方法。这里介绍了较完备的获取灰度范围的方法，包括有金标准、没有金标准但有相关的先验知识，以及没有先验知识的获取方法，尤其是添加网格及交互式训练的方式简便易行。采用本节介绍的方法，一方面可以控制想要分割的对象，另一方面也使得分割结果更加鲁棒可靠，且能分割更加复杂甚至是退化的图像。图 7.10 显示了退化的磁共振 T1 图像的二值化，传统的灰度阈值方法均失败，而本节介绍的基于范围限定的灰度阈值方法取得了优良的效果。需要指出的是，RC_FE 较优，RC_Otsu 较容易实现，但所有的限定范围的灰度阈值方法均优于传统的灰度阈值方法(图 7.9 的 RC_Otsu 优于 Otsu 算法、图 7.8 与图 7.5 的 RC_FE 优于 FE 及 TR 算法)。

需要指出的是，灰度阈值的先验知识的利用和监督还可以有其他的形式。这里再详细介绍过渡区域先验的训练方法[16]，即获取感兴趣区内过渡区域先验的四种方式，每种方式都是先找到过渡区域对应的灰度范围 $[g_m, g_M]$，然后通过灰度变换求取过渡区域；得到 $[g_m, g_M]$ 后的灰度变换为

$$f_{tr}(i, j) = \begin{cases} g_m, & f(i, j) < g_m \\ f(i, j), & g_m \leqslant f(i, j) \leqslant g_M \\ g_M, & f(i, j) > g_M \end{cases} \tag{7-36}$$

基于 $f_{tr}(i, j)$ 计算感兴趣区的过渡区域，这里列举一种基于局部熵的方法：首先确定 $f_{tr}(i, j)$ 的局部熵 $le(i, j) = -\sum_{k=g_0}^{g_{L-1}} P_k \log(P_k)$，其中 P_k 是在以像素 (i, j) 为中心的局部窗口(如 11×11)中灰度为 g_k 的归一化次数，设对所有的 (i, j) 最大的 $le(i, j)$ 为 LE_M，则可基于式(7-37)估计过渡区域 $ITR(i, j)$

$$ITR(i, j) = \begin{cases} f_{tr}(i, j), & le(i, j) \geqslant 0.7LE_M \\ 0, & le(i, j) < 0.7LE_M \end{cases} \tag{7-37}$$

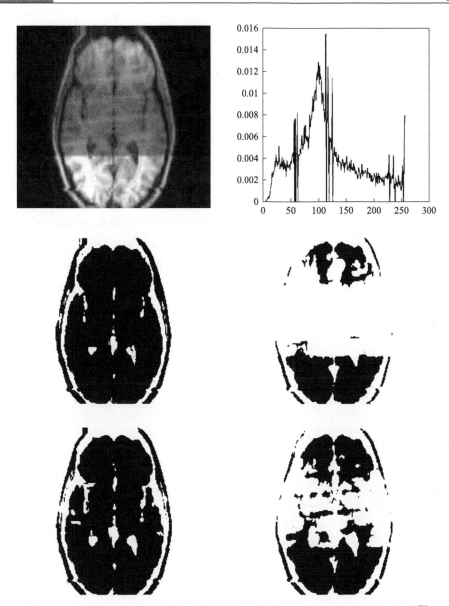

图 7.10　基于监督的灰度阈值方法能很好地对退化的 T1 加权图像进行二值化[9]

第一排从左到右，原始图像、灰度直方图；第二排，RC_Otsu 及 Otsu 二值化结果；第三排，RC_FE 及 FE 二值化结果。可以看出，对于该退化图像（上部分灰度比下部分的来得低）传统的 Otsu 及 FE 算法二值化失败，而基于 ROI 和灰度限定的 RC_Otsu 及 RC_FE 均能得到优良的二值化结果

　　第一种方式是基于上述训练获取的比例范围得到 $[g_{\mathrm{m}}, g_{\mathrm{M}}]$，因为这种方式依赖的物理基础是感兴趣区内背景的比例范围，这种训练方式又叫做基于物理的训练或物理训练（physical supervision）。第二种方式是直接从感兴趣区中交互地选取背景像素和前景像素并设它们的灰度分别为 g_{b} 与 g_{f}，以它们的灰度来分别估计灰度

阈值限定的范围 g_m 与 g_M，即 $g_m=g_b$，$g_M=g_f$；这是最容易的一种训练方式，也是最常见的与背景和前景交互的方式，故称这种训练方式为交互式训练(interactive supervision)；为了减小对挑选点的灰度依赖，所选取的背景像素应该具有较高的背景灰度(这里假定背景的灰度低于前景的灰度)，所选取的前景像素应该具有较低的前景灰度。第三种方式是利用其他图像分割或聚类方法获取灰度阈值限定的范围 g_m 与 g_M，这种训练方式又叫做增量训练(incremental supervision)；例如针对图 7.11(a)，利用模糊 C 均值聚类将图像分类为灰度由低到高的 1 到 4 类，用第 3 类的灰度均值加上灰度方差估计 g_m，第 4 类的灰度均值减去灰度方差估计 g_M，然后计算过渡区域与对应的灰度阈值，对应的分割结果如图 7.11(d)所示。第四种方式是针对有训练集图像的一种统计方法，在训练过程中计算一些灰度统计量，比如每幅训练图像在感兴趣区内的灰度均值、灰度最小值、灰度最大值、对应于某灰度百分比的灰度、位于一个灰度百分比范围的灰度均值、产生最小分类误差的优化灰度阈值；对于所有的训练图像(第 k 幅)所计算的灰度统计量 S_k，找到对最优灰度阈值 T_k 变化范围最小 $(\max(T/S)_k-\min(T/S)_k=$最小$)$ 的灰度统计量，然后根据灰度统计量 S 以如下方式来估计 g_m 与 g_M：对灰度统计量 S，根据训练图像得到优化灰度阈值 T 与灰度统计量 S 的比例范围 $[\min(T/S)_k-\delta R, \max(T/S)_k+\delta R]$，其中 δR 是一个常数，依赖于测试图像与训练图像的相似性；对于待测图像，它应与这些训练图像相似，并设在感兴趣区内的灰度统计量 S 取值为 S_0，则可采用如下的公式估计 g_m 与 g_M：$g_m = S_0 \times (\min(T/S)_k - \delta R)$，$g_M = S_0 \times (\max(T/S)_k + \delta R)$，这种训练方式也叫做统计训练(statistical supervision)，一种基于统计训练的分割结果见图 7.12。

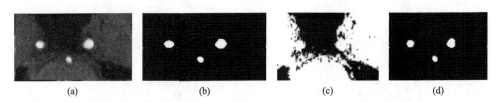

| (a) | (b) | (c) | (d) |

图 7.11　Otsu 阈值不能得到小物体(血管)而基于监督的灰度阈值方法能得到

(a)磁共振造影图像显现的脑血管感兴趣区；(b)利用感兴趣区内背景所占的比例范围(95.3%, 98.4%)计算过渡区域得到的分割结果；(c)在感兴趣区内基于 Otsu 阈值得到的分割结果；(d)基于交互式训练(从较亮的非血管和较暗的血管各取一点)计算过渡区域得到的分割结果，即基于增量训练(从模糊 C 均值聚类估计灰度阈值范围)计算过渡区域得到的分割结果。这种从前景及背景各取一点的交互得到的分割效果很好；由于前景很小，传统的灰度阈值方法如 Otsu 算法失败

　　得到感兴趣区的灰度阈值限定的范围 g_m 与 g_M 或过渡区域后，最优灰度阈值可以是过渡区域的平均灰度或基于最大灰度类间方差得到的灰度阈值；因这种方法是基于局部熵(local entropy)的有监督阈值(supervised thresholding)，简称为基于局部熵的有监督阈值，简记为 STLE(图 7.12(b))。

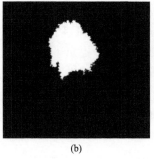

(a)   (b)   (c)

图 7.12　灰度阈值的监督可基于统计训练

基于统计训练的分割，采用的是 6 幅人造的相似图像（每幅图像都含有两个区域，灰度均匀分布于 $[25, 75]$ 与 $[90, 140]$，较暗的区域所占的比例分别为 95%、90%、80%、70%、60% 与 50%，这 6 幅图像的最优灰度阈值都是 82，而最好的灰度统计量是最大灰度值 140，最优阈值与最大灰度值的比值为 0.5857，对测试图像容许有 0.10 的比例变化得到 $g_m = 140 \times 0.4857 = 68$，$g_M = 140 \times 0.6857 = 96$。(a) 对应于暗区域比例为 90% 的测试图像；(b) 基于如上的统计训练而得到的准确分割结果；(c) 直接对 (a) 进行基于过渡区域阈值计算的分割（出现亮区域的欠分割）

7.2.7　局部灰度阈值计算

图像的局部灰度阈值计算基的思想是：图像细节能够被区分的充要条件是在该细节附近存在灰度差异，这种局部灰度差异对应的就是局部对比度。局部对比度可以用局部窗口内的灰度标准差来表示，这里涉及如何定义局部窗口的大小，显然对于较大的前景/背景需要较大的局部窗口，较小的前景/背景则只需要较小的局部窗口，以确保局部窗口内同时含有一定比例的前景与背景。局部灰度阈值的计算就是基于局部对比度来进行的。图像的局部灰度阈值由 Niblack 在 1986 年提出[17]。像素 (x, y) 处的局部灰度阈值 $T(x, y)$ 是该像素的局部窗口内灰度均值 $m(x, y)$ 与灰度标准差 $\mathrm{sd}(x, y)$ 的函数，即

$$T(x, y) = m(x, y) + k \times \mathrm{sd}(x, y) \tag{7-38}$$

其中局部窗口以 (x, y) 为中心，宽度为 $w(x, y)$、高度为 $h(x, y)$，k 为常数。

对输入图像 $f(x, y)$ 的每个像素计算 $T(x, y)$，则计算复杂度高达 $O(N_x \times N_y \times w \times h)$。所幸的是，Viola 与 Jones 引入了积分图像 (integral image) 大幅度提高了矩形区域的求和效率[18]，可以将阈值 $T(x, y)$ 的计算复杂度大幅降低。

局部灰度阈值的计算一直是图像处理领域广受关注的领域，但是由于问题的复杂性，该领域迄今尚未有广泛被接受的解决方案。该领域有代表性的工作是 Sauvola 与 Pietikainen 提出的局部灰度阈值计算方法[19]，计算公式为

$$T(x, y) = m(x, y) \left[1 + k \left(\frac{\mathrm{sd}(x, y)}{R} - 1 \right) \right] \tag{7-39}$$

其中，R 是灰度标准差的最大值，对于 8 位图像取值为 128；k 取值为 0.5，窗口大小固定为 10~20 个像素。由于局部窗口大小固定，该方法仅仅适合于前景大小尺寸变化不大的场景。在文献 [20] 里提出了一种自适应改变局部窗口大小的局部灰度阈值计算方法，其基本推论是：假设图像里含有前景和背景，且它们的灰度各自恒定，灰度差异为 deltaG，则窗口从 3×3 开始逐步变大，每次变大后的窗口依然为正方形，当局部窗口内含有的背景与前景的比例各自都不小于 10% 就停止增大，并把此时的窗口大小记录下来，记为 $\text{Win}(x, y)$，在 $\text{Win}(x, y)$ 下确定局部参数 $m(x, y)$ 与 $\text{sd}(x, y)$；具体实现时，记图像中改变窗口大小得到的最大的灰度标准差为 $\text{sd}_{\max}$，则局部窗口的大小满足 $\text{Win}(x, y)$ 的局部窗口内的 $\text{sd}(x, y) \geqslant$ $0.6\text{sd}_{\max}$（对应于背景或前景的比例为 0.1/0.9）。在确定了每个像素的局部窗口大小 $\text{Win}(x, y)$ 后，根据式 (7-40) 计算局部灰度阈值，对应的是低灰度前景区域的分割

$$T(x, y) = m(x, y)\left[1 + k\left(\frac{\text{sd}(x, y)}{1.2\text{sd}_{\max}} - 1\right)\right] \tag{7-40}$$

对于高灰度前景，可以通过对输入图像求补，从而转换成低灰度前景，即对原始图像的求补图像按照式 (7-40) 计算低灰度前景的局部阈值，并基于此阈值对求补图像进行二值化。

图 7.13 给出了 CT 图像上复杂血肿的局部阈值分割结果。这里的血肿属于复杂的前景，体现在：三个前景区域的大小差别大，对比度也差别大，最上面的血肿区域的对比度非常低，三个血肿区域的灰度也呈现较大的变化。

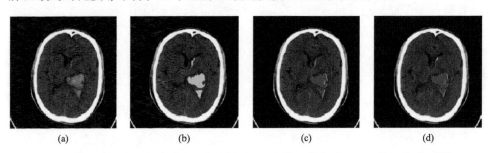

(a)   (b)   (c)   (d)

图 7.13　有前景大小变化及对比度变化的 CT 图像上复杂血肿的局部阈值分割[20]
(a) 原始图像；(b) 三个血肿区域的金标准；(c) 基于式 (7-40) 对求补图像的二值化；(d) 局部阈值二值化（红色）与金标准的差别（局部阈值漏掉的像素用黄色标出，局部阈值没有多余的像素，即不存在假阳性）

式 (7-40) 能很好地处理这种复杂的前景，说明它能够适应前景大小的变化以及前景对比度的变换。式 (7-40) 比式 (7-39) 有两方面显著的改进：第一是窗口的自适应求取，因此能处理不同大小的前景；第二是 $\text{sd}_{\max}$ 为图像灰度标准差最大值（该幅图像最大可能的对比度），这样能适应不同图像的对比度。需要指出的是，局部灰度阈值还处于发展之中，如何更好地确定局部窗口的大小，如何基于局部灰度

特征计算局部灰度阈值都还没有一个在业界广为认可的解决方案。

7.3　图像边缘计算

图像边缘(edge)是指图像中灰度发生急剧变化的那些像素，边缘计算是所有基于边界(boundary)的图像分割方法的第一步。图像边缘是灰度值不连续的结果，这种不连续性可以通过数学上的一阶及二阶偏导数表达。常见的图像边缘有阶梯形状(图 7.14(a))、脉冲形状(图 7.14(b))、屋顶形状(图 7.14(c))[21]。阶梯形状边缘处于图像中两个具有不同灰度值的相邻区域，脉冲形状边缘主要对应于细条状的灰度值突变区域，而屋顶形状边缘的上升与下降都比较缓慢。由于采样的缘故，数字图像中的边缘总有一些模糊，所以垂直边缘都有一定的坡度。

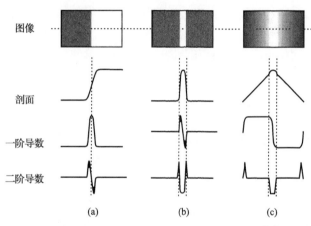

图 7.14　典型的图像边缘和一阶、二阶导数[21]

在图 7.14(a)中，灰度值剖面的一阶导数在图像由暗变亮的位置有一个向上的阶跃，而在其他位置为零。这表明可用一阶导数的幅值来检测边缘的存在，幅值的峰值一般对应边缘的位置。灰度值剖面的二阶导数在一阶导数的阶跃上升区有一个向上的脉冲，且在一阶导数的阶跃下降区有一个向下的脉冲；在这两个阶跃之间有一个过零点，它的位置正对应于原图像中边缘的位置，所以可以用二阶导数的过零点检测边缘位置，且可用二阶导数在过零点附近的符号确定边缘像素在图像边缘的暗区或亮区。类似的分析适用于图 7.14(b)的脉冲状边缘以及图 7.14(c)的屋顶状边缘。

基于以上的分析，可以采用一阶或二阶偏导数来检测边缘，下面分别介绍。

7.3.1　基于一阶偏导数的边缘检测

对边缘的检测可以借助于空域的微分算子通过卷积来完成，数字图像的偏导数是通过图像的差分来近似的。借助于一阶偏导数进行图像边缘检测就是求解该图像梯度的局部最大值和对应的方向。图像 $f(x, y)$ 在 (x, y) 处的梯度为一个矢量，两个分量分别是沿着 X 与 Y 方向的一阶偏导数，即

$$\nabla f(x,y) = \left[f_x, f_y \right]^{\mathrm{T}} = \left[\frac{\partial f(x,y)}{\partial x}, \frac{\partial f(x,y)}{\partial y} \right]^{\mathrm{T}} \tag{7-41}$$

边缘的强度为梯度幅值，边缘的方向为该梯度矢量与 X 轴的夹角，计算公式为

$$\sqrt{f_x^2 + f_y^2} \ \text{与} \ \arctan \frac{f_y}{f_x} \tag{7-42}$$

边缘检测包括以下四步：第一步是滤波，因为边缘检测基于导数计算，会放大噪声，所以易受噪声影响；滤波的目的是滤除噪声，同时还会模糊化比滤波器尺度小的细节。第二步是增强，其算法将邻域中灰度有显著变化的点突出出来，一般通过计算梯度幅值实现；第三步是检测，最简单的边缘检测是梯度幅值的阈值判定，但是在有些图像中梯度幅值极大的点并不是边缘点；第四步是定位，即精确确定边缘的位置。

图像的灰度梯度矢量在空域是通过模板卷积实现差分的，在该领域有一些被广为采用的梯度算子或微分算子，每个算子都包括在 X 方向和 Y 方向的两个模板。以下给出常用的 Sobel 算子、Prewitt 算子、Roberts 算子的模板，它们在 X 方向、Y 方向的模板分别以下标 x 和 y 表示，模板都是 3×3 的，并分别以三位学者姓的首字母小写表示对应的模板。

$$s_x = \begin{bmatrix} -1 & 0 & 1 \\ -2 & 0 & 2 \\ -1 & 0 & 1 \end{bmatrix}, \ s_y = \begin{bmatrix} 1 & 2 & 1 \\ 0 & 0 & 0 \\ -1 & -2 & -1 \end{bmatrix} \tag{7-43}$$

$$p_x = \begin{bmatrix} -1 & 0 & 1 \\ -1 & 0 & 1 \\ -1 & 0 & 1 \end{bmatrix}, \ p_y = \begin{bmatrix} 1 & 1 & 1 \\ 0 & 0 & 0 \\ -1 & -1 & -1 \end{bmatrix} \tag{7-44}$$

$$r_x = \begin{bmatrix} 0 & 0 & 0 \\ 0 & 1 & 0 \\ 0 & 0 & -1 \end{bmatrix}, \ r_y = \begin{bmatrix} 0 & 0 & 0 \\ 0 & 0 & 1 \\ 0 & -1 & 0 \end{bmatrix} \tag{7-45}$$

图 7.15 展示了这三种算子对 Lena 图像的边缘计算效果。

这三种边缘算子中，Roberts 算子因直接进行梯度估计，故边缘定位较准确，

图 7.15 常见一阶边缘算子作用于 Lena 图像得到的边缘幅值

Lena 图像及 Sobel 算子(右上)、Prewitt 算子(左下)、Roberts 算子(右下)计算得到的边缘幅值

但对噪声敏感；Prewitt 算子先做平均，再做差分，对噪声有一定的抑制作用；Sobel 算子与 Prewitt 算子相似，但在平均时采用了更合理的加权，因此实际中用的最多的性能较优的是 Sobel 算子。

7.3.2 基于二阶偏导数的边缘检测

由图 7.14 可知，边缘可以通过一阶偏导数的极大值以及二阶偏导数的过零点来确定。拉普拉斯算子是一种常用的二阶偏导算子，其定义为

$$\nabla^2 f(x, y) = \frac{\partial^2 f(x, y)}{\partial x^2} + \frac{\partial^2 f(x, y)}{\partial y^2} \tag{7-46}$$

这是一个标量，因此只需要一个模板用差分逼近。常见的拉普拉斯算子模板有两

个：$\begin{bmatrix} 0 & -1 & 0 \\ -1 & 4 & -1 \\ 0 & -1 & 0 \end{bmatrix}$ 和 $\begin{bmatrix} -1 & -1 & -1 \\ -1 & 8 & -1 \\ -1 & -1 & -1 \end{bmatrix}$。

Marr 算子 (Marr-Hildreth) 是在拉普拉斯算子的基础上实现的，得益于学者对人类视觉机理的研究，具有一定的生物学和生理学意义，它是先对图像做高斯平滑，然后求二阶偏导。这两个过程的结合的英文表达是 Laplacian of Gaussian，因此这个方法又被简记为 LoG 滤波器。LoG 的操作为

$$\mathrm{LoG}(f(x,y)) = \nabla^2 \left\{ \left[\frac{1}{\sqrt{2\pi}\sigma} \exp\left(-\frac{x^2+y^2}{2\sigma^2}\right) \right] * f(x,y) \right\}$$

$$= \frac{1}{\sqrt{2\pi}\sigma} \left(\frac{r^2-\sigma^2}{\sigma^4} \right) \exp\left(-\frac{r^2}{2\sigma^2}\right) * f(x,y) \tag{7-47}$$

其中，*表示卷积操作；σ 为高斯平滑的均方差，局部窗口取为 6σ；$r = \sqrt{x^2+y^2}$；(x,y) 为当前像素邻域内的局部坐标，取值范围为 $-6\sigma \sim 6\sigma$。式 (7-47) 的卷积模板为

$$\frac{1}{\sqrt{2\pi}\sigma} \left(\frac{r^2-\sigma^2}{\sigma^4} \right) \exp\left(-\frac{r^2}{2\sigma^2}\right) \tag{7-48}$$

其形状类似于墨西哥草帽，因此 LoG 也称为墨西哥草帽滤波器。对 LoG 求取零交叉就得到对应的二阶导数边缘点；通过改变参数 σ，就能得到不同尺度的边缘。当 σ 较大时，有可能过渡平滑，致使得到的边缘会漏检角点。

图 7.16 显示了对于 Lena 图像的两种尺度（σ 为 2 及 4）下的 LoG 零交叉，可以看出，较大的 σ 只保留了较大尺度的边缘，而较小的 σ 还保留了较小尺度的边缘。

图 7.16　LoG 算子得到的 Lena 图像的不同尺度的边缘

Lena 图像在 σ 为 2 及 4 个像素时的边缘检测结果，小的 σ 保留了更多边缘细节，大的 σ 则只有在尺度上不小于该尺度的边缘被检测出来。最右边的图展示了式 (7-48) 对应的三维空间分布图，即墨西哥草帽形状

7.3.3　坎尼边缘算子

坎尼 (Canny) 边缘检测是基于目标函数的优化来检测边缘的[22]，把信噪比、

定位精度及单边缘响应融合在目标函数中。它是最优的阶梯型边缘检测算法。

目标函数是信噪比与定位的乘积，而单边缘响应则通过非极大值抑制实现。

该算法的四个步骤包括：第一步，用高斯滤波器平滑图像；第二步，用一阶偏导的有限差分来计算梯度的幅值和方向（如 Sobel 算子、方向为 45°的倍数）；第三步，对梯度幅值进行非极大值抑制，即沿着边缘的法线方向，只保留最大值，这些边缘法线方向的最大值点又称为脊像素；第四步，用双阈值算法检测和连接边缘，双阈值记为 T_1、T_2，双阈值可简化为 $T_2 = C \times T_1$（C 为不小于 2 的常数），对于梯度幅值不小于 T_2 的脊像素判定为边缘点，小于 T_2 但大于 T_1 的脊像素则当此脊像素与已经标记的边缘像素相邻时判定为边缘像素，否则判定为非边缘像素。图 7.17 为 Lena 图像的 Canny 边缘检测结果，虽然在视觉上 Canny 比其他边缘算子的边缘结果更接近真实，但得到的边缘不是闭合的，这是边缘算子最大的问题，而如何将断开的边缘连接到闭合则是十分困难的。导致边缘检测算子的边缘不闭合的原因是有对梯度进行阈值化，这样就导致弱边缘被遗漏。由于物体都是封闭的，边缘算子的这种边缘不封闭性导致一般不用边缘算子进行图像分割，而是把边缘检测结果当做一种特征。能够产生封闭边缘的方法是 Watershed，即分水岭分割方法。

图 7.17　Lena 图像的 Canny 边缘检测结果

Canny 边缘算子有两个参数需要确定，它们应该能适应于不同的图像。Saheba 等提出了自适应的 Canny 边缘算子[23]，即自适应地确定高斯滤波的参数以及边缘强度的阈值。高斯滤波的灰度均方差的估计是这样实现的：在图像的所有 9×9 窗口内统计灰度均方差，出现频率最高者作为噪声的估计，以此均方差作为高斯滤波的均方差。边缘强度参数是这样自适应确定的：对经过高斯平滑的图像采用 Sobel 算子计算灰度梯度幅值，基于非极大值抑制获取所有的梯度脊像素，非零的梯度脊像素的梯度幅值直方图记为 $h(g_k)$（假设共有 K 个梯度脊像素点），$h(g_k)$ 取最大值时对应的梯度幅值记为 g_m，由式 (7-49) 计算 $h(g_k)$ 对 g_m 的均方差：

$$\gamma_m = \sqrt{\frac{\sum_{n=1}^{K} h(g_n)(g_n - g_m)^2}{\sum_{n=1}^{K} h(g_n)}} \tag{7-49}$$

则两个梯度阈值 T_H 与 T_L 按照式 (7-50) 确定

$$T_H = g_m + \gamma_m, \quad T_L = T_H / 3 \tag{7-50}$$

除此之外，作者还采纳了保留边缘的图像平滑，即疑似边缘像素（梯度幅值较大者）附近用较小的均方差滤波（如 0.5）、非边缘像素则用较大的均方差（如 1.5）。图 7.18 显示了原始 Canny 与自适应 Canny 边缘检测的差异。可以看出，自适应 Canny 算子不仅能获得更多的区域，而且获取的边缘与实际物体的边界更贴近。

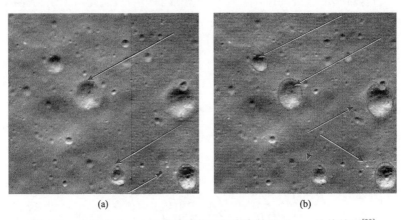

(a)   (b)

图 7.18　自适应 Canny 边缘检测优于固定参数的 Canny 边缘检测[23]

(a) Canny 边缘算子检测到边界（红色箭头所示有灰色的边界叠加，固定的梯度阈值 0.29、0.18）；(b) 自适应 Canny 边缘算子检测到边界（红色箭头所示检测到的边缘与灰色边界叠加，梯度阈值由式 (7-50) 自适应确定，高斯滤波的参数也是自适应确定）

7.3.4　基于多项式逼近的边缘检测

Brejl 与 Sonka[24]提出了以三元三次多项式逼近局部体图像的灰度分布，即

$$p(x,y,z) = K_1 + K_2 x + K_3 y + K_4 z + \cdots + K_{11} x^3 + K_{12} x^2 y + K_{13} x^2 z \\ + \cdots + K_{20} xyz \tag{7-51}$$

其中，x、y、z 为相对于中心点的局部坐标，在 $5 \times 5 \times 5$ 邻域内的取值范围是 $-2 \sim +2$，各个参数 K_i（$i=1, 2, \cdots, 20$）可以通过最小二乘法估计。在有噪声和无噪声的情

况下，作者用实验表明了该方法显著优于 Canny 算子。

Shen 等[25]将该方法应用于肋骨跟踪，三个方向计算一阶偏导数的计算公式为

$$f_x(x, y, z) = \left(a + bx^2 - cy^2 - cz^2\right)x$$

$$f_y(x, y, z) = \left(a - cx^2 + by^2 - cz^2\right)y \qquad (7\text{-}52)$$

$$f_z(x, y, z) = \left(a - cx^2 - cy^2 + bz^2\right)z$$

其中，a=0.00214212，b=0.0016668，c=0.000952378。x、y、z 为当前体素的 5×5×5 邻域内的坐标，取值范围为–2～+2。因此上述计算公式可以看做是卷积模板依赖于体素位置的边缘检测。该方法可以推广到 2D 图像，其思路是用二元三次多项式逼近 5×5 邻域内的灰度分布，再进行 X 与 Y 方向的偏导数计算。

7.4　基于区域的图像分割

基于区域的图像分割又可分成并行及串行区域技术。所谓并行区域技术指的是直接检测区域，即区域中各像素的分割没有依赖关系，最常见的就是前述的图像灰度阈值分割方法。串行区域分割方法的特点是将处理过程分解为相互依赖的顺序步骤，即后续步骤的处理要根据前面的步骤进行基于一定准则的判断，典型的串行区域分割方法是区域增长及分裂合并，在区域增长与合并的基础上又发展了基于聚类的方法。下面介绍常见的串行区域分割方法。

7.4.1　区域生长与分裂合并

区域生长（region growing）是图像处理领域最早的基于直觉的图像分割方法，较早的相关文献发表于 1976 年[26]。它是一种根据邻近像素的相似性而将它们构成分割或目标区域的方法或过程。基本方法是以一组"种子"点开始，将与种子性质相似（如灰度相似、颜色相似或纹理相似）的相邻像素合并到种子像素所在的区域中，直到再没有满足条件的像素可以被添加进来。因此区域增长有如下三要素：第一，选定一组能正确代表所需区域的种子像素；第二，确定在生长过程中能将相邻像素包含进来的生长规则；第三，确定让生长过程终止的条件。

以图 7.19 为例说明上述三要素。

种子像素的选取依赖于问题本身，常见的方法是自动或手动地选取能够代表所属类别的像素作为种子像素，比如将图像按灰度分为三类，则基于灰度的种子点应该至少包括各种类的一个种子点，分别对应于典型的亮像素、典型的中间灰度像素及典型的暗像素。为了反映典型性，可能需要多个种子点来反映亮区域、中间灰度区域及暗区域。生长准则通常是基于特征的约束，最简单的就是与种子

(a)

2	0	5	8	3
2	1	4	6	7
1	4	6	7	6
2	5	7	8	6
3	6	8	7	5

(b)

2	0	5	8	3
2	1	4	6	7
1	4	6	7	6
2	5	7	8	6
3	6	8	7	5

(c)

2	0	5	8	3
2	1	4	6	7
1	4	6	7	6
2	5	7	8	6
3	6	8	7	5

(d)

2	0	5*	8	3*
2	1	4*	6*	7
1	4*	6*	7	6
2	5*	7	8	6
3*	6*	8	7	5

图 7.19   区域生长示例

(a)原图(数字为对应于种子像素的灰度,红色及蓝色像素为对应的种子点);(b)阈值(当前像素灰度与近邻像素灰度差的大小)为1的区域生长结果;(c)阈值为3的区域生长结果;(d)阈值为5的区域生长结果,邻域为8邻域。由红/蓝色种子点按照生长规则形成的红/蓝色区域中的每个像素标记为红/蓝色;当阈值为5时,有一些像素会同时被纳入红色区域与蓝色区域,在图(d)中的这些像素以*表示,这种情况是要避免的,因为同一像素应该只属于某一类,出现这种情况是种子点选择或生长条件不合理造成的,这里是因为阈值取得过大

像素的灰度或颜色差异的度量,也可以是邻近像素与已经位于生长区域的灰度或颜色统计量之间差异的度量。由于是串行生长,每一次迭代都是考虑与已经位于生长区域内相邻(4-邻域或 8-邻域)的像素是否满足生长条件。生长的终止条件通常是图像中再没有满足生长条件的像素时停止。

基于区域的方法还可以考虑从整幅图像不断分裂成小的区域并合并相邻且相似的区域的策略,即区域分裂与合并(region splitting and merging)。实际中,可以按照区域 R_i 的某一准则($P(R_i)$=TRUE)先将图像分成任意大小且不重叠的区域,然后再合并或分裂这些区域以满足分割的要求。具体地,可首先将图像分成为四等份子区域,在每个子区域考察准则是否成立,若不成立则继续四等份地划分,该划分的过程持续进行到所有的子区域都满足指定的准则。得到了这些子区域后,检查相邻的子区域,如果它们合并后仍旧满足指定的特征则将它们合并,该过程持续进行到没有能合并的子区域。

7.4.2　聚类算法

聚类(clustering)分析是数据挖掘领域的重要方法,它也是重要的串行图像区域分割方法,常用的有 k 均值聚类方法以及模糊 C 均值(fuzzy c-mean, FCM)算法。

k 均值算法由 MacQueen 在 1967 年提出[27],是一种迭代求解的算法,其中 k 是预设的类别数。一种实现方式是:以某种方式确定 k 类的初始聚类中心,根据指定的相似性准则将每个像素分配给距离最短的聚类中心;每分配一个新的像素,k 类的聚类中心就重新计算,然后对所有像素重新聚类,这个过程不断重复直到满足某个终止条件。终止条件可以是没有(或最小数目)像素被重新分配给不同的聚类,没有(或最小数目)聚类中心发生变化。不难发现,这里的聚类可以用灰度直方图实现,即聚类是针对灰度展开的,这样可以大幅减少运算量。k 均值聚类

需要有好的初值(初始聚类中心)以及合适的 k 值。

k 均值算法是一种非此即彼的聚类算法，也有文献称其为 C 均值算法。FCM 算法则是 k 均值算法的拓展，每个数据对所有类的关系用隶属度表征。FCM 算法最早由 Dun 在 1973 年提出[28]。传统的 FCM 算法用于图像分割是针对图像灰度的，因此可以基于输入图像 $f(x, y)$ 的灰度直方图 $h(i)$ 进行(灰度为 i 的像素数目为 $h(i) \times N_x \times N_y = N_i$)。流程如下。

第一步，确定聚类数目 $c(2 \leqslant c < L-1)$，其中 L 为图像的灰度级，并初始化聚类中心 v_i ($i=0, 1, 2, \cdots, c-1$)，指定模糊指数 m (m 须大于 1，通常取 2)，设定终止迭代条件阈值 ε 和最大迭代次数，初始化迭代计数器 $n_i=0$。

第二步，根据式(7-53)计算隶属度矩阵 U，即第 k 个灰度属于类别 i 的隶属度 ($k=0, 1, \cdots, L-1$; $i=0, 1, \cdots, c-1$)。第 i 类的聚类中心的灰度记为 v_i，灰度 k 与第 i 个聚类中心的距离记为 $d_{ik}=(k-v_i)^2$，则有

$$u_{ik} = \frac{d_{ik}^{-2/(m-1)}}{\sum_{j=0}^{c-1} d_{jk}^{-2/(m-1)}} \tag{7-53}$$

从这个定义也可以看出，第 k 个灰度属于第 i 类的隶属度反比于该灰度与第 i 个聚类中心的距离，显然满足 $\sum_{i=0}^{c-1} u_{ik} = 1$。

第三步，根据式(7-54)更新聚类中心，即

$$v_i = \frac{\sum_{k=0}^{L-1} (u_{ik})^m (k \cdot N_k)}{\sum_{k=0}^{L-1} (u_{ik})^m} \tag{7-54}$$

第四步，如果 n_i 达到最大迭代次数或者前后两次聚类中心之差的绝对值小于 ε，算法结束并输出隶属度矩阵 U 和聚类中心 V，否则转向第二步且 $n_i=n_i+1$。

第五步，采用隶属度最大准则去模糊化，即将灰度 k 归属为隶属度最大的那一类中，用 C_k 表示灰度 k 所属于的类别，则有

$$C_k = \arg\max_i (u_{ik}) \tag{7-55}$$

如果除了灰度还考虑空间邻域关系或采用更一般意义上的特征来进行 FCM 聚类，则上述的公式要进行修改，这时应该针对图像 $f(x, y)$ 的每一个像素进行。设聚类基于的是特征矢量，而第 k 个像素的特征矢量记为 f_k，因此第 i 类的聚类中

心 v_i 及每个像素都要基于特征矢量来表征，则第 k 个像素与第 i 个聚类中心的距离 d_{ik} 就是两个特征矢量差的二范数，此时的 FCM 算法同样有五步，简述如下。

第一步，同上面的第一步。

第二步，根据式(7-53)计算隶属度矩阵 U，即第 k 个像素属于类别 i 的隶属度 $(k=0, 1,\cdots, N_x \times N_y-1; i=0, 1,\cdots, c-1)$。

第三步，根据式(7-56)更新聚类中心，即

$$v_i = \frac{\sum_{k=0}^{N_x \cdot N_y-1} (u_{ik})^m f_k}{\sum_{k=0}^{L-1} (u_{ik})^m} \tag{7-56}$$

第四步，如果 n_i 达到最大迭代次数或者前后两次聚类中心之差的二范数小于 ε，算法结束并输出隶属度矩阵 U 和聚类中心 V，否则转向第二步且 $n_i=n_i+1$。

第五步同上面的第五步。

FCM 算法在应用中需要面对的问题包括：聚类数目的确定、初始聚类中心的确定、距离度量的确定、像素间的空间依赖及关联。传统的 FCM 算法的距离度量基于欧几里得距离，对数据稠密的球状数据有不错的聚类效果，但是实际数据的形状和大小各异，需要选择合适的相似性度量，如基于范数、图论的距离等。聚类数目的合理确定依赖于应用，目前还没有统一的解决方案，可以采用试探并逐步优化的方法来确定类别数。像素点的空间信息可以通过引入邻域平滑对传统 FCM 算法进行改进。

7.5 分水岭分割及分割的精细化

分水岭分割是源自数学形态学的一种区域分割方法。该方法由 Vincent 与 Soille 在 1991 年提出[29]。

该方法把二维图像看做三维地形(topographic landscape)的表示，即二维的地基(对应二维图像空间)加上第三维的高度(对应图像灰度或其他特征，如灰度梯度等)，得到的是目标的边界，即分水岭或分水线。下面以第三维的高度(即计算分水岭所用的特征)是灰度梯度幅值为例，说明分水岭算法计算原理。

设待分割的二维图像为 $f(x, y)$，计算分水岭的特征图像为 $g(x, y)$。用 $M_1, M_2,\cdots, M_R$ 表示 $g(x, y)$ 中各局部极小值的像素位置，$C(M_i)$ 为与 M_i 对应的集水盆(catchment basin)区域像素。用 n 表示当前阈值(对于标量 $g(x, y)$ 实施阈值操作)，$T[n]$ 表示所有满足 $g(u, v)<n$ 的像素 (u, v) 的集合。对 M_i 所在的区域，满足如下条件的坐标集合 $C_n(M_i)$ 可看做是一幅二值图像

$$C_n(M_i) = C(M_i) \bigcap T(n) \tag{7-57}$$

增加阈值 n 时，同时属于多个 $C_n(M_i)$ 的像素即为分水点。图 7.20 显示了这个过程。

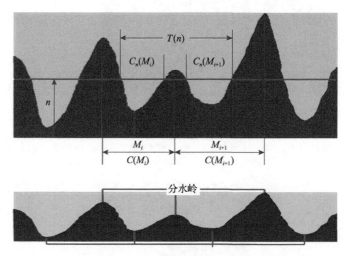

图 7.20　分水岭的求取过程示例

上图表示分水岭像素的求取过程（相邻的从极小值起始的集水盆发生合并的像素对应于分水岭点），下图表示最终获取的三个分水岭点，对应于在 $g(x,y)$ 上从极小值启动的单调上升区域的极大值点

　　图 7.20 有四个 (x, y) 的极小值点，通过分水岭分割得到 4 个分割区域，每个区域又称为集水盆区域。由上述计算集水盆区域的过程可知，构造分水岭的过程完全取决于局部最小值点及其邻近的局部最大值，即每个集水盆均对应于局部最小值与其紧邻的局部最大值对应的区域，由于不同的局部最大值的取值可以相互独立且有大小变化，因此这种方法从本质上不同于对梯度幅值 $g(x,y)$ 取阈值，能够保证分水岭是封闭的。这种分割方法的核心问题是过分割，即分割的区域过多，亦即图像中产生了过多的局部最小值，每一个局部最小值都会有一个封闭的分水线对应。图 7.21 显示了 Lena 图像的过分割问题。

　　因此，为减少过分割就需要减少局部最小值的数量。方法之一是对原始图像进行平滑。图 7.22 显示了高斯平滑后的 Lena 图像的分水岭分割结果，比起未平滑的原始图像，平滑后的过分割问题得以缓解。

　　有效地克服分水岭分割方法的过分割的手段是引入图像标记（marker）。标记是图像中连通成分，与前景或分割对象相连的是内部标记，而与背景相连的是外部标记。标记的计算依赖于应用，而下面介绍的数学形态学方法则是一种常见的将图像中的极小值及与极小值相差很小的邻近像素构建为标记的方法，即基于腐蚀重建求局部极小值区域。设原始图像记为 $f(x, y)$，引入图像 $t(x, y) = f(x, y) + h$（逐个像素的灰度都加 h），其中 h 为一个小的常数（比如后面例子中取 2），内部标记

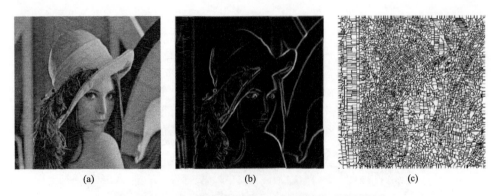

(a)   (b)   (c)

图 7.21　Lena 图像直接采用分水岭分割的过分割严重

(a) Lena 图像；(b) Sobel 算子得到的灰度梯度幅值；(c) 以梯度幅值为特征图像的分水岭分割，封闭的黑色线为所有的分水岭点连接得到，它们都是封闭的，过分割非常严重

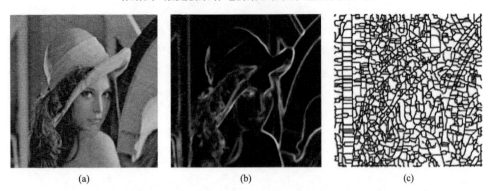

(a)   (b)   (c)

图 7.22　平滑后的 Lena 图像的分水岭分割的过分割虽然缓解但依旧严重

(a) 高斯滤波 (标准差为 5) 后的 Lena 图像；(b) Sobel 算子计算得到的灰度梯度幅值；(c) 以梯度幅值为特征的分水岭分割

记为 $f_m(x, y)$，其计算步骤如下：

步骤 1，计算测地腐蚀 (geodesic erosion)[30]，$E_f^{(n)}(t) = E_f^{(1)}\left[E_f^{(n-1)}(t)\right]$，$E_f^{(1)}(t) = (t \ominus B) \vee f$，$E_f^{(0)}(t) = t$，$\vee$ 为点方式最大算子，$\ominus$ 为腐蚀运算算子。并据此计算腐蚀重建：$R_f^E(t) = E_f^{(n)}(t)$，且 $E_f^{(n+1)}(t) = E_f^{(n)}(t)$。

步骤 2，计算标记图像 $f_m(x, y) = R_f^E(t) - f(x, y)$ 不为 0 的像素。

需要说明的是，基于腐蚀重建可以找到图像中的暗区域作为标记；采用类似的膨胀重建则可以找到图像中的亮区域作为标记 ($t(x, y) = f(x, y) - h$；$R_f^D(t)$ 对应于 $t(x, y)$ 不断对结构元膨胀后结果又不能大于 $f(x, y)$ 直至稳定，$f_m(x, y) = f(x, y) - R_f^D(t)$ 不为 0 的像素)。

下面给出通过生成合适的标记进行分割的例子。

　　针对图 7.23 (a) 所示的原始图像, 分割目标是将图中的黑色区域分割出来。这里黑色区域的灰度不均匀, 大小也有差异, 利用灰度阈值是难以获取的, 分水岭方法是首选的方法。带标记的分水岭分割方法是对无标记点的分水岭分割方法的拓展, 与局部最小值对应的集水盆则由内部标记对应的集水盆取代, 分水岭上的点同样也是基于两个相邻的集水盆要合并的点, 外部标记则限定分水岭上的点不能超越外部标记。分割的步骤包括:

　　第一步, 计算特征图像, 这里用梯度幅值 $g(x, y)$, 可以采用 Sobel 算子获得 (图 7.23 (b))。

　　第二步, 基于腐蚀重建提取内部标记 $f_\mathrm{m}(x, y)$, 其中 $t(x, y) = f(x, y) + h$, $R_f^E(t) = E_f^{(n)}(t)$, $f_\mathrm{m}(x, y) = R_f^E(t) - f(x, y)$ 不为 0 的像素为内部标记像素 (图 7.23 (c) 的红色像素), 结构元为元素全为 1 的 3×3 对称结构元。

　　第三步, 计算背景像素对内部标记图像的距离图, 以内部标记像素为前景, 其余像素为背景, 以 p 表示任意的背景像素, q 表示任意的前景像素, 则任意背

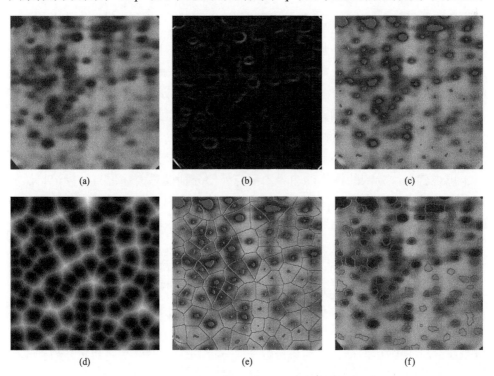

(a)　　　　　　　　(b)　　　　　　　　(c)

(d)　　　　　　　　(e)　　　　　　　　(f)

图 7.23　基于标记的分水岭分割能有效地解决过分割示例

基于内外标记的分水岭分割: (a) 原始图像; (b) Sobel 算子计算的梯度幅值图; (c) 基于腐蚀重建的内标记(h=2); (d) 对内标记的距离变换图; (e) 以内部标记为标记对距离图实施分水岭分割; (f) 以图 (e) 的内标记为内标记、红色封闭线为外部标记, 基于灰度梯度幅值图 (b) 进行分水岭分割得到的结果

景像素 p 对内部标记图像的距离图记为 $D(p)$，计算公式为 $D(p) = \min(d(p,q),$ $p \in$ 背景，$q \in$ 前景）。前景像素的距离定义为 0。两点间的距离 $d(p, q)$ 采用欧几里得距离计算。图 7.23(d)为计算的距离图。

第四步，以内部标记 f_m 为标记对距离图 D 进行分水岭分割（图 7.23(e)），并提取分水线作为外部标记 $b_m(x, y)$（图 7.23(e)的红色线段）。

第五步，以梯度图像幅值为特征图像，基于内外部标记 $f_m(x, y)$ 与 $b_m(x, y)$ 进行分水岭分割得到分割结果（图 7.23(f)），即红色封闭曲线围成的各个区域。

对于特征图像为图像的灰度梯度幅值的情形，分水岭分割出来的感兴趣区的边界对应于边缘，因此具有很好的边缘定位性能。这一特点可以被用来对那些初始分割定位不够好的情形进行定位的精细化，亦即用于图像分割的细化。下面结合 X 射线手腕骨分割的细化进行阐述。通过基于区域分割与边缘分割的融合以及基于知识的先验模型得到了腕骨的初始分割[31]，见图 7.24(b)。这里的初始分割是基于边缘和区域特性的融合，能取得一定的精度（Dice 为 0.924，Dice 系数用于测量分割结果和金标准体素之间的匹配度：$\text{Dice} = \dfrac{2 \times \text{TP}}{\text{FP} + 2 \times \text{TP} + \text{FN}}$，其中 TP、TN、FP 和 FN 分别为真阳性、真阴性、假阳性和假阴性体素数目）且初始分割的拓扑结构正确（没有出现孔洞），但是该图像的腕骨区域的灰度分布不均匀、边界模糊且边缘强度呈现较大的变化，导致初始分割的边界定位具有改善的空间。这种初始分割结果（拓扑正确，边界定位欠佳）很普遍，利用分水岭分割优良的边界定位功能，有望改善分割性能。

具体而言，分水岭分割对初始分割的改善是通过改善边界的定位而实现的，基本思想就是待分割的物体的边界内侧与外侧分别设置内标记与外标记，然后通过分水岭方法确定内外标记之间的梯度幅值最大而实现边界定位的细化，因此分水岭分割实现初始分割的细化的关键是确定分水岭分割的内外标记，步骤如下：

第一步，确定内标记 f_m。这时我们要确保内标记位于物体的内部且拓扑结构与初始分割一致。最简单的方式就是对初始分割的前景进行形态学腐蚀，结构元的大小选定很关键以确保腐蚀后的前景位于物体的内部（针对初始分割可能含有过分割而导致初始分割含有物体之外的像素，腐蚀的主要功能就是要去除这些过分割像素）且腐蚀后的拓扑结构与初始分割一样。图 7.24(c)是对初始分割以 3×3 全为 1 的结构元进行腐蚀后得到的内标记图像。

第二步，确定外标记。这对应于上述分水岭分割步骤的第三步与第四步，即计算 f_m 背景像素对内部标记图像的距离图 D（图 7.24(d)），以内部标记 f_m 为标记对距离图 D 进行分水岭分割（图 7.24(e)），并提取分水线作为外部标记 $b_m(x, y)$

（图 7.24（e）的灰色线段）。

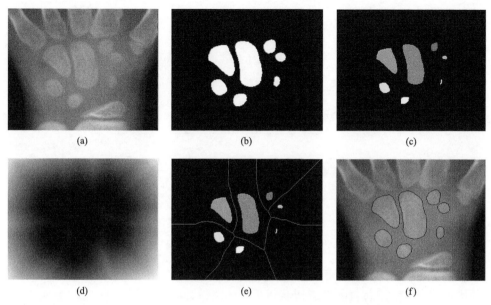

图 7.24　设计合适的标记能让分水岭分割实现分割的细化示例[31]

分水岭分割方法强化初始分割的边缘定位而提高分割精度：（a）原始图像；（b）七个腕骨的初始分割；（c）对初始分割进行腐蚀以得到内标记图像；（d）以内标记为前景计算背景像素对前景像素的距离；（e）以距离图为特征图像，图（c）的内标记作为内标记的分水岭变换得到分水线（图中的折线段）；（f）以图（e）的内标记为内标记及折线段为外标记，以原始图像的梯度幅值为特征图像进行分水岭分割即得到细化后的腕骨

第三步，以梯度图像幅值为特征图像，基于内外部标记 $f_m(x, y)$ 与 $b_m(x, y)$ 进行分水岭分割得到分割结果（图 7.24（f）），即黑色封闭曲线围成的各个区域。

比较初始分割（图 7.24（b））与细化后得到的分割（图 7.24（f）），可以看出主要是边界定位精度提高了。由于该类物体较小，边界定位精度的提高会较大幅度地提高分割的准确性，具体到这个例子，经过分水岭分割细化后分割的 Dice 系数提高到 0.974。

Open CV 有实现无标记及有标记的分水岭分割算法。另外，标记也可基于其他方法产生，如感兴趣区内部的梯度很小，而梯度幅值较大则可能不对应于有物理意义的集水盆。基于这个思想，文献[32]提出了基于梯度阈值的标记生成，大于某梯度阈值的梯度局部最小值将不再拥有集水盆，以此消除过分割，如图 7.25 所示。分水岭分割方法尤其适用于分割图像中的亮区域、暗区域，以及多个粒子的计数等（如显微图像中细胞的计数）。

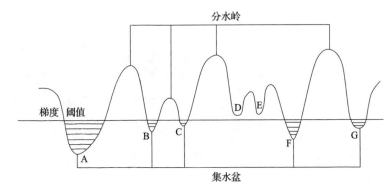

图 7.25 对梯度局部最小值设定阈值以减少分水岭分割的过分割示例[32]

去除大于阈值的梯度局部最小值对应的集水盆，以此减少过分割，图中的 D、E 两处梯度局部最小值被去除

7.6 区域分割及边缘分割的融合

基于区域的分割、基于边缘的分割各有其优缺点，本节的内容就是想将二者的优点结合来克服各自的缺点以获得更好的图像分割结果。

区域分割的优点是能保证区域的边界是封闭的，较好地反映各类别的区域特征；其缺点是边界定位性能差及边界可能不准确，问题根源在于区域特性难以兼顾边界的特性；当相邻区域的灰度交叠或相似时，容易产生欠分割与过分割。边缘分割的优点是能获得很高的边界定位精度，较好地反映各类别的边界特征；其缺点是容易产生过多的边缘（如噪声的影响）、过少的边缘（如弱边缘位置经过阈值化被去除了）、不闭合的边缘（如区域边界呈现边缘强度的较大变化）。优化地融合区域分割与边缘分割，则有望实现优势互补，精确地定位边界并减少欠分割与过分割。

边缘分割方法与区域分割方法的融合主要有两种形式。第一种形式是嵌入式方式，即在区域分割方法中加入边缘分割的要素进行限定，如边缘信息用于帮助找到合适的种子点、边缘信息用于限定区域增长的过程。第二种形式是后处理方式，分别得到边缘分割及区域分割的结果，再对这两个分割结果进行后处理融合。下面将详细介绍第二种融合形式。

假设已分别得到原始图像 $f(x, y)$ 的区域分割结果 $r(x, y)$（前景像素为 1，背景像素为 0）与边缘分割结果 $e(x, y)$（边缘像素为 1，非边缘像素为 0），文献[31]提出了一种异或融合策略，下面具体介绍该工作。

将融合后的二值图像记为 $\text{fuse}(x, y)$，一种被证实有效的融合方式是异或融合，即

$$\text{fuse}(x, y) = r(x, y) \times (1 - e(x, y)) + (1 - r(x, y)) \times e(x, y) \tag{7-58}$$

实施细节：采用适合问题的区域及边缘分割方法得到 $r(x, y)$ 与 $e(x, y)$，可以是基于传统的方法（自适应局部灰度阈值的区域分割方法、自适应 Canny 边缘检测的边缘分割方法），也可以是基于深度学习分别得到 $r(x, y)$ 与 $e(x, y)$；按照式 (7-58) 得到 $\text{fuse}(x, y)$，用数学形态学的开操作断开过分割导致的前景与背景的弱连接，连通区域填充消除前景内部的孔洞以消除杂乱无章的噪声边缘。针对手腕骨 X 射线图像的腕骨分割，该方法显示了很好的分割能力。腕骨对于低龄儿童的骨龄识别具有重要意义，但是腕骨分割具有挑战性，包括：腕骨出现数量依赖于年龄，总共有 8 块腕骨，3 个月后开始出现头状骨与钩骨；其他腕骨出现的顺序为，下桡骨（约 1 岁）、三角骨（2～2.5 岁）、月骨（3 岁左右）、大多骨与小多骨（3.5～5 岁）、舟骨（5～6 岁）、下尺骨骺（6～7 岁）、豆状骨（9～10 岁）；实际分割时，并不知道个体的年龄，这样导致腕骨出现数量的不确定性及相应的位置不确定性；另外，为了减少 X 射线的损害而降低 X 射线剂量，导致腕骨的对比度不高且呈现较大的噪声，腕骨及周围软组织的密度不均匀。图 7.26(a) 显示了一幅典型的手腕骨 X 射线图像，有上述的灰度不均、较大噪声以及边缘模糊的问题。图 7.26(b) 显示了基于自适应局部灰度阈值确定的二值化图像，可以看出，灰度阈值不能获得理想的腕骨，有欠分割且在最左边的三角骨（图 7.26(d) 箭头）出现较严重的过分割。图 7.26(c) 给出了自适应 Canny 边缘算子计算得到的边缘图，可以看到，在各腕骨内部以及外部由于噪声以及灰度不均匀出现了杂乱无章的边缘，由于腕骨边界模糊导致检测到的与腕骨边界对应的边缘不闭合，但这些边界附近的边缘非常接近腕骨的实际边界。通过异或融合（图 7.26(d)）得到了比较精确的腕骨区域（图 7.26(e)）。

下面借助图 7.26，对该算法如何解决区域分割的欠分割、过分割、边界定位不精确以及边缘分割的不闭合和杂乱无章的边缘问题进行说明。在图 7.26(b) 中，欠分割和过分割分别用浅蓝和红色矩形框标出；欠分割对应于有一部分前景被误分为背景，该误分前景的边界正好被边缘分割的边缘填上（通过异或处理由背景变成了前景，见图 7.26(d) 的浅蓝色箭头）；过分割对应于与前景相邻的部分背景被误分为前景，误分背景与正确前景的边界正好被边缘分割的边缘断开（通过异或处理由前景变成了背景，见图 7.26(d) 的红色箭头）。在图 7.26(c) 中，较严重的腕骨边界不闭合处用黄色矩形框标出，该处缺失的边缘由区域分割的前景像素补充（异或处理后为前景，见图 7.26(d) 的黄色箭头）；边缘分割中产生的杂乱无章的边缘，当其位于腕骨的内部时，通过异或处理变为了腕骨内部的孔洞（图 7.26(d) 的橙色箭头），在后续的区域填充过程中将被还原成前景。

该融合方法经过了实际数据的验证，以下数据可以作为区域分割、边缘分割、融合分割的性能的参考指标。选取了 30 幅代表性（体现不同的腕骨数量以及图像质量）图像，共计 135 个腕骨，用常见的 Dice 系数进行度量。自适应边缘提取方

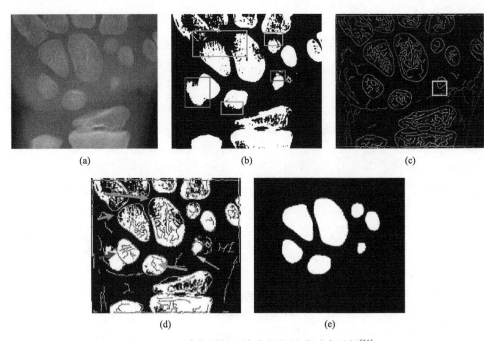

(a)   (b)   (c)

(d)   (e)

图 7.26　区域分割与边缘分割的异或融合示例[31]

手腕骨 X 射线图像及其阈值分割与边缘提取和融合：(a)原始图像；(b) 自适应局部灰度阈值二值化；(c) 自适应 Canny 边缘检测得到的边缘（参数的确定见本章 7.3.3 节）；(d)区域分割与边缘分割的异或融合，通过边缘融合断开了与近邻灰度相似部组织的过分割且添加了灰度较低部分腕骨的边界线，腕骨内的杂乱边界将通过后续的区域填充去除；(e)区域填充+模型驱动的腕骨识别，获得 7 个腕骨的分割区域

法，其中有 10 幅图像的边缘有未封闭的腕骨边界，121 个腕骨有封闭的边界，通过手工去除这些有封闭边界的边缘和填充，得到这些腕骨的 Dice=0.979±0.004。自适应灰度阈值分割方面，23 幅图像有严重过分割，97 个腕骨无过分割，无过分割的腕骨的 Dice=0.918±0.034。这两种分割方法通过异或融合后，所有的腕骨都能准确分割，Dice=0.933±0.034。对融合后的图像进行带标记的分水岭分割细化边缘，Dice 系数提升到 0.976±0.006。从这些结果，可以进行如下推断：第一，边缘检测的边界定位要远远优于基于区域的方法(这点从具有封闭边界的腕骨的边缘分割的 Dice 系数 0.979±0.004 高于区域分割可推断)；第二，边缘分割难以直接作为图像分割的方法，因为它有大量不封闭的边界(这里高达 35 幅中的 10 幅，135 个腕骨中的 24 个腕骨)以及很多杂乱无章的边缘(图 7.26(c))；第三，区域分割与边缘分割通过异或融合后，尽管更多或全部的腕骨能被分割，但是腕骨的边界定位要弱于单纯的基于边缘的边界定位，这意味着一方面在边界不封闭的地方的边界将由定位性能较差的区域分割决定，另一方面当边缘分割的边缘与区域分割通过融合来确定腕骨的边界时，融合的边界是二者的折中，因此融合后的边界定位要强于基于区域的分割但要弱于那些成功地表征腕骨边界的边缘(这点从融合后

的 Dice 为 0.933±0.034，低于有封闭边界的边缘分割 Dice=0.979±0.004，可以推断）；第四，融合后的分割经过分水岭分割细化后达到了理想的边缘分割的精度，说明分水岭分割方法是一种能够确保边缘闭合且精度近乎为上限的分割方法。

图像分割一直是图像处理的热点及难点，新的方法不断涌现。如何更好地融合不同方法的优势是有趣的研究方向。对于基于区域分割及边缘分割方法的融合，后续可以考虑更优的基于区域分割方法、边缘分割方法，如各自都采用最主流先进的深度学习方法，然后进行融合；融合策略方面，除了这里介绍的异或，也许还有其他方式。

总结和复习思考

小结

7.1 节介绍了数字图像分割的历史。图像分割一直是图像处理领域的热点及难点，从 20 世纪 70 年代就不断地有灰度阈值计算、基于区域及边缘的分割方法的提出和改进，分水岭分割方法也在 1991 年被提出，这些共同构成了传统图像分割方法，其中比较成熟的是传统灰度阈值计算方法与先验知识融合后的计算框架；21 世纪初开始的图像分割方法则更多地基于目标函数的优化，以主动轮廓模型、图切割、条件随机场为代表的图像分割的现代方法（在第 8 章中讲述）以及基于深度学习的图像分割。

7.2 节系统地介绍了各种灰度阈值计算方法。总体灰度阈值方面，包括传统的灰度阈值计算方法：基于最大类间方差的大津算法、最小分类误差的阈值计算方法、最大熵及最大模糊熵的阈值计算方法、过渡区域估计的阈值计算方法，以及结合先验知识与传统灰度阈值的有监督灰度阈值计算框架。希望读者理解先验知识及监督在阈值计算中的不可替代性及优越性：利用相关的知识（如前景在图像中的比例范围）获得期望的前景，通过排除不相关的灰度范围或不具有模糊性的灰度范围而仅仅专注于具有模糊性的灰度范围提高阈值的鲁棒性以及处理退化或复杂图像的能力。局部灰度阈值计算方面，介绍了基于固定窗口大小的计算方法，指出了改变局部窗口大小的必要性并给出了一种解决方案，但局部灰度阈值计算还是一个需要探索的领域。

7.3 节介绍了图像的边缘计算方法，包括基于一阶偏导数的方法，典型的算子是 Sobel、Canny 边缘检测，以及基于多项式逼近的方法；基于二阶偏导数的方法，主要是 LoG 算法。期望读者了解，边缘计算是一种微分操作，需要先进行平滑以降低噪声的影响；Canny 边缘算子是第一个将信噪比、定位精度及单边缘响应融合在目标函数中的优化方法。所有的边缘计算方法都不能保证边缘的闭合性、单边缘及杂乱无章的边缘。

7.4 节介绍了基于区域的图像分割,即早期的区域增长与分裂合并、聚类算法。虽然阈值分割方法本质上属于区域的范畴,但在传统图像分割方法中,二者是加以区分的。可以把本节的内容看做是狭义的区域分割方法,关注增长/分裂/合并的准则及终止条件。

7.5 节介绍了分水岭分割方法,包括基本算法(集水盆区域的获取)、标记的获取(位于前景内部的内标记、背景内部的外标记)、带标记的分水岭分割(只有内标记才有集水盆,外标记则限定分水岭的范围)以及对初始分割的细化(以灰度梯度幅值为特征图像然后实施对初始分割的边界的细化)。

7.6 节是本章的特色内容,介绍了区域分割及边缘分割的融合,这里的区域分割是广义的概念,即分割得到的是区域的所有方法(包括灰度阈值分割方法、狭义的区域分割方法、后面要涉及的图像分割的现代方法中的除主动轮廓模型的其他方法,以及深度学习的语义分割方法)。用实例展示了二者的融合能较好地解决区域分割的典型问题(过分割、欠分割、边界定位欠精确)以及边缘分割的典型问题(边缘不闭合、大量与目标物分割不相关的边缘)。

复习思考题

7.1 灰度阈值分割的基本假设是什么?

7.2 怎样获取感兴趣目标物的灰度阈值计算的先验知识?

7.3 (1)阅读 Otsu 算法及基于感兴趣区内的背景范围先验知识文章,实现二类的 Otsu 算法:RC_Otsu 算法,并对 MRA 图像实施相应的二值化并讨论优劣(分割出亮的区域,即血管,下图为原图及分割金标准用于评估分割的性能)。

(2)对 MRA 图像实施基于区域及边缘的分割,然后进行分割的融合。解释性能改变的原因。分割的性能还能进一步改善吗? 考虑并实现一种进一步改进的方式。

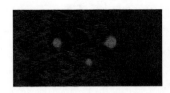 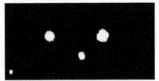

7.4 基于模糊熵最大化的灰度阈值计算中的参数 p 与 q 的物理意义是什么?

7.5 描述利用网格估计前景/背景的比例范围的过程及注意点。

7.6 交互方式确定前景/背景的灰度范围的指导原则有哪些以减少阈值的不确定性?

7.7 局部灰度阈值计算的难点有哪些?

7.8 图像边缘与物体边界的关系是什么？

7.9 为什么边缘检测算法无法保证边缘的闭合与单边缘，并产生杂乱无章的边缘？

7.10 分水岭分割的过分割是怎么造成的？分水岭分割会出现欠分割吗？

7.11 阐述区域分割的优势及缺点。

7.12 阐述边缘分割的优势及缺点。

7.13 试述区域分割与边缘分割的异或融合是如何解决过分割及欠分割的。

7.14 试述分水岭分割实现对初始分割的细化的步骤。

参 考 文 献

[1] Otsu N. A thresholding selection method from gray-level histogram. IEEE Transactions on System, Man, and Cybernetics, 1979, 9(1): 62-66.

[2] Ohlander R, Price K, Reddy D R. Picture segmentation using a recursive region splitting method. Computer Graphics and Image Processing, 1978, 8: 313-333.

[3] Canny J. A computational approach to edge detection. IEEE Transactions on Pattern Analysis and Machine Intelligence, 1986, 8(6): 679-698.

[4] Pun T. Entropic thresholding: A new approach. Computer Vision, Graphics, and Image Processing, 1981, 16: 210-239.

[5] Kittler J, Illingworth J. Minimum error thresholding. Pattern Recognition, 1986, 19(1): 41-47.

[6] Kass M, Witkin A, Terzopoulos D. Snakes: Active contour model. International Journal of Computer Vision, 1988: 321-331.

[7] Vese L A, Chan T F. A multiphase level set framework for image segmentation using Mumford and Shah model. International Journal of Computer Vision, 2002, 50: 271-293.

[8] Freedman D, Zhang T. Interactive graph cut based segmentation with shape priors//Proceedings of the 2005 IEEE Computer Society Conference on Computer Vision and Pattern Recognition. California: IEEE, 2005: 755-762.

[9] Hu Q M, Hou Z J, Nowinski W L. Supervised range-constrained thresholding. IEEE Transactions on Image Processing, 2006, 15(1): 228-240.

[10] Long J, Shelhamer E, Darrell T. Fully convolutional networks for semantic segmentation// Proceedings of the IEEE Conference on Computer Vision and Pattern Recognition. Massachusets: IEEE, 2015: 3431-3440.

[11] Hou Z J, Hu Q M, Nowinski W L. On minimum variance thresholding. Pattern Recognition Letters, 2006, 27: 1732-1743.

[12] Zadeh L A. Fuzzy sets. Information and Control, 1965, 8(3): 338-353.

[13] Zadeh L A. A fuzzy-set-theoretic interpretation of linguistic hedges. Journal of Cyberetics, 1972, 2(3): 4-34.

[14] Tobias O J, Seara R. Image segmentation by histogram thresholding using fuzzy sets. IEEE Transactions on Image Processing, 2002, 11(10): 1457-1465.

[15] Yan C, Sang N, Zhang T. Local entropy-based transition region extraction and thresholding. Pattern Recognition Letters, 2003, 24: 2935-2941.

[16] Hu Q M, Luo S H, Qiao Y, et al. Supervised greyscale thresholding based on transition regions. Image and Vision Computing, 2008, 26: 1677-1684.

[17] Niblack W. An Introduction to Digital Image Processing. New Jersey: Prentice-Hall, 1986.

[18] Viola P, Jones M. Rapid object detection using a boosted cascade of simple features// Proceedings of the IEEE Conference on Computer Vision and Pattern Recognition. Hawaii: IEEE, 2001, I: 511-518.

[19] Sauvola J, Pietikainen M. Adaptive document binarization. Pattern Recognition, 2000, 33: 225-236.

[20] Zhang Y X, Chen M Y, Hu Q M, et al. Detection and quantification of intracerebral and intraventricular hemorrhage from computed tomography images with adaptive thresholding and case-based reasoning. International Journal of Computer Assisted Radiology and Surgery, 2013, 8: 917-927.

[21] 章毓晋. 图像处理和分析教程. 北京: 人民邮电出版社, 2009.

[22] Canny J. A computational approach to edge detection. IEEE Transactions on Pattern Analysis and Machine Intelligence, 1986, 8(6): 679-698.

[23] Saheba S M, Upadhyaya T K, Sharma R K. Lunar surface crater topology generation using adaptive edge detection algorithm. IET Image Processing, 2016, 10(9): 657-661.

[24] Brejl M, Sonka M. Directional 3D edge detection in anisotropic data: detector design and performance assessment. Computer Vision and Image Understanding, 2000, 77(2): 84-110.

[25] Shen H, Liang L C, Shao M, et al. Tracing based segmentation for the labeling of individual rib structures in chest CT volume data//Proceedings of the 7th International Conference on Medical Image Computing and Computer-Assisted Intervention, Saint-Malo: Springer, 2004: 967-974.

[26] Zucker S W. Region growing: childhood and adolescence. Computer Graphics and Image Processing, 1976, 5(3): 382-399.

[27] MacQueen J. Some methods for classification and analysis of multivariate observations// Proceedings of the Fifth Berkeley Symposium on Mathematical Statistics and Probability, Berkeley: The Regents of the University of California, 1967, 1: 281-297.

[28] Dun J C. A fuzzy relative of the ISODATA process and its use in detecting compact well-separated clusters. Journal of Cybernetics, 1973, 3(3): 32-57.

[29] Vincent L, Soille P. Watersheds in digital space: an efficient algorithm based on immersion simulations. IEEE Transactions on Pattern Analysis and Machine Intelligence, 1991, 13(6):

583-598.

[30] Sollie P. Morphological Image Analysis: Principles and Applications. Berlin: Springer, 1999.

[31] Su L Y L, Fu X J, Zhang X D, et al. Delineation of carpal bones from hand X-ray images through prior model, and integration of region-based and boundary based segmentations. IEEE Access, 2018, 6: 19993-20008.

[32] Zhang X D, Jia F C, Luo S H, et al. A marker-based watershed method for X-ray image segmentation. Computer Methods and Programs in Biomedicine, 2014, 113: 894-903.

第8章　数字图像分割的现代方法

数字图像分割一直是数字图像处理及计算机视觉的热点及难点，各种方法不断地被提出以提高分割质量。本章介绍的现代方法比起第7章的方法要复杂一些，从时间节点上是深度学习或机器学习方法广为研究以前的热点方法，主要是基于目标函数或代价函数优化的方法，包括：最大后验概率分割方法、基于马尔可夫随机场(Markov random field, MRF)的最大后验概率分割方法、基于主动轮廓模型(active contour model, ACM)的分割方法(参数 ACM)、基于水平集(level set)的分割方法(几何 ACM)、基于图切割(graph cut)的分割方法，以及基于条件随机场(conditional random field, CRF)的分割方法。

8.1　最大后验概率分割

后验概率理论框架源自英国数学家贝叶斯(1701~1761 年, Thomas Bayes)[1]。该方法把图像看做随机变量，将图像分割问题看做分类问题。假设图像 $f(x, y)$ 的所有 $N = N_x \times N_y$ 个像素被分类成 L 类，对于像素 s ($s = 1, 2, \cdots, N$)，其特征矢量(最简单的情况就是像素的灰度标量)记为 v_s，特征矢量在第 k 类($k = 1, 2, \cdots, L$)的类概率密度分布记为 $p_k(v|\theta_k)$，θ_k 为类别 k 的参数(如均值、标准差或协方差)，a_k 为第 k 类在图像中占有的比例 $\left(\sum\limits_{k=1}^{L} a_k = 1, a_k \geqslant 0 \right)$。则像素 s 处特征 v_s($s = 1, 2, \cdots, N$)的概率密度混合模型为

$$\sum_{k=1}^{L} a_k p_k \left(v_s \mid \theta_k \right) \tag{8-1}$$

下面重点阐述类概率密度为高斯分布的情况。假设第 k 类的类概率密度的均值矢量及协方差矩阵分别记为 μ_k 与 σ_k，每类的特征矢量都满足高斯分布，则参数集合记为

$$\Theta = \left(\mu_1, \sigma_1, a_1, \cdots, \mu_L, \sigma_L, a_L \right) \tag{8-2}$$

则特征矢量 v 的 L 类的高斯混合模型(Gaussian mixture model, GMM)为

$$p(v|\Theta) = \sum_{k=1}^{L} a_k p_k(v|\theta_k), \quad \sum_{k=1}^{L} a_k = 1 \tag{8-3}$$

$$p_k(v|\theta_k) = \frac{1}{(2\pi)^{d/2} \det(\sigma_k)^{1/2}} \exp\left(-\frac{1}{2}(v-\mu_k)^{\mathrm{T}}\sigma_k^{-1}(v-\mu_k)\right) \tag{8-4}$$

其中，d 为特征矢量 v 的维数；det 表示方阵的行列式；θ_k 表示第 k 类的参数 (μ_k, σ_k)。

基于给定的图像 $f(x, y)$，可计算像素 s 的特征矢量 v_s 属于第 k 类的后验概率，即

$$P(k|v_s, \theta_k) = \frac{a_k p_k(v_s|\theta_k)}{\sum_{l=1}^{L} a_l p_l(v_s|\theta_l)} \tag{8-5}$$

式(8-5)不依赖于类概率的分布形式。对于类概率密度为高斯分布的情况，各参数可基于最大期望(EM)算法进行估计。它是对式(8-3)取对数后的极大似然估计，参数的极大似然函数为

$$\ln C(\Theta^{t+1}) = \sum_{s=1}^{N} \ln\left[\sum_{k=1}^{L} a_k^t p_k(v_s|\theta_k)\right] \tag{8-6}$$

EM 算法是一种迭代算法，与其他迭代算法类似，包括如下步骤：

第一步，给定初始参数 $\Theta^0 = (\mu_1^0, \sigma_1^0, a_1^0, \cdots, \mu_L^0, \sigma_L^0, a_L^0)$，其中上标 0 表示是第 0 次迭代。

第二步，即 $t+1$ 次迭代的 E 步骤和 M 步骤，E 步骤是由前一次的参数 Θ^t 确定每个像素为各类的概率，利用式(8-7)完成所有像素的后验概率迭代(求对数似然函数的条件期望)

$$P(k|v_s, \theta_k^{t+1}) = \frac{a_k^t p_k(v_s|\theta_k^t)}{\sum_{l=1}^{L} a_l^t p_l(v_s|\theta_l^t)} \tag{8-7}$$

对所有的 k 与 s 完成迭代，即 $k=1, 2, \cdots, L$，$s=1, 2, \cdots, N$。

M 步骤是基于类别信息 $P(k|v_s, \theta_k^{t+1})$ 与前一次迭代结果，对参数进行迭代(对未知参数求最大似然估计，即对 μ 和 σ 的一阶偏导为0)，即

$$a_k^{t+1} = \frac{1}{N}\sum_{s=1}^{N}P\left(k\,|\,v_s,\sigma_k^t\right), \quad \mu_k^{t+1} = \frac{\sum\limits_{s=1}^{N}v_s P\left(k\,|\,v_s,\theta_k^t\right)}{\sum\limits_{s=1}^{N}P\left(k\,|\,v_s,\theta_k^t\right)}, \quad \sigma_k^{t+1}$$

$$= \frac{\sum\limits_{s=1}^{N}P\left(k\,|\,v_s,\theta_k^t\right)\left\{\left(v_s - \mu_k^t\right)\left(v_s - \mu_k^t\right)^{\mathrm{T}}\right\}}{\sum\limits_{s=1}^{N}P\left(k\,|\,v_s,\theta_k^t\right)}$$

(8-8)

其中，T 表示矩阵转置，迭代针对所有的类别进行，即 $k=1, 2, \cdots, L$。

第三步，重复第二步，直到终止条件满足。终止条件可以是迭代次数的限制，或者是基于收敛条件。收敛条件可以是类均值向量趋于稳定，即

$$\sum_{k=1}^{L}\left\|\mu_k^{t+1} - \mu_k^t\right\| < \delta$$

(8-9)

其中，δ 为给定的常数。

在迭代 t 次终止后，每个像素的类别可基于最大后验概率来实现。具体而言，像素 s 的类别由以下后验概率最大值对应的 k^* 确定

$$k^* = \max_{k} \mathrm{P}\left(k|v_s,\theta_k^{t+1}\right)$$

(8-10)

需要指出的是，这里的方法与 7.2 节基于分类误差的灰度阈值具有很强的相关性，在那里也需要估计类概率密度及类比例参数，不同的是那里基于最小分类误差估计灰度阈值，而这里基于最大后验概率进行分类。另外，最大后验概率是一个非常通用的工具，本身不需要假定类概率密度是高斯分布，在早期的模式识别及图像分割中有大量的应用[2]，示例如图 8.1 所示。

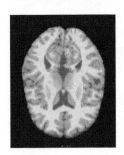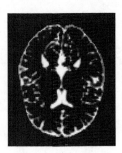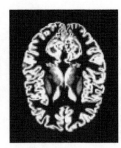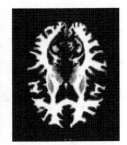

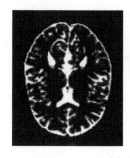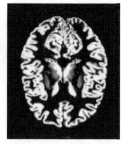

图 8.1　最大后验概率分割示例[1]

含噪声的磁共振体膜图像及脑脊液、灰质和白质金标准(第一排，从左到右)；基于高斯混合模型的 EM 估计得到的脑脊液、灰质和白质

8.2　马尔可夫随机场最大后验概率分割

马尔可夫随机场(MRF)是建立在马尔可夫模型和贝叶斯理论基础上的，基于俄罗斯数学家马尔可夫(Andrey Andreyevish Markov, 1856～1922)在 1907 年提出的马尔可夫链的基础上发展而来。具体应用到图像分割，指的是图像的标记场具有马尔可夫性，亦即当前像素的类别只依赖于其邻域内像素的类别，对图像像素的标记场进行统计建模，就是要求出具有最大后验概率的分割。这里采用与 8.1 节一样的符号。从本节的描述可以看到，本节对 8.1 节内容进行了拓展，增加了标记场在图像邻域内的相互作用。

下面描述随机场的马尔可夫性。设 $K = \{k_1, k_2, \cdots, k_N\}$ 为定义在图像各像素上的类别，且每个 k_i 取值标记集 L 并记做 k_i，K 称作随机场。对于任意像素位置 $s \in S$（S 为像素位置的集合），其邻域系统记为 N_s。当且仅当

$$P(k) > 0, \forall k \in K ; \quad P\left(k_s | k_{S-\{s\}}\right) = P\left(k_s | k_{N_s}\right) \tag{8-11}$$

K 就被称作在 S 上的关于邻域系统 N 的马尔可夫随机场，其中 $S-\{s\}$ 代表差集，$k_{S-\{s\}}$ 代表定义在差集上的标记集，k_{N_s} 代表定义在 s 邻域上的标记集。对于任意像素 s，它的一个不包含自身的邻域 N_s 若满足如下条件则所有的 N_s 构成一个邻域系统：对任意的 $s_1 \in N_s$ 就有 $s \in N_{s_1}$。当 S 中的子集 c 中每对不同位置都是相邻(二维中的 8-邻域、三维中的 26-邻域)时，则称 c 为一个势团(clique)，C 为势团的集合。一阶/二阶势团指的是势团中的任意一对像素的欧几里得距离不大于 1/2，图 8.2 分别给出了这两种二维势团的邻域情况。

MRF 可以用条件分布来描述，这是随机场的局部特性，由局部特性描述整个随机场的手段就是引入 Gibbs 随机场并利用 MRF 与 Gibbs 分布的等价性。

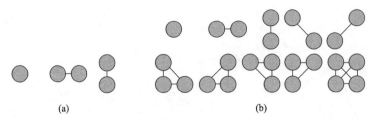

图 8.2   二维势团的邻域示例

(a)一阶势团；(b)二阶势团

设 C 是图像邻域系统的势团集合，c 表示 C 中的元素，称随机场 $K=\{k_s,s\in S\}$ 符合 Gibbs 分布，当且仅当其联合分布为 $P(k)=\dfrac{1}{Z}\mathrm{e}^{\frac{U(k)}{T}}$，其中 $U(k)=\sum\limits_{c\in C}V_c(k)$ 又称为能量函数，其值越小，越可能实现。$V_c(k)$ 是与势团 c 相关的势函数，通过选择合适的势团势函数可以形成多类别的 Gibbs 分布的随机场。$Z=\sum\limits_{k}\mathrm{e}^{\frac{U(k)}{T}}$ 是归一化的常数，参数 T 可以控制分布 $P(k)$ 的形状，T 值越大的分布就越平坦，它可以为常数也可以逐渐变化。MRF 与 Gibbs 分布的等价性的研究结果由如下的 Hammersley-Clifford 定理确立：随机场 $K=\{k_s,s\in S\}$ 是关于邻域系统 N 的 MRF，当且仅当其联合分布是与 S 有关势团的 Gibbs 分布，即

$$P(k_s|k_{s_1},s_1\neq s)=P\left\{k_s|k_{s_1},s_1\in N_s\right\}=\frac{\exp\left(-\sum_{c\in C}V_c(k_s)\right)}{Z} \tag{8-12}$$

根据 MRF 与 Gibbs 分布的一致性，通过单个像素及其邻域的简单的局部交互，MRF 模型可以获得复杂的全局行为，即可以通过计算局部的 Gibbs 分布得到全局的统计结果。

MRF 理论可以根据图像中像素之间的相关模式确定先验概率，它在实际应用中常常与最大后验(maximum a posteriori, MAP)概率最优化准则相结合形成 MAP-MRF 体系。根据贝叶斯公式 $P(k|v_s)P(v_s)=P(v_s|k)P(k)$，其中 $P(k|v_s)$ 为后验概率，而 $P(v_s)$ 不依赖于分类为一常数，$P(v_s|k)$ 为类概率(密度)，$P(k)$ 为上述的 MRF，因此给定图像输入 $f(x,y)$ 的 MAP-MRF 优化问题就转化为 $P(v_s|k)P(k)$ 的最大化问题。可通过取对数将乘积转化为求和，待最大化的目标函数为 $\ln P(v_s|k)+\ln P(k)$，而在 s 处的标记场 $P(k)$ 服从 Gibbs 分布，因此可以由式(8-12)确定，且 Z 是一个常数。因此最大化的目标函数可以记为

$$\sum_{s\in S}\left[\ln P(v_s|k)-\sum_{c\in C}v_c(k_s)\right] \tag{8-13}$$

考虑类概率密度函数为高斯分布的情况，有

$$p_k(v|\theta_k) = \frac{1}{(2\pi)^{d/2}\det(\sigma_k)^{1/2}}\exp\left(-\frac{1}{2}(v-\mu_k)^{\mathrm{T}}\sigma_k^{-1}(v-\mu_k)\right) \qquad (8\text{-}14)$$

其中，d 为特征矢量 v 的维数；det 表示方阵的行列式；θ_k 表示第 k 类的参数 (μ_k, σ_k)。则

$$\ln p(v_s|k_s) = -\frac{1}{2}(v_s-\mu_{k_s})^{\mathrm{T}}\sigma_{k_s}^{-1}(v_s-\mu_{k_s}) - \frac{d}{2}\ln(2\pi) - \frac{1}{2}\ln(\det(\sigma_{k_s})) \qquad (8\text{-}15)$$

因此式 (8-13) 转化为求如下函数的最小值：

$$\sum_{s\in S}\left\{\sum_{c\in C}v_c(k_s) + \frac{1}{2}(v_s-\mu_{k_s})^{\mathrm{T}}\sigma_{k_s}^{-1}(v_s-\mu_{k_s}) - \frac{1}{2}\ln(\det(\sigma_{k_s}))\right\} \qquad (8\text{-}16)$$

式 (8-16) 与 8.1 节中的优化函数相似，只多了第一项。尽管数学表达式很简洁，但求解却较复杂。一般情况(类概率不是高斯混合模型)下，在像素 s 处的类概率密度可以记为 $\exp\{-u_s(\theta_{k_s})\}$，而高斯混合分布的情况作为特例，对应于

$$u_s(\theta_{k_s}) = \frac{1}{2}(v_s-\mu_{k_s})^{\mathrm{T}}\sigma_{k_s}^{-1}(v_s-\mu_{k_s}) - \frac{1}{2}\ln(\det(\sigma_{k_s})) \qquad (8\text{-}17)$$

MRF 中的最常用求解算法是迭代条件模式 (iterated conditional mode, ICM) 算法，在局部迭代中采用"贪婪"策略求解局部最优的后验概率，即对所有的图像像素 s，通过求取下式的最小值对 s 处的后验概率进行迭代优化

$$\underset{k_s}{\arg\min}\left\{\sum_{c\in C}v_c(k_s) + u_s(\theta_{k_s})\right\} \qquad (8\text{-}18)$$

用 ICM 求解，迭代公式与 8.1 节的相似，只是类后验概率 $P(k|v_s,\theta_k^{t+1}) = \dfrac{a_k^t p_k(v_s|\theta_k^t)}{\sum\limits_{l=1}^{L}a_l^t p_l(v_s|\theta_l^t)}$ 的迭代计算需要考虑邻域内的相互作用，即

$$P(k|v_s,\theta_k^{t+1}) = \frac{\exp\left\{-\sum\limits_{c\in C}v_c(k_s) - u_s^t(\theta_{k_s})\right\}}{\sum\limits_{k_s=1}^{L}\left\{\exp\left[-\sum\limits_{c\in C}v_c(k_s) - u_s^t(\theta_{k_s})\right]\right\}} \qquad (8\text{-}19)$$

在计算第 $t+1$ 次迭代时，需要知道第 t 次迭代的结果，包括每个像素的类别以计算类别之间的相互作用 $\sum\limits_{c\in C} v_c(k_s)$，并在 t 次迭代时根据最大后验概率确定类别。a_k^{t+1}、μ_k^{t+1}、σ_k^{t+1} 的迭代公式同式(8-8)。

Zhou 等[3]改进了邻域系统，贾亚飞等[4]提出了一种二阶势团的标记先验，对应于 $v_c(k_s) = -\sum\limits_{s_1 \in N_s} \beta \times \delta(k_s - k_{s_1})$，其中 β 为空间平滑因子，δ 函数只在 0 处为 1。

采用瑞利模型 $P(v_s \mid k_s) = \dfrac{v_s}{\mu_s} \exp\left(-\dfrac{v_s^2}{2\mu_s^2}\right)$ 对类概率密度进行建模，得到的结果见图 8.3。

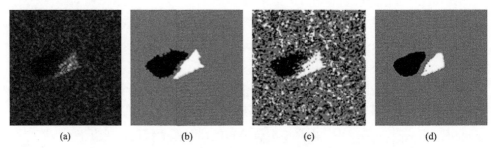

(a)   (b)   (c)   (d)

图 8.3 马尔可夫随机场方法分割真实坦克合成孔径雷达图像示例[4]

(a)原始图像；(b)手工分割结果；(c)1 次迭代的分割结果；(d)5 次迭代的分割结果

值得注意的是，ICM 优化可能收敛到局部极值，如何高效地实现全局优化值得更进一步探索；平滑因子的确定决定了平滑与数据特性的平衡，可以以自适应的方式确定和修改(比如在特征 v_s 较均匀的位置取值较大，而在边缘附近取值较小)；标记场的相互作用只是限于当前像素的势团。

8.3 主动轮廓模型分割

数字图像分割一直是数字图像处理的热点与难点，各种方法可以分为三类：手动分割、半自动分割与全自动分割。手动分割通常由具有专业知识的专家完成，费时耗力、难以保证重复性。全自动精准分割具有挑战性，需要嵌入丰富有效的先验知识，计算机具备强大的自动处理能力和学习能力，算法的复杂性、分割速度及精度需要进一步研究改进。半自动分割方法是一种介于全自动与手动的分割方法，引起了研究者的广泛关注，研究的着眼点是如何结合手动和全自动的优势得到优化的分割结果。其中主动轮廓模型(ACM)就是半自动分割的典型代表，其基本思路就是通过手工或其他方式提供粗略的分割，然后对粗略分割进行自动的精细化。

1988 年 Kass 等[5]提出了主动轮廓的概念，其最原始的形式就是 Snake，即通过具有形变能力的封闭曲线的迭代收敛到期望的目标物的边界。根据 ACM 是否与曲线的参数有关又进一步分为参数 ACM 与几何 ACM,后者又称为水平集方法。这里分别介绍。

为便于理解和实现，典型的参数 ACM 可以采用轮廓上的离散动态轮廓(discrete dynamic contour)来描述。对于二维 ACM,可以用轮廓上的 M 个控制点 $p_i(i=1, 2,\cdots,M)$ 的多次移动和重采样直至收敛来实现，每个控制点的受力包括外力 $f_i^{\text{ext}}(t)$、内力 $f_i^{\text{int}}(t)$ 和阻力 $f_i^{\text{d}}(t)$，即

$$f_i^{\text{tot}}(t) = w_{\text{ext}}f_i^{\text{ext}}(t) + w_{\text{int}}f_i^{\text{int}}(t) + f_i^{\text{d}}(t) \tag{8-20}$$

其中，w_{ext}、w_{int} 分别为外力和内力的加权系数。注意各种力均为矢量，在控制点合力 $f_i^{\text{tot}}(t)$ 的作用下会运动，对应的加速度及速度分别记为 $a_i(t)$、$v_i(t)$，控制点的质量为 m(取值为常数，这里设定为 1)，因此有如下方程:

$$a_i(t) = \frac{1}{m} \times f_i^{\text{tot}}(t) \tag{8-21}$$

$$v_i(t + \Delta t) = v_i(t) + a_i(t) \times \Delta t \tag{8-22}$$

$$p_i(t + \Delta t) = p_i(t) + v_i(t) \times \Delta t \tag{8-23}$$

外力 $f_i^{\text{ext}}(t)$ 通常包含两部分，即原始 Snake 模型中的图像力以及后续改进的其他力;图像力的设置是要确保轮廓能收敛到期望的图像特征上，最常见的就是轮廓应该收敛到目标物的边缘，因此通常的图像力选择如下函数:

$$-\nabla E(x_i, y_i) = -\nabla \frac{1}{\left|\nabla\left(G_\sigma * f(x, y)\right)\right| + \varepsilon} \tag{8-24}$$

式中，$\nabla\left(G_\sigma * f(x, y)\right)$ 是图像在 (x_i, y_i) 处的梯度; $G_\sigma *$ 为原始图像与高斯核卷积; ε 为一个小的常数，避免分母为 0。式(8-24)的右式是 (x, y) 的函数，取值于 (x_i, y_i)。其他力的引入是为了避免初始轮廓离开目标物很远以及弱边缘的情况，如气球力就是沿着法线方向的一个固定的力，其大小的确定是要确保在目标物的边界处轮廓能够停止膨胀或收缩。

内力 $f_i^{\text{int}}(t)$ 的作用是在有图像噪声时保持目标物的边界光滑，可正比于局部曲率。局部曲率可以用当前点 i 与下一点 $i+1$ 的单位矢量差来近似。

$f_i^{\mathrm{d}}(t)$ 为阻力，防止轮廓震荡，可以用如下公式确定：

$$f_i^{\mathrm{d}}(t) = w^{\mathrm{d}} \times v_i(t) \tag{8-25}$$

其中，w^{d} 为阻力系数，取值为–1～0 之间的一个常数。

基于上述公式对轮廓上的控制点进行位置更新；由于各控制点的移动可以导致相邻点的距离变得很大或很小，若距离变得过大则主动轮廓变成了直线，过小则运算量及内存有额外开销；因此在对上述的控制点进行更新后通常需要对主动轮廓进行重采样以保证顶点之间的距离合理。

参数 ACM 的步骤包括：①显示图像，让用户提供初始轮廓（手动或其他方式），并设定初始条件（每个顶点的速度与加速度为 0）；②计算每个顶点的力及加速度；③更新每个顶点的位置与速度；④对得到的轮廓进行重采样；⑤重复步骤②～④，直至每个顶点的速度与加速度接近 0。

图 8.4 显示了一种参数 ACM 改变一些参数及初始化时对于噪声图像的效果。

ACM 用于实际问题时需要考虑特定问题下添加新的约束，对于表示轮廓的统计形状先验的多个模板进行配准平均后得到主动形状模型（active shape model，ASM）。这里介绍一种对 ASM 引入先验知识的实例或定制化（customization）。针对数字 X 射线胸片的肺部形状具有一定的变化范围，用 ASM 表征是合适的；但是对于个体的肺部分割，模型容易受灰度相近且空间相邻的胃泡影响（图 8.5），文献[6]对此进行了探索，通过引入对胃泡附近的 –45° 边缘约束有效地解决了胃泡过分割问题，通过对控制点的均匀化也有效地提高了分割精度。对于第 j 幅测试图像的第 i 个控制点定制化的损失函数为

$$\mathrm{loss}\left(G_{ji}\right) = \text{传统ASM损失} - C_1 l_j(i) + C_2 d_j(i) \tag{8-26}$$

其中，G_{ji} 表示对控制点 i 的法线方向的灰度采样矢量；C_1 及 C_2 为常数；$l_j(i) = g_j(x_i, y_i)$ 为对输入图像进行 –45° 角滤波后的图像在控制点 (x_i, y_i) 处的灰度值，鼓励 –45° 边缘以避免陷入胃泡区域；$d_j(i) = \dfrac{1}{2}\left(\sqrt{(x_i - x_{i-1})^2 + (y_i - y_{i-1})^2} + \sqrt{(x_i - x_{i+1})^2 + (y_i - y_{i+1})^2}\right)$ 则鼓励控制点的分布均匀，主要也是考虑到未加该约束前的 ASM 在胃泡包含区域会呈现较大的控制点距离变化。传统 ASM 损失及 G_{ji} 见文献[6]，将在本章末尾的先验知识引入中详细展开。

参数 ACM 成功应用的例子主要包括目标物边界模糊难以通过边缘或区域方法准确确定，如超声图像的目标分割。

然而参数 ACM 也有如下缺点难以克服：受初始化影响很大，当初始轮廓附

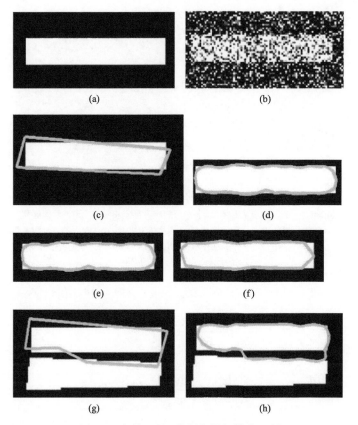

图 8.4　参数 ACM 分割依赖初始化示例

参数 ACM 的性能示例。这里的 ACM 模型参数是：外力只有图像力且 $w_{ext}=1$。(a) 与 (b) 分别为原始图像及噪声污染的图像，噪声为高斯分布 (0 均值、$\sigma=2$)；(c) 为图 (d) (e) (f) 的初始化轮廓 (绿色轮廓)；(d) $w_{in}=0.3$，控制点间距为 5 个像素的结果；(e) $w_{in}=0$，控制点间距为 5 个像素的结果，轮廓的光滑性变差；(f) $w_{in}=0.3$，控制点间距为 10 个像素，轮廓的直线段感觉更明显；(g) 新的图像及初始化，噪声污染模型依旧为高斯分布 (0 均值、$\sigma=2$)；(h) 初始化 (g) 的收敛结果，部分轮廓陷入邻近的目标物

近有多于一处的强边缘时很有可能陷入非期望的目标物边缘附近；难以改变轮廓的拓扑结构；需要不断地进行初始化以调整控制点之间的距离；有大量的文献表明，初始的 Snake 模型收敛较慢，难以收敛到目标物的较大凹陷处。针对 Snake 模型难以收敛到凹陷目标物，有学者提出在外力项中添加指向轮廓法向的气球力；针对改变轮廓的拓扑结构，学者们提出了几何 ACM 模型，即下面要介绍的水平集方法。

　　水平集方法诞生于 1988 年[7]并得到了学者们的广泛关注。水平集方法的主要思想就是将移动变形的曲线/曲面作为零水平集嵌入到高一维的函数里，通过高一维函数的演变间接确定曲线/曲面的演化结果，例如平面曲线 $x^2+y^2=4$ 就是曲面 $\Phi(x,y)=x^2+y^2-4$ 的零水平集。设 $C(t)=(x(t),y(t))$ 是一条封闭曲线，将该曲线

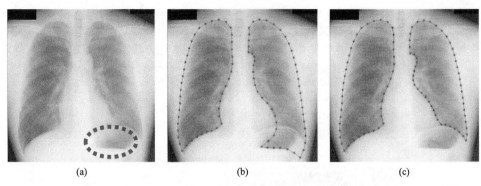

图 8.5　主动形状模型分割 X 射线胸片的肺部通过定制化可以排除灰度相似的胃泡[6]

数字 X 射线胸片的肺部检测示例，分割结果展示为轮廓点组成的曲线内区域。(a)原始图像及胃泡的标注(红色椭圆区域内)；(b)采用传统的 ASM 模型分割肺部的 Dice 系数为 0.894，存在较大的过分割，包含了部分胃泡；(c)采用了定制化的约束，即传统的 ASM 损失项外加 45°方向边缘与距离约束的定制化 ASM 将 Dice 系数提高到 0.97 且消除了过分割的胃泡

嵌入水平集函数 $\Phi(C(t),t)$。由于 $\Phi(C(t),t)=0$，对 t 求导，可得基本方程

$$\frac{\partial \Phi}{\partial t}+\frac{\partial \Phi}{\partial x}\frac{\mathrm{d}x}{\mathrm{d}t}+\frac{\partial \Phi}{\partial y}\frac{\mathrm{d}y}{\mathrm{d}t}=0 \tag{8-27}$$

记 $\nabla \Phi=\dfrac{\partial \Phi}{\partial x}\vec{i}+\dfrac{\partial \Phi}{\partial y}\vec{j}$，$F=\sqrt{\left(\dfrac{\mathrm{d}x}{\mathrm{d}t}\right)^2+\left(\dfrac{\mathrm{d}y}{\mathrm{d}t}\right)^2}$，则水平集的演化方程变为

$$\frac{\partial \Phi}{\partial t}=F\,|\nabla \Phi| \tag{8-28}$$

由于可供选择的水平集函数具有很大的灵活性，实际中为了便于获取高效的零水平集，常对水平集函数进行更进一步的约束：首先，水平集函数必须具有一定的光滑性，因演化过程需要求解梯度和曲率；其次，水平集函数可以取为符号距离函数，以保证 $|\nabla \Phi|=1$(曲面梯度幅值为 1)使数值计算有较高精度；最后，初始化可以这样，dist 为图像中像素点到初始曲线的距离，像素在初始曲线内/外部对应于 $\mathrm{sign}(x,y,C(t=0))=\pm 1$，即

$$\phi(x,y,t=0)=\mathrm{sign}(x,y,C(t=0))\times \mathrm{dist}(x,y,C(t=0)) \tag{8-29}$$

水平集演化的关键是驱动力 F 项的选择，一种取值方式是

$$F(C(t),t)=(1-\varepsilon_\kappa)\exp\left(-|\nabla G_\sigma * f(x,y)|\right) \tag{8-30}$$

其中，κ 为曲线/曲面的曲率；ε_κ 为黏性项以降低轮廓的曲率；$f(x,y)$ 为像素 (x,y) 处的灰度；σ 为高斯分布滤波的标准差；* 为卷积。设离散网格的间隔为 h，时间

步长为 Δt，n 时刻节点 (i, j) 处的水平集函数为 Φ_{ij}^n，则演化方程离散化为

$\dfrac{\phi_{ij}^{n+1} - \phi_{ij}^n}{\Delta t} = F_{ij}^n \, |\nabla_{ij}\Phi_{ij}^n|$，其中 $\nabla_{ij}\Phi_{ij}^n$ 可以通过 Φ_{ij}^n 计算在 (i, j) 的曲面梯度得到。步

长需要满足条件 $F \times \Delta t \leqslant \Delta h$。对水平集函数的更新计算量很大，可以采用窄带方法 (narrow band) 将更新限定在零水平集的附近。图 8.6 表明水平集方法能方便地改变轮廓的拓扑结构，图 8.7 则展示了一种初始化方法。

图 8.6　水平集函数从左到右的演化能方便地实现轮廓的拓扑结构改变

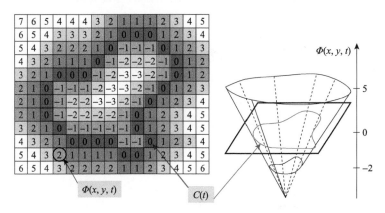

图 8.7　按照式 (8-29) 的水平集初始化及演化轨迹

上述介绍的是基于轮廓的水平集方法，还有基于区域的水平集 Chan-Vese 方法以及结合区域与轮廓的方法，也有一些研究探讨先验知识的引入。

8.4　图切割分割

为避免混淆，本小节以 $I(x, y)$ 表示像素 (x, y) 的灰度，而在其他章节用到的 f 则在这里表示网络边的流量。

图切割 (graph cut) 分割方法是建立在网络流理论[8]基础上：以 $G(V, E, c)$ 表示网络图，其中 V 表示图 G 中节点 (vertex) 集合，E 表示 G 中相邻节点之间的边 (edge)，(V_i, V_j) 与 $\langle V_i, V_j \rangle$ 分别表示节点 i 与节点 j 之间的无向边与有向边 (节点 i 指向节点 j)，c_{ij} 及 f_{ij} 分别表示边 (V_i, V_j) 容量 (capacity) 与流量。网络图中有两种特殊的节

点，分别是网络的源点 s (source)与网络的汇点 t (sink)，这两个特殊节点称为网络图的终点，它们分别对应于二分类的前景和背景。网络流满足如下条件：

第一，对任意相邻节点 u 与 v，满足 $f(u,v) \leqslant c(u,v)$，即边的流量不大于其容量。

第二，网络图的流量平衡定理，即对于所有非终点的节点 u，满足流入=流出，即

$$\sum_{u \in V} f(u,v) = 0, \forall v \in V, v \neq u \tag{8-31}$$

网络图的切割的定义：一个切割 Cut 由一系列边 (u,v) 构成，这些边将 V 变成两个集合 V_1 与 V_2，使得 $u \in V_1$，$v \in V_2$；Cut 由那些顶点分别属于 V_1 与 V_2 的边构成。

网络图的最大流=最小切割：网络图 G 的切割的容量为 $\mathrm{Cut}(V_1, V_2) = \sum_{i \in V_1, j \in V_2} c_{ij}$，最小切割对应于 $\mathrm{Cut}(V_1, V_2)$ 最小。

给定网络图，可以采用增广路径方法(augmenting path)确定网络切割的最大流。若有向边 $\langle i,j \rangle$ 的方向与从源点 s 到汇点 t 的路径方向一致，则 $\langle i,j \rangle$ 为前向边，否则称为反向边。设 p 是从 s 到 t 的一条路径，若该条路径的每条边均不饱和 $(f_{ij} < c_{ij})$，则该路径称为增广路径。最大流定律提供了获取最大流的理论基础：从源点 s 到 t 的最大流的充要条件是不存在增广路径。图 8.8 给出了一个简单二维图的图割获取过程。

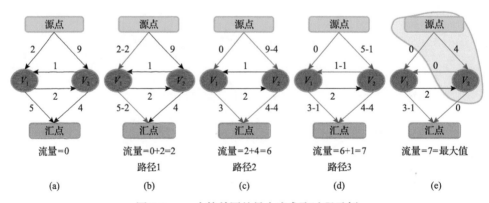

图 8.8   一个简单图的最大流求取过程示例

(a)原始图；(b)第一条非增光路径 $s \to v_1 \to t$(路径流量=2)；(c)第二条非增广路径 $s \to v_2 \to t$(路径流量=4)；(d)第三条非增广路径 $s \to v_2 \to v_1 \to t$(路径流量=1)；(e)最大流分割结果 $V_1=\{s, v_2\}$、$V_2=\{v_1, t\}$，最大流=2+4+1=7

给定待分割的图像 $I(x, y)$，基于图切割理论的分割方法就是构造相应的图 G 及对应的边的容量，然后基于如上的最大流理论实现优化的分割。不失一般性，

以二类问题展开描述,这时有代表前景的源点 s 及代表背景的汇点 t 这两个终点,加上图像本身各像素也是图的节点,则有以下两种边的连接:图像中各像素与终点的连接(t-link、t-连接),这些连接的容量的和正比于区域能量 $R(A)$,A 为图像的一种分割,任意像素 p($p \in P$,P 为像素集合)的类别记为 A_p;相邻像素之间的连接(n-link、n-连接),这些容量的和记为 $B(A)$。因此分割的代价函数可以表达为

$$E(A) = \lambda \times R(A) + B(A) \tag{8-32}$$

$$R(A) = \sum_{p \in P} R_p(A_p), \quad B(A) = \sum_{p \in P} \sum_{q \in N_p} B_{\{p,q\}} \delta(A_p, A_q) \tag{8-33}$$

其中,$\delta(A_p, A_q) = \begin{cases} 1, & A_p \neq A_q \\ 0, & A_p = A_q \end{cases}$。

上述公式中 $R(A)$ 定义了将像素分为某一类(2 类: R_p("obj") 与 R_p("bkg");L 类,A_p 取 $0 \sim L{-}1$ 个 R_p("A_p"))的容量。对于两类问题,假定像素 p 属于前景和背景的概率分别记为 $Pr(I_p|O)$ 与 $Pr(I_p|B)$,则通常可以如下方式确定 R_p 及对应的与终点连接方式:

$$R_p(\text{"obj"}) = -\ln Pr(I_p|O), \quad R_p(\text{"bkg"}) = -\ln Pr(I_p|B) \tag{8-34}$$

对于 t-连接,上述公式中当像素 p 属于前景的概率 $Pr(I_p|O)$ 大时 R_p("obj") 小,基于边的容量大会对应于同一类的原理,则 R_p("obj") 应该连接到 bkg 类,即 t 终点;类似地,R_p("bkg") 应该连接到 obj 类,即 s 终点。

n-连接需要确定相邻像素之间的容量,任意像素 p 的相邻像素集合记为 N_p。注意这里的 N_p 的定义很灵活,不需要限定它们是势团,因此从表达形式上就优于马尔可夫随机场分割框架;基于像素越相似则对应的边的容量越大的原则,通常可将 $B_{\{p,q\}}$ 以如下方式确定:

$$B_{\{p,q\}} \propto \exp\left[-\frac{(I_p - I_q)^2}{2\sigma^2} \right] \times \frac{1}{\text{dist}(p,q)} \tag{8-35}$$

其中,σ 为一常数,限定灰度变化范围的影响;$\text{dist}(p, q)$ 为像素 p 与 q 之间的距离。

图割方法还提供了交互式确定某些像素为前景及背景的机制。图 8.9 总结了根据输入图像构造相应的图的各种边的容量,包括指定的前景与背景像素,图中 obj 简记为 O,bkg 简记为 B,分别表示前景和背景。

边的种类	代价或容量	满足的条件
n-link{p, q}	$B_{\{p,q\}}$	$\{p,q\} \in N$
t-link{p, s}	$\lambda \cdot R_p(\text{"bkg"})$ 正比于obj的概率	$p \in P, p \in O \cup B$
目标物类	K	$p \in O$
	0	$p \in B$
t-link{p, t}	$\lambda \cdot R_p(\text{"obj"})$ 正比于bkg的概率	$p \in P, p \in O \cup B$
背景类	0	$p \in O$
	K	$p \in B$

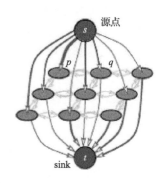

图 8.9　由图像构造图的边及容量概括

将图像分割转化为图割的优化问题，其中两个终点 s=obj，t=bkg，K 为一足够大的常数，$K = 1 + \max\limits_{p \in P} \sum\limits_{q,q \in N_p} B_{\{p,q\}}$，

确保指定类别的像素分类正确

图 8.10 显示了图切割分割的一种典型应用方式：用户通过交互指定一些前景和背景，基于这些指定的像素可以估计前景与背景的类概率分布，然后通过图 8.9 概括的步骤确定各边的容量，得到优化的分割结果。

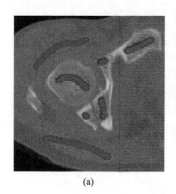
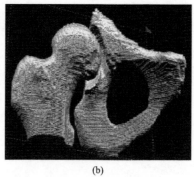

(a)　　　　　　　　　　　　(b)

图 8.10　典型的图割分割方法示例

(a)图中的蓝色及红色区域分别为用户通过交互确定的背景与前景区域；　(b)对应的三维分割结果

鉴于图割方法的优秀性能，这里阐述该方法的先验知识的引入，重点介绍文献[9]的统计形状先验引入图切割的分割框架。先验可以分为两种情况，第一种情况是较弱的先验，比如通过限定 n-连接的方式对形状进行粗略的限定（如限制 p 与 q 的某种相对位置）；第二种情况是较强的限定，如统计形状模型。文献[9]中介绍的就是一种统计形状模型，它有几个步骤：统计形状模型的学习或训练、统

计形状模型与待分割图像的配准、统计形状模型融入图切割分割框架。

作为统计形状模型的训练或学习，假定有 n 个已经空间对齐的同一目标物的二值图像(每个二值图像均具有相同的高 H 和宽 W)，目标物的形状允许有变化，统计形状模型就是要得到这 n 个形状的统计模型，借助于符号距离函数实现：每个二值图像转换成该二值图像对其轮廓曲线(轮廓像素为前景像素，在其邻域内至少有一个背景像素)的符号距离函数，位于轮廓曲线内部/外部的像素的距离取负值/正值，并把该 $H \times W$ 二维图像按光栅顺序变为一维矢量 $Z_i (i=1, 2, \cdots, n)$，$Z = (Z_1, Z_2, \cdots, Z_n)^T$ 为 $n \times (H \times W)$ 二维矩阵，则可计算平均距离 $\rho = \dfrac{1}{n} \sum_{i=1}^{n} Z_i$，由平均距离计算一个符号函数 $\chi_\rho(p) = \begin{cases} -1, & \rho(p) \geqslant 0 \\ +1, & \rho(p) < 0 \end{cases}$，以 C 记二值图像 $\chi_\rho(p)$ 的轮廓点，则平均形状 μ 的符号距离函数为 $\mu(p) = \chi_\rho(p) \times \inf_{q \in C} |p-q|$，其中 inf 表示最小值/下确界，$| \quad |$ 表示空间点之间的距离。有了平均形状的符号距离函数 $\mu(p)$，就可以求取每个形状变化，即 $M = \{(Z_1 - \mu), (Z_2 - \mu), \cdots, (Z_n - \mu)\}^T$，对矩阵 M 进行主成分分析，先求取协方差矩阵 $\dfrac{1}{n} MM^T$，然后进行奇异值分解 $\dfrac{1}{n} MM^T = U \Sigma U^T$，其中 U 的列矢量代表的是相互垂直的形状变化模式(特征向量)，Σ 为 $n \times n$ 对角矩阵，对角元素为相应的特征值。将特征值按照从大到小的顺序排序 $U = \{U_1, U_2, \cdots, U_k, \cdots, U_n\}$，并假定只需要考虑 $k < n$ 的 k 个形状变化模式。对于一个新的形状 z，其 k 个主成分的估计为

$$\hat{z} = \mu + \sum_{i=1}^{k} \alpha_i U_i, \quad \alpha_i = \{U_1, U_2, \cdots, U_k\}^T (z - \mu)$$

对于文献[9]中的统计形状先验，有 n 个人工分割的磁共振图像中的右心室，根据上述描述的方法求取这 n 个右心室的平均形状的符号距离函数并记为 $\bar{\Phi}$，k 个主成分由大到小的特征值为 λ_i，对应的特征矢量为 $\Phi_i (i=1, 2, \cdots, k)$。对于每个主成分，产生能够包含主要变化的形状

$$\gamma_i^+ = \bar{\Phi} + 3\sqrt{\lambda_i} \Phi_i, \quad \gamma_i^- = \bar{\Phi} - 3\sqrt{\lambda_i} \Phi_i \quad (i=1, 2, \cdots, k) \tag{8-36}$$

即第 i 个形状主成分与平均形状的主要差异通过异或得到

$$\Gamma_i(p) = H(\bar{\Phi}) \oplus H(\gamma_i^+) + H(\bar{\Phi}) \oplus H(\gamma_i^-) \quad (i=1, 2, \cdots, k, \text{ 所有的图像像素 } p) \tag{8-37}$$

其中，$H(\cdot)$ 函数是 Heaviside 函数，当自变量小于 0 时取值为 1，否则为 0。因此 $\Gamma_i(p)$

是第 i 个形状主成分对平均形状可能的变异。将上述二值图像转换成前景区域的符号距离函数，有

$$\mathrm{PM}_i(p) = \Gamma_i(p) \times \overline{\Phi} \quad (i=1, 2, \cdots, k) \tag{8-38}$$

$\mathrm{PM}_i(p)$ 就是第 i 个形状主成分对平均形状补充的区域的符号距离函数。这 k 个符号距离函数求平均即得到一个最终的符号距离函数，即

$$P_s(p) = \frac{1}{k}\sum_{i=1}^{k}\mathrm{PM}_i(p) \tag{8-39}$$

它是各形状主成分对平均形状的补充(非 0 的位置)。图 8.11 显示了 3 个形状主成分形成的对平均形状的补充区域(红色)[9]。

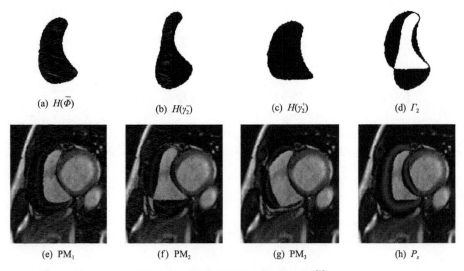

(a) $H(\overline{\Phi})$ (b) $H(\gamma_2^-)$ (c) $H(\gamma_2^+)$ (d) Γ_2

(e) PM_1 (f) PM_2 (g) PM_3 (h) P_s

图 8.11 先验形状的计算过程示例[9]

(a)平均形状的二值图像；(b)(c)第二个形状主成分对平均形状的极端变化的形状；(d)第二个形状主成分对平均形状的补充极限；(e)(f)(g)前三个形状主成分对平均形状的补充极限；(h)由前三个形状主成分生成的对平均形状的补充极限

得到了统计形状先验 $P_s(p)$，如何把它嵌入到图切割分割的框架呢？首先，把统计形状模型配准到待分割图像上。这个需要特别说明：因为这个模型没有对应的原始图像，所以得借助于训练图像；训练模型的图像间是配准了的，而形状模型也是在这个配准后的空间内得到的；因此可选取训练图像中的典型图像与待分割的图像进行配准，从而实现模型到待分割图像的配准，文献[9]中通过手动确定两个解剖标志点进行最简单的刚性配准。其次，先验形状的引入是通过设置能量函数的相应项来实现的。具体而言，区域能量 $R_p(\cdot)$ 补充为

$$R_p(\text{"obj"}) = \begin{cases} -\ln Pr(I_p \mid O), & P_s(p) \neq 0 \\ K, & P_s(p) = 0, H(\overline{\Phi}(p)) = 0 \\ 0, & P_s(p) = 0, H(\overline{\Phi}(p)) = 1 \end{cases} \qquad (8\text{-}40)$$

$$R_p(\text{"bkg"}) = \begin{cases} -\ln Pr(I_p \mid B), & P_s(p) \neq 0 \\ 0, & P_s(p) = 0, H(\overline{\Phi}(p)) = 0 \\ K, & P_s(p) = 0, H(\overline{\Phi}(p)) = 1 \end{cases} \qquad (8\text{-}41)$$

$$B_{\{p,q\}} = \exp\left\{-\frac{(I_p - I_q)^2}{2\sigma^2}\right\} \times \frac{1}{\text{dist}(p,q)} + \gamma \times \frac{P_s(p) + P_s(q)}{2}, \qquad q \in N_p \quad (8\text{-}42)$$

其中，γ 为常数。最终的待优化函数为

$$E(A) = \lambda \times \sum_{p \in V} \left\{ R_p(\text{"obj"}) + R_p(\text{"bkg"}) \right\} + \sum_{p \in V} \sum_{q \in N_p} B_{\{p,q\}} \delta(A_p, A_q) \qquad (8\text{-}43)$$

参数 λ、γ 通过实验确定。在文献[8]中，λ 是 n-连接前的系数，而 t-连接的系数设置为 1。实验中 $\sigma = 10$，$\lambda = 100$，$\gamma = 0.001 \sim 0.005$，训练数据为 16～32。对于心脏心室体图像，舒张末期有 9 幅图像、收缩末期有 7 幅图像分别训练再测试。实验结果表明，引入统计形状先验后，精度得到了提高(提高 3%～20%)，如图 8.12 所示。

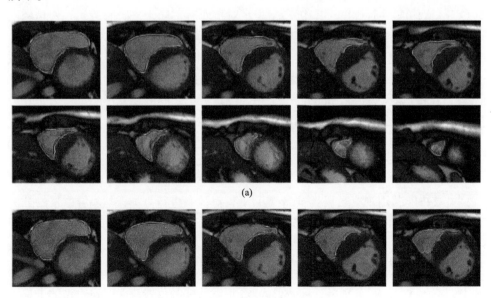

(a)

(b)

图 8.12　基于统计形状先验的图割分割（式(8-40)～式(8-43)）与传统图割分割的结果比较[9]

(a)带主动形状先验信息的图割方法分割结果；(b)原始的图割分割方法分割结果。绿色曲线为自动分割，红色曲线为金标准轮廓

8.5　条件随机场分割及先验知识融合

条件随机场(conditional random field, CRF)是由 Lafferty 等[10]在 2001 年提出的一种机器学习理论：如果马尔可夫随机场的每个随机变量下面还有观测值，那么根据观测值来确定这个马尔可夫随机场的概率分布就是条件分布，这样的随机场称为条件随机场。其重要特征就是，标签序列的条件概率可以依赖于观测序列的任意的、非独立的特性，而不用考虑这些依赖项的分布。CRF 直接对多个变量在给定的观测值后的条件概率进行建模，具体而言，若令 $X=(x_1, x_2, \cdots, x_n)$ 为观测序列，$Y=(y_1, y_2, \cdots, y_n)$ 为相应的标记序列，则 CRF 的目标是构建条件概率模型 $P(Y|X)$。在给定 X 的前提下，如果每个随机变量 y_i 均服从马尔可夫性，即

$$p\left(y_v|X, y_u, u \neq v\right) = p\left(y_v|X, y_u, u \in N_v\right) \tag{8-44}$$

则 (X, Y) 就构成一个 CRF。其中 $u \neq v$ 表示对于所有不同于 v 的像素 u，N_v 是像素 v 的势团。利用 CRF 进行图像分割的第一步就是要进行 CRF 建模，这里的建模与 MRF 的相似，是指定一系列势函数。在图像分割领域，我们将只包含关联势函数和交互势函数的 CRF 称为点对模型。观测图像 x 的特征与标记的关系定义为关联势能 $V_1(y_i|X)$ (association potential)，相邻像素标记之间的相互影响定义为交互势能 $V_2(y_i, y_j|X)$ (interaction potential)，于是后验概率为

$$P(Y|X) = \exp\left\{\sum_{i \in V} V_1\left(y_i|X\right) + \sum_{i \in V}\sum_{j \in N_i} V_2\left(y_i, y_j \mid X\right)\right\} \tag{8-45}$$

关联势能利用观察数据 X 或者 X 的子集对像素进行分类，与邻域像素的分类无关。关联势能由三部分组成，分别为表观势能 φ、形状势能 ψ 和位置势能 ϕ，即

$$V_1\left(y_i|X\right) = \log\left\{\varphi\left(y_i|X_\varphi\right)\right\} + \log\left\{\psi\left(y_i|X_\psi\right)\right\} + \log\left\{\phi\left(y_i|X_\phi\right)\right\} \tag{8-46}$$

其中，X_φ、X_ψ、X_ϕ 分别是计算表观势能、形状势能和位置势能用到的 X 的子集。

表观势能要表述的是观测图像 X 的灰度及相关特性(如纹理属性)与类别的关系，一般情况下可以用概率模型来表征，即 $\varphi\left(y_i|X_\varphi\right)=p\left(x_i\,|\,y_i\right)$，通常可以用混合高斯模型进行建模。在文献[11]中，磁共振静脉成像中的静脉的灰度用一个高斯分布逼近，而其他组织则用三个高斯分布逼近。

形状势能对目标物进行形状的限定。文献[11]中的静脉血管在图像处理领域的形状限定多用血管测度表征，基于 Hessian 矩阵的管状特征分析方法，利用每个体素 i 局部区域内的观察数据 X_ψ 进行分析，计算体素的血管测度 V_i[12]。形状势能为 $\psi\left(y_i|X_\psi\right)=\sigma\left(V_i\right)$，其中 $\sigma(\cdot)$ 为 sigmoid 函数，$\sigma(v)=\dfrac{1}{1+\exp(-a(v+b))}$，参数 a 控制血管测度 V_i 属于血管的模糊程度，b 用于确定 sigmoid 函数的决策阈值。

位置势能主要针对图像分割的两种情况：在什么位置容易有过分割(leakage)、在哪些位置容易有欠分割(不容易分割的位置，under-segmentation)。这些与位置有关的类别是通过构造图谱(atlas)实现的，图谱由两个尺寸及位置完全一样的图像(二维或三维)构成，其一为每个像素的标签，其二为对应的灰度图像，图谱与待分割图像的配准通过图谱的灰度图像与待分割图像的配准实现。具体到文献[11]，静脉中难以分割的情况发生在静脉窦、头皮内的静脉(头皮位于脑外，文中展示的结果是对去除非脑组织的剩余部分提取静脉，因此这个图谱实际可以不考虑)，而需要防止过分割的是基底节(basal ganglia, BG)，因为它与静脉一样都是低信号。为此，需要构造三个图谱：静脉窦图谱 A^{sinuses}、头皮图谱 A^{skin}、基底节图谱 A^{BG}，假定脑中的静脉占比小于 5%。基于以上的考虑，将位置势能定义为

$$\phi\left(y_i=\text{血管}|X_\phi\right)=\max\left\{\begin{array}{l}p\left(y_i\,|\,X_\phi,A^{\text{sinuses}}\right)\\p\left(y_i\,|\,X_\phi,A^{\text{skin}}\right)\\0.05\end{array}\right\}\times\left\{1-p\left(y_i|X_\phi,A^{\text{BG}}\right)\right\}\quad(8\text{-}47)$$

其中，$p\left(y_i\,|\,X_\phi,A^t\right)$ 当 t 为 sinuses、skin 及 BG 时，分别表示静脉窦图谱、皮肤图谱、基底节图谱在像素 i 位置为静脉窦的概率、皮肤的概率及基底节的概率。注意这里的势函数的构造具有普适意义，即需要强调的目标物位置出现在式(8-47)的第一项并取最大值；需要特意去除的目标物的位置出现在式(8-47)的乘号右边，多个位置需要排除时，每个位置的概率图谱都以权重(1-该位置概率)进行相乘。

交互势能基于相邻像素之间的上下文依赖关系构建，除了构建马尔可夫随机场的平滑势能 V_{smooth}，还构建边缘势能 V_{edge}。因此交互势能可以表达为

$$V_2\left(y_i, y_j|X\right) = -V_{\text{smooth}}\left(y_i, y_j\right) - V_{\text{edge}}\left(y_i, y_j \mid X\right) \tag{8-48}$$

下面结合文献[11]，描述如何确定平滑与边缘交互势能。利用平滑势能对相邻像素的标记差异进行惩罚，其定义为 $V_{\text{smooth}}\left(y_i, y_j\right) = \beta_{ij}\delta\left(y_i, y_j\right)$，其中 $\delta(\cdot)$ 函数当其两个自变量相等时为 1（否则为 0）。在传统的平滑项中，β_{ij} 为常数，对于分割细小静脉的情况，血管像素 i 的邻域 N_i 内多数像素被正确标记为非血管组织，所以这些细小血管的像素容易被误识别。这里通过一种各向异性方式定义 β_{ij} 来解决这个问题，其定义为

$$\beta_{ij} = \begin{cases} \beta_V, & y_j = V; \beta_V n_V\left(N_i\right) < \beta_T n(N_i) \\ \beta_T, & \text{其他情况} \end{cases} \tag{8-49}$$

其中，$n_V\left(N_i\right)$ 表示像素 i 邻域 N_i 中为血管的像素数目；$n(N_i)$ 为像素 i 邻域 N_i 的像素总数目。与传统模型相比，当 $\beta_V > \beta_T$ 时，只需要邻域中较少的像素被标记为血管即可改变非血管像素的标记。而 $\beta_V n_V\left(N_i\right) < \beta_T n(N_i)$ 条件，则避免了当像素邻域已有足够的像素被标记为血管时造成的过分割。

边缘势能对具有相同标记的体素对之间的灰度边缘进行惩罚。定义边缘势能为 $V_{\text{edge}} = \alpha f_{y_i \to y_j}\left(\nabla_{x_j} \cdot \overrightarrow{n_{ij}}\right)$，其中 α 为边缘势能的权重。$f_{y_i \to y_j}\left(\nabla_{y_j} \cdot \overrightarrow{n_{ij}}\right)$ 为依赖于观察数据的惩罚项，其定义如下：

$$f_{T \to T}\left(\nabla_{x_j} \cdot \overrightarrow{n_{ij}}\right) = \begin{cases} 1 - \exp\left(-k\left\|\nabla_{x_j} \cdot \overrightarrow{n_{ij}}\right\|\right), & \left(\nabla_{x_j} \cdot \overrightarrow{n_{ij}}\right) > 0 \\ 0, & \text{其他} \end{cases}$$

$$f_{V \to V}\left(\nabla_{x_j} \cdot \overrightarrow{n_{ij}}\right) = \begin{cases} 1 - \exp\left(-k\left\|\nabla_{x_j} \cdot \overrightarrow{n_{ij}}\right\|\right), & \left(\nabla_{x_j} \cdot \overrightarrow{n_{ij}}\right) < 0 \\ 0, & \text{其他} \end{cases}$$

式中，∇_{x_j} 表示像素 i 的邻域 N_i 像素 j 的灰度梯度向量；$\overrightarrow{n_{ij}}$ 表示由像素 i 到像素 j 方向的单位向量。$f_{y_i \to y_j}\left(\nabla_{y_j} \cdot \overrightarrow{n_{ij}}\right)$ 对两种情况进行惩罚：$\left(y_i, y_j\right) = (T, T)$ 时（T 表示非血管），如果存在正方向边缘垂直于 $\overrightarrow{n_{ij}}$，则进行惩罚；$\left(y_i, y_j\right) = (V, V)$ 时（V 表示血管），如果存在负方向边缘垂直于 $\overrightarrow{n_{ij}}$，则进行惩罚。惩罚力度根据边缘的梯度与 $\overrightarrow{n_{ij}}$ 的乘积决定：乘积越小，说明 $\overrightarrow{n_{ij}}$ 与边缘方向一致，则惩罚力度小；反之惩罚力度大。通过边缘势能能够检测细小的低对比度血管。

把上述势能项总结一下，有

$$P(Y|X) = \exp\left(\sum_{i \in V} \left[\log\left\{ \varphi\left(y_i | X_\varphi\right) \right\} + \log\left\{ \psi\left(y_i | X_\psi\right) \right\} + \log\left\{ \phi\left(y_i | X_\phi\right) \right\} \right. \right.$$

$$\left. \left. - \sum_{j \in N_i} \left\{ V_{\text{smooth}}\left(y_i, y_j\right) + V_{\text{edge}}\left(y_i, y_j | X\right) \right\} \right] \right)$$

$$(8\text{-}50)$$

式(8-50)有效地集成了图像目标物的表观特性、形状特性、位置特性、平滑特性及边缘相互作用，还可以根据需要添加其他的关联势能及交互势能，是较全的集成先验知识的分割框架。其优化可以采用图切割方法求优化解。在文献[11]中有一系列实验表明 CRF 的优势，其中的参数为 $\beta_V = 2.4, \beta_T = 0.8$，边缘交互势能的 k 为邻域内最大梯度值的 0.5 倍，形状势能中的 a=70 与 b=0.08，如图 8.13 所示。

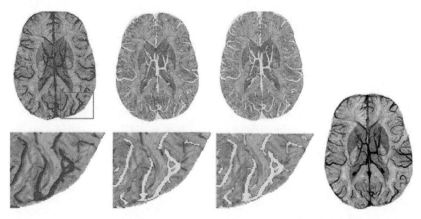

图 8.13　从磁共振静脉成像中分割静脉的方法比较(高斯混合模型、MRF 与 CRF)[11]

第一列为用高斯混合模型的分割结果(结果较粗糙，小血管的对比度低，因此部分被遗漏)；第二列为采用 MRF 的分割结果(比第一列要平滑些，许多小的静脉依旧丢失)；第三列为采用 CRF 的分割结果(绿色血管部分对应于 CRF 特有的分割，结果光滑也包含了多数较小的血管)；第四列为原始灰度图像(去除了非脑组织)

MRF 模型通过条件概率去表达相邻像素及特征间的关联，利用上下文建模，在图像处理中得到广泛应用。但是，MRF 理论也存在一些不足，主要体现在：①对观测变量要做条件独立性假设；②对输入特征的似然分布需要进行估计。这样，若要表达上下文信息及特征融合等，MRF 将会存在困难。MRF 与 CRF 的不同之处主要表现在以下方面。

(1)公式表示方面：MRF 的后验概率 $p(y|x)$ 与联合概率 $p(y, x)$ 成正比关系，需要对条件概率 $p(x|y)$ 及先验概率 $p(y)$ 建模；而 CRF 直接对后验概率建模 $p(y|x)$(它服从 Gibbs 分布)。MRF 的关联势能仅是每个节点(像素)的观测变量的函数，交互势能仅是每个节点(像素)的标记的函数；而 CRF 的关联势能和交互势能均是所有节点观测值向量及其标记向量的函数。

(2)特征空间方面：MRF 需要对观测变量进行建模，因此它通常表达的是低维特征；CRF 能够表达空间上下文特征等更复杂的判别性特征，从而改变预测效果。

(3)性能方面：MRF 能够处理数据缺失及新增类的问题；CRF 具有更好的预测性能;CRF 降低了观测数据的条件独立性假设，因此在建模时可融合全局信息。

(4)参数训练方面：MRF 容易利用少量有标记的训练样本与大量无标记训练样本，而 CRF 通常需要较多的有标记的训练样本。

(5)数据建模方面：MRF 需要选择合适的概率分布对观测数据建模；CRF 需要设计一个好的分类器并利用标注的训练样本进行学习。

(6)能量项方面：MRF 的一元能量项作用于当前节点，二元能量项独立于观察场；CRF 模型的一元能量项作用于整体观测场，二元能量项依赖于观测场。

CRF 的理论优势主要体现在以下几个方面：①CRF 理论是一种判别式概率建模，直接对随机变量的后验概率建模，从而避免了对随机变量分布的假设及建模；②CRF 理论放松了随机变量之间条件独立的约束，从而可将多个相关的特征集成；③CRF 理论在每个变量确定其标注时，利用的是图像的全局信息，而不是局部信息。MRF 对图像及其标注的联合概率进行建模，通常只考虑相邻节点间的局部关系，不能利用全局信息对标注间的相互关系进行建模;由于它采用条件独立假设，因而没有利用上下文信息的处理能力。CRF 直接基于后验概率建模，避免了条件分布假设，具备利用全局及局部各种上下文信息的能力。

8.6　现代分割方法的先验知识

与传统图像分割方法中先验知识的引入不同的是，现代分割方法通常是以目标函数或代价函数中引入相应的损失或代价项的方式引入先验知识。常见的图像分割的先验知识主要有形状先验、位置先验、表观先验及平滑先验，下面分别阐述。

8.6.1　现代分割方法的形状先验知识

对于一般的形状，形状先验的获取方法是从类似的形状样本中学习形状先验，下面以主动形状模型(ASM)的形状构建为例说明这种基于样本的形状先验获取方法[6]。

首先要获取形状的轮廓点表示并获取训练集。为了给物体形状建模，可以用一组沿着物体轮廓边界的点来表示物体形状，好的标记点应该是那些在不同图像中都能够对应起来的边界点。从训练图像中标记出训练样本点集的最简单的方法是由专家将一组选择好的对应点标记到系列中每一幅图像的相应边界点。在实践中，由专家标记来获得训练样本集将是非常耗时的，可考虑开发半自动和自动的标记工具。在二维图像中，标记点可以从这样一些地方获取：目标物体的拐角处、T 形连接处或者容易辨识的生物特征点处。然而，这些特定标记点往往比较少，从而不足以用来描述一个目标物体的形状模型，于是我们可以沿着这些特定标记点的边界间隔等距离采样一些标记点来补充形状点集。使用的轮廓标记点训练集采用 SCR[13]公共数据集中已由专家分割完成的金标准肺部轮廓样本集。在该训练样本集中，对于右肺，取右肺肺尖、左肋膈角、左心膈角三个右肺特定标记点，然后在这些特定标记点中间等距离取样，总共取 44 个标记点来代表右肺形状轮廓；对于左肺，取左肺肺尖、右肋膈角、心膈角、主动脉弓上下端点五个左肺特定标记点，然后在这些特定标记点中间等距离取样，总共取 50 个标记点来代表左肺形状轮廓，如图 8.14 所示。在二维胸部 X 射线平片中，每个标记点坐标表述为 (x_i, y_i)，则由 n 个标记点构成的标记点集合可以表示成长度为 $2n$ 的形状向量 X，即

$$X = \left(x_1, y_1, x_2, y_2, \cdots, x_n, y_n\right)^{\mathrm{T}} \tag{8-51}$$

对 L 幅 X 射线胸片训练样本图像，用上述方法进行边界轮廓点提取，得到 L 个类似的形状向量，这 L 个形状向量构成最终的训练样本集 Ω，即 $\Omega = \{X_1, X_2, \cdots, X_L\}$。

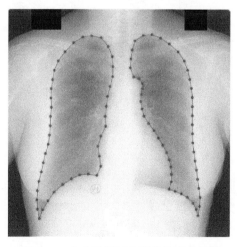

图 8.14　左右肺标记点形状轮廓点集[6]

然后是对训练集进行配准。不同 X 射线图像中肺部的外形和位置会存在较大偏差，因此，在对训练样本集 Ω 中向量进行统计形状建模之前，有必要对所有样本标记点形状向量进行归一化配准处理。对图像的归一化配准主要是对轮廓点集通过尺度放缩、旋转、平移等操作使不同肺部轮廓形状在同一框架下尽可能接近。两个肺部形状轮廓的标记点向量之间的配准，就是对于 Ω 中任意两个向量 X 和 X'' 通过将相似性变换对齐，即计算出该相似性变换参数 T，使式 (8-52) 中的 E 值

达到最小

$$E = | T(X) - X^{''} |^2 \qquad (8\text{-}52)$$

$$T \begin{pmatrix} x \\ y \end{pmatrix} = \begin{pmatrix} u & -v \\ v & u \end{pmatrix} \begin{pmatrix} x \\ y \end{pmatrix} + \begin{pmatrix} t_x \\ t_y \end{pmatrix} \qquad (8\text{-}53)$$

其中，$u = s \times \cos\theta$，$v = s \times \sin\theta$，s 为尺度变换参数，θ 为旋转角度参数；t_x 和 t_y 为平移参数。

由式 (8-52) 与式 (8-53) 可以得到两个向量 X 和 $X^{''}$ 的相似性变换参数 $u = (X \cdot X') / | X |^2$，$v = \sum_{i=1}^{n} (x_i y_i' - y_i x_i') / | X |^2$，$t_x = \frac{1}{n} \sum_{i=1}^{n} (x_i' - u x_i' + v y_i)$，$t_y = \frac{1}{n} \sum_{i=1}^{n} (y_i' - u y_i' - v x_i)$。其中，$X \cdot X'$ 表示两个轮廓向量的点积。

欲将 Ω 中所有样本配准，就是要将训练集 Ω 中所有样本对齐到同一框架下 (图 8.15 展示了配准前后的样本形状)，具体配准步骤如下：

图 8.15　肺部轮廓标记点配准前(左图)及配准后(右图)的轮廓[6]

(1) 将所有样本中心点坐标平移到原点 (即将每个样本中的标记点 x、y 坐标分别减去 x 的均值和 y 的均值)。

(2) 对训练集 Ω 中的 L 个样本，第一次任选一个样本作为初始基准形状，可选择第一个样本 X_1 作为基准形状并对其进行归一化，其余样本经相似性变换对齐到 X_1，得到对齐后样本集 $\Omega = \{X_1, X_2, \cdots, X_L\}$ (这里仍用 $X_1, X_2, \cdots, X_L$ 表示变换后的各样本形状向量)。

(3) 计算变换后平均形状 $\bar{X}$，其中 $\bar{X} = \frac{1}{L} \sum_{i=1}^{L} X_i$。

(4) 将平均形状 $\bar{X}$ 配准到基准形状 X_1 并进行归一化。

(5) 再次将所有样本对齐到标准化(配准并归一化)后的平均形状 $\bar{X}$。

(6) 重新计算对齐后所有样本的平均形状，记为 $\bar{X}''$。

(7) 计算步骤 (4) 平均形状 $\bar{X}$ 和步骤 (6) 平均形状 $\bar{X}''$ 的差值 $|\bar{X} - \bar{X}''|$。

(8) 若 $|\bar{X} - \bar{X}''|$ 小于某一阈值，则表明平均形状已经收敛，算法结束，配准完成；否则设置新的平均形状 $\bar{X}''$ 作为 $\bar{X}$ 返回到步骤 (5) 继续进行配准。

下一步就是建立形状上轮廓点的点分布模型。配准后的每一个训练样本集都可以被表示成 $2n$ 维空间内的一个点，则 L 个训练样本形状向量在 $2n$ 维空间中形成了一个由 L 个点组成的点云。我们假设由这 L 个点构成的点云分布在 $2n$ 维空间中一个有限的区域范围内，通常称这样的一个区域为容许形状域。这些样本点给出了目标形状和区域大小的一个大致描述，位于该容许形状区域内的任何一个 $2n$ 维的点都可以成为一个与训练样本集形状类似的目标形状的标记点向量，从而只要通过变换得到容许形状域中的点，就可以构造出新的目标形状。建立点分布模型 (point distribution model, PDM) 的目的就是在一个高维空间中对目标形状进行建模，从而获取各标记点位置之间的相互联系。对高维问题的处理，通常首先通过某种方式进行适当的降维来简化问题。用线性方法将高维数据投影到低维特征空间通常被研究者所采用，在主动形状模型中，可以用主成分分析法 (PCA) 来处理 $2n$ 维的形状点数据。主成分分析是在误差平方和的意义下寻找最能够代表原始数据的低维子空间，该方法用一系列相互正交主分量的线性组合来表示原始高维数据。对训练样本集 Ω 进行标准化后得到的形状向量仍用 X_i ($i=1, 2, \cdots, L$) 表示，对 Ω 中向量所包含的标记点在 $2n$ 维空间的分布用主成分分析法进行统计分析，构造主动形状模型 (ASM) 的先验模型，也叫点分布模型 (PDM)。样本点在 $2n$ 维空间形成一个 $2n$ 维椭球形状的云团，则训练样本数据的协方差矩阵的特征向量就是这个云团的主轴，主成分分析法通过提取数据点云团分布中最大的那些方向的方法来达到将高维数据空间投影到低维特征空间的目的。点分布模型通常是一个参数化的模型，形如 $X = M(b)$，具体构造过程如下。

(1) 计算数据平均值 $\bar{X}$

$$\bar{X} = \frac{1}{L} \sum_{i=1}^{L} X_i \tag{8-54}$$

(2) 计算数据协方差 S

$$S = \frac{1}{L-1} \sum_{i=1}^{L} \left(X_i - \bar{X} \right) \left(X_i - \bar{X} \right)^{\mathrm{T}} \tag{8-55}$$

(3) 通过矩阵的奇异值分解，可以计算 S 的特征值 λ_i 和相应的特征向量 ϕ_i

$$S\phi_i = \lambda_i \phi_i \tag{8-56}$$

(4)将得到的特征值按降序排列，即 $\lambda_i \geqslant \lambda_{i+1}$ (i=1, 2,···, 2n–1)，其中，λ_i 对应特征向量 ϕ_i，构成特征向量集 $\varPhi = [\phi_1, \phi_2, \cdots, \phi_{2n}]$，对应较大特征值的特征向量即为高维原始数据中具有较大方差的方向，它们反映了形状变化的主要模式。原始数据空间的变化可以用较少的 k 个主轴来进行近似，则 2n 维椭球云团近似由一个 k 维椭球云团代替。特征向量集提供了 2n 维数据空间的一组正交基，对于 2n 维空间中任意形状向量 X，可以用该特征向量集的线性组合来描述，即

$$X = \bar{X} + \varPhi B \tag{8-57}$$

其中，$B = [b_1, b_2, \cdots, b_n]^{\mathrm{T}}$ 为原始数据在正交基上的投影坐标，表示形状向量在每个特征方向上的变化大小。由于训练集数据主要在少部分特征方向上变化较大，可挑出变化最大的 k 个主分量来近似表示训练集数据变化。按照降序取前 k 个特征值及对应的特征向量，其选取依据为：使前 k 个特征值所决定的目标物体形变占所有 2n 个特征值所决定目标物体形变总量的比例不小于 f_v（一般 f_v 取 0.98），即

$$\sum_{i=1}^{k} \lambda_i \geqslant f_v \sum_{i=1}^{2n} \lambda_i \tag{8-58}$$

最终，得到肺部形状向量的点分布模型：

$$X \approx \bar{X} + \varPhi_k B_k \tag{8-59}$$

其中，$\varPhi_k$ 是由 S 的前 k 个特征值对应的特征向量构成的 2$n \times k$ 维矩阵；B_k 是形状向量 X 在特征主分量上的投影系数，即 $\varPhi_k = (\phi_1, \phi_2, \cdots, \phi_k)$，$B_k = (b_1, b_2, \cdots, b_k)^{\mathrm{T}}$，由于 k 个特征向量相互正交，所以 $\varPhi_k \varPhi_k^{\mathrm{T}} = I$，$B_k$ 可以由式(8-60)计算

$$B_k(X) = \varPhi_k^{\mathrm{T}}(X - \bar{X}) \tag{8-60}$$

由式(8-57)可知，通过在合适的范围内变化形状参数 B_k，可以产生跟训练集形状相似的新目标形状。根据训练集数据的形状参数分布，可以得到形状参数 B_k 的合理限制。由于训练集数据在各个主轴上的变化方差为 λ_k，对形状参数的合理限制如下：

$$-3\sqrt{\lambda_i} \leqslant b_i \leqslant 3\sqrt{\lambda_i}, \quad i = 1, 2, \cdots, k \tag{8-61}$$

如图 8.16(a)和图 8.16(b)所示，右肺形状的点分布模型分别改变前两个主分量的形状变形，图 8.16(a)改变主分量 b_1，图 8.16(b)改变主分量 b_2。点分布模型通过在合理的范围内变化形状参数来得到新的形状模型去拟合新数据，在图像搜

索中，可以利用这些新的形状模型去匹配图像中的目标形状。

(a) $-3\sqrt{\lambda_1}$(左)·均值(中) · $-3\sqrt{\lambda_1}$(右)　　(b) $-3\sqrt{\lambda_2}$(左)·均值(中) · $-3\sqrt{\lambda_2}$(右)

图 8.16　点分布模型中的形状变化[6]

主动形状模型（ASM）还需要确定每个形状轮廓点的灰度局部纹理模型。给定一个形状模型和包含形状模型实例的图像，图像中目标物体的分割涉及搜索确定能使形状模型最佳匹配到图像实例的一组模型形状参数 B_k。为了评价形状模型和图像目标数据的匹配程度，需要定义一个包含图像特征的相似性代价函数。从训练样本集中找出形状向量各对应标记点的局部灰度分布规律是我们在目标图像中确定相应标记点的最佳方法。为了得出形状向量中对应标记点的灰度分布规律，可以对标记点建立灰度局部纹理模型。有了目标物体形状变化规律的点分布模型和对应标记点特征的灰度局部纹理模型，就可以在目标图像中搜索匹配目标物体。标记点灰度局部纹理模型是通过沿着训练样本集形状轮廓边界法向进行灰度采样来建立的，如图 8.17 所示。

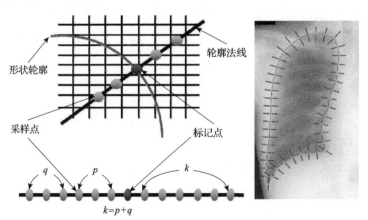

图 8.17　灰度局部纹理模型的构建[6]

对训练样本的每一个标记点沿轮廓法线方向（此处法线方向定义为标记点左右两个邻近标记点连线的垂线方向）进行灰度采样。对肺部轮廓而言，左右肺为独立封闭轮廓，对第一个标记点，通过计算第二个和最后一个标记点连线方向来计算其法线方向；类似地，对最后一个点，通过计算第一个和倒数第二点标记点连线方向来计算其法线方向。假设对于第 i 幅图像的第 j 个边界点 (x_j, y_j)，在其两侧沿法线方向各取 k 个点（该 k 值与前面的主成分分析的常数没有任何联系），用此 $2k+1$ 个点的灰度值构成一个长度为 $2k+1$，中心为标记点灰度值的向量，如下：

$$g_{ji} = [g_{ji1}, g_{ji2}, \cdots, g_{ji(2k+1)}]^{\mathrm{T}} \tag{8-62}$$

其中，第 r 个元素 g_{jir} 为采样线上第 r 个采样点的灰度值。现广泛采用采样点的一阶差分来建立灰度局部纹理模型，即 $\mathrm{d}g_{ji} = [g_{ji2} - g_{ji1}, g_{ji3} - g_{ji2}, \cdots, g_{ji(2k+1)} - g_{ji(2k)}]^{\mathrm{T}}$，对差分向量归一化仍旧记为 g_{ji}，并对从标记点法线方向两边采样得到的 $2k+1$ 个采样点（中心点为标记点），认为靠近中心点的采样点影响较大，而远离中心点的采样点影响较小，故而对于法线两侧靠近中心点的各 p 个采样点给予一个较大的权值 β，而法线两侧远离中心点各 $q=k-p$ 个采样点给予一个较小的权值 α，则加权后纹理模型向量如下：

$$g_{ji} = [\alpha g_{ji1}, \alpha g_{ji2}, \cdots, \alpha g_{jiq}, \beta g_{ji(q+1)}, \cdots, \beta g_{ji(q+2p)}, \alpha g_{ji(q+2p+1)}, \cdots, \alpha g_{ji(2q+2p)}] \tag{8-63}$$

其中，β 取值 $0.65 \sim 0.75$，$\alpha=1-\beta$。

对每一个训练样本中同一位置的标记点都经过上述采样处理，得到一个向量集 $\{g_{ji}, i=1, 2, \cdots, L\}$，其中 L 为训练样本数目。我们假设采样灰度值向量 $\{g_{ji}\}$ 满足高斯分布，均值记为 $\overline{g}_j$，协方差记为 S_j $(j=1, 2, \cdots, n)$，则可由高斯分布的均值和协方差来表征第 j 个标记点的灰度局部纹理模型。对于每一个标记点，用同样的方法进行灰度采样与分析，从而构成目标轮廓的灰度统计模型。对于 L 幅图像得到的向量集，每幅图像标记点数目为 n（实际中右肺标记点数目为 44，左肺标记点数目为 50），计算每个标记点采样灰度向量的均值 $\overline{g}_j$，协方差记为 S_j，如下：

$$\overline{g}_j = \frac{1}{L} \sum_{i=1}^{L} g_{ji}, \quad j=1, 2, \cdots, n \tag{8-64}$$

$$S_j = \frac{1}{L} \sum_{i=1}^{L} (g_{ji} - \overline{g}_j)(g_{ji} - \overline{g}_j)^{\mathrm{T}}, \quad j=1, 2, \cdots, n \tag{8-65}$$

由此可得到传统 ASM 的损失函数项

$$f(G_j) = (G_j - \overline{g}_j)^{\mathrm{T}} S_j^{-1} (G_j - \overline{g}_j) \tag{8-66}$$

其中，G_j 为目标图像第 j 个对应点处采样灰度值向量。该代价函数为采样向量与对应标记点灰度局部纹理模型均值向量之间的马氏距离，最小化该代价函数等价于最大化高斯分布概率。在更好理解肺部图像特征结构的基础上，我们对代价函数进行修改，在原代价函数 $f(G_i)$ 的基础上添加了距离约束和边界约束（式(8-26)）。

主动形状模型(ASM)的实例分割除了初始化轮廓外，还对变形空间有约束，这里略加说明。具体到 X 射线胸片的肺部区域的 ASM 分割，轮廓的初始化可以这样进行：通过投影或其他操作估计左肺及右肺的矩形包围盒，通过相似变换让式(8-59)的 B 为 0，即平均形状作为初始形状变换到矩形包围盒(图 8.18)。

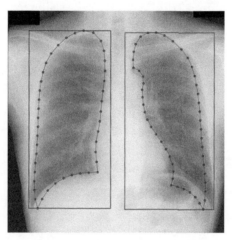

图 8.18 左肺和右肺初始化形状[6]

通过相似变换将平均形状变换到估计的左、右肺的矩形包围盒中

初始化形状 X 与图像中待分割的目标物体形状往往不一致，因此需要调整形状 X 使其与真正的目标物体形状接近，即找到肺部轮廓中各对应标记点的最佳匹配点位置。通过局部纹理模型对每个标记点搜索到对应最佳匹配点后，形状向量变为 $X+\mathrm{d}X$，然而，因为有容许形状的约束，需要找到在容许形状空间中的最接近 $X+\mathrm{d}X$ 的形状向量 X_1。

假设从当前形状 X 的每个标记点进行搜索，各标记点 (x_i, y_i) 的最佳匹配点 (x_i', y_i')（使得由式(8-26)确定的代价函数最小），得到新形状 $X+\mathrm{d}X$，有

$$\mathrm{d}X = \left(\mathrm{d}x_1, \mathrm{d}y_1, \mathrm{d}x_2, \mathrm{d}y_2, \cdots, \mathrm{d}x_n, \mathrm{d}y_n\right)^{\mathrm{T}}, \quad \mathrm{d}x_i = x_i' - x_i, \quad \mathrm{d}y_i = y_i' - y_i, \quad i = 1, 2, \cdots, n$$

$$(8\text{-}67)$$

$X+\mathrm{d}X$ 的容许形状为 $\bar{X} + \varPhi_k(B_k + \mathrm{d}B_k)$，从而有

$$\mathrm{d}B_k = \varPhi_k^{-1}\mathrm{d}X \tag{8-68}$$

新的形状参数 $B_k + \mathrm{d}B_k$ 要根据主动形状模型约束(式(8-61))。对于这个新估计值,继续在图像中进行搜索,会依次得到图像形状向量 X_2、X_3……,直到前后两次图像空间形状向量的改变量很小(小于某一个阈值)时为止,此时我们认为形状模型已经收敛,即图像中目标物体形状已经分割。

上面给出的是二维的统计形状模型 ASM,推广到三维空间就是统计表面模型。ASM 对分割目标物的形状进行了限定,能自然地应用到主动轮廓模型、主动表面模型、水平集分割方法。在 8.4 节中,我们展示了 ASM 可用于限定图切割方法的搜寻空间。

另外的形状先验包括对已知形状的目标物添加相应的形状约束,如血管的分割采用血管测度 V_i[12]。

8.6.2 现代分割方法的其他先验知识

这里主要考虑位置先验、表观先验、平滑先验,以及各种先验的综合运用。

位置先验是对待分割的目标物在位置上进行限定,主要有两种类型:在图像的容易出现欠分割的地方添加位置先验以降低欠分割、在容易出现过分割的地方添加位置先验以降低过分割。条件随机场(CRF)框架下构造过分割图谱、欠分割图谱的方式是一种普适的方法,且已经成功地用于从磁共振静脉成像中分割静脉[11]。其中静脉中难于分割的情况发生在静脉窦、头皮内的静脉,而需要防止过分割的是基底节与静脉一样都是低信号。为此,需要构造三个图谱:静脉窦图谱 A^{sinuses}、头皮图谱 A^{skin}、基底节图谱 A^{BG}。基于如上的考虑,将位置势能定义为式(8-47)。注意式(8-47)的势函数的构造具有普适意义:需要强调的目标物位置出现在式(8-47)的第一项并取最大值以增强/鼓励它们的分割;需要特意去除的目标物的位置出现在式(8-47)的乘号右边,多个位置需要排除时,每个位置的概率图谱都以权重(1-该位置概率)进行相乘,它们在优化时取最小值以抑制它们的分割。此外,目标物在图像位置上的统计图谱还可以提供类先验的信息,这有助于在贝叶斯框架下求取优化的后验概率。在贝叶斯最大后验概率框架下,引入器官/组织的统计图谱[14]:将人工标注的训练集用仿射变换配准到测试集,构建解剖统计图谱(probabilistic anatomical atlas),配准后的每个体素的组织先验是该体素在人工标注时属于某个组织的频数或概率。另外,统计形状先验也提供了目标物的可能的位置约束,如文献[9]中的心室的统计形状的可能的变化就提供了在图像空间进行进一步搜索并在图切割框架下计算类概率以确定像素的类别,而这个统计形状先验约束就将不可能为目标物的像素位置排除在外,一方面减少了计算量,另一方面也增强了组织分割的鲁棒性(不包含在统计形状所在位置处的任何变化都对组织分割不产生影响)。

表观先验要表述的是图像的灰度及相关特性(如纹理属性)与类别的关系,一般情况下可以用概率模型来表征，通常可以用高斯混合模型进行建模。当表观先验能用高斯混合分布表征时，用最大期望（EM）算法能较好地获得表观属性。除了定量的表观先验，定性的表观先验也被广泛应用，比如在图像分割中利用不同区域或组织的灰度关系，成人磁共振 T1 脑图像中的白质灰度高于灰质灰度，灰质灰度又高于脑脊液的灰度，CT 图像中的急性血肿的灰度高于脑实质而低于颅骨等。

平滑先验是对图像中的各种标签的上下文约束，在马尔可夫随机场、条件随机场、图切割的分割方法中，相邻像素之间不同标号之间的惩罚因子就是一种典型的平滑先验，在那里它要与各类的数据项（表观势能）取得合理的平衡。

8.6.3　现代分割方法先验知识的综合应用

作为各种先验的综合运用，文献[15]给出了一个典型实例，即从多模态磁共振影像分割儿童肿瘤（pediatric tumor）。与成人肿瘤相比，儿童肿瘤较少见，因为儿童肿瘤的数据还包含有儿童自然发育的表观变化（如灰质与白质的对比度的持续变化），且儿童肿瘤的外观特性与成人的差异也很大，所以其分割具有挑战性。儿童肿瘤的数据（包括带标签及无标签）非常有限，这也限制了深度迁移学习的使用。

此外，对于非典型的畸胎样肿瘤（atypical teratoid/rhabdoid tumor, ATRT），除了要分割出水肿及增强的肿瘤，还需要分割出肿瘤核心周围的区域，如囊肿、坏死、出血，因为损伤的成分对治疗的决策及预后都起重要作用。目前的多数方法并不对子区域进行分割，例如 BraTS 挑战赛就只考虑了水肿及增强的肿瘤[16]。

这里针对的儿童肿瘤，包括非典型的畸胎样肿瘤、弥漫性桥脑胶质瘤（diffuse intrinsic pontine glioma, DIPG）及低级胶质瘤（low-grade glioma, LGG）。

多模态影像是为了全面地表征儿童脑肿瘤。分割 DIPG、LGG 的模态包括：磁共振 T_1 加权、T_1 加权造影 $T_{1\text{-post}}$、磁共振 T_2 加权、磁共振液体衰减反转恢复（FLAIR）、磁共振弥散加权（DWI）；分割 ATRT 的模态除了上面的多模态，还包括磁共振表观弥散系数（ADC）。对于同一个体的这些多模态影像，其配准采用刚体配准。

算法包含四步，分别是：①图像预处理（配准、提取脑组织、偏场校正）；②分割脑组织（白质（WM）、灰质（GM）、脑积液（CSF）、其他组织，在贝叶斯框架下进行分割）；③分割整个肿瘤（whole tumor, WT）；④分割肿瘤周围其他病变组织。

脑组织分割：以国际脑成像联盟（ICBM）图谱[17]（仿射变换到待测图像）对 WM、GM 进行初始化，基于贝叶斯框架实现分割。

总体肿瘤分割：基于先验知识，即 ATRT 型在 ADC 上是低信号；DIPG、LGG

在 FLAIR 上是高信号，贝叶斯分割框架。

肿瘤核心周围的其他病变组织的分割：基于先验知识的准则，见图 8.19。

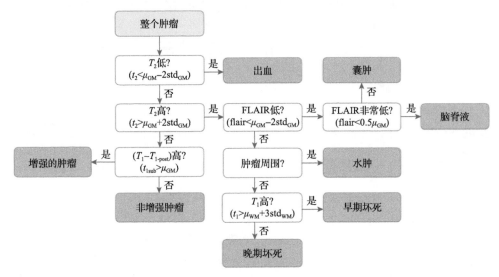

图 8.19　儿童肿瘤周围的病变组织的分割先验知识框架[15]

分割组织包括增强的肿瘤、非增强肿瘤、出血、囊肿、水肿、早期坏死以及晚期坏死，

t_{1sub} 表示的是 T_1 信号减去 $T_{1\text{-post}}$

图 8.19 的先验知识可用以下文字表述。对于分割到的总体肿瘤区域的各像素进行如下基于知识的判断识别，以确定它们的类别：当 T_2 信号为低（低于 $\mu_{GM} - 2std_{GM}$，μ_{GM} 与 std_{GM} 分别为第二步分割出来的灰质的灰度均值与标准差）时，对应的像素为出血。当 T_2 信号为高时（高于 $\mu_{GM} + 2std_{GM}$），进一步判断其 FLAIR 为低（低于 $\mu_{GM} - 2std_{GM}$），若低则进一步判断 FLAIR 是否非常低（低于 $0.5\mu_{GM}$），若是非常低则为脑脊液；若是低但不是非常低则是囊肿；若 FLAIR 不低则看其是否位于肿瘤周围，是就判定为水肿，不是则要判定 T_1 是否为高（高于 $\mu_{WM} + 3std_{WM}$，其中 μ_{WM} 与 std_{WM} 分别是第二步分割出来的白质的灰度均值与标准差），若是高则对应于早期坏死，若不是高则对应于晚期坏死）。对于 T_2 不为高的像素，判定 T_1 减去 $T_{1\text{-post}}$ 的信号是否为高（大于 μ_{GM}），为高的像素判定为增强型肿瘤，不为高的像素则判定为非增强型肿瘤。

测试的数据包括 ATRT 6 例、DIPG 4 例、LGG 7 例，总体肿瘤由临床医师勾画，肿瘤附近的其他病变组织只是对 ATRT 的 6 例进行了勾画；比较了 DeepNeuro[18]、级联 CNN-DIPG[19]（对作者自身的 130 例数据进行了训练，但不包含 4 例测试的 DIPG）。其中级联 CNN（BraTS15/BraTS17）指的是文献[18]针对 BraTS15/BraTS17 数据进行训练,BraTS15 包含成人 220/54 个高级/低级脑胶质瘤。

对于肿瘤整体的分割性能见表 8.1。

表 8.1 对肿瘤整体分割的性能比较

肿瘤类别	患者编号	提出的方法	DeepNeuro 方法	在 BraTS15 训练的级联 CNN	在 BraTS17 训练的级联 CNN	在 130 例训练的级联 CNN
非典型的畸胎样肿瘤	1	0.832	0.028	0.130	0.091	0.000
	2	0.822	0.091	0.000	0.030	0.005
	3	0.809	0.000	0.000	0.000	0.000
	4	0.689	0.124	0.731	0.732	0.312
	5	0.763	0.000	0.270	0.000	0.000
	6	0.605	0.130	0.410	0.385	0.000
	均值	0.753	0.062	0.257	0.206	0.053
低级胶质瘤	7	0.322	0.160	0.235	0.271	0.000
	8	0.699	0.727	0.767	0.738	0.000
	9	0.423	0.028	0.277	0.312	0.471
	10	0.801	0.641	0.785	0.811	0.808
	11	0.273	0.000	0.000	0.000	0.000
	12	0.474	0.000	0.536	0.543	0.000
	13	0.651	0.114	0.762	0.744	0.747
	均值	0.52	0.239	0.480	0.488	0.289
弥漫性桥脑胶质瘤	14	0.855	0.686	0.819	0.891	0.948
	15	0.839	0.581	0.784	0.860	0.922
	16	0.877	0.657	0.751	0.889	0.92
	17	0.905	0.316	0.849	0.840	0.908
	均值	0.869	0.560	0.801	0.870	0.924

级联 CNN-DIPG 好于文献[18]的方法(Dice 系数 0.924,文献[18]为 0.869),主要原因是级联 CNN-DIPG 经过了 130 例数据的训练;其他情况下,文献[18]提出的方法远远好于基于深度学习的其他方法。文献[18]的方法利用的是大量的先验知识,因此不需要训练数据;结果好于基于预训练的深度模型,与一个基于儿童数据(级联 CNN-DIPG)的迁移学习方法性能相当。这个实验表明,当数据量较少时,基于先验的分割是取得良好性能的有效手段,此时深度学习不能直接应用(因为数据缺乏);当数据较多时,深度学习有望取得更优的性能(这里的级联 CNN-DIPG)。肿瘤周围组织的分割方面的比较:现有的方法要么不提供,要么性能较差,见表 8.2。

表 8.2　肿瘤周围组织分割的性能比较[15]

子区域	患者编号	提出的方法	DeepNeuro 方法	在 BraTS15 训练的级联 CNN	在 BraTS17 训练的级联 CNN
增强型肿瘤	1	**0.718**	0.524	0.017	0.282
	2	**0.535**	0.233	0.000	0.095
	3	0.293	**0.314**	0.004	0.052
	4	0.675	0.688	0.545	**0.758**
	5	0.779	0.078	**0.800**	0.748
	6	0.553	0.410	0.055	0.203
	均值	**0.592**	0.374	0.237	0.356
水肿	1	**0.206**	NA	0.013	0.011
	4	0.763	NA	0.800	**0.870**
	6	**0.357**	NA	0.26	0.27
	均值	**0.442**	NA	0.358	0.384
坏死组织	1	0.453	NA	NA	NA
	2	0.106	NA	NA	NA
	3	0.034	NA	NA	NA
	均值	0.198	NA	NA	NA
脑出血	1	0.314	NA	NA	NA
	6	0.249	NA	NA	NA
	均值	0.282	NA	NA	NA
脑脊液	3	0.368	NA	NA	NA
	6	0.24	NA	NA	NA
	均值	0.304	NA	NA	NA
囊肿	3	0.670	NA	NA	NA

注：NA 表示无法使用。

　　与前述原因一致，没有相应的数据进行深度学习训练，包括对于 Cascaded-CNN-DIPG 没有对肿瘤周围组织的分割学习，因而性能较差。图 8.20 展示了一个个体的分割结果。

　　本节实例表明，在数据较少的情况下基于先验知识的分割能获得优秀的性能；此时，深度学习难以直接应用，非深度学习的图像分割优于深度学习图像分割。因此非深度学习的图像分割方法与深度学习图像分割方法可以互补，非深度学习的图像分割方法能够克服数据的不足，通过引入形状、位置、表观、平滑等先验知识实现对图像的分割；深度学习则有望在较多数据的前提下学习特征及先验知识，实现好的分割。有效地结合深度学习与非深度学习，有效地获取图像分割的相关知识以获取优良的分割结果将是图像分割追求的目标。

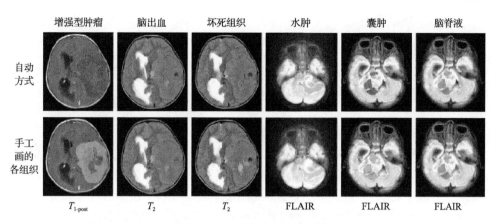

	增强型肿瘤	脑出血	坏死组织	水肿	囊肿	脑脊液
自动方式						
手工画的各组织						
	$T_{1\text{-post}}$	T_2	T_2	FLAIR	FLAIR	FLAIR

图 8.20 一个实例的分割结果[15]

上排从左到右给出的是：自动分割的增强型肿瘤、脑出血、坏死组织、水肿、囊肿、脑脊液，全部用红色表示相应的分割结果；下排为专家画的金标准，绿色表示相应的金标准区域

总结和复习思考

小结

8.1 节介绍了最大后验概率分割，通过估计每类的类概率密度以及每类的比例而直接计算给定观测图像后的每个像素属于各类的后验概率，这是通用的贝叶斯理论框架，在早期的模式识别及图像分割中有大量的应用。

8.2 节介绍了基于 MRF 的最大后验概率分割，它是在 8.1 节内容的基础上考虑邻域势团的像素间类别的相互作用，图像像素标记场的马尔可夫性指的是当前像素的类别只依赖于其邻域内像素的类别；势团是一种特殊的邻域系统，其中的像素都是相邻的，势团的阶指的是势团中像素间的最大距离（n 维图像则为 n）；随机场的马尔可夫性的重要性质是其联合分布可以用势团的势函数表示，对标记场的不一致性进行惩罚，可以看做是一种平滑约束。

8.3 节介绍了主动轮廓模型 ACM 分割，包括参数 ACM 及几何 ACM（即水平集分割）。这类方法是基于边界的方法（不是基于区域的方法），将目标物的边界用有限个轮廓点表征，通过外力（通常是基于图像计算的驱动力，如目标物的边界是期望的轮廓位置的情形则图像力就是图像灰度梯度的函数）作用进行形变，在形变过程中添加某种约束（通常是以内力的形式表现为光滑性约束对曲率进行限定，以及防止震荡的阻力）演变到期望的位置。参数 ACM 难以改变轮廓的拓扑结构，而几何 ACM 则克服了这一缺点。这类方法的核心是设计合适的外力及轮廓初值，优化的参数设计比较困难；对形变空间进行限定就是统计形状模型。

8.4 节介绍了图切割分割方法，建立在网络流理论基础上：网络图中有两种特殊的节点，分别是网络的源点 s 与网络的汇点 t，这两个特殊节点称为网络图的终点，它们分别对应于二分类的前景和背景；相邻顶点之间的容量反映的是顶点之间对于类属的相似性，终点与所有的图像像素顶点相邻；图切割方法的理论基础就是基于不存在增广路径的网络切割的最大流定律；图切割图像分割的关键就是定义合适的终点到各图像像素的容量(t-连接，类似于最大后验概率方法的后验概率，方便的引入先验机制)、相邻像素间的容量(n-连接，类似于马尔可夫随机场的势团，但是更灵活，也不必限制在互为邻域的相邻像素中)。本节还详细描述了一种结合统计形状模型的图切割分割框架，期望读者能理解统计形状模型是如何在目标函数中得以体现的：采用图像配准技术将统计形状模型配准到待分割的图像空间，从统计形状模型得到平均形状 $\bar{\Phi}$ 及平均形状之外的形状变化范围，目标函数中的 t-连接仅仅只对平均形状之外的形状变化范围进行计算，而形状变化范围外的像素则根据平均形状设置为相应的前景及背景，n-连接还考虑像素位置在平均形状之外的形状变化范围内的特征；除了主成分分析方法确定形状变化范围，还可以通过各训练样本与待分割数据进行配准后直接估计形状变化范围，得到平均形状及可能形变的位置(有少量训练样本在该处为目标物)。

8.5 节介绍了条件随机场分割及先验知识融合。条件随机场 CRF 是一种随机场，根据观测值来确定马尔可夫随机场的概率分布。与 MRF 相似，CRF 根据势能函数确定后验概率 $P(Y|X)$，包括：关联势能的表观势能 φ(表述的是观测图像 X 的灰度及相关特性(如纹理属性)与类别的关系)、形状势能 ψ(对目标物进行形状的限定)和位置势能 ϕ(主要针对在什么位置容易有过分割、在哪些位置容易有欠分割(不容易分割的位置))；交互势能基于相邻像素标记之间的上下文依赖关系构建，除了构建马尔可夫随机场的平滑势能 V_{smooth}，还构建边缘势能 V_{edge}。最终的后验概率为式(8-50)，有效地集成了图像目标物的表观特性、形状特性、位置特性、平滑特性及边缘相互作用，还可以根据需要添加其他的关联势能及交互势能，是较全的集成先验知识的分割框架。其优化可以采用图切割方法求优化解。

8.6 节介绍了现代分割方法的先验知识，主要介绍了基于样本主成分分析的统计形状先验的构造，总结了其他先验知识的获取，并介绍了一个综合应用先验知识的分割实例：从多模态磁共振影像分割儿童肿瘤。本节实例表明，在数据较少的情况下基于先验知识的分割能获得优秀的性能；此种情况下非深度学习的图像分割方法的分割性能可能会优于深度学习的方法。因此非深度学习的图像分割方法与深度学习图像分割方法可以互补，非深度学习的图像分割方法能够克服数据的不足，通过引入形状、位置、表观、平滑等先验知识实现对图像的分割；深度学习则有望在较多数据的前提下学习特征及先验知识，实现好的分割。

复习思考题

8.1　设背景/前景的类概率密度分别为均值 50/150、标准差为 10/20 的高斯分布逼近,类概率分别为 0.3 和 0.7,现有一 3×3 邻域像素,中间像素的灰度为 100、8-邻域各像素灰度为 50,其中势团势函数为 $v_c(k_s) = -\sum_{s_1 \in N_s} \beta \times \delta(k_s - k_{s_1})$。请基于最大后验概率和马尔可夫随机场最大后验概率对中间像素进行分类(考虑二阶势团)。

8.2　试阐述水平集分割方法中驱动力 F 取值 $F(C(t),t) = (1-\varepsilon_\kappa)\exp(-|\nabla G_\sigma * f(x,y)|)$ 的合理性。

8.3　主动轮廓模型分割的终止条件有哪些?

8.4　如何设计合适的图切割算法使得它与 MRF 最大后验概率具有相同的分割结果?

8.5　从原理上比较图切割分割方法与马尔可夫随机场最大后验概率的优劣。

8.6　在图切割分割方法中,怎样确保像素点被指定为背景或前景?

8.7　相对于 MRF 而言,为什么 CRF 可以集成多种先验知识?

8.8　CRF 是如何实现对分割的位置、形状及表观限定的?

8.9　图像分割的先验知识有哪些主要的表现形式?

8.10　用三种分割方法(原理本质上不同,例如不同的灰度阈值计算方法都属于同一种,至少一种是这里介绍的图像分割现代方法),实现对 MRA 图像实施相应的二值化并讨论优劣(分割出亮的区域,即血管,下图为原图及分割金标准(用于评估分割的性能))。

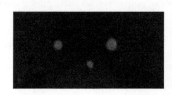 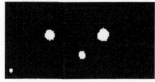

参 考 文 献

[1]　van de Schoot R, Depaoli S, King R, et al. Bayesian statistics and modelling. Nature Reviews Method Primers, 2021, 1: 1.

[2]　Liang Z, Wang S. An EM approach to MAP solution of segmenting tissue mixtures. IEEE Transactions on Medical Imaging, 2009, 28(2): 297-310.

[3]　Zhou S J, Chen W F, Jia F C, et al. Segmentation of brain magnetic resonance angiography images based on MAP-MRF with multi-pattern neighborhood system and approximation of

regularization coefficient. Medical Image Analysis, 2013, 17:1220-1235.

[4] 贾亚飞, 赵凤军, 禹卫东, 等. 基于扩散方程和 MRF 的 SAR 图像分割. 电子与信息学报, 2011, 33(2): 363-368.

[5] Kass M, Witkin A, Terzopoulos D. Snakes: Active contour models. International Journal of Computer Vision, 1988, 1: 321-331.

[6] Wu G, Zhang X D, Luo S H, et al. Lung segmentation based on customized active shape model from digital radiography chest images. Journal of Medical Imaging and Health Informatics, 2015, 5(2): 184-191.

[7] Osher S, Sethian J A. Fronts propagating with curvature dependent speed: algorithms based on Hamilton-Jacobi formulations. Journal of Computational Physics, 1988, 79(1): 12-49.

[8] Ford L R. Network Flow Theory. Santa Monica: RAND Corporation, 1956.

[9] Grosgeorge D, Petitjean C, Dacher J N, et al. Graph cut segmentation with a statistical shape model in cardiac MRI. Computer Vision and Image Understanding, 2013, 117: 1027-1035.

[10] Lafferty J, McCallum A, Pereira F C N. Conditional random fields: Probabilistic models for segmenting and labeling sequence data//Proceedings of the 18th International Conference on Machine Learning. California: Morgan Kaufmann Publishers Inc, 2001: 282-289.

[11] Beriault S, Xiao Y M, Collins D L, et al. Automatic SWI venography segmentation using conditional random fields. IEEE Transactions on Medical Imaging, 2015, 34(12): 2478-2491.

[12] Frangi A F, Niessen W J, Vincken K L, et al. Multiscale vessel enhancement filtering// Proceedings of the 1st International Conference on Medical Image Computing and Computer-Assisted Intervention. Massachusetts: Springer, 1998: 130-137.

[13] van Ginneken B, Stegmann M B, Loog M. Segmentation of anatomical structures in chest radiographs using supervised methods: A comparative study on a public database. Medical Image Analysis, 2006, 10(1): 19-40.

[14] Akselrod-Ballin A, Galun M, Gomori J M, et al. Prior knowledge driven multiscale segmentation of brain MRI//Proceedings of the 10th International Conference on Medical Image Computing and Computer-Assisted Intervention. Brisbane: Springer, 2007, II: 118-126.

[15] Zhang S L, Edwards A, Wang S B, et al. A prior knowledge based tumor and tumoral subregion segmentation tool for pediatric brain tumors. arXiv: 2109.14775, 2021.

[16] Wang G T, Li W Q, Ourselin S, et al. Automatic brain tumor segmentation using cascaded anisotropic convolutional neural networks//Proceedings of the 3rd International Workshop on Brainlesion: Glioma, Multiple sclerosis, Stroke, and Traumatic Brain Injuries. Granada: Springer, 2018: 178-190.

[17] Mazziotta J, Toga A, Evans A, et al. A probabilistic atlas and reference system for the human brain: International Consortium for Brain Mapping (ICBM). Philosophical Transactions B, 2001,

356: 1293-1322.

[18] Beers A, Brown J, Kang K, et al. DeepNeuro: An open-source deep learning toolbox for neuroimaging. Neuroinformatics, 2021, 19(1): 127-140.

[19] Wang G T, Li W Q, Ourselin S, et al. Automatic brain tumor segmentation using cascaded anisotropic convolutional neural networks//Proceedings of the 3rd International Workshop on Brainlesion: Glioma, Multiple Sclerosis, Stroke and Traumatic Brain Injuries. Quebec: Springer, 2017: 178-190.

第9章 数字图像配准

数字图像配准是数字图像处理的重要技术，研究的内容是将两幅或多幅内容相同或相似的图像统一到相同的空间坐标系。待配准的图像内容相同，这属于狭义的数字图像配准，对应于同一场景在不同时间或不同成像条件下获取的图像的配准；待配准的图像的内容仅仅只是相似，这是早期图像配准的延伸，比如不同个体的脑具有相似性，但由于个体的差异则不能期望二者内容相同，求取不同个体的脑的空间对齐问题就是广义的数字图像配准问题。本章的内容涵盖了狭义及广义的数字图像配准。

本章先回顾数字图像配准的发展历史、面临的挑战，再给出严格的数学定义，并依次描述数字图像配准的四大要素：特征空间、相似性测度、空间变换和优化策略，介绍常见的配准方法与工具并给出了实例。本章各节安排如下：

9.1 节介绍数字图像配准的背景知识；

9.2 节介绍数字图像配准的空间变换；

9.3 节介绍数字图像配准的相似性测度；

9.4 节介绍数字图像配准的优化策略；

9.5 节介绍数字图像配准的方法；

9.6 节介绍数字图像配准的常见工具。

本章的特色是比较全面地介绍了代表性的方法，尤其是现代的方法并给出了一些实例。

9.1 数字图像配准技术概述

本节将介绍数字图像配准的定义、意义、历史、应用及挑战。

给定两幅待配准的图像，即参考图像(亦称固定图像)I_R 和浮动图像 I_F，图像配准就是找到一个坐标变换 $T: I_F \rightarrow I_R$，实现从浮动图像到参考图像的空间对齐。图像配准可以通过优化待配准图像的代价函数实现，即

$$\hat{\mu} = \underset{\mu}{\mathrm{argmin}}\left\{L\left(T_\mu; I_R, I_F\right) + R\left(T_\mu\right)\right\} \tag{9-1}$$

其中，T_μ 是带有参数 μ 的空间变换；R 是可选项，对空间变换的平滑性进行约束。代价函数包含两项，即 $L\left(T_\mu; I_R, I_F\right)$ 与 $R\left(T_\mu\right)$，分别表示变换后的浮动图像与原始

参考图像间的差异度量，以及对变换 T 的约束正则项。浮动图像 $I_F(X)$ 在空间变换 $T(X)$ 后，变成 $I_F(T(X))$。实际中，总有一些图像配准问题难以合适的定义，比如将某个人的脑皮层对齐到另一个人的脑皮层：因为这两个人的脑皮层本身不一样，如何对齐在物理上是找不到直接对应的，但是可以通过优化函数的确定而定义配准的含义。因此，通过定义代价函数(式(9-1))，物理上的图像配准，转化为数学上的优化问题！

随着成像设备，尤其是医学影像设备、遥感设备、手机等的迅速的发展，产生了大量的内容相关的数据，从单一视角到多个视角、单一波段到多个波段、静态到动态、形态到功能、平面到立体等多个层面表征场景，将这些相关的图像统一到相同的空间坐标系成为极具应用价值的技术。比如，对人脑可以有多种模式成像，其中 X 射线断层成像(CT)对硬组织及急性脑出血能很好地表征，磁共振成像的结构成像则能很好地表征软组织，磁共振成像的功能序列则能较好地表征脑部各个功能区组成的脑网络，因此 CT 与磁共振成像的配准将能有效地表征硬组织与软组织、形态与功能。

随着计算机计算能力的提升和成像技术的发展，数字图像配准从 20 世纪 80 年代开始，得到了巨大的发展，经历了基于图像外部标记点的刚性配准[1]、基于图像内部特征的刚性配准[2]、非刚性配准[3]。非刚性配准在 2008 年后取得了长足的进步，标志性的进展包括大形变的拓扑保持即微分同胚图像配准[4]、双向形变的对称图像配准[5]、基于由粗到精广义图像特征引导的对称图像配准[6]。尽管还有很多挑战，数字图像配准的方法与应用都越来越深入、细致和系统化，近年来的深度学习也被引入到图像配准领域，以进一步提升数字图像配准的性能。

数字图像配准有广泛的应用前景。在计算机视觉和模式识别领域的应用主要包括多视角分析、多时间点分析、多模态分析、场景到模型的配准。在医学影像领域的应用包括：放疗的术前计划用 CT 与治疗中影像的图像配准，帮助进行放疗计划的实施与调整；结合功能与解剖影像配准的肿瘤诊断；医学图谱的构造以及应用(评估、识别、量化)；术中影像与术前影像的配准以实现术中导航；治疗进程中的不同时间点的影像配准以实现治疗效果的跟踪。遥感图像的配准为人类全面认识环境和自然资源提供了可能，用以检测农作物生长、海水的潮汐、天气预报、自然灾害预防等，在军事和国防领域则有助于军事目标的检测、识别和跟踪等。

数字图像配准是公认的困难的图像处理技术，以下问题仍然是图像配准的热点及难点：第一，局部存在较大形变的精确配准，主要难点在于较大形变的精确建模与认知；第二，多模态图像的精确配准，困难在于成像设备或模态不同会有各自的固有形变，外加配准对象间内容的差异，使得相似性测度定义及验证困难；第三，图像配准的高效实现，对诸如手术导航等实时性要求高的应用，高效性也是难点；第四，图像配准算法的高鲁棒性，如何保证在不可预知环境或复杂背景下的图像配准性能具有挑战性。

图9.1给出了数字图像配准的流程，包括四大要素，即特征空间、相似性测度、空间变换和优化策略。图像配准是一个迭代优化的过程，针对不变的参考图像及实施迭代的空间变换并经插值后的浮动图像，在图像的特征空间计算代价函数(相似性测度+正则项)，通过迭代空间变换优化代价函数直至得到最优参数，从而实现参考图像与浮动图像的配准。

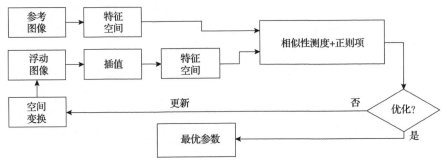

图 9.1 数字图像配准的流程

数字图像配准的特征空间，指的是从待配准图像中提取的用于计算相似性测度所用的特征构成的空间。常用的特征是灰度、特征点、直线段、边界轮廓、面、形状描述子等。数字图像配准的其他三大要素，即空间变换、相似性测度及优化策略，将在后面章节详细描述。

9.2 数字图像配准的空间变换

数字图像配准的搜索空间包括：空间变换范围和空间变换模型。空间变换范围有两种，即全局变换和局部变换。若整幅图像的空间变换具有相同的参数，则该空间变换为全局变换；若图像的空间变换依赖于像素/体素的空间位置，则该空间变换为局部变换。

数字图像配准的空间变换可分为两类，即刚体变换与非刚体变换。刚体变换包括旋转与平移；非刚体变换主要有仿射变换、投影变换、弯曲变换。图 9.2 展示了各种变换施加于浮动图像后，原浮动图像像素在变换后的位置分布。

刚体变换(rigid transformation)是一种只有旋转和平移的空间变换，变换前后的两点间距离及平行关系保持不变。刚体变换可以用齐次坐标来表示，以$(x, y, 1)$及$(x', y', 1)$表示变换前后的齐次坐标，其中(x, y)和(x', y')为变换前后的空间坐标，则刚体变换(沿 X 轴平移 p、Y 轴平移 q、最后绕原点旋转角度 θ)的矩阵表达形式为

$$\begin{bmatrix} x' \\ y' \\ 1 \end{bmatrix} = \begin{bmatrix} \cos\theta & \sin\theta & 0 \\ -\sin\theta & \cos\theta & 0 \\ 0 & 0 & 1 \end{bmatrix} \begin{bmatrix} 1 & 0 & 0 \\ 0 & 1 & q \\ 0 & 0 & 1 \end{bmatrix} \begin{bmatrix} 1 & 0 & p \\ 0 & 1 & 0 \\ 0 & 0 & 1 \end{bmatrix} \begin{bmatrix} x \\ y \\ 1 \end{bmatrix} \tag{9-2}$$

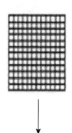

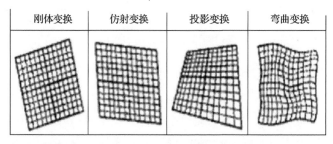

图 9.2　刚体变换、仿射变换、投影变换、弯曲变换的变换示意图

　　一般情况的空间变换不具有交换性，即不同顺序的变换得到的结果可能是不同的。例如，如下刚体变换：先绕坐标原点旋转 10°，再沿 X 轴平移 4 个单位，最后沿 Y 轴平移 9 个单位。其变换矩阵可以按下式计算：

$$\begin{bmatrix} x' \\ y' \\ 1 \end{bmatrix} = \begin{bmatrix} 1 & 0 & 0 \\ 0 & 1 & 9 \\ 0 & 0 & 1 \end{bmatrix} \begin{bmatrix} 1 & 0 & 4 \\ 0 & 1 & 0 \\ 0 & 0 & 1 \end{bmatrix} \begin{bmatrix} \cos10° & \sin10° & 0 \\ -\sin10° & \cos10° & 0 \\ 0 & 0 & 1 \end{bmatrix} \begin{bmatrix} x \\ y \\ 1 \end{bmatrix} = \begin{bmatrix} 0.9848 & 0.1736 & 4 \\ -0.1736 & 0.9848 & 9 \\ 0 & 0 & 1 \end{bmatrix} \begin{bmatrix} x \\ y \\ 1 \end{bmatrix}$$

同样的平移及旋转角度，但顺序改变为先沿 X 轴平移 4 个单位，再沿 Y 轴平移 9 个单位，最后绕坐标原点旋转 10°，则对应的空间变换矩阵为 $\begin{bmatrix} 0.9848 & 0.1736 & 5.5016 \\ -0.1736 & 0.9848 & 8.1688 \\ 0 & 0 & 1 \end{bmatrix}$，

因此这两个变换的变换矩阵不同。另外，同一个空间变换矩阵，可以有多种实现方式。以变换矩阵 $\begin{bmatrix} 0.9848 & 0.1736 & 4 \\ -0.1736 & 0.9848 & 9 \\ 0 & 0 & 1 \end{bmatrix}$ 为例，第一种实现方式是：先绕坐标原

点旋转 10°，再沿 X 轴平移 4 个单位，最后沿 Y 轴平移 9 个单位；第二种实现方式是先沿 X 轴平移 2.3764 个单位，然后沿 Y 轴平移 9.5579 个单位，最后绕坐标

原点旋转10°。同一空间变换的解的多样性使得不同的优化成为可能。

仿射变换(affine transformation)是一种保持直线性及平行性的变换,即直线经过变换后依旧为直线,平行的直线变换后依旧平行,但不能保持线段的长度及线段间的夹角不变。以(t_x, t_y)表示平移,则二维仿射变换的变换矩阵为

$$\begin{bmatrix} a_{11} & a_{12} & t_x \\ a_{21} & a_{22} & t_y \\ 0 & 0 & 1 \end{bmatrix} \tag{9-3}$$

仿射变换可以分解为刚体变换加缩放(scaling)、剪切(shear)变换、反射变换(reflection)的复合,其中二维缩放、剪切、原点对称的反射变换矩阵分别为

$$\begin{bmatrix} m_x & 0 & 0 \\ 0 & m_y & 0 \\ 0 & 0 & 1 \end{bmatrix} \text{、} \begin{bmatrix} 1 & s_x & 0 \\ s_y & 1 & 0 \\ 0 & 0 & 1 \end{bmatrix} \text{、} \begin{bmatrix} -1 & 0 & 0 \\ 0 & -1 & 0 \\ 0 & 0 & 1 \end{bmatrix}$$

式中,m_x、m_y为在X与Y方向的缩放系数,大于1时是放大,小于1时是缩小;当$m_x = m_y$时,称为均匀缩放(uniform scaling)。刚体变换+均匀缩放称为相似变换(similarity transformation)。

透视变换(perspective transformation)又称投影变换,直线经过该变换后还是直线,但平行的直线经过变换后可能相交。它的二维变换公式是由(x, y)变换为(x', y')

$$\begin{bmatrix} ux' \\ uy' \\ u \end{bmatrix} = \begin{bmatrix} p_{11} & p_{12} & p_{13} \\ p_{21} & p_{22} & p_{23} \\ p_{31} & p_{32} & 1 \end{bmatrix} \begin{bmatrix} x \\ y \\ 1 \end{bmatrix} \tag{9-4}$$

三维变换公式是由(x, y, z)变换为(x', y')

$$\begin{bmatrix} ux' \\ uy' \\ u \end{bmatrix} = \begin{bmatrix} p_{11} & p_{12} & p_{13} & p_{14} \\ p_{21} & p_{22} & p_{23} & p_{24} \\ p_{31} & p_{32} & p_{33} & 1 \end{bmatrix} \begin{bmatrix} x \\ y \\ z \\ 1 \end{bmatrix} \tag{9-5}$$

透视变换主要用于三维图像向二维平面的投影,场景是二维图像与三维图像的配准。

弯曲变换(curved transformation)可以把直线变换为曲线。较常用的弯曲变换是多项式函数,如二次/三次多项式、B样条函数、薄板样条函数(thin plate spline, TPS）。还是以二维空间为例，则基于二次多项式的基函数包括（x^2, xy, y^2, x, y, 1），

$$\begin{bmatrix} x' \\ y' \\ 1 \end{bmatrix} = \begin{bmatrix} c_{11} & c_{12} & c_{13} & c_{14} & c_{15} & c_{16} \\ c_{21} & c_{22} & c_{23} & c_{24} & c_{25} & c_{26} \\ 0 & 0 & 0 & 0 & 0 & 1 \end{bmatrix} \begin{bmatrix} x^2 \\ xy \\ y^2 \\ x \\ y \\ 1 \end{bmatrix} \tag{9-6}$$

基于 3 次 B 样条的自由形变的空间变换的基函数为（$\theta_0(s), \theta_1(s), \theta_2(s), \theta_3(s), 1$），其中

$$\theta_0(s) = \frac{(1-s)^3}{6}, \quad \theta_1(s) = \frac{3s^3 - 6s^2 + 4}{6}, \quad \theta_2(s) = \frac{-3s^3 + 3s^2 + 3s + 1}{6}, \quad \theta_3(s) = \frac{s^3}{6}$$

以 $\Phi_{i,j}$ 表示浮动图像中均匀的控制网格点坐标（间距为 δ 个像素），则浮动图像像素 (x, y) 可以分解为整数部分与小数部分，即

$$i = \left[\frac{x}{\delta}\right], \quad j = \left[\frac{y}{\delta}\right], \quad u = \frac{x}{\delta} - i, \quad v = \frac{y}{\delta} - j$$

则 (x, y) 处的自由形变可表示为

$$(\Delta x, \Delta y)^{\mathrm{T}} = \sum_{l=0}^{3} \sum_{m=0}^{3} \theta_l(u) \theta_m(v) [\Phi_{i+l,j+m}(x), \Phi_{i+l,j+m}(y)]^{\mathrm{T}} \tag{9-7}$$

其中，$[\Phi_{i+l,j+m}(x), \Phi_{i+l,j+m}(y)]$ 表示控制网格点（行方向为 $i+l$、列方向为 $j+m$）的 X 及 Y 坐标。

TPS 用于参考图像与浮动图像有 N 对对应的特征点（P_i, Q_i, $i=1, 2, \cdots, N$）的配准。TPS 能保证配准后的图像在控制点精确对齐，其他位置的偏移量使图像具有最小的弯曲能量。TPS 具有独特性质，能够将一般的空间变换分解为一个全局的仿射变换和一个局部非仿射变换。对于二维图像，由控制点所建立的 TPS 可分解为对于 x 及 y 分量的薄板样条函数，即对任意图像点 (x, y)

$$T_x(x, y) = a_{x1}x + a_{x2}y + a_{x3} + \sum_{i=1}^{N} w_{xi} \rho((x, y), P_i) \tag{9-8}$$

$$T_y(x, y) = a_{y1}x + a_{y2}y + a_{y3} + \sum_{i=1}^{N} w_{yi} \rho((x, y), P_i) \tag{9-9}$$

其中，$\rho((x,y),P_i)=|(x,y)-P_i|^2\ln|(x,y)-P_i|$，$|(x,y)-P_i|$是点$(x,y)$到$P_i$的欧几里得距离；$w_{xi}$及$w_{yi}$为权系数。

9.3 数字图像配准的相似性测度

相似性测度能度量浮动图像经过空间变换后的特征与参考图像特征之间的相似性，并为下次是否及如何进行空间变换提供依据。

常见的相似性测度有基于灰度的测度、基于几何特征的测度以及混合测度。常见的基于灰度的测度有灰度差值平方和(sum of squared differences, SSD)、灰度差的绝对值之和(sum of absolute differences, SAD)、正规化互相关(normalized cross correlation, NCC)、互信息(mutual information, MI)、正规化互信息(normalized mutual information, NMI)。以$I_R(x,y)$、$I_F(x,y)$分别表示参考图像及经过空间变换后的浮动图像的灰度，$p_F(i)$、$p_R(i)$、$p_{RF}(i,j)$分别表示经空间变换后的浮动图像的灰度概率分布、参考图像的灰度概率分布、参考图像与经过空间变换后的浮动图像的联合概率分布，$I_R(x,y)$与$I_F(x,y)$的灰度均值分别记为$\overline{I}_R(x,y)$与$\overline{I}_F(x,y)$，则有

$$\mathrm{SSD}(I_R,I_F)=\sum_x\sum_y[I_R(x,y)-I_F(x,y)]^2$$

$$\mathrm{SAD}(I_R,I_F)=\sum_x\sum_y|I_R(x,y)-I_F(x,y)|$$

$$\mathrm{NCC}(I_R,I_F)=\frac{\sum_x\sum_y\big[I_R(x,y)-\overline{I}_R(x,y)\big]\big[I_F(x,y)-\overline{I}_F(x,y)\big]}{\sqrt{\sum_x\sum_y[I_R(x,y)-\overline{I}_R(x,y)]^2}\times\sqrt{\sum_x\sum_y[I_F(x,y)-\overline{I}_F(x,y)]^2}}$$

$$\mathrm{MI}(I_R,I_F)=-\sum_i p_R(i)\log[p_R(i)]-\sum_i p_F(i)\log[p_F(i)]+\sum_{i,j}p_{RF}(i,j)\log[p_{RF}(i,j)]$$

$$\mathrm{NMI}(I_R,I_F)=\frac{-\sum_i p_R(i)\log[p_R(i)]-\sum_i p_F(i)\log[p_F(i)]+\sum_{i,j}p_{RF}(i,j)\log[p_{RF}(i,j)]}{-\sum_i p_R(i)\log[p_R(i)]-\sum_i p_F(i)\log[p_F(i)]}$$

其中，SSD 与 SAD 相似，要求待配准的图像具有相同的灰度分布；NCC 适合待配准图像的灰度具有线性关系；MI 及 NMI 准则适合于多模态图像之间的配准，适合于描述待配准图像之间的统计相关性。需要指出的是，基于灰度的相似性测度已经有非常多，作为热点及难点还在不断地有新的测度的提出。作为相似性测度的多样性，下面还介绍文献[7]中描述的三维到二维医学图像配准中的几种相似

性测度，包括以下几个方面。

(1) 差异图像的熵： $I_{\text{dif}}(x,y) = I_R(x,y) - s \times I_F(x,y)$，选择合适的常数 s 使得 $I_{\text{dif}}(x,y)$ 的信息熵最大 (设其灰度概率为 $p_{\text{dif}}(i)$，信息熵为 $-\sum_i p_{\text{dif}}(i) \times \log[p_{\text{dif}}(i)]$)。

(2) 梯度相关值 (gradient correlation)：利用 Sobel 算子分别算出待配准图像的水平及垂直方向的边缘图像，在水平与垂直方向分别计算这两个边缘图像的正规化互相关，然后将二者平均就得到梯度相关值。

(3) 模式灰度 (pattern intensity)：模式灰度以在某个半径 r 内的灰度是否与其邻域灰度有较大差异作为判定有无具有某种目标物的依据，而差异图像以对噪声不敏感且不存在显著的目标物可作为配准的判据，由此构造的模式灰度为 $P_{r,\sigma}(I_R, I_F) =$

$$\sum_{i,j} \sum_{(v-i)^2+(w-j)^2 \leqslant r^2} \frac{\sigma^2}{\sigma^2 + [I_{\text{dif}}(i,j) - I_{\text{dif}}(v,w)]^2}$$，其中文献[7]中的参数设置为 $\sigma = 10$，r 为 3 个像素。

(4) 梯度差异：其引入是为了对噪声不敏感，且对薄的线形目标物不敏感，定义为

$$G(I_R, I_F) = \sum_{i,j} \frac{A_v}{A_v + [I_{\text{dif}V}(i,j)]^2} + \sum_{i,j} \frac{A_h}{A_h + [I_{\text{dif}H}(i,j)]^2}$$

式中，$I_{\text{dif}V}(i,j) = \dfrac{\partial I_{\text{dif}}(i,j)}{\partial i}$，$I_{\text{dif}H}(i,j) = \dfrac{\partial I_{\text{dif}}(i,j)}{\partial j}$，$I_{\text{dif}}(i,j) = I_R(x,y) - s \times I_F(x,y)$，其中 A_v 和 A_h 为常数，在实验中分别取参考图像在垂直和水平方向的梯度的方差。

基于几何特征的相似性测度主要包括待配准图像之间的特征点/线段/面之间的距离或其他几何特征相似性测度，通常将问题转化为对应特征点之间的距离。

混合测度可以是在初始/细化的配准过程中采用不同的测度，或者是单一的初始/细化的配准过程是基于灰度结合特征点/线/面之间的几何特征的测度。

需要指出的是，数字图像配准的相似性测度是配准的核心也是难点，尤其是对于多模态图像或者是待配准图像之间的外观存在较大差异时，一种解决的方法就是借助于深度学习隐式地获得适宜的相似性测度。

图像配准的代价函数或目标函数=相似性测度+$\lambda \times$对空间变换限制的正则项。合理的空间变换参数需要保证空间变换具有物理学或生理学意义。常用的约束图像形变的正则项有弯曲能量惩罚、不可压缩约束、刚性惩罚正则化等，λ 为一常数，控制正则项的权重。正则项一般是对弯曲形变进行约束，因此是对浮动图像中任意像素 (x,y) 的移动量 $u(x,y) = (u_1(x,y), u_2(x,y))$ 进行约束。在文献[8]中的刚

性惩罚的数学描述如下。

变换的相似性：$AC_{kij}(x,y)=0$ (affinity condition, AC)，包括六项，即

$$AC_{111}(x,y)=\frac{\partial^2 u_1(x,y)}{\partial x^2},\quad AC_{112}(x,y)=\frac{\partial^2 u_1(x,y)}{\partial x\partial y},\quad AC_{122}(x,y)=\frac{\partial^2 u_1(x,y)}{\partial y^2}$$

$$AC_{211}(x,y)=\frac{\partial^2 u_2(x,y)}{\partial x^2},\quad AC_{212}(x,y)=\frac{\partial^2 u_2(x,y)}{\partial x\partial y},\quad AC_{222}(x,y)=\frac{\partial^2 u_2(x,y)}{\partial y^2}$$

变换的标准正交性：$OC_{ij}(x,y)=0$ (orthonormality condition, OC)，共有三项，即

$$OC_{11}(x,y)=\left[\frac{\partial u_1(x,y)}{\partial x}+1\right]\left[\frac{\partial u_1(x,y)}{\partial x}+1\right]+\left[\frac{\partial u_2(x,y)}{\partial x}\right]\left[\frac{\partial u_2(x,y)}{\partial x}\right]-1=0$$

$$OC_{12}(x,y)=\left[\frac{\partial u_1(x,y)}{\partial x}+1\right]\left[\frac{\partial u_1(x,y)}{\partial y}\right]+\left[\frac{\partial u_2(x,y)}{\partial x}\right]\left[\frac{\partial u_2(x,y)}{\partial y}+1\right]=0$$

$$OC_{22}(x,y)=\left[\frac{\partial u_1(x,y)}{\partial x}+1\right]\left[\frac{\partial u_1(x,y)}{\partial x}+1\right]+\left[\frac{\partial u_2(x,y)}{\partial x}\right]\left[\frac{\partial u_2(x,y)}{\partial x}\right]-1=0$$

变换的合适性：变换矩阵的行列式为 1 的条件，二维变换矩阵为

$$R(x,y)=\begin{bmatrix}\dfrac{\partial u_1(x,y)}{\partial x}+1 & \dfrac{\partial u_1(x,y)}{\partial y}\\[2ex]\dfrac{\partial u_2(x,y)}{\partial x} & \dfrac{\partial u_2(x,y)}{\partial y}+1\end{bmatrix}$$

因此这个约束为 $PC(x,y)=\left[\dfrac{\partial u_1(x,y)}{\partial x}+1\right]\left[\dfrac{\partial u_2(x,y)}{\partial y}+1\right]-\dfrac{\partial u_1(x,y)}{\partial y}\dfrac{\partial u_2(x,y)}{\partial x}-1=0$

(properness condition, PC)。图像中每个像素或组织的刚性系数可以不一样，记为 $c(x,y)$，它取值于 0~1 之间，0 表示完全的非刚性，1 表示完全的刚性，可以得到刚性惩罚正则项：

$$P_{\text{rigid}}(u_1,u_2,I_F)\triangleq\frac{1}{\sum\limits_{x,y}c(x+u_1,y+u_2)}\sum_{x,y}c(x+u_1,y+u_2)\times\left\{c_{AC}\sum_{k,i,j}[AC_{kij}(x,y)]^2\right.$$

$$\left.+c_{OC}\sum_{i,j}[OC_{ij}(x,y)]^2+c_{PC}[PC(x)]^2\right\}$$

其中，c_{AC}、c_{OC}、c_{PC} 是三个权系数决定各分量的权重。文献[8]中的常数设置为 $\lambda=1$，$c_{AC}=250$、$c_{OC}=2.0$、$c_{PC}=10.0$。

弯曲能量正则化是一种光滑性约束，其表达式为

$$P_{\text{bend}}(u_1, u_2, I_{\text{F}}) \triangleq \sum_{(x,y)} \left\{ \left[\frac{\partial^2 u_1}{\partial x^2} \right]^2 + \left[\frac{\partial^2 u_1}{\partial y^2} \right]^2 + \left[\frac{\partial^2 u_2}{\partial x^2} \right]^2 + \left[\frac{\partial^2 u_2}{\partial y^2} \right]^2 + 2 \left[\frac{\partial u_1}{\partial x} \frac{\partial u_2}{\partial y} \right]^2 \right.$$

$$\left. + 2 \left[\frac{\partial u_1}{\partial y} \frac{\partial u_2}{\partial x} \right]^2 \right\} = 0$$

不可压缩性正则化对应于局部形变的行列式为 $1^{[9]}$，这种约束可以转化为对数的绝对值的和，即 $P_{\text{Jacobian}}(u_1, u_2, I_{\text{F}}) \triangleq \sum_{(x,y)} \left| \log \left[\frac{\partial u_1}{\partial x} \frac{\partial u_2}{\partial y} - \frac{\partial u_1}{\partial y} \frac{\partial u_2}{\partial x} \right] \right|$。

9.4 数字图像配准的优化策略

数字图像配准过程本质上是一个多参数的优化问题，即通过搜索策略寻找目标函数的最大值或最小值，从而得到待配准图像间最优的空间变换参数。常见的配准策略是多分辨率或多尺度策略，用低分辨率实现初始配准，逐步提高分辨率进行细化，这样可以提高运算效率并有效地避免局部极值。优化方法可以分为局部寻优和全局寻优两类方法。为了便于书写，将图像像素记为 X，待配准图像分别为 $I_{\text{R}}(X)$ 与 $I_{\text{F}}(X)$，空间变换记为 $\mu(X)$。

常见的局部寻优方法包括：Powell 方法、梯度下降法、牛顿法、拟牛顿法、单纯形法。常见的全局最优方法包括：遗传算法、模拟退火法、粒子群法。

1. Powell 优化算法

Powell 优化算法由 Powell[10]于 1964 年提出，是一种有效的直接搜索方法，根据线性最小化的思路求解多维最小化：考虑一组互不相关的单位矢量作为方向集，利用线性最小化方法求第一个搜索方向的最小值，在此基础上再求第二个搜索方向的最小值，以此类推，循环所有的搜索方向，指导目标函数停止下降。需要注意的是，这些搜索方向必须线性无关以保证收敛性；如在一轮迭代后，想用改变最大的那个方向时，必须替换当前方向集中的某个方向，但替换时必须保证替换后的方向集仍然线性无关。这里给出一轮计算的实例，表明的是一次迭代的步长是变化的以获取极值：用 Powell 算法求取 $f(x_1, x_2) = x_1^2 + 2x_2^2 - 4x_1 - 2x_1 x_2$ 的最优解，其中初值为 $X_0 = (1,1)$，初始搜索方向集为 $s_1 = (1,0)$，$s_2 = (0,1)$，收敛精度为 Err=0.001。第一轮的搜索包括这两个方向的搜索：首先沿着 s_1 方向搜索，求出该方向的移动量 $a_1(1)$（其中括号内的 1 表示第一轮搜索），移动后的位置为 $X_1 = X_0 +$

$a_1(1)s_1 = (1+a_1(1),1)$，对应的函数值为 $f(1+a_1(1),1) = (1+a_1(1))^2 + 2 - 4(1+a_1(1)) - 2(1+a_1(1)) = (a_1(1)-2)^2 - 7$，$f$ 的极小值为–7，对应于 $a_1(1)=2$，从而得到当前的位置 $X_1 = (3,1)$；对 X_1 沿着 s_2 方向寻优，移动量为 $a_2(1)$，得 $X_2 = X_1 + a_2(1)s_2$，$f(X_2) = 9 + 2(1+a_2(1))^2 - 12 - 6(1+a_2(1)) = 2(a_2(1)-0.5)^2 - 7.5$，当 $a_2(1)=0.5$ 时本次迭代取得极小值，从而得 $X_2 = (3,1.5)$，由于第一轮迭代前后的位置差异为 $|X_3 - X_0| = 2.06 > \text{Err}$，需要进入第二轮迭代；第二轮迭代的初值为 X_3，搜索方向可以依旧是 s_1 与 s_2，也可以考虑将前一轮函数值变化最快的方向纳入考虑之列，需要确认新的方向引入后的方向集是否线性相关：前一轮函数值改变为 $f(X_0) - f(X_1) = 4$，$f(X_1) - f(X_2) = 0.5$，可以考虑以 $X_2 - X_0$ 取代 s_1（最大变化发生的方向）进行下一轮迭代，前提是 $X_2 - X_0$ 与 s_2 不是线性相关的，这只要通过检查二者的行列式即可，显然满足。

2. 梯度下降法

梯度下降(gradient descent)法是一种最常用的局部极值优化算法，其基本思路是沿着偏导数的负向迭代能收敛到初值所在的单调下降区间的极小值，前提是越靠近极值点的步长要越小以避免震荡。递推公式为

$$\mu_{k+1} = \mu_k - a_k g(\mu_k) \tag{9-10}$$

其中，$g(\mu_k)$ 是配准代价函数对空间变换各个参数的偏导数单位矢量。步长 a_k 需要逐步减小，可取为 $a_k = \dfrac{a}{(k+A)^\alpha}$[3]，其中 $a > 0$，$A \geqslant 1$，$0 \leqslant \alpha \leqslant 1$。

3. 拟牛顿法

拟牛顿法(quasi-Newton method)受到著名的牛顿-拉弗森方法(Newton-Raphson method)的启发(极值点的必要条件是代价函数对空间变换各参数的梯度为0)，有 $\mu_{k+1} = \mu_k - [H(\mu_k)]^{-1} g(\mu_k)$，其中 $H(\mu_k)$ 是代价函数对空间变换参数的 Hessian 矩阵。因为用了二阶导数会比一阶导数的收敛性能好，但是 Hessian 矩阵的计算复杂度高，尤其是对非刚性变换更加复杂(参数众多)。拟牛顿法是一种用一阶导数来估计 Hessian 矩阵的方法，即

$$\mu_{k+1} = \mu_k - a_k L_k g(\mu_k) \tag{9-11}$$

其中

$$L_{k+1} = \left(I - \frac{sy^{\mathrm{T}}}{s^{\mathrm{T}}y}\right) L_k \left(I - \frac{ys^{\mathrm{T}}}{s^{\mathrm{T}}y}\right) + \frac{ss^{\mathrm{T}}}{s^{\mathrm{T}}y}, \quad L_0 = I, \quad s = \mu_{k+1} - \mu_k, \quad y = g_{k+1} - g_k$$

4. 非线性共轭梯度法

非线性共轭(nonlinear conjugate)梯度法以迭代的方式改变搜寻方向，即

$$\mu_{k+1} = \mu_k - a_k d_k \tag{9-12}$$

a_k 同式(9-10)中的 a_k，$d_k = -g(\mu_k) + \beta_k d_{k-1}$，$d_0 = -g(\mu_0)$，$\beta_k = \max\left(0, \min\left(\beta_k^{\mathrm{DY}}, \beta_k^{\mathrm{HS}}\right)\right)$，$\beta_k^{\mathrm{DY}} = \dfrac{g_k^{\mathrm{T}} g_k}{d_{k-1}^{\mathrm{T}}(g_k - g_{k-1})}$，$\beta_k^{\mathrm{HS}} = \dfrac{g_k^{\mathrm{T}}(g_k - g_{k-1})}{d_{k-1}^{\mathrm{T}}(g_k - g_{k-1})}$。

5. 随机梯度下降法

随机梯度下降(stochastic gradient descent)法与梯度下降法相似，不同点是用估计量 $\tilde{g}_k$ 表示代价函数的微分 $g(\mu_k)$，该类方法适用于 $g(\mu_k)$ 的计算费时或对运算速度要求较高的场合。基于不同的估计方式，常见的有以下几种随机梯度下降法。

(1) Kiefer-Wolfowitz 随机梯度方法：$[\tilde{g}_k]_i = \dfrac{C(\mu_k + c_k e_i) - C(\mu_k - c_k e_i)}{2c_k}$，其中 $C(\mu_k)$ 为 k 次迭代的代价函数，$c_k = \dfrac{c}{(k+1)^{\gamma}}$，$c>0$，$0 \leqslant \gamma \leqslant 1$ 为用户定义的常数，e_i 是第 i 个参数的单位矢量。

(2) 同步扰动(simultaneous perturbation)随机梯度方法：利用代价函数的估计 $\check{C}_k^+ = C(\mu_k + c_k \Delta_k)$，$\check{C}_k^- = C(\mu_k - c_k \Delta_k)$ 来估计代价函数的微分 $[\tilde{g}_k]_i = \dfrac{\tilde{C}_k^+ - \tilde{C}_k^-}{2c_k [\Delta_k]_i}$，其中 Δ_k 是随机扰动矢量，在每一次迭代中等概率地对每个分量设置为 ± 1，$c_k = \dfrac{c}{(k+1)^{\gamma}}$，$c>0$，$0 \leqslant \gamma \leqslant 1$。

(3) Robbins-Monro 随机扰动法：假设代价函数的微分已知，$\tilde{g}_k = g(\mu_k) + \epsilon_k$，$\mu_{k+1} = \mu_k - a_k \tilde{g}_k$，$\tilde{g}_k$ 通过每次迭代的随机有限样本估计得到，允许存在误差 ϵ_k，$a_k = \dfrac{a}{(k+A)^{\alpha}}$，$a>0$，$A \geqslant 1$，$0 \leqslant \alpha \leqslant 1$。

Kiefer-Wolfowitz 随机梯度方法、同步扰动随机梯度方法是 Robbins-Monro 随机扰动法的特例。

6. 遗传算法

遗传算法(genetic algorithm, GA)是由 Holland[11]在 20 世纪 70 年代确立的一种随机全局寻优方法，起源于对生物系统所进行的计算机模拟研究，模拟了自然选

择和遗传中发生的复制、交叉(crossover)和变异(mutation)等现象,从任一初始种群(population)出发,通过随机选择、交叉和变异操作,产生一群更适合环境的个体,使群体进化到搜索空间中越来越好的区域,一代一代地繁衍进化直至最后收敛到一群最适应环境的个体,从而求得问题的优质解。以下是 GA 的一些术语解释。

(1)染色体(chromosome):解空间内每个点的编码,也称为基因型个体,代表问题的一个解。

(2)基因(gene):染色体中的元素,用于表示个体的特征,例如,对于二进制表示的染色体 S=1101 这个位串,1、1、0、1 这四个元素都称为基因;基因(位串的某位)的特征值与二进制的权重一致;该位串从高到低位的基因的特征值分别为 8、4、2、1。

(3)群体:若干个染色体个体的集合,是问题的部分解的集合。

(4)适应度(fitness):度量个体对环境的适应程度,一般由实际待优化问题的目标函数转换得到,通常会被用来计算个体在群体中使用的概率。

(5)复制:从旧种群(父代)中选择出适应性强的个体,适应度越高的染色体被选中的概率越大,目的是保证群体中较优的个体能够延续生存。常用的复制方法为比例选择法,又称轮盘赌法,把群体中所有染色体的适应度之和看做一个轮盘,而每个染色体按照其适应度在总和中所占的比例在轮盘上占据一定的区域。每次复制操作可以看做是轮盘的一次随机转动,它转到哪个区域停下来,对应区域的染色体即被选中。具体操作为,首先计算群体中所有个体的适应度之和 $f = f_1 + f_2 + \cdots + f_n$,其中 f_i 表示第 i 个染色体的适应度,n 表示群体中个体的数量;其次计算每个个体的适应度所占比例 $p_i = \dfrac{f_i}{f}$,即为第 i 个个体被选中的概率;然后从区间[0, 1]中产生一个随机数 r,如 r 对应的 p_i 个体被选中(一种实现方式是将 p_i 由小到大排列并仍旧记为 p_i,若有 $p_{i-1} < r \leqslant p_i$,则 p_i 被选中)。

(6)交叉:按照一定的概率把两个配对的染色体的某(些)个基因进行交换,目的是要产生新的优秀个体。实际应用中,使用率最高的是单点交叉,即在配对的染色体中随机选择一个交叉位置,然后在该交叉位置对配对的染色体进行基因交换。其他交叉方式还包括多点交叉、均匀交叉(配对的染色体基因序列上每个位置都以等概率进行交叉)、算术交叉(配对染色体之间采用线性组合进行交叉)。

(7)变异:就是改变染色体的某个基因,即从 1 变成 0 或 0 变成 1。变异操作保证了群体进化过程中的多样性,扩大了搜索空间。

GA 算法包括如下步骤:染色体的编码、初始群体的生成、适应度值评估检测、遗传算子更新、终止条件判断。

第一步，染色体的编码，是把一个问题的可行解从其解空间转换到遗传算法的搜索空间的转换方法。遗传算法在进行搜索之前先将解空间的解表示成遗传算法的染色体结构数据，这些串结构数据的不同组合就构成了不同的点。重建的编码方法是二进制编码、浮点数编码。二进制编码：组成染色体的基因序列由二进制数表示，该编码解码简单实用，交叉变异易于实现。浮点数编码：将参数范围映射到对应浮点数区间范围，精度可以随浮点数区间大小而改变。例如，设有参数 $X \in [2,4]$，我们拟用 5 位二进制编码对 X 进行编码，可以有 $2^5 = 32$ 个二进制串（染色体），这对应于问题空间[2, 4]到染色体空间[00000, 11111]的一个线性映射；染色体空间用的是二进制，为便于运算也把它转换成十进制；不难建立问题空间的实数与染色体空间的二进制串的对应关系：问题空间的 x，对应的二进制串的十进制数 y 的映射关系为 $x = 2 + 2y/31$，因此二进制串 10101 对应的[2,4]之间的实数为 $2 + 2 \times 21/31 = 3.3548$；3 的 5 位二进制编码的十进制数为 $31 \times (3–2)/2 = 15.5$，四舍五入为 16，变成 5 位二进制串为 10000。

第二步，初始群体的生成，设置最大进化代数 T、群体大小 M、交叉概率 p_c、变异概率 p_m、随机生成 M 个个体作为初始化群体 P_0。

第三步，适应度评估检测，适应度函数表明个体或解的优劣性，根据具体问题，确定当前群体 $P(t)$ 中各个个体的适应度。

第四步，遗传算子更新，遗传算法使用以下三种遗传算子对当前群体进行适者生存的更新，即选择：从旧群体中以一定概率选择优良个体组成新的种群，以繁殖得到下一代个体，如上面介绍的比例选择法或轮盘赌法；交叉：从种群中随机选择两个个体，通过两个染色体的交换组合，把父串的优秀特征遗传给子串，从而产生新的优秀个体；变异：以一定的概率对染色体的某些个位进行变异，目的是防止遗传算法在优化过程中陷入局部最优解。

第五步，判断是否终止，若进化代数 $t \leqslant T$，转到第三步进行更新迭代；否则以进化过程中得到的具有最大适应度的个体作为最好的解输出，终止运算。实际还可以考虑具有最大适应度的个体的改变小于某个阈值而终止。

遗传算法的优越性主要表现在：第一，与问题领域无关的快速随机的搜索能力；第二，搜索从群体出发，具有潜在的并行性，可以进行多个个体的同时比较；第三，搜索使用评价函数启发，过程简单；第四，使用概率机制进行迭代，具有随机性；第五，具有可扩展性，容易与其他算法结合。

遗传算法的缺点有：第一，遗传算法的编程比较复杂，首先需要对问题进行编码，找到最优解之后还需要对问题进行解码，中间的适应度评估也需要进行编码与解码；第二，算子的实现有许多参数，如交叉率和变异率，这些参数的选择严重影响解的品质，目前这些参数的选择大部分依靠经验；第三，不能及时利用迭代的反馈信息，故算法的搜索速度较慢，需要较多的训练时间才能得到较精确的解；第四，算法对初始种群的选择具有一定的依赖性；第五，算法的并行机制的潜在能力没有得到充分利用，这也是目前遗传算法的一个研究热点。

由于遗传算法的编码解码特性，该类算法用于图像配准主要局限在刚性配准。

7. 模拟退火

模拟退火(simulated annealing, SA)算法的基本思想源于 Metropolis 等[12]，其基本思想是：从一个较高的初始温度出发，逐渐降低温度，直到温度降低到满足热平衡条件为止。在每个温度下，进行 n 轮搜索，每轮搜索时对旧解添加随机扰动生成新解，并按一定规则接受新解。因此该算法是双层循环，即温度由高到低的外循环，以及温度固定的内循环，内循环的迭代次数称为马尔可夫链长度。模拟退火算法的步骤如下：

第一步，初始化，包括外循环次数 N_{out}、内循环次数 N_{in}、初始温度 T_0 及其他相关参数设置，产生初始解并计算对应的代价函数。

第二步，在当前的温度 t_k 下，若满足终止条件(如外循环次数、若干次新解都没有被接受)则终止；否则进入内循环，对当前模型进行随机扰动按照解空间的高斯概率分布产生新解(遍历解空间)，并计算函数增量值 ΔE。若 ΔE 不大于 0，则替代当前解；若 ΔE 大于 0，则按概率 $\exp\left(\dfrac{-\Delta E}{k_b t_k}\right)$ 接受新解(比如产生一个 (0,1) 区间的随机数，$\exp\left(\dfrac{-\Delta E}{k_b t_k}\right)$ 大于该随机数时就接受)，k_b 是常数。内循环达到 N_{in} 后或连续多次新解不被接受时就终止内循环。

第三步，降低温度，通常是 $t_{k+1}=\alpha t_k$，α 为 [0,1] 内的温度衰减系数，如取 0.95。循环第二步直到满足终止条件。

最终的优化解会带有记忆，从迭代过程中得到的所有极值解中选出代价函数最小的解作为全局最优解。

模拟退火算法的关键参数是马尔可夫链长度和温度衰减系数，马尔可夫链越长，温度衰减系数越接近 1，模拟退火算法搜索越充分，但相应地也会增加算法搜索时间。模拟退火算法的主要缺点是，搜索到全局最优解需要耗费大量时间。

模拟退火算法是一种随机算法，并不一定能找到全局的最优解，但可以较快地找到问题的近似最优解；如果参数设置得当，模拟退火算法的搜索效率要比穷举法高。

8. 粒子群优化

粒子群优化(particle swarm optimization, PSO)算法由两位学者在 1995 年提出[13]，是通过模拟鸟群觅食行为而发展起来的一种基于群体协作的随机搜索算法。设想这样一个场景：一群鸟在随机搜索食物，在附近的区域里只有一个食物，所有的鸟都不知道食物在哪里，但知道当前的位置离食物有多远。找到食物的最优策略是：搜寻目前离食物最近的鸟的周围区域，并根据自己飞行的经验判断食物的所在。PSO 算法正是从这种思路中得到了启发：用一种粒子来模拟上述的鸟类个体，每个粒子可视为 D 维搜索空间中的一个搜索个体，粒子当前位置即为优化问题的一个候选解，粒子的飞行过程即为该个体的搜索过程，粒子的飞行速度将依据粒子的历史位置和种群的历史最优位置进行动态调整；粒子有速度和位置两个属性，速度表示移动的快慢，位置则代表移动的方向；每个粒子单独搜索最优解叫个体极值，粒子群体最优的个体极值称为当前全局最优解；不断迭代，更新速度与位置，最终得到满足终止条件的最优解。所有的粒子都由一个适应度函数确定适应值以判断目前位置的好坏，一般由实际待优化问题的目标函数转换得到。

设在 D 维搜索空间中，有 N 个粒子；粒子 i 的位置为 $X_i = (x_{i1}, x_{i2}, \cdots, x_{iD})$，代入适应函数可计算粒子的适应值；粒子 i 的速度为 $V_i = (v_{i1}, v_{i2}, \cdots, v_{iD})$；粒子 i 个体经历过的最好位置为 $P_{best i} = (p_{i1}, p_{i2}, \cdots, p_{iD})$，对应于粒子 i 从初始到当前迭代状况下所有位置中适应度最大的位置；种群所经历过的最好位置 $G_{best} = (g_1, g_2, \cdots, g_D)$；通常在第 $d(1 \leqslant d \leqslant D)$ 维的位置变化范围限定在 $[x_{min,d}, x_{max,d}]$ 内，速度变化范围限定在 $[-v_{max,d}, v_{max,d}]$ 内，即在迭代中若 x_{id}、v_{id} 超出了边界值，则该维的位置和速度被限制为该维位置及速度边界位置；粒子 i 的第 d 维速度及位置更新公式为

$$v_{id}^k = \omega v_{id}^{k-1} + c_1 r_1 \left(p_{id} - x_{id}^{k-1} \right) + c_2 r_2 \left(g_d - x_{id}^{k-1} \right) \tag{9-13}$$

$$x_{id}^k = x_{id}^{k-1} + v_{id}^k \tag{9-14}$$

其中，ω 称为惯性因子，取值 0~1 之间，值较大有利于全局寻优，值较小则有利于算法的收敛性；c_1 与 c_2 为加速度常数，取值 0~4 之间，通常取为 2；r_1 和 r_2 为 0~1 之间的随机数(random(0, 1)产生)，以增加搜索的随机性。式(9-13)表明，粒

子速度更新包含三部分,第一部分为粒子先前的速度;第二部分为"认知"部分,表示粒子本身的思考,可理解为粒子 i 当前位置与自己最好位置之间的距离,这是一种避免出现局部最优的策略;第三部分为"社会"部分,表示粒子间的信息共享与合作,可理解为粒子 i 当前位置与群体最好位置之间的距离,全局最优可作为粒子群体飞行的目标方向。算法流程如下:第一步,初始化粒子群体,群体有 N 个粒子,给出这 N 个粒子的随机位置和速度;第二步,根据适应度函数,评价每个粒子的适应度;第三步,对每个粒子 i,将其当前适应值与其历史最佳位置对应的适应值做比较,若当前的适应值更高,则将当前位置更新为历史最佳位置 $P_{best i}$;第四步,对每个粒子,若其当前适应值比全局最佳位置对应的适应值更高,则用当前粒子的位置更新全局最佳位置 G_{best};第五步,根据式(9-13)与式(9-14)更新每个粒子的速度与位置;第六步,如未满足结束推荐,则返回第二步,通常算法达到最大迭代次数或者最佳适应度的增量小于某个给定的阈值时算法停止。群体大小 N 不能太小,否则极易陷入局部最优,但增大到一定程度后再增大则不会显著改善性能,因此一般取 30~50;问题解的编码方式通常可以用实数编码,即 D 个标量构造的解空间。

粒子群优化算法首先随机地定义一组初始解;在粒子搜索的开始阶段,粒子广泛分布在整个搜索空间,这时粒子群具有较强的全局搜索能力;随后粒子群开始寻优飞行,飞行速度和方向由粒子各自经历的最优位置和粒子群整体经历的最优位置决定;此时由于粒子均根据两个机制来调节自身位置,这就导致所有粒子的搜索范围不断缩小;如果此时该位置为局部最优所在位置,则粒子将很难跳出局部最优,这就导致算法早熟。由于算法参数少、易实现,仅通过粒子间的相互学习就可以找到解,所以粒子群算法比大部分算法的收敛速度快。

粒子群算法的改进方面,首先是惯性权重的自适应改变,如最简单的由最大逐渐降低到最小的方案 $\omega_k = \omega_{max} - \dfrac{k \times (\omega_{max} - \omega_{min})}{k_{max}}$,在初始阶段增加搜索的全局性,而在临近终止时增强收敛性。很重要的改进方向是保证样本的多样性,以确保全局最优和提高全局最优的精度。在保证样本的多样性以促进全局最优方面,代表性的工作是将粒子群算法与遗传算法和模拟退火算法相结合,即每次迭代后都以一定概率选取指定数量的例子形成一个子种群(基于模拟退火的思路),在子种群中随机选择两个粒子进行交叉、随机选择粒子进行变异(高斯或柯西)(遗传算法思路),按照模拟退火算法思想根据适应值决定是否接受新的粒子。在提高全局最优的精度方面,代表性的工作是将粒子群算法与 Powell 算法结合,对粒子群得到的全局最优解,利用 Powell 算法的强局部寻优能力进行细化,得到精度更高的全局最优解。

9.5　常见数字图像配准方法

1. 迭代最近点算法

迭代最近点(iterative closest point, ICP)算法是由两位学者在 1992 年提出[14]，是对两幅图像的特征点进行配准的方法，其基本思想就是不断地迭代找到与空间变换后的浮动点集对应的距离最近的参考点集，直至二者间的平均距离小于指定的阈值。记参考点集为 S、浮动点集为 P，浮动点集含有 n 个点，参考点集的特征点数不小于 n，刚体变换的旋转矩阵为 R、平移向量为 T。迭代最近邻的流程如下。

第一步，初始化：设置或计算初始旋转矩阵 R_0 和初始平移向量 T_0，对浮动点集 P 的所有 n 个点实施 R_0 和 T_0 的刚体变换，得到变换后的浮动点集 $Q_0 = \{q_1^0, q_2^0, \cdots, q_n^0\}$，迭代次数 $k=1$。

第二步，对应于第 k 次迭代：对于 Q_{k-1} 中的每个点找到参考集中与其距离最近的点，得到 $Y_k = \{y_1^k, y_2^k, \cdots, y_n^k\}$；基于对应点集 Q_{k-1}、Y_k 计算新的旋转矩阵 R_k、T_k；对 Q_{k-1} 实施 R_k、T_k 变换得到变换后浮动点集 $Q_k = \{q_1^k, q_2^k, \cdots, q_n^k\}$；计算 Y_k 与 Q_k 对应点的距离平方均值 $\delta_k = \frac{1}{n}\sum_{i=1}^{n}\|y_i^k - q_i^k\|^2$。

第三步，判断终止并输出：若 δ_k 小于给定的阈值 ε，则算法已收敛，输出最优变换矩阵 R_k、T_k，以及浮动图像变换后的点 $Q_k = \{q_1^k, q_2^k, \cdots, q_n^k\}$；否则 $k=k+1$，跳至第二步进行下一轮迭代。

上述针对刚体变换的 ICP 算法已经被拓展到仿射变换下的 ICP[15]。与刚体变换 ICP 不同的是，仿射变换的求取需要同时考虑参考点集与浮动点集的双向距离以避免优化解的退化。假设参考点集有 N_S 个点、仿射变换包括仿射变换矩阵 A 及平移向量 T，迭代过程是建立这两个点集在仿射变换下的对应关系的过程，因此将参考点集记为 $S=\{y_1, y_2, \cdots, y_{N_S}\}$，浮动点集记为 $P=\{q_1, q_2, \cdots, q_n\}$。

第一步，初始化：设置或计算初始变换矩阵 A_0 和 T_0，$k=0$。

第二步，对应于第 k 次迭代：利用第 $k-1$ 次的仿射变换找到两个点集的对应，即

$$c_k(i) = \underset{c(i)\in\{1,2,\cdots,N_S\}}{\arg\min} \|(A_{k-1}q_i + T_{k-1}) - y_{c(i)}\|_2^2$$

$$d_k(j) = \underset{d(j)\in\{1,2,\cdots,n\}}{\arg\min} \|(A_{k-1}q_{d(j)} + T_{k-1}) - y_j\|_2^2$$

基于两个点集的对应 q_i 对应于 $y_{c_k(i)}$ $(i=1,2,\cdots,n)$ 及 $q_{d_k(j)}$ 对应于 y_j $(j=1,2,\cdots,N_S)$，求新的仿射变换

$$(A_k,T_k)=\min_{A,T}\left[\sum_{i=1}^{n}\|(Aq_i+T)-y_{c_k(i)}\|_2^2+\sum_{j=1}^{N_S}\|(Aq_{d_k(j)}+T)-y_j\|_2^2\right]$$

第三步，判断终止并输出：当迭代次数超过指定的次数或配准误差小于 δ_k 小于给定的阈值 ε，则算法已收敛，输出配准参数 (A_k,T_k)，配准误差为

$$\frac{\sum_{i=1}^{n}\|(Aq_i+T)-y_{c_k(i)}\|_2^2}{n}+\frac{\sum_{j=1}^{N_S}\|(Aq_{d_k(j)}+T)-y_j\|_2^2}{N_S}$$。否则 $k=k+1$，跳至第二步进行下一轮迭代。

2. 头帽法配准

头帽（head-hat）法配准（示例如图 9.3 所示）是一种表面配准算法，由学者在 1989 年提出[16]。两幅待配准的图像中，其中作为"头"的点集较稠密或涵盖更大的场景，而作为"帽子"的点集较稀少，这两个点集的特征点都是获取的表面上的点，因此二者的配准可以转化为刚体 ICP；文献[16]原文中的优化算法用的是 Powell 搜索，以极小化帽表面到头表面的均方距离。

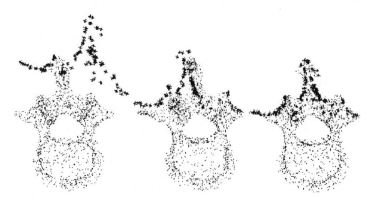

图 9.3　头帽法配准示例
从左至右分别为初始的空间位置、误差已经较小的"帽"点集变换到
"头"点集所在的空间、"帽"点集配准到了"头"点集

3. 基于光流模型的 Demons 算法

基于光流模型的 Demons 算法是一种基于图像灰度的弯曲变换配准方法，1998 年 Thirion[17]将光流法应用于图像配准而提出（有学者将 Demons 翻译成"感

受器"或"妖")。与前面符号保持一致，以 R、F 分别表示参考图像及浮动图像，I_R 及 I_F 分别表示参考图像及浮动图像的灰度。光流法的基本假设是，随着时间的变化，移动物体的灰度为常量；对于小的形变，光流方程为 $I(x,y,t) = I(x+\mathrm{d}x, y+\mathrm{d}y,t+\mathrm{d}t)$，其中 $\mathrm{d}x$、$\mathrm{d}y$、$\mathrm{d}t$ 都很小；对上式的右边进行泰勒展开，有 $\dfrac{\partial I}{\partial x}\dfrac{\mathrm{d}x}{\mathrm{d}t} + \dfrac{\partial I}{\partial y}\dfrac{\mathrm{d}y}{\mathrm{d}t} + \dfrac{\partial I}{\partial t} + \varepsilon = 0$；由于 ε 很小，可得到光流方程 $\dfrac{\partial I}{\partial x}\dfrac{\mathrm{d}x}{\mathrm{d}t} + \dfrac{\partial I}{\partial y}\dfrac{\mathrm{d}y}{\mathrm{d}t} + \dfrac{\partial I}{\partial t} = 0$。

记 $\nabla I = \left[\dfrac{\partial I}{\partial x}, \dfrac{\partial I}{\partial y}\right]^{\mathrm{T}}$ 为图像的灰度梯度，灰度的改变是从浮动图像变至参考图像 $\dfrac{\partial I}{\partial t} = I_R - I_F$，位移矢量为 $u = \left[\dfrac{\mathrm{d}x}{\mathrm{d}t}, \dfrac{\mathrm{d}y}{\mathrm{d}t}\right]^{\mathrm{T}}$，因此光流方程变为 $u\nabla I = I_F - I_R$，即 $u = \dfrac{(I_F - I_R)\nabla I_R}{|\nabla I_R|^2}$；为防止 $|\nabla I_R|$ 很小时的不稳定，在分母中添加 $(I_R - I_F)^2$，即得到原始的 Demons 配准方程：

$$u = \frac{(I_F - I_R)\nabla I_R}{|\nabla I_R|^2 + (I_F - I_R)^2} \tag{9-15}$$

式 (9-15) 只考虑了来自参考图像 I_R 的形变或位移驱动，但这种驱动力同样可以来自浮动图像，从而得到 Active Demons 模型：

$$u = \frac{(I_F - I_R)\nabla I_R}{|\nabla I_R|^2 + (I_F - I_R)^2} + \frac{(I_F - I_R)\nabla I_F}{|\nabla I_F|^2 + (I_F - I_R)^2} \tag{9-16}$$

后来有学者提出了对称力 Demons 并引入平衡因子 α 控制收敛速度及配准精度：

$$u = \frac{2(I_F - I_R)(\nabla I_F + \nabla I_R)}{|\nabla I_F + \nabla I_R|^2 + \alpha^2(I_F - I_R)^2} \tag{9-17}$$

算法的实现过程分为交替进行的两部分：计算形变向量 u 作为形变场更新，对得到的形变场进行高斯平滑。这里给出 Demons 算法。

（1）给定当前变换 s，由如下公式计算所有像素点 p 的位移场 $u(p)$，即

$$u(p) = \frac{I_F(p) \circ s(p) - I_R(p)}{\|J^p\|^2 + \alpha^2 \|I_F(p) \circ s(p) - I_R(p)\|^2} J^p \tag{9-18}$$

其中，$J^p = \dfrac{1}{2}(\nabla I_R(p) + \nabla(I_F(p) \circ s(p)))$。

(2)进行流体正则化 $K_{\text{fluid}} * u \to u$，其中 * 表示卷积，卷积核 K_{fluid} 通常取高斯核。

(3)更新 s 变换的实现 c(它是无正则化之前的空间变换，而 c 是正则化后的空间变换)，可以采用复合(compositive)的方式 $s \circ (I+u) \to c$ 或相加(additive)的方式 $s + u \to c$，其中 I 表示单位矩阵。

(4)进行扩散正则化 $K_{\text{diff}} * c \to s$，卷积核通常为高斯核；本步骤也可以没有，此时对应于 $c \to s$。跳转至第一步进行下一轮迭代直至达到指定的迭代次数或其他终止条件。

鉴于 Demons 算法的假设是小变形、小移动，采用高斯滤波对形变场进行平滑来模拟流形，图像不能保持良好的拓扑结构导致图像的局部结构发生折叠。解决大形变及拓扑结构保持的可行的方案就是对配准的目标函数在微分同胚空间(diffeomorphism space)，而不是在非参数变换的完备空间进行优化，微分同胚 Demons(DD) 由 Vercauteren 等[4]提出。微分同胚变换是一种可微分、连续可逆的空间变换，即正变换与逆变换一一对应且都可微。让传统 Demons 算法变成微分同胚的最直接方式是在微分同胚空间中对 Demons 代价函数进行优化获得形变场(比如在不考虑正则项的情况下采用式(9-18)求取形变场)。因此优化过程应该在李群上进行：给定目前空间变换 s，形变场的更新应通过李群上的指数映射实现，即 $s \circ \exp(u) \to s$，注意李群上的指数运算 $\exp(\cdot)$ 是对向量的一种运算，区别于一般意义上的指数运算，以下给出快速向量场指数运算 $\exp(u)$ 流程：

(1)选择足够大的 N，使得 $2^{-N}u(p)$ 接近 0，即 $\max_{p} \| 2^{-N}u(p) \| \leqslant 0.5$。

(2)对指数运算赋初值，即对所有的像素点 p，$v^0(p) = I + 2^{-N}u(p)$。

(3)进行 N 次迭代 $v^k(p) = v^{k-1}(p) \circ v^{k-1}(p)$，$k=1, 2, \cdots, N$。

这样就得到 $\exp(u(p))$，它为 $v^N(p)$，因此它是通过复合运算得到的，即从小的形变 $2^{-N}u(p)$ 开始对当前的浮动图像进行形变，再对形变后的图像进行更进一步的形变，每次迭代的形变量由前一次的形变确定，逐步迭代，通过复合运算逼近最终的形变 $u(p)$。

下面再给出微分同胚 Demons 算法流程：

1 选择初始变换 s(对于非刚体变换，通常用仿射变换进行初始化)。

2 迭代直至收敛：

2.1 给定 s，由式(9-18)计算所有像素点 p 的位移场 $u(p)$；

2.2 进行流体正则化 $K_{\text{fluid}} * u \to u$，其中 * 表示卷积，卷积核 K_{fluid} 通常取高斯核；

2.3 更新 s 变换的实现 $s \circ \exp(u) \to c$，这里 $\exp(u)$ 要采用快速向量场指数运

算方式得到；

2.4 扩散正则化 $K_{\text{diff}} * c \to s$，卷积核通常为高斯核；本步骤也可以没有，此时对应于 $c \to s$。

从算法流程可以看出，微分同胚 Demons 与基本 Demons 的差异在于对浮动图像进行形变 $u(p)$ 更新的计算方式：基本 Demons 是直接将形变 $u(p)$ 作用于每个像素，微分同胚 Demons 则是将形变 $u(p)$ 变成小的形变 $2^{-N}u(p)$，然后进行 N 次复合运算得到形变图像。由于后者是在微分同胚空间进行的形变，保证了形变拓扑不变性。

Demons 算法的改进也有许多尝试，其中之一就是引入梯度恒定。上述 Demons 配准算法里，只用到了灰度恒定假设，而引入梯度恒定假设则有助于提高输出形变场的准确性。梯度恒定是指在短时间间隔运动前后，图像灰度的梯度不会随运动为发生变化，即

$$\nabla I(x, y, t) = \nabla I(x + \mathrm{d}x, y + \mathrm{d}y, t + \mathrm{d}t)$$

将参考图像和形变后的浮动图像灰度场及灰度梯度场的相似性加入到相似性测度后，可得到新的形变场[18]

$$u(p) = \frac{\left[I_F(p) \circ s(p) - I_R(p)\right]J^p + \gamma^2\{\nabla[I_F(p) \circ s(p)] - \nabla I_R(p)\}}{\|J^p\|^2 + \alpha^2\|I_F(p) \circ s(p) - I_R(p)\|^2 + \gamma^2\|\nabla J^p\|^2 + \gamma^2\alpha^2\sigma_{gi}(p)} \tag{9-19}$$

其中，$\sigma_{gi}(p) = \|\nabla[I_F(p) \circ s(p)] - \nabla I_R\|$；$\gamma$ 为梯度权重系数。

4. 由粗到精特征匹配的弹性配准

由粗到精特征匹配的弹性配准(hierarchical attribute matching mechanism for elastic registration, HAMMER)是著名学者沈定刚博士等提出的一种广义的基于特征的弹性配准方法[19]，用于神经影像的配准，并假定待配准图像已经分类为白质（WM）、灰质（GM）与脑脊液（CSF）。该方法的主要特点有：构造体素的特征矢量（attribute vector）表征体素的综合特性，概念上是特征点但比稀疏的解剖标志点密集，作为匹配对应关系的基础；通过分层策略（即由特征粗到精，初始的时候只选用特征明显的点，随着配准的逐步精细化有更多的特征点被选中进行特征匹配优化）减小待优化函数局部极值的影响并确定具有解剖意义的图像对应关系。

脑影像的形变配准在近些年一直是个热点，它可用于功能影像的空间正则化、群分析、随机参数映射、计算解剖中用于测量组织（将个体的解剖配准到含有测量信息的脑图谱）和影像数据挖掘用于损伤-缺失的研究，以及神经手术中将解剖图谱映射到患者影像空间。影像配准可以分为两大类：基于特征与基于体素变换。

基于特征的配准是建立特征的对应关系，特征通常为显著的解剖特征，如解剖标志点、线或面，如脑沟或脑回。基于体素变换的配准，通过优化待配准图像之间的相似性来实现。基于特征的方法可以很快，但是解剖特征点对很稀少。基于相似度的方法可以做到全自动，也更具普遍性，但是它并没有很好地解决解剖对应。此外，因为 GM、WM 及 CSF 在全脑有近乎均匀的图像灰度，基于图像相似度的优化准则将会有很多局部极小值。局部极小值是由于定义对应关系的模糊性导致的。为维持与原文记号的一致性，以 x 表示浮动图像 F 的体素坐标，y 表示参考图像 R 的体素坐标(原文中 F 是模板图像或图谱，R 是目标图像或个体图像)。

体素 x 的特征矢量 $a(x)=[a_1(x)\ a_2(x)\ a_3(x)]$ 反映了该体素在不同尺度下的结构，包括边缘类型 $a_1(x)$、图像灰度 $a_2(x)$，以及几何矩不变量(geometric moment invariant, GMI) $a_3(x)$。$a_1(x)$ 取值是 7 种之一，即非边缘、GM/ WM/CSF 的边界。$a_2(x)$ 是该体素 x 的灰度，归一化到 0~1 之间。特定尺度下的 GMI 就是在该尺度下，以当前体素为中心画一个指定半径为 R 的球，然后计算该球内针对各组织的不变矩，记体素坐标为 (c_1, c_2, c_3)，该体素属于 GM/ WM/CSF 的隶属度函数为 $f_{\text{tissue}}(c_1, c_2, c_3)$，则对特定组织(tissue 为 GM、WM 或 CSF 之一)的 $p+q+r$ 阶矩为

$$M_{p,q,r} = \iiint_{c_1^2+c_2^2+c_3^2<R^2} c_1^p c_2^q c_3^r f_{\text{tissue}}(c_1,c_2,c_3)\,\mathrm{d}c_1\mathrm{d}c_2\mathrm{d}c_3 \tag{9-20}$$

该算法用到的三个 GMI 分别是

$I_1 = M_{0,0,0}$

$I_2 = M_{2,0,0} + M_{0,2,0} + M_{0,0,2}$

$I_3 = M_{2,0,0}M_{0,2,0} + M_{2,0,0}M_{0,0,2} + M_{0,2,0}M_{0,0,2} - M_{1,0,1}^2 - M_{1,1,0}^2 - M_{0,1,1}^2$

F 到 R 的变换为位移场或形变场 $u(x)$，变换为 F 到 R 的空间变换 $h(x) = x+u(x)$，逆变换为 $h^{-1}(x)$。HAMMER 使用一系列低维度的能量函数来估计如下的多变量能量函数

$$
\begin{aligned}
E = \sum_{x\in V_F} \omega_F(x) & \left(\frac{\sum\limits_{z\in n(x)} \varepsilon(z)(1-m(a_F(z),a_R(h(z))))}{\sum\limits_{z\in n(x)} \varepsilon(z)} \right) \\
+ \sum_{y\in V_R} \omega_R(y) & \left(\frac{\sum\limits_{z\in n(y)} \varepsilon(z)(1-m(a_F(h^{-1}(z)),a_R(z)))}{\sum\limits_{z\in n(y)} \varepsilon(z)} \right) + \beta\sum_x \|\nabla^2 u(x)\|
\end{aligned}
\tag{9-21}
$$

其中，$n(x)$ 表示像素 x 的邻域；V_F、V_R 分别表示浮动图像、参考图像中的特征点

集。配准初始阶段选择比较小而特征明显的 V_F、V_R，其后再逐步增加特征点数并降低对特征显著性的限制。式(9-21)右边的第一项是在浮动图像空间的形变约束，是正变换 $h(x)$ 的约束；第二项是在参考图像空间的约束，即逆变换的约束；第三项是正则项，对形变的光滑性进行限定。$\varepsilon(\cdot)$ 是权重，对边界像素进行更大权重的约束；$\omega_F(\cdot)$、$\omega_R(\cdot)$ 为浮动图像、参考图像的体素给出相应的权重，容易获取的可靠的特征点的权重较大。第二项是针对逆变换的，会增加计算量，因此只在参考图像的有限的特征点上进行，这些体素点称为驱动体素(driving voxels)，这些体素的特征矢量具有显著特征。第三项是形变的平滑项，∇^2 是拉普拉斯算子，β 为平滑参数，在文中设置为 0.5。

提出的相似性测度对组织分割误差是鲁棒的，原因在于形变策略在一个邻域范围内计算特征矢量的相似度积分，而不是针对某个体素进行比较。两个体素 x 与 y 之间的相似度为

$$m(a(x),a(y)) = \begin{cases} 0, & a_1(x) \neq a_1(y) \\ c([a_2(x)a_3(x)],[a_2(y)a_3(y)]), & \text{其他} \end{cases} \quad (9\text{-}22)$$

其中，$c([a_2(x)a_3(x)],[a_2(y)a_3(y)])$ 是体素的特征矢量的第二及第三部分之间的相似度。通常将 a_2、a_3 归一化，然后按照如下公式计算相似度：

$$c([a_2(x)a_3(x)],[a_2(y)a_3(y)]) = (1-|a_2(x)-a_2(y)|) \times \prod_{i=1}^{K}(1-|a_3^i(x)-a_3^i(y)|) \quad (9\text{-}23)$$

其中，$a_3^i(x)$ 是 $a_3(x)$ 的第 i 个元素(3 个 GMI 之一)，总共有 K 个($K=3$)。

形变策略：采用的是能量函数的分层/由粗到精逼近，以避免局部极值。所提出的形变机制是基于能量函数 E(式(9-21))由 $\varepsilon = \varepsilon(x_1,x_2,\cdots,x_{N_F},y_1,y_2,\cdots,y_{N_R})$ 来估计(E 含有 P_F 个浮动图像上的点、P_R 个参考图像上的点；而 ε 只含有 N_F 个浮动图像的驱动体素，N_R 个参考图像的驱动体素)。初始时，$N_F \ll P_F$ 且 $N_R \ll P_R$，采用浮动图像及参考图像中很少的驱动体素(这些驱动体素的特征很容易识别，保证其可靠性)计算式(9-21)的函数逼近，并用 $\varepsilon = \varepsilon(x_1,x_2,\cdots,x_{N_F},y_1,y_2,\cdots,y_{N_R})$ 来表示，这样得到了驱动体素的形变，然后通过式(9-24)对模板图像的非驱动体素进行高斯插值，确保模板图像形变场的光滑，得到所有体素的形变以后就可以反过来计算 E。

$$\Delta(x_i^F) = \sum_{j=1}^{N_F} \Delta(x_j)g_{ij} \quad (9\text{-}24)$$

式中，$\Delta(x_i^F)$ 是浮动图像所有体素 x_i 的形变，由浮动图像上的驱动体素 x_j 的形变

$\Delta(x_j)$ 通过高斯函数插值得到；g_{ij} 为以 x_j 为中心的高斯函数（0 均值、方差为 σ）在体素 x_i 处的取值。这种形变策略可概括为，由少量可靠的驱动点（$N_F + N_R$）出发计算能量最小化，使其最小化可以得到这些驱动体素的形变，然后通过高斯插值就能得到式 (9-21) 中所有的体素的形变并进而计算其能量，因此这种形变策略是基于可信度高的特征点计算形变场并通过插值扩散到整个图像平面。

驱动体素：一些解剖组织比其他的能更可靠地辨识一些，如基于显著的特征矢量能非常鲁棒地识别脑沟的根部、脑回的顶部。分层机制是这样实现的：在特定的形变层级只关注特征矢量值的某一个范围，这个范围在初始阶段很小，只包含了脑沟的根部及脑回的顶部，随后随着模型收敛而逐步增加这个范围。另外，特征矢量相似度较高的区域对形变机制有相对较强的影响，这样使得形变机制对错配鲁棒，尤其在形变初期，算法更容易陷入局部极值。驱动体素以分层的方式被选中：用模糊聚类找到三个聚类中心，对应于脑回类别的中心、脑沟的中心和其他边界体素的中心；初始的时候，那些特征与脑回中心及脑沟中心相似的体素被选做驱动体素；随着迭代次数的增加，那些特征矢量离脑沟中心及脑回中心越来越远的体素逐步被添加为驱动体素；最后，图像域的所有体素都被选为驱动体素。对于有显著的脑室萎缩的老年患者，脑室边界体素通常会作为初始的驱动体素。

小体积区域的形变：考虑一小块体积的形变可能会得到更鲁棒的形变。这是因为能量函数的定义是针对 x 的邻域，即

$$\sum_{x \in V_F} \omega_F(x) \left\{ \frac{\sum_{z \in n(x)} \varepsilon(z) \left[1 - m(a_F(z), a_R h(z)) \right]}{\sum_{z \in n(x)} \varepsilon(z)} \right\}$$

对浮动图像的驱动体素 x，在参考图像的形变位置为 $h(x)$，需要估计 x 的邻域体素 z 在参考图像中的形变 $h(z)$，这样才能计算能量项。设在参考图像 $h(x)$ 处的形变量为 $h(x) + \Delta$（$h(x)$ 为当前迭代前的位移量，本次迭代的位移为 Δ），则浮动图像中 x 的邻域体素 z 在参考图像中的形变为 $h(z) + \Delta \times \exp\left(-\dfrac{\|x - z\|^2}{2\sigma^2} \right)$，其中 σ 为常数，这样保证参考图像的其他体素形变具有连续性，其中 $h(z)$ 为本次迭代前目标域体素与模板域 z 对应的位移，$\Delta \times \exp\left(-\dfrac{\|x - z\|^2}{2\sigma^2} \right)$ 就变成了参考图像内与 z 体素对应的体素的位移增量（它由驱动体素 x 启动，位移量小于 $h(x)$ 处的位移，z 离 x 越远位移量越小，服从由驱动体素引起的位移的高斯衰减）。

形变的可逆性约束：即式 (9-21) 中的第二项，仅仅对于参考图像的驱动体素实施逆变换约束。对于参考图像的驱动体素 y_i，在其邻域内（半径为 D_R 的球）寻找浮动图像形变的体素 $h(x_j)$，二者（y_i 与 $h(x_j)$）间的特征相似度大于某阈值（初始取 0.8，逐步减小到 0.01），就施加一个从 $h(x_j)$ 与 y_i 之间的力对形变 $h(x)$ 进行约束。

每次迭代后重新局部化，寻找新的仿射变换 A、B，通过最小二乘法确定 3×3 的矩阵 A 及 3×1 的 B，其中 Δ_i 为浮动图像第 i 个驱动体素在本次迭代中的位移量

$$\left[h(x_1) + \Delta_1, h(x_2) + \Delta_2, \cdots, h(x_F) + \Delta_F \right] = A \left[h(x_1), h(x_2), \cdots, h\left(x_{N_F} \right) \right] + B \tag{9-25}$$

每个浮动图像体素的形变场变为 $\lambda(h(x) + \Delta) + (1 - \lambda)(Ah(x) + B)$，$\lambda$ 为 0~1 之间的常数，初始时取 0，逐步增加，最后接近于 1。

下面对 HAMMER 算法进行总结。本算法就是针对代价函数式 (9-21) 进行迭代优化，采用多分辨率策略，采用的三种分辨率分别为原始图像分辨率、原始分辨率的 1/2、原始分辨率的 1/4。图像预处理包括去颅骨，将脑组织分类为 WM、GM 和 CSF 并用模糊聚类得到脑沟及脑回的聚类中心，基于特征矢量的显著相似性选取参考图像的驱动体素并在整个配准迭代过程中维持不变。从原始分辨率的 1/4 开始，用全局仿射变换将浮动图像配准到参考图像，然后基于式 (9-21) 进行优化，初始时的浮动图像驱动体素 N_F 很少，取离脑沟、脑回聚类中心很近的特征点作为驱动体素，随着迭代次数的增加通过逐步增大特征矢量与聚类中心的距离逐步增大 N_F；在每个确定的浮动图像驱动体素 N_F 下，通过式 (9-21) 的第一项对浮动图像的驱动体素 $x_i (i=1,2,\cdots,N_F)$ 进行基于特征矢量相似的形变 $h(x_i)$，并利用式 (9-21) 的第二项对落入参考图像驱动体素 $y_j (j=1,2,\cdots,N_R)$ 的最相似的 $h(x_i)$ 进行限定修正（如沿着 $h(x_i)$ 到 y_j 的直线寻找更优的形变，使得式 (9-21) 的第一项更小），结合式 (9-21) 的第三项与第一项对浮动图像驱动体素形变场进行修正，然后基于式 (9-24) 对非驱动体素的形变进行高斯平滑插值得到浮动图像所有体素的形变；进行当前分辨率下的下一次迭代，首先针对上一轮每个驱动体素的新位移，利用式 (9-25) 进行新的仿射变换，然后计算在该仿射变换下每个体素 x_i 的位移 $h(x_i)$，增加驱动体素的个数然后重复进行基于式 (9-21) 第一项的形变、第二项的修正、结合第三项与第一项的修正，以及高斯平滑插值。迭代到一定次数或总能量变化很小时，转换到原始分辨率的 1/2 再转换到原始分辨率，通过线性插值得到新的分辨率下的形变。重复上述形变、修正、插值、再初始化、增加驱动体素的过程，直至迭代次数已够或能量函数式 (9-21) 已收敛。

该算法的验证之一是用一个老龄个体的原始 MRI 影像,对其进行具有物理意义的模拟形变后[20],再通过 HAMMER 进行形变配准到原始图像,针对感兴趣组织(中央前回及颞上回)进行比较,Dice 系数达到 0.895,配准后的感兴趣组织与原始图像的感兴趣组织边界的平均距离为 0.966mm,只有 0.01%的边界体素取最大距离 1.875mm,见图 9.4 与图 9.5。

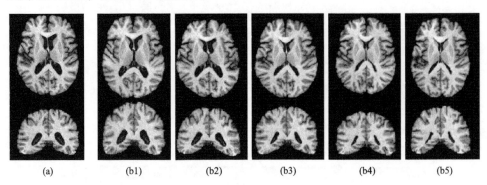

(a)	(b1)	(b2)	(b3)	(b4)	(b5)

图 9.4　一个老龄个体的磁共振影像(a)及模拟的脑萎缩图像(b1~b5)[19]

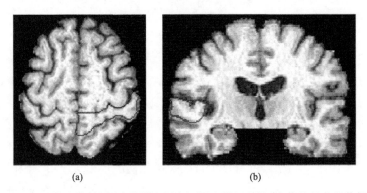

图 9.5　勾画的中央前回(a)及颞上回(b)(图中的红色轮廓)作为量化的依据[19]

5. 由粗到精特征引导的对称图像配准

由粗到精特征引导的对称图像配准 S-HAMMER(hierarchical attribute-guided, symmetric diffeomorphic registration)是结合了 HAMMER 思想与对称图像配准的性能最高的经典图像配准方法,由沈定刚博士课题组在 2014 年发表[6]。

对称图像配准(symmetric image registration)是由 Avants 等[5]在 2008 年提出的一种同时对参考图像及浮动图像进行形变直到这两种形变结果足够相似而收敛,保证了正变换与逆变换的存在并可处理大形变、微分同胚。HAMMER 需要分割,但这在很多情况下不容易得到,因此这里作者提出了一种基于软对应/指派(soft assignment)的匹配策略。

因为考虑的是对称图像配准，所以这里不再有浮动图像与参考图像之分，因为二者都要以对方为形变的目标进行形变。因此，这里采用文献[6]的提法，将待配准的图像分别称为模板图像 T 与个体图像 S。对称配准有两个形变场，即由初始模板图像到当前形变个体图像的形变场 ϕ_1^k，以及由初始个体图像到当前形变模板图像的形变场 ϕ_2^k。初始条件为 $T_0=T$、$S_0=S$、$\phi_1^0=Id$、$\phi_2^0=Id$，Id 表示所有体素的位移为 0。第 k 次迭代的初始条件是，由前面 $k-1$ 次迭代得到了形变通道 ϕ_1^i 及 ϕ_2^i 及形变图像 T_i 与 S_i($i=1,2,\cdots,k-1$)，本轮形变将计算从 T_{k-1} 到 S_{k-1} 的形变即形变增量 φ_1^k，从 S_{k-1} 到 T_{k-1} 的形变即形变增量 φ_2^k；由 φ_1^k 和 ϕ_1^{k-1} 可计算出微分同胚的形变 ϕ_1^k，由 φ_2^k 和 ϕ_2^{k-1} 可计算出微分同胚的形变 ϕ_2^k，T_0 经过 ϕ_1^k 形变后的图像记为 T_k，S_0 经过 ϕ_2^k 形变后的图像记为 S_k；得到了 T_k 与 S_k，即可进入下一次配准迭代($k+1$)，直到迭代至 $k=K$，这时配准已经收敛，即 $\phi_1^K \approx \phi_2^K$，二者的形变场的差异已达到最小。这个过程的示意图见图 9.6，在第 K 次迭代后，形变场 ϕ_1^K 与 ϕ_2^K 的误差绝对值已经取得最小值，表明对称配准算法已经收敛到模板图像与个体图像形变的中点，从模板图像到个体图像的形变可以用 $\phi_1^K \circ \left(\phi_2^K\right)^{-1}$ 计算，而从个体图像到模板图像的形变则为 $\phi_2^K \circ \left(\phi_1^K\right)^{-1}$，这样确保了形变的可逆，并同时得到了形变的正变换及逆变换。

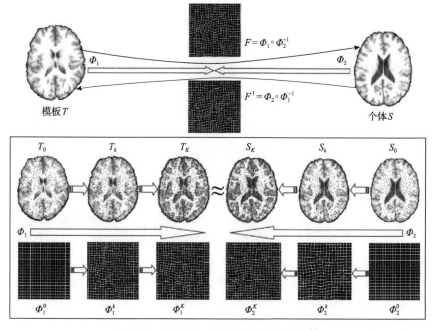

图 9.6　S-HAMMER 图像配准的框架[6]

配准特征描述及对应关系的相似性测度：用体素 x 的特征矢量 $a(x)$ 来帮助建

立解剖对应，$a(x)$包含了局部图像表观特征，如灰度及邻域内(半径为 r 的球，文中取 3mm)的边缘特征(如灰度梯度)，以实现鲁棒的对应体素的匹配。用正规化互相关来确定第 k 轮迭代形变后的模板图像 T_k 的体素 x 与个体图像 S_k 的体素 y 之间的相似性，即 $\mathrm{NCC}\left(a_T^k(x), a_S^k(y)\right)$，而二者之间的特征差异为 $\eta\left(a_T^k(x), a_S^k(y)\right) = \left(1 - \mathrm{NCC}\left(a_T^k(x), a_S^k(y)\right)\right)/2$，取值 0~1。为了更进一步提高算法的效率和鲁棒性，采用了由粗到精的分层策略选取关键点(key point)，并通过关键点的相似性匹配驱动整个图像场的形变 ϕ_1^k 与 ϕ_2^k。关键点的选择遵循两条准则：第一，应该位于易于区分的区域，如脑影像中的脑沟根部、脑回顶部、侧脑室的边界，这些位置容易建立对应关系；第二，应该涵盖整个全脑，为的是能得到全脑的形变。关键点的采样/选取是变化的，特征均匀区域的采样点就稀少，而背景信息丰富的区域的采样点就多。为了实现关键点采样的这两大准则，利用重要程度采样决策来由粗到细地选择关键点。具体而言，对形变后的模板图像及个体图像的梯度幅值进行平滑和归一化，并将平滑及归一化后的梯度幅值作为每个体素的重要程度或概率，利用蒙特卡罗模拟(Monte Carlo simulation)进行关键点采样。图 9.7 显示了基于每个体素的归一化梯度幅值的蒙特卡罗采样(重要程度从大到小的顺序红色点、蓝色点、绿色点，依次加入)。对第 k 次配准形变迭代后的模板图像 T_k 及个体图像 S_k 进行上述的非均匀采样后得到 T_k 上的关键点 $X^k = \{x_i^k \mid i = 1, 2, \cdots, M_T^k\}$ 个体图像 S_k 上的关键点 $Y^k = \{y_i^k \mid i = 1, 2, \cdots, M_S^k\}$，其中 M_T^k 与 M_S^k 分别是第 k 次配准迭代的 T_k 及 S_k 上关键点的个数。在第 $k(k=1, 2, \cdots, K)$ 次迭代后得到了形变通道上的第 k 对形变 ϕ_1^k (从 T_0 形变到 T_k) 及 ϕ_2^k (从 S_0 形变到 S_k)。在第 $k+1$ 次迭代中，将计算 T_k 形变到 S_k 的形变增量 φ_1^{k+1}，以及从 S_k 形变到 T_k 的形变增量 φ_2^{k+1}。在计算第 $k+1$ 次迭代的形变增量时，从模板图像 T_k 的关键点 x_i^k，基于估计的形变增量 $\varphi_1^{k+1}\left(x_i^k\right)$，在 S_k 图像空间的邻域(以 $\varphi_1^{k+1}\left(x_i^k\right)$ 为中心) $n\left(\varphi_1^{k+1}\left(x_i^k\right)\right)$ 基于如下二准则进行穷举搜索，找到 S_k 中与之对应的特征点 u：第一，特征之间的相似性，表现为特征之间的差异 $\eta\left(a_T^k\left(x_i^k\right), a_S^k(u)\right)$ 尽可能地小；第二，空间距离 $\left\|\varphi_1^{k+1}\left(x_i^k\right) - u\right\|$ 尽可能地小。因为特征点对应具有很多的不确定性，鼓励多个对应被证实为一种有效降低对应模糊性的手段。具体而言，对于模板图像 T_k 的关键点 x_i^k，在个体图像 S_k 的 $\varphi_1^{k+1}\left(x_i^k\right)$ 邻域 $n\left(\varphi_1^{k+1}\left(x_i^k\right)\right)$ 内的关键点 u 都赋予一个概率 π_i^u (也称为软赋值，位于 0~1 之间而不是 0 或者 1)进行对应点匹配。为了得到鲁棒的对应点匹配，在配准的初始阶段，那些特征差异大的关键点 u 也会被考虑进行对应点匹配。随着配准越来越接近真值，只有那些与 x_i^k 具有相似的特征矢量的潜在关键点 u 才会被考虑进行对应点匹配，直到在配准的最后只有一对一的特征点对应。这个逐步精细的对应点匹配是通过引入概率 π_i^u 的熵而实现的，即 $\pi_i^u \log\left(\pi_i^u\right)$。如果熵大则软指派/对应就比较模糊，小的熵表明特征对应已经良好地建立了。φ_2^{k+1} 的计算思路相似。计算第 $k+1$

次迭代的形变增量 φ_1^{k+1} 与 φ_2^{k+1} 的公式由 (9-26) 确定

$$E\left(\varphi_1^{k+1},\varphi_2^{k+1}\right)=\sum_{i=1}^{M_T^k}\sum_{u\in n\left(\varphi_1^{k+1}\left(x_i^k\right)\right)}\left\{\pi_i^u\left[\eta\left(a_T^k\left(x_i^k\right),a_S^k(u)\right)+\left\|\varphi_1^{k+1}\left(x_i^k\right)-u\right\|^2\right]+t^{k+1}\left(\pi_i^u\log(\pi_i^u)\right)\right\}$$

$$+\sum_{j=1}^{M_S^k}\sum_{v\in n\left(\varphi_2^{k+1}\left(y_j^k\right)\right)}\left\{\pi_j^v\left[\eta\left(a_T^k(v),a_S^k\left(y_j^k\right)\right)+\left\|\varphi_2^{k+1}\left(y_j^k\right)-v\right\|^2\right]\right.$$

$$\left.+t^{k+1}\left(\pi_j^v\log\left(\pi_j^v\right)\right)\right\}+\beta\left[B\left(\varphi_1^{k+1}\right)+B\left(\varphi_2^{k+1}\right)\right]$$

$$(9\text{-}26)$$

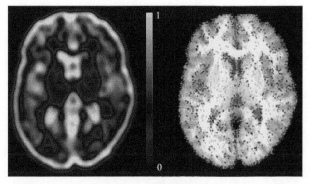

图 9.7　以灰度梯度幅值为重要性程度的蒙特卡罗采样[6]

左图为重要性程度图，右图的彩色点叠加到原图表示采样点，按照重要程度从大到小的
顺序依次为红色点、蓝色点、绿色点，依次加入

式 (9-26) 右边第一大项为 φ_1^{k+1} 的能量项，包括模板图像 T_k 中的关键点 x_i^k 与个体图像 S_k 在 $\varphi_1^{k+1}\left(x_i^k\right)$ 邻域内的关键点 u 的对应的概率 π_i^u 下的特征矢量差异 $\eta\left(a_T^k\left(x_i^k\right),a_S^k(u)\right)$、位置差异 $\left\|\varphi_1^{k+1}\left(x_i^k\right)-u\right\|^2$、该对应概率的熵 $t^{k+1}\left(\pi_i^u\log\left(\pi_i^u\right)\right)$；第二大项与第一大项类似，个体图像 S_k 与模板图像 T_k 进行形变 φ_2^{k+1} 的损失；第三大项则对形变的光滑性进行约束。t^{k+1} 是逐步减小的，熵的权重逐步减弱。式 (9-26) 的解为

$$\pi_i^u=\exp\left\{-\frac{\eta\left(a_T^k\left(x_i^k\right),a_S^k(u)\right)+\left\|\varphi_1^{k+1}\left(x_i^k\right)-u\right\|^2}{t^{k+1}}\right\} \qquad (9\text{-}27)$$

$$\pi_j^v=\exp\left\{-\frac{\eta\left(a_T^k(v),a_S^k\left(y_j^k\right)\right)+\left\|\varphi_2^{k+1}\left(y_j^k\right)-v\right\|^2}{t^{k+1}}\right\} \qquad (9\text{-}28)$$

特征矢量越相似、空间距离越近的特征点对对应特征点的概率越大。温度 t^{k+1} 在初始的时候很大，这样就使得初始的关键点对应有多个 u 以不同的概率 π_i^u 对贡献特征对应的位移；随着配准的进一步迭代，温度逐步降低，特征点对应就逐步完全由特征矢量的相似性及空间距离来确定，从而实现精准的对应。得到 x_i^k 在个体图像空间邻域内可能对应点的概率后，可估计 x_i^k 处的形变增量 $\hat{\varphi}_1^{k+1}\left(x_i^k\right)$

$$\hat{\varphi}_1^{k+1}\left(x_i^k\right)=\frac{\sum\limits_{u\in n\left(\varphi_1^{k+1}\left(x_i^k\right)\right)}\pi_i^u\times u}{\sum\limits_{u\in n\left(\varphi_1^{k+1}\left(x_i^k\right)\right)}\pi_i^u}\tag{9-29}$$

同样可估计个体图像关键点 y_j^k 的形变增量 $\hat{\varphi}_2^{k+1}\left(y_j^k\right)$

$$\hat{\varphi}_2^{k+1}\left(y_j^k\right)=\frac{\sum\limits_{v\in n\left(\varphi_2^{k+1}\left(y_j^k\right)\right)}\pi_j^v\times v}{\sum\limits_{v\in n\left(\varphi_2^{k+1}\left(y_j^k\right)\right)}\pi_j^v}\tag{9-30}$$

得到模板图像 T_k 及个体图像 S_K 在关键点处的形变增量后，可以采用薄板样条函数进行插值得到密集形变增量场 $\hat{\varphi}_1^{k+1}$ 及 $\hat{\varphi}_2^{k+1}$，使得式(9-26)的第三项极小化。为了确保形变可逆，在微分同胚空间进行形变，计算 $\exp\left(\hat{\varphi}_1^{k+1}\right)$（$n$ 次复合形变，$\max\left(\hat{\varphi}_1^{k+1}\left(x_1,x_2,x_3\right)\right)/2^n<0.5$，$n$ 次复合运算的位移都是 $\hat{\varphi}_1^{k+1}\left(x_1,x_2,x_3\right)/2^n$），计算 $\hat{\phi}_1^{k+1}=\phi_1^k\circ\exp\left(\hat{\varphi}_1^{k+1}\right)$，其逆为 $\left(\hat{\phi}_1^{k+1}\right)^{-1}=\exp\left(-\hat{\varphi}_1^{k+1}\right)\circ\left(\hat{\phi}_1^k\right)^{-1}$，得到 $\hat{\phi}_1^{k+1}$ 及 $\hat{\phi}_2^{k+1}$ 就可从原始模板图像 T_0 及个体图像 S_0 进行形变得到 T_{k+1} 及 S_{k+1} 进行下一轮迭代 $(k+2)$，直到 $\hat{\varphi}_1^K$ 及 $\hat{\varphi}_2^K$ 都近似为 I（达到了模板与个体图像形变的中点））终止。

以 18 个老年人影像数据作为测试基准，比较了 S-HAMMER 与对称图像配准 SyN[5] 及微分同胚 Demons[4] 的精度，对白质、灰质及脑室的 Dice 系数都是最高的，见表 9.1。

表 9.1　S-HAMMER 与 SyN[5] 及微分同胚 Demons[4] 在白质、灰质、脑室的 Dice 系数比较[6]

方法	白质	灰质	脑室	总计
SyN	71.28 ± 3.33	56.63 ± 3.58	82.40 ± 3.35	70.10 ± 3.42
微分同胚 Demons	72.05 ± 5.24	58.22 ± 8.00	82.36 ± 4.50	70.88 ± 6.34
S-HAMMER	75.22 ± 3.22	62.36 ± 3.92	84.82 ± 1.86	74.13 ± 2.86

为了内容的完整性，这里也给出了用到的薄板样条插值 TPS 的公式（使得式(9-26)的第三项即弯曲能量最小）。

$$\begin{bmatrix} \beta & r_{12} & \cdots & r_{1N} & 1 & x_1 & y_1 & z_1 \\ r_{21} & \beta & \cdots & r_{2N} & 1 & x_2 & y_2 & z_2 \\ \vdots & \vdots & \vdots & \vdots & \vdots & \vdots & \vdots & \vdots \\ r_{N1} & r_{N2} & \cdots & \beta & 1 & x_N & y_N & z_N \\ 1 & 1 & \cdots & 1 & 0 & 0 & 0 & 0 \\ x_1 & x_2 & \cdots & x_N & 0 & 0 & 0 & 0 \\ y_1 & y_2 & \cdots & y_N & 0 & 0 & 0 & 0 \\ z_1 & z_2 & \cdots & z_N & 0 & 0 & 0 & 0 \end{bmatrix}$$

$$[\omega_1,\cdots,\omega_N,m_0,m_1,m_2,m_3]^T = [v_1,\cdots,v_N,0,0,0,0]^T$$

其中，N 为关键点的个数；ω_i $(i=1,2,\cdots,N)$ 及 m_i $(i=0,1,2,3)$ 为插值的参数；r_{ij} 表示控制点 i 与控制点 j 之间的距离；β 为(9-26)中的参数；v_i 可分别为第 i 个关键点的位移量的 x、y、z 分量，从而获取形变增量的密集场插值公式

$$\varphi(p) = m_0 + m_1 p(x) + m_2 p(y) + m_3 p(z) + \sum_{i=1}^{N} \omega_i U(\|p - p_i\|) \tag{9-31}$$

每个控制点由 p_i 形变到 q_i，$p(x)$、$p(y)$、$p(z)$ 表示体素 p 的 x、y、z 分量，U 为 $U(r) = r^2 \log r$。

9.6　常见数字图像配准工具

本节先详细介绍传统的数字图像配准工具 Elastix 系统，然后介绍其他常见的工具。

Elastix 系统由荷兰 Utrecht 大学影像研究所基于 ITK 研发，2004 年公开发布，其后经过了大量测试并得到广泛应用[21]。Elastix 系统集成了一些常用的医学图像配准方法，基于灰度实现配准；采用模块化设计，这样便于使用者针对自己特定的问题快速地构建、测试、比较不同的方法。实际配准时，需要确定几大要素：优化方法、多分辨率策略、对浮动图像的插值以计算对浮动图像 F 进行空间变换 T 后的浮动图像 $I_F(T(x))$、坐标变换模型、代价函数的确定。Eastix 系统是模块化设计的，有多种优化方法、多分辨率、多种插值选择、多种空间变换模型、多种损失函数。Elastix 系统的大部分代码来源于 ITK，以确保合适的测试验证，也与 ITK 兼容。Elastix 系统的主要的相似性测度是：灰度差的平方均值、正规化互相关、互信息、正规化互信息。Elastix 系统的优化方法包括了 9.4 节介绍的局部寻优方法。Elastix 系统支持如下正则项：不可压缩约束、薄板的弯曲能量、刚性

惩罚项。Elastix 系统支持如下的空间变换(括号内的数字表示该变换对应的空间变换参数个数):平移(3)、刚体变换(6)、相似变换(刚体变换+各个方向相同的尺度变化,7)、仿射变换(12)、非刚体变换(参数数目可变化)。Elastix 系统有实施 B 样条及数种基于物理的样条模型,如薄板样条及弹性体样条。B 样条变换是基于 B 样条基函数的加权和,控制点位于均匀分布的网格点上。B 样条的参数是控制点的分辨率,由使用者提供。基于物理的样条变换允许用户将控制点设置在任意位置。Elastix 系统支持一种变换模式,即由用户定义的一系列变换的加权。通常在进行非刚体变换前需要进行刚体或仿射变换实现粗配准。Elastix 系统支持任意变换的叠加(一种空间变换后再进行另外的空间变换)。Elastix 系统的采样策略包括:固定图像的全部体素、位于均匀分布的网格点上的体素、位置随机分布的部分体素、图像特征体素如边缘点。Elastix 系统的图像插值方法主要有:最近邻、线性插值、N 阶 B 样条插值,它们的速度由快变慢、质量由坏变好。Elastix 系统支持以下分级策略:第一,图像分辨率的分级,包括有或无下采样的高斯金字塔图像;第二,逐步增加变换模型的复杂度,如对于非刚体变换的 B 样条模型的控制点间距由大到小,可逐步获得更精细的变形信息;第三,参数设置方面的分级策略,如计算互信息的直方图数目由小逐步变大。

如下实验比较了 Elastix 系统的几种空间变换模型的配准性能:选用的数据是 50 套不同患者的前列腺磁共振数据,来自于荷兰 Utrecht 大学医学中心影像科,成像设备是飞利浦的磁共振 3T 系统,分辨率 512×512×90,体素大小 0.49mm×0.49mm×1.0mm。不同患者的磁共振图像的配准具有挑战性,因为每个个体的解剖具有变化;不同个体的配准是因为要进行类似于公共空间的图谱的构建、解读等操作。实验用的代价函数是局部互信息(即只计算一个邻域区域的灰度互信息),四级具有下采样的高斯金字塔图像;空间变换模型包括:平移、刚体变换、仿射变换、具有不同网格距离的 B 样条(64mm、32mm、16mm、8mm、4mm)。性能评估是由有放射肿瘤经验的专家手工画出前列腺区域,计算参考图像与变换后的浮动图像对于分割的前列腺区域的 Dice 系数。结果显示(图 9.8),非刚体配准要远好于刚体配准、控制点距离为 8mm 的 B 样条精度最高、间距为 4mm 的 B 样条精度反而差了(没有引入正则项,4mm 时形变自由度太多而出现不现实的形变)、BS-8 在 Pentium 2.8GHz 个人电脑上约 15min。

以下是使用 Elastix 系统的一些建议:

(1)代价函数,推荐使用互信息。

(2)空间变换,若要进行弯曲变换,应先使用刚体或仿射变换进行初始化;推荐的弯曲变换是 B 样条(因为它具有有限支撑、良好的光滑性);B 样条的控制点间距大小取决于期望的形变的复杂度,从较大的间距开始并逐步减小间距大小;间距较小时应考虑添加形变的正则项。

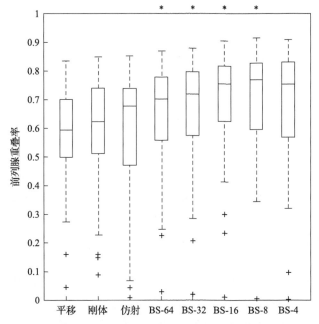

图 9.8 Elastix 系统不同的变换模型对应的配准精度[21]

配准精度度量为前列腺 Dice 系数：BS-表示是 B 样条变换，数字表示网格间距，单位是 mm。
图示为箱体线图(box-and-whisper plot)，每列包括：奇异点(+)、最小、25%、50%、75%、
最大值；上面的*表示当前变换显著好于左侧的变换

(3)优化，推荐自适应随机梯度下降法，与随机采样一起取得收敛与快速的平衡。

(4)采样策略，建议随机采样，可以在体素点或整个图像空间进行，一般采样 2000 个点就可得到较好的结果；可以设定采样的区域以进一步限定随机采样的空间。

(5)插值，推荐线性插值，在速度与精度之间有较好的平衡。

(6)分级策略，图像数据方面推荐有下采样的高斯金字塔结构；若计算机内存足够，推荐采用没有下采样的高斯金字塔结构；对于弯曲变换，建议采用多级网格距离，缺省的设置是分辨率提升一倍则对应于网格间距减少一半；通常 3~4 级分辨率就够了；对于有大形变的图像可以考虑 5~6 级分辨率。

高级分析工具(advanced normalization tools, ANT)是一个基于 ITK 的一系列图像配准、分割、模板构建工具，由美国宾夕法利亚大学 Avants 等在 2009 年发布，官网 http://stnava.github.io/ANTs/，被认为是代表了图像配准与图像分割方面最新的研究成果。在图像配准方面，包含了著名的对称图像配准 SyN 算法[5]。

OpenCV、ITK、MITK 都有一些相应的函数支持图像配准。国内在图像配准

方面的平台建设还有待加强，中国科学院自动化研究所在早期研发的集成化医学影像算法平台 MITK（http://www.radiomics.net.cn/platform/docs/2）的图像配准主要还是刚性配准算法，功能方面还有待完善。

总结和复习思考

小结

9.1 节介绍了数字图像配准的背景知识，包括定义、意义、历史、应用及挑战。图像配准从数学上来看就是实现浮动图像到参考图像的空间对齐，这种对齐的理想情况就是对应像素的一一对齐，而一般情况就只是针对代价函数的优化的解。意义在于，图像配准后能提供互补的信息或帮助浮动图像的理解。发展历史来看，从 20 世纪 80 年代开始，二维到三维、刚体到非刚体、小形变到大形变、稀疏特征点到灰度到密集特征点、单向到双向约束是发展的轨迹。数字图像配准是公认的困难的 DIP，挑战包括：有局部大形变的精确配准、多模态图像的精确配准、图像配准的高效实现以及配准算法的鲁棒性。数字图像配准的代价函数通常包括差异度量及正则约束项；数字图像配准的四大要素包括：特征空间、相似性度量、空间变换和优化策略。

9.2 节介绍了数字图像配准的常见空间变换：刚体变换（旋转和平移）、仿射变换（保持直线性及平行性）、透视变换（仅保持直线性）、弯曲变换（将直线变换为曲线）。常用的弯曲变换是通过二次/三次多项式、B 样条和薄板样条函数实现。

9.3 节介绍了数字图像的常见相似性测度，包括基于灰度的测度（灰度差值平方和、灰度差的绝对值之和、正规化互相关、互信息、正规化互信息）、基于几何特征的测度（特征点/线段/面），以及混合测度（初始/细化的配准过程采用灰度或结合特征的测度）。常见的正则项有弯曲能量惩罚、不可压缩约束、刚性惩罚正则化。

9.4 节介绍了常见的数字图像配准的优化策略，包括局部寻优（Powell 方法、梯度下降法及其改进）及全局寻优（遗传算法、模拟退火算法、粒子群优化算法）策略。

9.5 节介绍了常见的数字图像配准方法，包括迭代最近点法 ICP（基于特征点，刚体变换及仿射变换）、头帽法（基于特征点，刚体变换）、Demons 算法（基于光流，弯曲变换）、微分同胚 Demons（基于光流，允许大形变，引入微分同胚保持拓扑结构不变）、由粗到精特征匹配的弹性配准 HAMMER（基于密集的广义特征，需要先做分割，由粗到精的层次结构形变避免局部极值，考虑了形变的可逆约束）、由粗到精特征引导的对称图像配准 S-HAMMER（结合了 HAMMER 与对称图像配准的优势，不需要分割，密集广义特征基于梯度幅值的随机采样，考虑了可逆约束及微分同胚)。

9.6 节介绍了常见的数字图像配准工具,主要介绍基于 ITK 的 Elastix 系统,具有较强的图像配准功能(除了没有包含对称图像配准和大形变的拓扑保持);此外还有高级分析工具 ANT,它代表了图像配准与图像分割方面最新的研究成果,包含著名的对称图像配准 SyN 算法。国内方面,有 MITK。

复习思考题

9.1　数字图像配准的代价函数有两项,各自的意义是什么? 什么情况下可以不用正则项?

9.2　数字图像配准的挑战有哪些?

9.3　数字图像配准中的弯曲变换是如何实现的?

9.4　哪些相似性测度适合多模态图像配准?

9.5　数字图像配准的局部寻优方法有哪些? 如何避免局部极值?

9.6　数字图像配准的全局寻优方法有哪些? 它们是如何实现全局寻优的?

9.7　头帽法如何用仿射变换提高配准精度?

9.8　数字图像配准中如何实现大形变的拓扑结构保持?

9.9　HAMMER 算法怎么体现是基于广义特征及广义特征点的密集性? 相似性测度是什么?

9.10　S-HAMMER 中如何体现是基于广义特征及广义特征点的密集性? 相似性测度是什么? 形变的可逆性怎么得以保证?

9.11　给定如下待配准的图像对(磁共振 T1 及 T2 图像),试编程实现,将 T2 配准到 T1 上,给出详尽的中间过程。

(1)采用仿射变换,相似性测度建议为这两幅图像 Canny 边缘的吻合度。

(2)采用弹性形变(建议采用薄板样条函数),相似性测度不变。

(3)评估仿射变换及形变变换的配准效果并讨论各自的优劣。

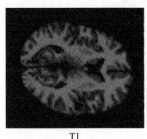
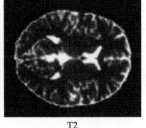

T1　　　　　　　　　　　　T2

9.12　Elastix 系统对图像配准的建议有哪些? 其中哪些可以借鉴?

参 考 文 献

[1] Hill D L, Hawkes D J, Crossman J E, et al. Registration of MR and CT images for skull base surgery using point-like anatomical features. British Journal of Radiology, 1991, 64(767): 1030-1035.

[2] Feldmar J, Ayache N. Rigid, affine and locally affine registration of free-form surfaces. International Journal of Computer Vision, 1996, 18: 99-119.

[3] Klein S, Staring M, Pluim J P W. Evaluation of optimization methods for non-rigid medical image registration using mutual information and B-splines. IEEE Transactions on Image Processing, 2007, 16(12): 2879-2890.

[4] Vercauteren T, Pennec X, Perchant A, et al. Diffeomorphic demons: Efficient non-parametric image registration. NeuroImage, 2009, 45(1): s61-s72.

[5] Avants B B, Epstein C L, Grossman M, et al. Symmetric diffeomorphic image registration with cross-correlation: evaluating automated labeling of elderly and neurodegenerative brain. Medical Image Analysis, 2008, 12(1): 26-41.

[6] Wu G Y, Kim M J, Wang Q, et al. S-HAMMER: Hierarchical attribute-guided, symmetric diffeomorphic registration for MR brain images. Human Brain Mapping, 2014, 35: 1044-1060.

[7] Penney G P, Weese J, Little J A, et al. A comparison of similarity measures for use in 2-D-3-D medical image registration. IEEE Transactions on Medical Imaging, 1998, 17(4): 586-595.

[8] Staring M, Klein S, Pluim J P W. A rigidity penalty term for nonrigid registration. Medical Physics, 2007, 34(11): 4098-4108.

[9] Rohlfing T, Maurer C R, Bluemke D A, et al. Volume-preserving nonrigid registration of MR breast images using free-form deformation with an incompressibility constraint. IEEE Transactions on Medical Imaging, 2003, 22(6): 730-741.

[10] Powell M J D. An efficient method for finding the minimum of a function of several variables without calculating derivatives. Computer Journal, 1964, 7: 155-162.

[11] Holland J H. Adaptation in Natural and Artificial Systems. Michigan: University of Michigan Press, 1975; Massachusetts: The MIT Press, 1992.

[12] Metropolis N, Rosenbluth A W, Rosenbluth M N, et al. Equation of state calculations by fast computing machines. The Journal of Chemical Physics, 1953, 21(6): 1087.

[13] Kennedy J, Eberhart R. Particle swarm optimization//Proceedings of the 4th IEEE International Conference on Neural Networks. Perth: IEEE, 1995: 1942-1948.

[14] Besl P J, McKay N D. A method for registration of 3-D shapes. IEEE Transactions on Pattern Analysis and Machine Intelligence, 1992, 14(2): 239-256.

[15] Zhu J, Du S, Yuan Z, et al. Robust affine iterative closest point algorithm with bidirectional

distance. IET Computer Vision, 2012, 6(3): 252-261.

[16] Pelizzari C A, Chen G T Y, Spelbring D R, et al. Accurate three-dimensional registration of CT, PET, and/or MR images of the brain. Journal of Computer Assisted Tomography, 1989, 13(1): 20-26.

[17] Thirion J P. Image matching as a diffusion process: an analogy with Maxwell's demons. Medical Image Analysis, 1998, 2(3): 243-260.

[18] Zhou L, Zhou L H, Zhang S X, et al. Validation of an improved 'deffeomorphic demons' algorithm for deformable image registration in image-guided radiation therapy. Bio-Medical Materials and Engineering, 2014, 24: 373-382.

[19] Shen D G, Davatzikos C. HAMMER: Hierarchical attribute matching mechanism for elastic registration. IEEE Transactions on Medical Imaging, 2002, 21(11): 1421-1439.

[20] Goldszal A F, Davatzikos C, Pham D L, et al. An image-processing system for qualitative and quantitative volumetric analysis of brain images. Journal of Computer Assisted Tomography, 1998, 22(5): 827-837.

[21] Klein S, Staring M, Murphy K, et al. Elastix: A toolbox for intensity-based medical image registration. IEEE Transactions on Medical Imaging, 2010, 29(1): 196-205.

第 10 章 彩色图像处理

在数字图像处理中，颜色的重要性源自两个主要因素：颜色富含的信息、彩色信息在数字图像处理中的重要性。与其他属性（如灰度、纹理等）相比，颜色本身是一个强有力的描述子，借助颜色可以简化目标物的区分及从场景中提取目标（如汽车车牌的颜色）；人眼可以辨别几千种颜色色调和亮度，但只能辨别几十种灰度层次，因此为了便于人眼辨识，将有灰度差异但人眼无法辨识的灰度转化为不同的颜色色度和亮度是一种可能的选项。

彩色图像处理可以分为两种情况：真彩色处理和伪彩色(pseudo-color)处理。真彩色图像处理的图像来自颜色传感器(如彩色摄像机、彩色扫描仪)；伪彩色图像处理的图像本身没有颜色信息，是对某一属性(如灰度、不同的组织等)赋予某一颜色。

1839 年发明了黑白照相术，1935 年发明了彩色照相术，1949 年彩色照相得以推广，促进了彩色图像处理的诞生及发展。

在过去的几十年里，由于彩色信息传感器及相关处理硬件得到迅速发展且价格变得更容易接受，彩色图像处理技术的应用日益广泛且多样化，典型的应用包括手机、印刷、可视化和互联网。从信息论的角度看，彩色图像的每个分量均可看做是灰度图像，因此前面章节中的灰度图像处理方法都可以直接应用于彩色图像处理。本章主要介绍彩色图像空间中有别于前面灰度图像的处理方法。彩色图像处理技术发展迅速，限于篇幅，本章只会描述该类技术的常见方法，并重点介绍基于四元数的彩色图像增强及基于深度学习的彩色图像识别方法。

10.1 彩 色 基 础

人的大脑感知和理解是一种生理心理现象，这一现象还远远未被完全了解，但颜色的物理性质可以由实验和理论推断。1666 年牛顿发现，当一束太阳光通过一个玻璃棱镜时，出现的光束不是白的，而是由从一端为紫色到另一端为红色的连续色谱组成，色谱分成 7 个宽的区域：紫色、紫蓝色、蓝色、绿色、黄色、橘红色和红色(图 10.1)。注意色谱的颜色是连续平滑改变的，图 10.2 给出了在整个电磁波谱范围内的可见光的波长及对应颜色。

人类感知到的颜色是由物体反射光的性质确定。如图 10.2 所示，可见光是由电磁波谱中的一个较窄的波段组成。若物体能反射所有的色光则呈现为白色；若物体只反射可见光谱的一部分，则呈现某种颜色。如图 10.3 所示，若物体仅反射具有 500~570nm 的有色光而吸收其他波长光的多数能量，则呈现为绿色。彩色光

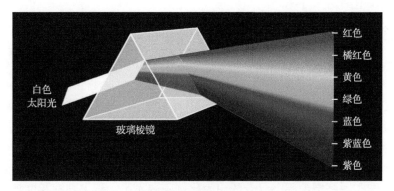

图 10.1　一束太阳光通过玻璃棱镜时的光束色谱
光束不是白色的,而是(从下到上顺序)紫色、紫蓝色、蓝色、绿色、黄色、橘红色和红色

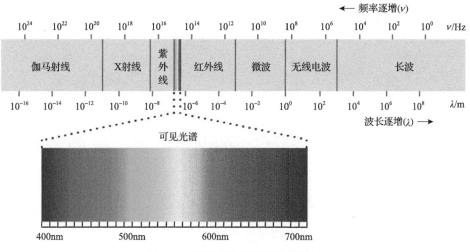

图 10.2　可见光光谱的颜色及波长

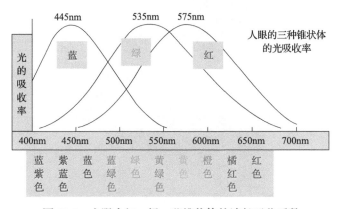

图 10.3　人眼中红、绿、蓝锥状体的波长吸收系数

覆盖的波长范围是 400~700nm。

人眼的锥状细胞是负责彩色视觉的传感器，人眼视网膜内有 600~700 万锥状细胞，其中的 65%对红光敏感、33%对绿光敏感、2%对蓝光敏感。由于人眼的这些吸收特性，将红色(R)、绿色(G)、蓝色(B)作为原色(primary color)，其他颜色是这三种原色的组合。为标准化起见，国际照明委员会(The International Commission on Illumination，法语 CIE)在 1931 年设计了这三个原色的波长：蓝色=435.8nm、绿色=546.1nm、红色=700nm。

颜色的鉴别属性常以亮度(brightness)、色调(hue)和饱和度(saturation)表征。色调表示的是光波中的主要(dominant)波长的相关属性，也是观察者感受到的主要颜色；饱和度是指色调中混合的白光比例，白光比例越大则饱和度越低，因此饱和度也称作色彩的鲜艳程度。纯谱色是全饱和的，粉红色(红色+白色)和淡紫色(紫色+白色)是欠饱和的。颜色的亮度不具有色彩属性。色调和饱和度一起称为彩色，因此颜色可以用亮度和彩色表示。在可见光范围内，形成任何颜色所需的红、绿、蓝的量称为三色值，分别记为 R、G、B，据此可计算每种颜色的三色值系数：

$$r = \frac{R}{R+G+B}, \quad g = \frac{G}{R+G+B}, \quad b = \frac{B}{R+G+B} \tag{10-1}$$

任何可见光谱内的光波长对应的颜色三色值可从大量实验结果编制的曲线或列表中得到。

确定颜色的另一种方法是用 CIE 色调图(图 10.4)，它以红色、绿色分量值作为

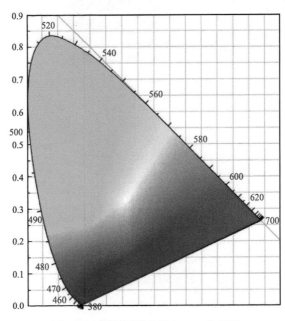

图 10.4　国际照明委员会 CIE 色调图

横坐标与纵坐标表示颜色组成，则蓝色分量 b 由式(10-1)计算得到。从 380nm 的紫色到 780nm 的红色的各种谱色位置标在舌形色度图周围的边界上。不在边界而在色度图内部的点都表示谱色的混合色。位于色度图边界上的点都是饱和的。

10.2　彩色空间

彩色空间的目的是根据相关应用合理地描述彩色图像。可见光彩色图像空间的一种表达形式是 RGB。根据线性空间理论，该类彩色图像空间应该还有其他的基。本节描述相关的基以及与 RGB 的转换关系。

常用的彩色空间可以分为两类：面向硬设备及面向彩色处理。面向硬设备的彩色空间主要有 RGB 空间、CMY 空间、YIQ 空间及 YUV 空间；面向彩色处理的彩色空间主要有 HSI 空间和 HSV 空间。

RGB 空间是最常用的面向硬设备的彩色空间，广泛用于手机、彩色显示器、彩色摄像机。以归一化的灰度表示 RGB 各分量，实际对应于 R、G、B 分量为 8 位的灰度图像。图 10.5 显示了一幅 RGB 图像及其对应的各分量，显示各分量时将其他分量设置为 0。

CMY (cyan 青色，magenta 品红色，yellow 黄色) 模型是 RGB 的三补色，主要用于印刷品。该空间与 RGB 空间的转换关系为：$C=1-R, M=1-G, Y=1-B$。

图 10.5　彩色图像及其 R、G、B 分量示例

从左到右、从上到下的 4 幅图像分别为彩色花图像、R 分量、G 分量与 B 分量。在显示某个分量时，其他分量设置为 0，从而显示的还是一幅彩色图像而不是灰度图像

YIQ(Y 表示 luminance 亮度，I 表示 in-phase 平衡调制，Q 表示 quadrature-phase 正交幅度调制）模型是美国国家电视系统委员会（National Television System Committee, NTSC）制定的彩色电视广播标准。这种制式的色度信号调制包括了平衡调制和正交调制两种。YIQ 空间与 RGB 空间的变换关系为

$$\begin{bmatrix} Y \\ I \\ Q \end{bmatrix} = \begin{bmatrix} 0.299 & 0.587 & 0.114 \\ 0.596 & -0.274 & -0.322 \\ 0.211 & -0.523 & 0.312 \end{bmatrix} \begin{bmatrix} R \\ G \\ B \end{bmatrix} \tag{10-2}$$

因此，IQ 表示了彩色信息；YIQ 模型具有能将图像中的亮度分量分离出来的优点，且与 RGB 颜色空间是线性变换的关系，可用于光照强度变化的场合。图 10.6 显示了一幅彩色图像及其 Y、I、Q 分量。

图 10.6　彩色图像及其 Y、I、Q 分量示例

从左到右、从上到下分别为彩色图像原图，对应的 Y、I、Q 分量

YUV（也称 YCrCb）是欧洲电视系统采用的一种颜色编码方法，Y 表示亮度 luminance，UV 表示的是颜色差异（chrominance），分别为 Y 分量减去蓝色分量（Cb）和红色分量（Cr）。UV 值的范围是–0.5～0.5。该模型与 RGB 的变换关系为

$$Y = 0.299R + 0.587G + 0.114B, \quad U = 0.493(B - Y), \quad V = 0.877(R - Y) \tag{10-3}$$

YUV 的发明对应于彩色电视与黑白电视的过渡时期，Y 分量用于黑白电视，实现了彩色电视机与黑白电视机之间的兼容。对 UV 采用较少的比特数可以减少带宽。图 10.7 显示了一幅彩色图像及其 Y、U、V 分量。

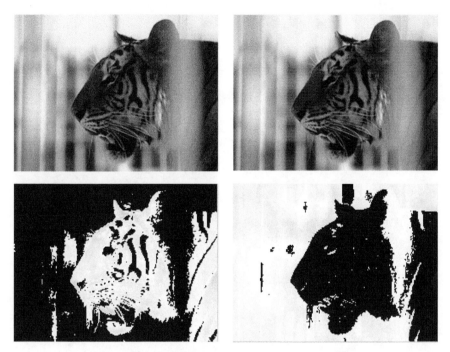

图 10.7 彩色图像及其 Y、U、V 分量示例
从左到右、从上到下分别为彩色图像原图，对应的 Y、U、V 分量

HSI(hue 色调，saturation 饱和度，intensity 强度)模型诞生于 1915 年，用以反映人的视觉系统感知彩色的方式，可在彩色图像中将彩色信息(色调和饱和度)与强度分开，是开发基于彩色描述的图像处理方法的理想工具。HSI 与 RGB 的转换关系为非线性关系：

$$S = 1 - \frac{3}{R+G+B}\big[\min(R,G,B)\big] \tag{10-4}$$

$$I = \frac{1}{3}(R+G+B) \tag{10-5}$$

$$H = \begin{cases} \arccos\left\{ \dfrac{[(R-G)+(R-B)]/2}{\sqrt{\left[(R-G)^2+(R-B)(G-B)\right]}} \right\} & G \geqslant B \\[4mm] 360 - \arccos\left\{ \dfrac{[(R-G)+(R-B)]/2}{\sqrt{\left[(R-G)^2+(R-B)(G-B)\right]}} \right\} & G < B \end{cases} \tag{10-6}$$

图 10.8 显示了一幅彩色图像及其 *H*、*S*、*I* 分量。

图 10.8　彩色图像及其 *H*、*S*、*I* 分量示例
从左到右、从上到下分别为彩色图像原图，对应的 *H*、*S*、*I* 分量

HSV（hue 色调，saturation 饱和度，value 亮度）模型与 HSI 模型相似，诞生于 1978 年，初衷是改善计算机图形软件的颜色选择界面。HSV 与 RGB 的转换关系为非线性关系：

$$S = \frac{\max(R,G,B) - \min(R,G,B)}{\max(R,G,B)}, \quad V = \frac{\max(R,G,B)}{255} \tag{10-7}$$

而 *H* 的计算与 HSI 的一样（式 (10-6)）。

10.3　伪彩色图像处理

伪彩色图像又称为假彩色（false color）图像，指的是图像中的彩色并非表征可见光光谱的属性。伪彩色图像处理是根据特定的准则赋予彩色，它区别于真彩色图像处理，主要应用是辅助人眼观察和解释图像中的目标。这样做基于的原理是：人眼可以辨别几千种颜色但却只能分辨几十种灰度层次，真彩色图像只能表征可见光光谱。

　　假彩色图像最常见的应用场景有天气或某种危害因素或资源的彩色表征、图谱的表征；同一场景的多光谱成像也可看做是伪彩色，因为它可以不对应于可见光范围，所用的光谱可以不等于 3，这些例子见图 10.9。

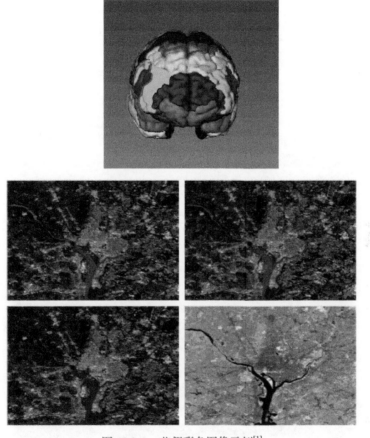

图 10.9　一些假彩色图像示例[1]
第一行为人脑脑叶的假彩色显示(不同的颜色表示不同的脑叶)；第二行、第三行是美国华盛顿区包括
Potomac 河的四个波段(可见光蓝色波段、绿色波段、红色波段及近红外波段)的图像

　　本节介绍的伪彩色处理仅限于将灰度图像以某种方式转化为伪彩色图像，从而以彩色的方式凸显某些感兴趣的目标物或信息。以下介绍三种伪彩色处理方法：灰度分层、灰度到彩色的变换、频域分析。

　　灰度分层(intensity slicing)：基本思想就是将图像灰度分成若干个区间，每个区间都赋予一个颜色。用一个灰度对图像进行两级分层，就是将该灰度之上的灰度赋予一种颜色，其他的赋予另外一种颜色。这种思想可以推广到 M 级分层($M<L$)：设在灰度 l_1、l_2、$\cdots$、l_M 处对灰度进行分层，则将灰度范围 0~L 划分为 $M+1$ 个灰度区间，第 i 个灰度区间的灰度赋予一种颜色 $c_i(i=1,2,\cdots,M+1)$，即

$$f(x,y) = \begin{cases} c_1, & 0 \leqslant f(x,y) < l_1 \\ c_2, & l_1 \leqslant f(x,y) < l_2 \\ \cdots & \cdots \\ c_{M+1}, & f(x,y) \geqslant l_M \end{cases} \tag{10-8}$$

灰度到彩色的变换：这种方法的基本思路是对灰度图像进行三个独立变换得到对应的变换后的彩色图像的 R 分量、G 分量与 B 分量，再将这三个分量合成为伪彩色图像。

频域滤波：伪彩色增强也可以与图像的频域成分相关联，将灰度图像的不同的频率成分赋予不同的颜色。一种实现方式是对灰度图像进行频域分析，通过高通滤波、带通滤波和低通滤波分别得到三个频率分量，分别作为伪彩色图像的 R、G、B 分量，以上的思路可以用图 10.10 所示的框图来表达。图 10.11(c) 显示了军舰灰度图像经频率滤波得到的伪彩色图像。

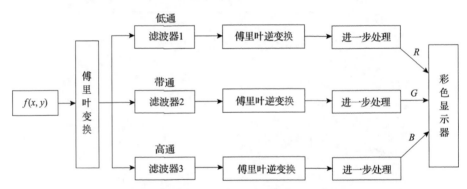

图 10.10　基于频率滤波的伪彩色图像增强
其中的进一步处理可以是直方图指定化及线性拉伸等

(a)　　　　　　　　　　(b)　　　　　　　　　　(c)

图 10.11　军舰灰度图像的伪彩色增强
(a)原始灰度图像；(b)基于灰度分层的伪彩色图像：灰度 0~63 赋予红色、64~127 赋予绿色、
128~192 赋予蓝色、193~255 赋予白色；(c)基于图 10.10 所示的频率滤波生成的伪彩色图像，
其中进一步处理采用的是灰度图像的线性拉伸

10.4 彩色图像各分量的灰度变换

彩色图像可以采用不同的图像空间，最常见的是 RGB 空间与 HSI 空间，这样每个像素就有三个分量，可以对这三个分量单独处理后再合成，或者是将三个分量当做一个矢量进行处理。本节主要介绍真彩色图像各分量的灰度变换。

理论上讲，任何变换都可以作用于任何彩色模型，实际操作则有一些限制。首先，采用的处理方法要既能用于标量也能用于矢量；其次，对矢量中每个分量的处理要与其他分量独立。对图像进行简单的邻域平均是满足这两个条件的一个例子。改变彩色图像的亮度可以考虑两种方式：第一种方式是把彩色图像转换到 HSI 空间，对 I 分量进行亮度变换；第二种方式是在 RGB 空间对各分量实施相同的亮度变换。

下面以直方图变换的方式介绍一些常见的灰度变换。

图 10.12 以相同的变换改变 RGB 分量实现高色调增强。对归一化的 R、G、B 三分量，在 $(0, 0.5)$ 内降低灰度而在 $(0.5, 1)$ 范围内则增加灰度，因此是一种增强高色调的灰度变换。

  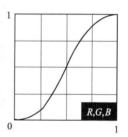

原图　　　　　　　　　　　　　校正后

图 10.12 高色调校正示例

从左至右分别为原图，高色调校正后的输出，R、G、B 三个分量的灰度变换曲线

图 10.13 则是以相同的变换改变 R、G、B 分量实现低色调增强，在 $(0,1)$ 灰度范围内都增加灰度，但输入灰度越低其增加的幅度越大，因此是一种增强低色调的灰度变换[1]。

图 10.14 则显示了 HSI 空间内的基于直方图的灰度变换。图中原始图像包含了大量暗彩色 (图 10.14(a))；只对亮度进行直方图均衡化就得到了图 10.14(c)，可以看出，一些暗彩色得到了修正；对饱和度 S 进一步增强后得到图 10.14(d)。整个变换过程中，H 分量没有改变以保持基本的颜色信息。

偏暗的原图　　　　　　　　　　校正后

图 10.13　低色调校正示例
从左至右分别为原图，低色调校正后的输出，R、G、B 三个分量的灰度变换曲线

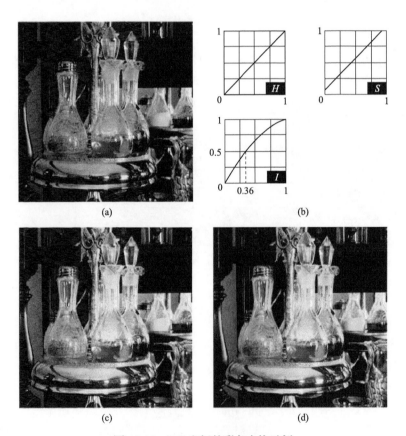

(a)　　　　　　　　　　(b)

(c)　　　　　　　　　　(d)

图 10.14　HSI 空间的彩色变换示例
(a)原图；(b)对应的 H、S、I分量的灰度变换；(c)依据图(b)中的 I分量的灰度变换(直方图均衡化)而保持 H 与 S不变的灰度变换后的彩色图像；(d)对图(c)的 S分量还按照图(b)中的变换曲线进行变换后得到的彩色图像

10.5　彩色图像的增强

彩色图像的增强，既可以对分量分别增强后合成，也可以将各分量整体当做矢量进行增强。从各分量进行增强的角度言，第 3 章介绍的线性处理操作内容都适用；对于非线性操作，如直方图均衡化，对各分量进行该操作再合成，则彩色信息就会发生变化；欲保持颜色信息不改变，就需要转换到 HSI 或 HSV 空间只对 I 或 V 分量进行操作而保持 H、S 分量不变。

这里介绍一种基于模糊集理论的彩色图像滤波[2]。针对加性噪声，进行两次滤波。采用文献[2]中的符号进行问题的描述：设含加性噪声的彩色图像用 RGB 空间表示，记为 $N(x, y, t)$，其中 (x, y) 表示像素坐标，t 为 1、2、3，分别表示彩色图像的 R、G、B 分量。

第一次滤波的邻域为 Ω：$(2K+1) \times (2K+1)$，以当前处理的像素 (x, y) 为中心的邻域像素；由 R、G、B 三个标量定义 RG、RB、GB 矢量如下：

$rg(x, y) = [N(x, y, 1), N(x, y, 2)]$　　像素点 (x, y) 的红色与绿色分量组成的二维矢量

$rb(x, y) = [N(x, y, 1), N(x, y, 3)]$　　像素点 (x, y) 的红色与蓝色分量组成的二维矢量

$gb(x, y) = [N(x, y, 2), N(x, y, 3)]$　　像素点 (x, y) 的红色与绿色分量组成的二维矢量

两个二维矢量间的距离 $D(\cdot)$ 用 Minkowsky 距离度量，文中采用 $m=2$ 的欧几里得距离。

$$D[rg(i, j), rg(i+k, j+l)]$$
$$= [|N(i, j, 1) - N(i+k, j+l, 1)|^m + |N(i, j, 2) - N(i+k, j+l, 2)|^m]^{\frac{1}{m}}$$

上面给的是 RG 二维矢量间的距离，类似地可以给出 RB、GB 二维矢量间的距离。两个二维颜色矢量的相似度，以它们之间的距离来衡量。定义三个二维颜色相似模糊子集，其隶属度函数是二维颜色之间的欧几里得距离的函数，即

$$\mu_s(d) = \begin{cases} \dfrac{(p-d)^2}{p^2}, & d \leqslant p \\ 0, & d > p \end{cases} \tag{10-9}$$

其中，d 就是两个二维颜色矢量之间的欧几里得距离；s 分别取值 rg、rb、gb，而对应的参数 p 则由式（10-10）确定

$$p_s = \max_{(i, j)} D[s(i, j), s(i+k, j+l)]|_{(k, l) \in \Omega} \tag{10-10}$$

第一次滤波的滤波器遵循的原理为：求中心像素的颜色平均，同时不破坏图像中的重要结构（如边缘、颜色分量的距离），即在求中心像素 (i,j) 的颜色平均中，邻域像素 $(i+k,j+l)$ 的颜色分量的贡献权重 $w(i,j,t)$ 是由上述三个模糊子集来确定的，颜色越相似则权重越大。具体而言，对于 $t=1$ 的红色分量，只有当 (i,j) 与 $(i+k,j+l)$ 的 rg 及 rb 间的颜色越相似则权重越大，因此

$$w(i+k,j+l,1)=\mu_{rg}[D(rg(i,j),rg(i+k,j+l))]\times\mu_{rb}[D(rb(i,j),rb(i+k,j+l))]$$

$$(10\text{-}11)$$

同理，可以计算 $w(i+k,j+l,2)$ 与 $w(i+k,j+l,3)$

$$w((i+k,j+l,2))=\mu_{rg}[D(rg(i,j),rg(i+k,j+l))]\times\mu_{gb}[D(gb(i,j),gb(i+k,j+l))]$$

$$(10\text{-}12)$$

$$w(i+k,j+l,3)=\mu_{rb}[D(rb(i,j),rb(i+k,j+l))]\times\mu_{gb}[D(gb(i,j),gb(i+k,j+l))]$$

$$(10\text{-}13)$$

从而得到第一次滤波器的输出 $F(i,j,k)$，它为各分量在邻域内的加权平均，其中颜色相似的权系数大，颜色不相似的权系数小，从而实现消除孤立噪声并保留边缘：

$$F(i,j,t)=\frac{\sum\limits_{k=-k}^{K}\sum\limits_{l=-K}^{K}w(i+k,j+l,t)\times N(i+k,j+l,t)}{\sum\limits_{k=-k}^{K}\sum\limits_{l=-K}^{K}w(i+k,j+l,t)},\quad t=1,2,3 \qquad (10\text{-}14)$$

第二次滤波的基本思想就是，计算三个分量的局部差异，并由此估计中心像素的彩色分量。这里的局部窗口大小为 $(2L+1)\times(2L+1)$，L 与第一次滤波的局部窗口大小 K 可以不一样。局部差异就是邻域内 $(i+k,j+l)$ 的像素与中心像素 (i,j) 间的颜色分量的差异，计算公式为 $LD(i,j,k,l,t)=F(i+k,j+l,t)-F(i,j,t)$，其中 t 取值 1、2、3 分别表示 R、G、B 分量。在邻域像素 $(i+k,j+l)$ 的颜色分量差异平均为

$$\varepsilon(i,j,k,l)=\left[LD(i,j,k,l,1)+LD(i,j,k,l,2)+LD(i,j,k,l,3)\right]/3 \qquad (10\text{-}15)$$

最终的滤波器输出为 $\mathrm{out}(i,j,t)$

$$\mathrm{out}(i,j,t)=\frac{\sum\limits_{k=-L}^{L}\sum\limits_{l=-L}^{L}[F(i+k,j+l,t)+\varepsilon(i,j,k,l)]}{(2L+1)^2},\quad t=1,2,3 \qquad (10\text{-}16)$$

文献[2]实验结果表明（图 10.15），该方法的图像增强质量（用峰值信噪比度量）优于其他复杂的方法，比如小波变换域的高斯尺度混合模型。需要说明的是，基于模糊集理论的滤波属于一种软滤波，兼顾了算法的复杂度与高性能，算法易于实现却能取得非常好的性能，是图像增强领域值得推崇与进一步探索的方法。

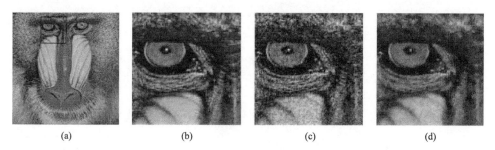

图 10.15　基于模糊集理论的彩色图像增强（保留细节的去噪）[2]
(a)原始狒狒彩色图像，黑方框圈定后续的局部窗口图像；(b)狒狒局部窗口图像；(c)被高斯白噪声
（σ=30）的局部窗口图像；(d)基于式(10-16)得到的增强结果，其中 K=2、L=1

10.6　彩色图像的边缘提取

与灰度图像的边缘提取相似，彩色图像的边缘提取可基于一阶或二阶偏导数。图 10.16 表明，对于彩色图像，若对各分量求梯度再合成，可能是不合理的。两幅

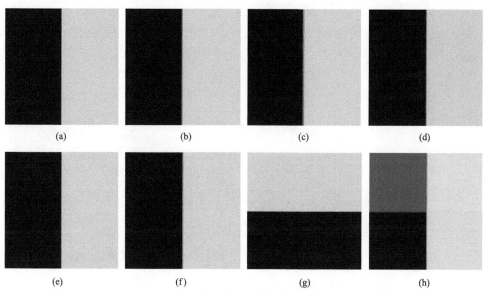

图 10.16　对于彩色图像各分量求梯度再合成可能是不合理的
两幅彩色图像((d)与(h))及它们的 RGB 分量((a)/(e)、(b)/(f)、(c)/(g)为(d)/(h)的 RGB 分量)

彩色图像(10.16(a)与10.16(h))在中心点处的邻域彩色分布在直觉上相差很大,但若基于对各分量的一阶偏导数合成边缘,则在中心点处的边缘大小将是相同的。

因此,较合理的一阶求导方式是把RGB颜色分量当做一个整体的矢量,求其梯度矢量,然后基于梯度幅值极大值求取彩色图像的边缘。这个方法是di Zenzo[3]在1986年提出的,本书将其简称为矢量法。彩色图像$f(x, y)$由其三个分量$R(x, y)$、$G(x, y)$、$B(x, y)$表征,可计算各分量的二阶偏导数,即

$$g_{xx} = \left|\frac{\partial R}{\partial x}\right|^2 + \left|\frac{\partial G}{\partial x}\right|^2 + \left|\frac{\partial B}{\partial x}\right|^2, \quad g_{yy} = \left|\frac{\partial R}{\partial y}\right|^2 + \left|\frac{\partial G}{\partial y}\right|^2 + \left|\frac{\partial B}{\partial y}\right|^2,$$

$$g_{xy} = \frac{\partial R}{\partial x}\frac{\partial R}{\partial y} + \frac{\partial B}{\partial x}\frac{\partial B}{\partial y} + \frac{\partial G}{\partial x}\frac{\partial G}{\partial y}$$

彩色图像梯度的方向θ及沿着该方向的梯度幅值$F(\theta)$由式(10-17)和式(10-18)确定

$$\theta = 0.5\arctan\left[\frac{2g_{xy}}{g_{xx} - g_{yy}}\right] \tag{10-17}$$

$$F(\theta) = \sqrt{0.5\left[(g_{xx} + g_{yy}) + (g_{xx} - g_{yy})\cos(2\theta) + 2g_{xy}\sin(2\theta)\right]} \tag{10-18}$$

实际运算时,一阶偏导数可以用Sobel算子实现/逼近,或先平滑再计算;平滑时,转换到HSI空间只对I分量进行平滑以保持色彩信息,然后将平滑后的I转换回RGB空间求一阶偏导数。实际求取边缘时,则可采用Canny边缘算子的思想进行非极大值抑制,然后用多阈值求取边缘。图10.17分别给出了用矢量方式及标量方式求取边缘幅值及其差异,再次表明了这两种方法在很多位置得到的边缘强度是有较大差异的。

与彩色图像矢量法边缘提取类似的是结构张量方法。对于多通道图像$f = (f^1, f^2, \cdots, f^n)^{\mathrm{T}}$,结构张量为$G = \begin{bmatrix} \overline{f_x \cdot f_x} & \overline{f_y \cdot f_y} \\ \overline{f_y \cdot f_x} & \overline{f_y \cdot f_y} \end{bmatrix}$,其中". "表示矢量的点积,下标$x$或$y$表示在$x$或$y$方向的一阶偏导数,"–"表示对多通道的微分利用高斯平滑滤波器进行平滑。对于彩色图像,$f = (R, G, B)^{\mathrm{T}}$,其结构张量为

$$G = \begin{bmatrix} \overline{R_x^2 + G_x^2 + B_x^2} & \overline{R_x R_y + G_x G_y + B_x B_y} \\ \overline{R_x R_y + G_x G_y + B_x B_y} & \overline{R_y^2 + G_y^2 + B_y^2} \end{bmatrix} = \begin{bmatrix} g_{11} & g_{12} \\ g_{21} & g_{22} \end{bmatrix} \tag{10-19}$$

结构张量G的最大特征λ_1(表示局部色彩变化最大位置的微分能量)及对应的方位角(表示局部色彩变化最大的方向)为

$$\lambda_1 = \frac{1}{2}\left(g_{11} + g_{22} + \sqrt{(g_{11} - g_{22})^2 + 4(g_{12})^2}\right), \quad \theta = \frac{1}{2}\arctan\left(\frac{2g_{12}}{g_{11} - g_{22}}\right) \quad (10\text{-}20)$$

可以基于 λ_1 或特征值的构造 (如 $\lambda_1 + \lambda_2$) 作为幅值, 沿着方向 θ 进行非极值抑制, 采用 Canny 算子思想计算对应的边缘, 这与矢量法相似: 方向一样均为 θ, 但幅值更加灵活。

图 10.17　彩色 Lena 图像的边缘检测

第一行对应于原图、基于矢量计算的灰度梯度幅值; 第二行对应于基于三分量求取灰度梯度然后进行幅值相加、两种方法的差异, 表明矢量方法与基于标量计算然后相加的方法在很多地方有明显差异

采用二阶偏导数计算边缘则与灰度图像处理方式相似, 可分别对 R、G、B 进行平滑加拉普拉斯算子处理, 每个分量的过零点为边缘点。

需要指出的是, 彩色图像的边缘提取不像灰度图像的边缘提取那样有广泛的共识。两方面的研究还在继续: 针对具体应用的彩色图像边缘提取, 以及通用的保持颜色信息的边缘提取方法[4]。

10.7　彩色图像的分割

彩色图像分割需要选择合适的彩色空间, 然后可以基于各分量、分量的组合以及矢量来进行分割。第 7 章、第 8 章介绍的图像分割方法都适用于基于彩色图像分量的分割。

基于彩色图像的分量组合可以有很多方式。不失一般性，本节选择介绍两种组合方式的分割。第一种组合方式是在 HSI 彩色空间的基于简单计算的粗略分割[1]，第二种组合方式是在 RGB 空间的聚类或区域增长。下面分别说明。

对于图 10.18(a) 所示的彩色图像，在 HSI 空间进行简单的阈值操作就可以得

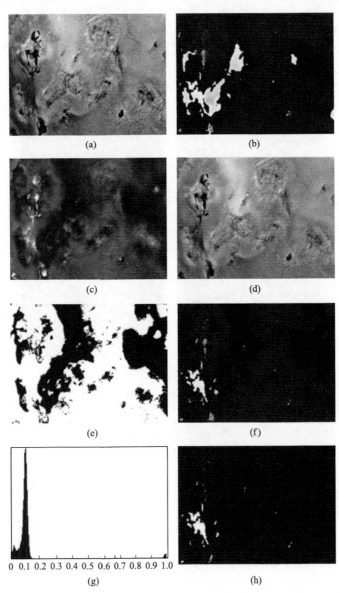

图 10.18　彩色图像在 HSI 空间的简单操作分割[1]

(a)原图；(b)原图的 H 分量；(c)原图的 S 分量；(d)原图的 I 分量；(e)对 S 分量二值化的图(阈值为 S 分量最高的 10%像素对应的 S 值)；(f)二值化的 S 乘以 H 分量；(g)图(f)的灰度直方图；(h)图(f)的二值化(取图(f)灰度最大值的 90%)

到粗略的分割。具体地，对以 S 分量直方图的灰度由大到小的 10% 比例作为阈值进行二值化，得到感兴趣区(图 10.18(e))；取该感兴趣区内的 H 分量的最大值的 90% 作为阈值对 H 分量进行二值化，得到最终的对 S 取阈值再对 H 取阈值的二值化图像(图 10.18(h))。

在 RGB 空间的分割可以采用区域增长或聚类的方式，相似性度量就是分量之间的距离，实现形式既可以是无监督(自动计算[5])也可以是有监督的(使用者指定)。文献[1]中给出了最简单的相似性判别准则：在 RGB 空间中，由专家或其他方式标记出区域以便计算相关(颜色)特征；在指定区域内计算出该区域的颜色分量的均值(m_R, m_G, m_B)及颜色分量标准差$(\sigma_R, \sigma_G, \sigma_B)$，则对于任意像素的 RGB 分量$(z_R, z_G, z_B)$，只要它们满足如下阈值条件就被分割为前景

$$|z_R - m_R| < k_R\sigma_R, \ |z_G - m_G| < k_G\sigma_G, \ |z_B - m_B| < k_B\sigma_B$$

图 10.19 给出了与指定白色框内的 R 分量相似的区域(仅对 R 分量限定)。更复杂的无监督方法请见文献[5]可分割出更精细的颜色目标物。

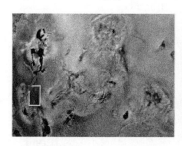

图 10.19　RGB 分量仅对白色方框内的区域(箭头)的红色分量进行限制的分割结果[1]
分割判据满足 $|z_R - m_R| < 1.2\sigma_R$，其中 m_R 与 σ_R 是方框内所有像素的红色分量的均值与标准差

10.8　基于四元数表征的彩色图像处理

为了充分利用彩色图像 RGB 三基色之间的强相关性，需要引入新的数学工具，代表性工作就是基于四元数(quaternion)的彩色图像处理。四元数是复数从二维平面到三维及四维空间的拓展，并形成了四个可除代数中的四元代数 $\mathbb{H}$(其他的三个可除代数分别是实数代数 $\mathbb{R}$、复数代数 $\mathbb{C}$、八元代数 $\mathbb{O}$)。四元数由 Hamilton 爵士[6]在 1843 年提出。

四元数定义：一个四元数 q 包含一个实部和三个虚部

$$q = q_r + q_i\mathrm{i} + q_j\mathrm{j} + q_k\mathrm{k} \tag{10-21}$$

对应于四个基 $\{1, \mathrm{i}, \mathrm{j}, \mathrm{k}\}$，其中 q_r、q_i、q_j、q_k 均为实数，q_r 叫做 q 的实部，$q - q_r$

叫做 q 的矢量部分或虚部。虚部单位基 i、j、k 满足如下条件：

$$\text{ii} = \text{jj} = \text{kk} = \text{ijk} = -1, \text{ij} = -\text{ji} = \text{k}, \text{jk} = -\text{kj} = \text{i}, \text{ki} = -\text{ik} = \text{j} \quad (10\text{-}22)$$

四元数还可写成实部与虚部的和，四元数 q 的虚部则记为 $\vec{q} = q_\text{i}\text{i} + q_\text{j}\text{j} + q_\text{k}\text{k}$，$q = q_\text{r} + \vec{q}$，也可记为 $(q_\text{r}, \vec{q})$。实部为 0 的四元数称为纯四元数。

Hamilton 给出了四元数的加法、乘法规则。四元数满足加法交换律、加法结合律、乘法结合律和乘法对加法的分配率等。不同于实数或复数的是，四元数不满足乘法交换律（如 $\text{ij} = -\text{ji} = \text{k}$）。四元数的不可交换乘积又称为格拉斯曼积（Grassman product），按多项式乘法进行，

$$
\begin{aligned}
pq &= (p_\text{r} + p_\text{i}\text{i} + p_\text{j}\text{j} + p_\text{k}\text{k})(q_\text{r} + q_\text{i}\text{i} + q_\text{j}\text{j} + q_\text{k}\text{k}) = p_\text{r}q_\text{r} - p_\text{i}q_\text{i} - p_\text{j}q_\text{j} - p_\text{k}q_\text{k} \\
&+ (p_\text{r}q_\text{i} + p_\text{i}q_\text{r} + p_\text{j}q_\text{k} - p_\text{k}q_\text{j})\text{i} + (p_\text{r}q_\text{j} - p_\text{i}q_\text{k} + p_\text{j}q_\text{r} + p_\text{k}q_\text{i})\text{j} \\
&+ (p_\text{r}q_\text{k} + p_\text{i}q_\text{j} - p_\text{j}q_\text{i} + p_\text{k}q_\text{r})\text{k}
\end{aligned}
\quad (10\text{-}23)
$$

四元数能够唯一地表述成两个复数的和，即

$$q = (q_\text{r} + q_\text{i}\text{i}) + (q_\text{j} + q_\text{k}\text{i})\text{j} = \alpha + \beta\text{j}, \quad \alpha = q_\text{r} + q_\text{i}\text{i}, \quad \beta = q_\text{j} + q_\text{k}\text{i} \quad (10\text{-}24)$$

式(10-24)又叫做四元数的 Cayley-Dickson 表示。

四元数 q 的共轭 $q^* = (q_\text{r}, -\vec{q})$，即实部相同，虚部符号相反。为简化及统一符号，用上标*表示共轭，可作用于复数、四元数、复数矢量和复数矩阵、四元数矢量以及四元数矩阵。类似地，在第 3 章中以上标 H 表示复数矩阵的共轭转置，这里依旧用上标 H 表示四元数矩阵及矢量的共轭转置。

四元数的叉积为纯四元数，定义为

$$p \times q = \begin{pmatrix} \text{i} & \text{j} & \text{k} \\ p_\text{i} & p_\text{j} & p_\text{k} \\ q_\text{i} & q_\text{j} & q_\text{k} \end{pmatrix} = (p_\text{j}q_\text{k} - p_\text{k}q_\text{j})\text{i} + (p_\text{k}q_\text{i} - p_\text{i}q_\text{k})\text{j} + (p_\text{i}q_\text{j} - p_\text{j}q_\text{i})\text{k} \quad (10\text{-}25)$$

四元数的模为 $|q| = \sqrt{qq^*} = \sqrt{q_\text{r}^2 + q_\text{i}^2 + q_\text{j}^2 + q_\text{k}^2}$，单位四元数指的是模为 1 的四元数。四元数的乘逆定义为 $q^{-1} = q^* / |q|^2$。

四元数矢量与标量组成的矢量相似，即 $x = [x_1, x_2, \cdots, x_N]^\text{T}$，$x_i$ 为四元数。四元数矢量的标量积(scalar product)（ℍ 表示右矢量希尔伯特空间）定义为

$$\langle x, y \rangle = x^\text{H} y = \sum_{\alpha=1}^{N} x_\alpha^* y_\alpha \quad (10\text{-}26)$$

其中，$x, y \in \mathbb{H}^N$。

四元数矢量的模定义为 $\| x \| = \sqrt{\langle x, x \rangle}$。两个四元数矢量之间的距离

$$d(x, y) = \| x - y \| = \sqrt{(x-y)^{\mathrm{H}}(x-y)} \tag{10-27}$$

四元数矢量的外积(outer product)定义为：$x \in \mathbb{H}^N$，$y \in \mathbb{H}^M$，则 $x \circ y \in \mathbb{H}^{N \times M}$

$$x \circ y = [x_{\alpha} y_{\beta}]_{\alpha, \beta} \tag{10-28}$$

给定四元数矩阵 $A \in \mathbb{H}^{N \times M}$，利用四元数的 Cayley-Dickson 表示(式(10-24))，可得 $A = A_1 + A_2 \mathrm{j}$，其中 A_1 与 A_2 都是复数矩阵(A_1 及 A_2 分别由四元数的 α 和 β 构成，都属于 $\mathbb{C}^{N \times M}$)。据此可定义复伴随矩阵(complex adjoint matrix) $\chi_A \in \mathbb{C}^{2N \times 2M}$，即

$$\chi_A = \begin{bmatrix} A_1 & A_2 \\ -A_2^* & A_1^* \end{bmatrix} \tag{10-29}$$

四元数还可以用实矩阵表示，即四元数 q 的实矩阵形式为

$$\begin{bmatrix} q_{\mathrm{r}} & q_{\mathrm{i}} & q_{\mathrm{j}} & q_{\mathrm{k}} \\ -q_{\mathrm{i}} & q_{\mathrm{r}} & -q_{\mathrm{k}} & q_{\mathrm{j}} \\ -q_{\mathrm{j}} & q_{\mathrm{k}} & q_{\mathrm{r}} & -q_{\mathrm{j}} \\ -q_{\mathrm{k}} & -q_{\mathrm{j}} & q_{\mathrm{i}} & q_{\mathrm{r}} \end{bmatrix} \tag{10-30}$$

四元数的共轭相应于实矩阵的转置。

最常见的研究四元数矩阵的手段是利用这些四元数矩阵的复伴随矩阵[7]。由于四元数的格拉斯曼积不满足交换律，奇异分解时要考虑矩阵的左/右特征值与特征矢量。对于四元数矩阵 $A \in \mathbb{H}^{N \times N}$，$x_{(q)}$ 表示四元数列向量(N 列)，λ 是四元数特征值，有

$$A x_{(q)} = \lambda x_{(q)} \tag{10-31}$$

$$A x_{(q)} = x_{(q)} \lambda \tag{10-32}$$

满足式(10-31)的 λ 和 $x_{(q)}$ 称为 A 的左特征值及左特征矢量，满足式(10-32)的 λ 和 $x_{(q)}$ 称为 A 的右特征值及右特征矢量。

四元数矩阵 A 的奇异值分解(singular value decomposition of a quaternion matrix,

SVDQ)可由如下定律确定：对任意四元数矩阵 $A \in \mathbb{H}^{N \times M}$ ，其秩为 r ；存在两个酉矩阵 U 与 V ，满足

$$A = U \begin{pmatrix} \Sigma_r & 0 \\ 0 & 0 \end{pmatrix} V^{\mathrm{H}} \tag{10-33}$$

其中， Σ_r 为实对角矩阵（ $\in \mathbb{R}^{r \times r}$ ），对角元素是 A 的奇异值； $U \in \mathbb{H}^{N \times N}$ ， $V \in \mathbb{H}^{M \times M}$ 分别为 A 的左、右特征矢量。 A 的 SVDQ 还可写成

$$A = \sum_{n=1}^{r} u_n v_n^{\mathrm{H}} \sigma_n \tag{10-34}$$

其中， u_n 对应于 U 的第 n 列，为左特征矢量； v_n 为 V 的第 n 列，为右特征矢量； σ_n 为 A 的实特征征值。文献[7]提供了一种求解方法。

首先，计算 A 的复伴随矩阵 χ_A 的奇异值分解（singular value decomposition, SVD），即

$$\chi_A = U^{\chi_A} \begin{pmatrix} \Sigma_{2r} & 0 \\ 0 & 0 \end{pmatrix} (V^{\chi_A})^{\mathrm{H}} = \sum_{n'=1}^{2r} \sigma_{n'} u_{n'}^{\chi_A} \left(v_{n'}^{\chi_A} \right)^{\mathrm{H}} \tag{10-35}$$

其中， U^{χ_A} 及 V^{χ_A} 的列矢量是 $2N$ 及 $2M$ 维复数（即 $\in \mathbb{C}^{2N}$ 、 $\mathbb{C}^{2M}$ ），由式(10-36)给出

$$u_{n'}^{\chi_A} = \begin{bmatrix} \dot{u}_{n'}^{\chi_A} \\ -\left(\ddot{u}_{n'}^{\chi_A} \right)^* \end{bmatrix}, \quad v_{n'}^{\chi_A} = \begin{bmatrix} \dot{v}_{n'}^{\chi_A} \\ -\left(\ddot{v}_{n'}^{\chi_A} \right)^* \end{bmatrix} \tag{10-36}$$

其中， $u_{n'}^{\chi_A} \in \mathbb{C}^{2N} (\dot{u}_{n'}^{\chi_A} 、 \ddot{u}_{n'}^{\chi_A} \in \mathbb{C}^N)$ ， $v_{n'}^{\chi_A} \in \mathbb{C}^{2M} (\dot{v}_{n'}^{\chi_A} 、 \ddot{v}_{n'}^{\chi_A} \in \mathbb{C}^M)$ ，对角矩阵满足

$$\Sigma_{2r} = \mathrm{diag}(\sigma_1; \sigma_1; \sigma_2; \sigma_2; \cdots; \sigma_r; \sigma_r) \tag{10-37}$$

其次，根据 χ_A 的 SVD 确定 A 的 SVDQ。计算 u_n 与 v_n ，其中 $n' = 2n - 1$

$$u_n = \dot{u}_{n'}^{\chi_A} + \ddot{u}_{n'}^{\chi_A} j, \quad v_n = \dot{v}_{n'}^{\chi_A} + \ddot{v}_{n'}^{\chi_A} j \tag{10-38}$$

其中， $\dot{u}_{n'}^{\chi_A}, \ddot{u}_{n'}^{\chi_A} j$ 和 $\dot{v}_{n'}^{\chi_A}, \ddot{v}_{n'}^{\chi_A} j$ 由式(10-35)和式(10-36)确定。式(10-33)中的 Σ_r 由式(10-35)中的 Σ_{2r} 确定，式(10-34)中对角元素 σ_n 与式(10-35)中对角元素 $\sigma_{n'}$ 满足如下关系：

$$\sigma_n = \sigma_{n'}, \quad n' = 2n - 1 \tag{10-39}$$

注意，在求解式(10-35)的 U^{χ_A} 及 V^{χ_A} 的过程中，可以采用第 3 章中列出的方法，先求 V^{χ_A}/U^{χ_A} 的次酉矩阵 V_1/U_1，然后按照如下公式求 U^{χ_A}/V^{χ_A} 的次酉矩阵 U_1/V_1：

$$V_1 = \chi_A^H U_1 \Sigma_{2r}^{-1}, \quad U_1 = \chi_A V_1 \Sigma_{2r}^{-1} \tag{10-40}$$

下面给出一个数值计算的例子演示计算过程。

例 10.1 计算四元数矩阵 $A = \begin{bmatrix} i & 1 \\ j & k \end{bmatrix}$ 的奇异值分解。

解 根据上面的描述，先计算 A 的复伴随矩阵 χ_A 的 SVD。这里有

$$A = \begin{bmatrix} i & 1 \\ 0 & 0 \end{bmatrix} + \begin{bmatrix} 0 & 0 \\ 1 & i \end{bmatrix} j, \quad \chi_A = \begin{bmatrix} i & 1 & 0 & 0 \\ 0 & 0 & 1 & i \\ 0 & 0 & -i & 1 \\ -1 & i & 0 & 0 \end{bmatrix}, \quad (\chi_A)^H \chi_A = \begin{bmatrix} 2 & -2i & 0 & 0 \\ 2i & 2 & 0 & 0 \\ 0 & 0 & 2 & 2i \\ 0 & 0 & -2i & 2 \end{bmatrix},$$

$(\chi_A)^H \chi_A$ 的特征值 λ 满足 $|\lambda I_4 - (\chi_A)^H \chi_A| = \lambda^2(\lambda-4)^2$，非零特征值均为 4，因此 χ_A 的 $\Sigma_{2r} = \text{diag}(\sqrt{4}, \sqrt{4})$，$r=1$（即 A 的秩为 1）。计算 $v_{n'}^{\chi_A}(n'=1,2)$ 满足 $[\lambda I_4 - (\chi_A)^H \chi_A]v_{n'}^{\chi_A} = 0$ 且为单位矢量，可得如下解：

$$v_1^{\chi_A} = \frac{1}{\sqrt{2}}(-i,1,0,0)^T, \quad v_2^{\chi_A} = \frac{1}{\sqrt{2}}(0,0,i,1)^T, \quad \text{即 } V_1^{\chi_A} = (v_1^{\chi_A}, v_2^{\chi_A})$$

由公式 $U_1^{\chi_A} = \chi_A V_1^{\chi_A} \Sigma_{2r}^{-1}$ 得到 $U_1^{\chi_A} = \frac{1}{\sqrt{2}}\begin{bmatrix} 1 & 0 \\ 0 & i \\ 0 & 1 \\ i & 0 \end{bmatrix}$ 由式(10-35)求出分解 A 的 U 与

V 矩阵：这里根据 $n' = 2n-1$，对 n 取 1，得到 $n' = 1$，因此取 $U_1^{\chi_A}$ 及 $V_1^{\chi_A}$ 的第一个列矢量构造 A 的 u_1 与 v_1，有

$$u_1 = \frac{1}{\sqrt{2}}\begin{bmatrix} 1 \\ 0 \end{bmatrix} + \frac{1}{\sqrt{2}}\begin{bmatrix} 0 \\ i \end{bmatrix} j = \frac{1}{\sqrt{2}}\begin{bmatrix} 1 \\ k \end{bmatrix}, \quad v_1 = \frac{1}{\sqrt{2}}\begin{bmatrix} -i \\ 1 \end{bmatrix} + \frac{1}{\sqrt{2}}\begin{bmatrix} 0 \\ 0 \end{bmatrix} j = \frac{1}{\sqrt{2}}\begin{bmatrix} -i \\ 1 \end{bmatrix}$$

有如下分解：

$$A = \sum_{n=1}^{r} u_n v_n^H \sigma_n, \quad \text{即} \begin{bmatrix} i & 1 \\ j & k \end{bmatrix} = \frac{1}{\sqrt{2}}\begin{bmatrix} 1 \\ k \end{bmatrix} 2 \times \frac{1}{\sqrt{2}}[i \quad 1]$$

还有关于 χ_A 的分解也成立，即 $\chi_A = U_1^{\chi_A} \Sigma_{2r}(V_1^{\chi_A})^H = \sum_{n'=1}^{2r} \sigma_{n'} u_{n'}^{\chi_A}(v_{n'}^{\chi_A})^H$。

对于彩色图像 $A(s,t)$，可表示为 RGB 三基色四元数，即

$$A(s,t) = A_R(s,t)i + A_G(s,t)j + A_B(s,t)k \tag{10-41}$$

根据式(10-34)知道$A(s,t)$可以分解为 r 项$u_nv_n^H$的加权和$(n=1,2,\cdots,r)$，每一项都称为 A 的特征图像。对 A 进行 SVDQ，得

$$A = \sum_{n=1}^{r} u_n v_n^H \sigma_n \tag{10-42}$$

只对前面的 K 个特征图像进行加权而丢弃后面的较小的 $r{-}K$ 个特征图像，这样当后续的 $r{-}K$ 个特征图像的特征值很小时失真很小，从而实现图像压缩，即在压缩时用前面的 K 个特征 $A_K(s,t)$ 图像逼近原始图像

$$A_K = \sum_{n=1}^{K} u_n v_n^H \sigma_n \quad (K<r) \tag{10-43}$$

图 10.20 显示了原始的 256×256 山魈彩色图像的前 5 个、前 30 个最大奇异值对应的特征图像合成。可以看出，前 30 个特征图像合成的图像估计已经包含了大部分的原始图像的信息。

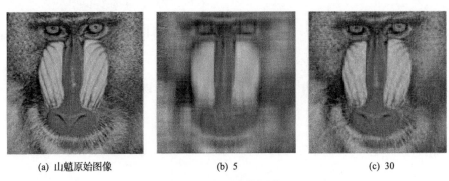

(a) 山魈原始图像　　　　　　(b) 5　　　　　　(c) 30

图 10.20　山魈彩色图像的特征图像逼近[8]

从左到右分别为原始图像、前 5 个最大奇异值对应的特征图像的合成、前 30 个最大奇异值对应的特征图像的合成。最右边的估计已经很接近原始图像

基于奇异值分解式(10-43)可进行线性或非线性图像增强。线性增强的公式为

$$\hat{A} = \sum_{n=1}^{r}(1+\varepsilon \times n) u_n v_n^H \sigma_n \tag{10-44}$$

这种线性增强将对 n 较大的特征图像进行增强，对应于高频增强(图 10.21)。非线性增强的公式为

$$\hat{A} = \sum_{n=1}^{r} u_n v_n^H \sigma_n^{\alpha} \tag{10-45}$$

$\alpha > 1$ 主要增强低频部分，$\alpha < 1$ 则主要增强高频部分(图 10.22)。

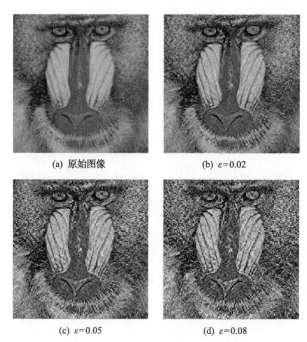

(a) 原始图像　　　　　　(b) $\varepsilon=0.02$

(c) $\varepsilon=0.05$　　　　　　(d) $\varepsilon=0.08$

图 10.21　奇异值分解的线性增强[8]

式(10-44)中 ε 分别取 0.02、0.05、0.08 的滤波效果

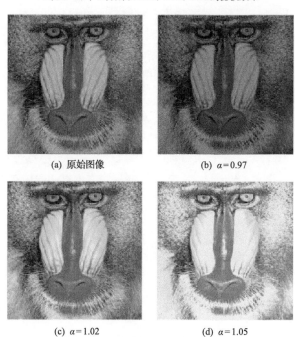

(a) 原始图像　　　　　　(b) $\alpha=0.97$

(c) $\alpha=1.02$　　　　　　(d) $\alpha=1.05$

图 10.22　非线性增强滤波效果[8]

式(10-45)中 α 分别取 0.97、1.02、1.05 的滤波效果

需要说明的是，四元数彩色图像处理方法包括典型的增强、复原、压缩、分割、配准等丰富的内容，限于篇幅下面只分别介绍基于四元数的彩色图像去噪与边缘提取。

10.8.1 基于四元数表征的彩色图像去噪

与灰度图像去噪相似，通常用峰值信噪比(PSNR)与结构相似度(SSIM)来度量去噪的性能。但是彩色图像的去噪需要根据彩色图像的特点重新定义这两个指标。彩色图像的 PSNR 与灰度图像的 PSNR 相似，在计算图像的均方误差时以矢量(彩色图像)的二范数取代标量的平方，具体地设原始彩色图像以 RGB 矢量表示为 $f(x,y) = \{f_r(x,y), f_g(x,y), f_b(x,y)\}^{\mathrm{T}}$，估计的彩色图像为 $\hat{f}(x,y)$，图像像素数目为 $N_x \times N_y$，则该估计的均方误差 MSE 和 PSNR 为

$$\mathrm{MSE} = \frac{1}{N_x \times N_y} \sum_{x=0}^{N_x-1} \sum_{y=0}^{N_y-1} \| f(x,y) - \hat{f}(x,y) \|_2^2, \quad \mathrm{PSNR} = 10\log\left[\frac{3 \times 255^2}{\mathrm{MSE}}\right] \quad (10\text{-}46)$$

而结构相似性则需要以较复杂的形式考虑 RGB 之间的关联性，用四元数彩色图像的质量评估指标 QSSIM (quaternion SSIM)[9]

$$\mathrm{QSSIM}_{\mathrm{ref,deg}} = \left| \left(\frac{2\mu_{q_{\mathrm{ref}}} \times \mu_{q_{\mathrm{deg}}}}{\mu_{q_{\mathrm{ref}}}^2 + \mu_{q_{\mathrm{deg}}}^2} \right) \left(\frac{\sigma_{q_{\mathrm{ref,deg}}}}{\sigma_{q_{\mathrm{ref}}}^2 + \sigma_{q_{\mathrm{deg}}}^2} \right) \right| \quad (10\text{-}47)$$

这里有两幅彩色图像，即估计图像与退化图像。在每个像素处的纯四元数由 RGB 三个分量构成，即 $q_t(x,y) = r_t(x,y)i + g_t(x,y)j + b_t(x,y)k$，其中 t 为 ref 或 deg，分别表示估计图像与退化图像，$r_t(x,y)$、$g_t(x,y)$ 与 $b_t(x,y)$ 分别表示估计图像或退化图像在像素 (x,y) 处的 R、G、B 分量，其中 $0 \leqslant x \leqslant N_x - 1$，$0 \leqslant y \leqslant N_y - 1$。

$$\mu_{q_t} = \frac{1}{N_x N_y} \sum_{y=0}^{N_y-1} \sum_{x=0}^{N_x-1} q_t(x,y), \quad t \in \{\mathrm{ref,deg}\}$$

$$ac_{q_t}(x,y) = q_t(x,y) - \mu_{q_t}, \quad t \in \{\mathrm{ref,deg}\}$$

$$\sigma_{q_t} = \sqrt{\frac{1}{(N_x-1)(N_y-1)} \sum_{x=0}^{N_x-1} \sum_{y=0}^{N_y-1} |ac_{q_t}(x,y)|^2}, \quad t \in \{\mathrm{ref,deg}\}$$

$$\sigma_{q_{\mathrm{ref,deg}}} = \frac{1}{(M-1)(N-1)} \sum_{x=0}^{N_x-1} \sum_{y=0}^{N_y-1} ac_{q_{\mathrm{ref}}}(x,y) \overline{ac_{q_{\mathrm{deg}}}}(x,y)$$

其中，$\overline{ac_{q_{\mathrm{deg}}}}$ 表示 $ac_{q_{\mathrm{deg}}}$ 的复共轭。可以看出单色图像的 SSIM 是彩色图像 QSSIM 的特例。在文献[9]中，作者证明了 $\mathrm{QSSIM} \neq \alpha\mathrm{SSIM}_R + \beta\mathrm{SSIM}_G + \gamma\mathrm{SSIM}_B$，即不

能选择合适的常数 α、β 与 γ 使得彩色图像的三通道的 SSIM 的线性组合能得到/表达 QSSIM。

基于低秩矩阵估计(low rank matrix approximation, LRMA)的方法在灰度图像处理方面取得了巨大的成功。在处理彩色图像时，可以采用 LRMA 对三个通道独立处理，或者将彩色图像的三通道拼接在一起进行 LRMA。然而，这两种方法都没有充分利用彩色图像三基色 RGB 的强相关性。为了充分利用 RGB 通道之间的紧密联系，文献[10]提出了一种新的四元数矩阵低秩估计模型(low-rank quaternion approximation, LRQA)。该方法包含两部分：首先，将彩色图像编码为纯四元数矩阵以挖掘三通道之间的相关性；然后，利用 LRQA 对构造的四元数矩阵添加约束。

回顾在 3.4 节中介绍的灰度图像的低秩矩阵估计：观测图像为 $Y \in \mathbb{R}^{m \times n}$，LRMA 的数学建模为

$$\min_{X}\left(\frac{1}{2}\|X - Y\|_F^2 + \lambda \times \operatorname{rank}(X)\right) \tag{10-48}$$

其中，λ 是非负常数；$\operatorname{rank}(X)$ 表示矩阵 X 的秩。式(10-48)的第一项表示数据的保真度，它是观测数据 Y 与最优估计量之间差异的二范数；第二项是正则项，可以用 X 的核范数 $\|X\|_* = \sum_i \sigma_i$。灰度图像基于 LRMA 的方法很成功，但是用于彩色图像则性能有待改善，主要原因在于没有充分利用彩色图像 RGB 各通道之间的高度相关性。

四元数矩阵的低秩估计 LRQA 与式(10-48)相似，只不过 X 与 Y 都是四元数矩阵。具体到这里，目标函数中的正则项为 X 的核范数 $\|X\|_* = \sum_i \sigma_i$，其中 σ_i 为 X 的奇异值，即

$$\min_{X}\left(\frac{1}{2}\|X - Y\|_F^2 + \lambda \times \|X\|_*\right) \tag{10-49}$$

与复数矩阵的奇异值分解相似，对于任意的 $\lambda > 0$ 和输入矩阵 Y，式(10-48)的优化解为

$$\hat{X} = U S_\lambda(\Sigma) V^{\mathrm{H}} \tag{10-50}$$

其中，$Y = U\Sigma V^{\mathrm{H}}$ 为观测数据 Y 的奇异值分解，软阈值操作函数定义为 $S_\lambda(\Sigma) = \operatorname{diag}(\max\{\sigma_i(Y) - \lambda, 0\})$，$\sigma_i(Y)$ 为 Y 的奇异值，可以通过计算其复伴随矩阵的奇异值然后开平方得到。这里考虑不同的正则项，定义更一般的目标函数

$$\min_X \left(\frac{1}{2} \|X - Y\|_F^2 + \lambda \times \sum_i \phi(\sigma_i(X), \gamma) \right) \tag{10-51}$$

其中，ϕ 为如下公式定义的函数之一；γ 为参数，即

$$\phi(x, \gamma) = \begin{cases} 1 - \exp\left(\dfrac{-x}{\gamma}\right), & \text{Laplace函数} \\[2mm] \dfrac{(1+\gamma)x}{\gamma + x}, & \text{Geman函数} \\[2mm] \omega x^{\gamma}, & \text{加权Schatten-}\gamma\text{函数} \end{cases} \tag{10-52}$$

对于目标函数(10-51)，优化解为

$$\hat{X} = U \Sigma_X V^{\mathrm{H}}, \quad \Sigma_X = \mathrm{diag}(\sigma^*) \tag{10-53}$$

而 σ^* 为式(10-54)的优化解

$$\sigma^* = \underset{\sigma \geqslant 0}{\mathrm{argmin}} \left(\frac{1}{2} \|\sigma - \sigma_Y\|_2^2 + \lambda \times \phi(\sigma, \gamma) \right) \tag{10-54}$$

σ 可以通过凸差分方法得到，即

$$\sigma^{t+1} = \max\left(\sigma_Y - \lambda \times \partial\phi(\sigma^t) \right) \tag{10-55}$$

通过迭代得到,其中$\partial\phi(\sigma^t)$是$\phi(\cdot)$在σ^t的梯度。正则项用核范数记为 LRQA-1、Laplace 函数记为 LRQA-2、Geman 函数记为 LRQA-3、加权 Schatten-γ 记为 LRQA-4。

进行噪声抑制试验时，将 Y 划分成有重叠的图像块(如 6×6 的图像块)，先用 BM3D 得到相似图像块(如 $6 \times 6 \times n$ 图像块，n 个相似图像块，估计这 n 个图像块 的 X(用 LRQA 方法)，再把所有的图像块的三基色进行加权，BM3D 思路)。噪声 抑制比较的算法中，γ 取值 $0.5 \sim 1.15$。图 10.23 展示了王蝶图像在严重高斯噪声 ($\sigma = 50$)污染下的性能比较,采用核范数最小化(nuclear norm minimization, NNM)、 加权核范数最小化(weighted nuclear norm minimization, WNNM)与 LQRA-1~LQRA-4 等算法。可以看出，LRQA-2~LRQA-4 的性能要好于 LRQA-1，说明基于式(10-51) 与式(10-52)正则项的去噪效果优于核范数正则化(在第 3 章第 4 节)。需要再次 强调的是，基于低秩矩阵估计的方法更适合于脉冲噪声的去除。

对于脉冲型噪声，另外一种性能良好的滤波器是中值滤波器。对于彩色图像，这 里涉及如何计算中值、如何度量彩色的差异。文献[11]提供了一种方案，彩色像素 $q(x, y)$ 的单位四元数变换为 Y，$Y = UqU^* = (r(x,y)\mathrm{i} + g(x,y)\mathrm{j} + b(x,y)\mathrm{k})\cos(2\theta) +$
$\dfrac{2}{\sqrt{3}}\sin^2(\theta)\mu \times [r(x,y) + g(x,y) + b(x,y)] + \dfrac{1}{\sqrt{3}}[(b(x,y) - g(x,y))\mathrm{i} + (r(x,y) - b(x,y))\mathrm{j} +$

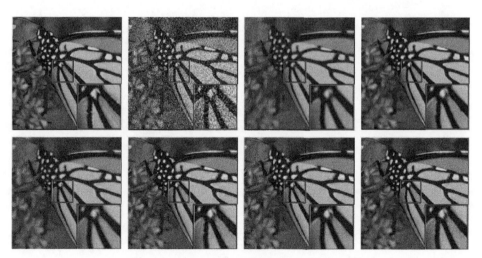

图 10.23　严重退化的王蝶图像及其滤波比较[10]

第一行从左到右分别为原始图像、受高斯噪声($\sigma=50$)退化(14.16dB)、NNM 算法(24.14dB)、WNNM 算法(26.09dB)；
第二行从左至右分别为 LRQA-1 (25.39dB)、LRQA-2 (26.29dB)、LRQA-3 (26.29dB)、LRQA-4 (26.42dB)。
括号内的数字表示峰值信噪比

$(g(x,y)-r(x,y))\mathrm{k}]\sin(2\theta)$ 。当 $\theta=\dfrac{\pi}{4}$ 时，$T=U|_{\theta=\frac{\pi}{4}}=1/\sqrt{2}+\left(\dfrac{1}{\sqrt{6}}\right)(i+j+k)$ ，

$T^*=\dfrac{1}{\sqrt{2}}-\left(\dfrac{1}{\sqrt{6}}\right)(i+j+k)$ 。两个彩色像素 q_1 与 q_2 的亮度与色彩差异分别为

$$d_1(q_1,q_2)=0.5\times|Tq_1T^*+T^*q_1T-(Tq_2T^*+T^*q_2T)|$$

$$d_2(q_1,q_2)=0.5\times|Tq_1T^*-T^*q_1T-(Tq_2T^*-T^*q_2T)|$$

这两个彩色像素之间的彩色差异定义为 $d(q_1,q_2)=d_1(q_1,q_2)+d_2(q_1,q_2)$ 。

对于如下的邻域系统(3×3 邻域)$\begin{bmatrix} q_1 & q_2 & q_3 \\ q_4 & q_5 & q_6 \\ q_7 & q_8 & q_9 \end{bmatrix}$，中心像素在 0 度方向上的彩

色差异为 $V_1=\dfrac{1}{2}[d(q_4,q_5)+d(q_5,q_6)]$ ，在 45°方向上的彩色差异为 $V_2=\dfrac{1}{2}[d(q_3,q_5)+d(q_5,q_7)]$ ，在 90°方向上的彩色差异为 $V_3=\dfrac{1}{2}[d(q_2,q_5)+d(q_5,q_8)]$ ，在 135°方向上的彩色差异为 $V_4=\dfrac{1}{2}[d(q_1,q_5)+d(q_5,q_9)]$ 。

矢量中值滤波可以用四元数的形式表示

$$q_{x,y}^{\text{VMF}} = \underset{q_t \in \{q_1, q_2, \cdots, q_N\}}{\text{argmin}} \sum_{s=1}^{N} \| q_s - q_t \| \tag{10-56}$$

取 $V = \min\{V_l (l = 1,2,3,4)\}$，若 V 大于阈值 V_T，中心像素判定为噪声，就用该邻域内的彩色矢量中值取代，否则保持不变。这种开关型四元数中值滤波简记为 QSF，即滤波器输出为

$$Q_{x,y}^{\text{QSF}} = \begin{cases} q_{x,y}^{\text{VMF}}, & V > V_\text{T} \\ q_{x,y}, & \text{其他情况} \end{cases}$$

上述四元组运算还可以用如下标量来计算。设 $q_1 = r_1 \text{i} + g_1 \text{j} + b_1 \text{k}$，$q_2 = r_2 \text{i} + g_2 \text{j} + b_2 \text{k}$，则

$$d_1(q_1, q_2) = \frac{1}{\sqrt{3}} | r_1 + g_1 + b_1 - r_2 - g_2 - b_2 | \tag{10-57}$$

$$\begin{aligned} d_2(q_1, q_2) = \frac{1}{\sqrt{3}} \Big| & [(b_1 - g_1) - (b_2 - g_2)]\text{i} + [(r_1 - b_1) - (r_2 - b_2)]\text{j} \\ & + [(g_1 - r_1) - (g_2 - r_2)]\text{k} \Big| \end{aligned} \tag{10-58}$$

比较的算法包括：VMF（矢量中值滤波器）、将彩色差异直接用欧几里得距离计算的方法（ESF）（对应的阈值为 30），以及 QSF。局部窗口为 3×3，$N=9$，$V_\text{T} = 35$。从图 10.24 可以看出（视觉效果及绝对平均误差），QSF 显著地优于 ESF，说明在抑制脉冲噪声时，基于四元数单位变换刻画彩色差异时要优于直接用传统的欧几里得距离刻画。

(a)　　　　　　(b)　　　　　　(c)　　　　　　(d)

图 10.24　被脉冲噪声污染的 Lena 图像（概率 15%）及其滤波结果比较[11]
从 (a) 到 (d) 分别为原图、VMF 滤波、ESF 滤波结果、QSF 滤波结果，
它们的绝对平均误差分别为 11.60、3.59、2.19、2.01

与灰度图像的去噪类似，对于彩色图像的非脉冲型噪声的抑制，推荐的是各种均值滤波，包括传统的算术均值、几何均值。计算均值时的权系数可以基于简单的距离、结合灰度/彩色相似性的双边滤波，计算灰度/彩色的相似性时可以基于两个像素或图像块。彩色的相似性可以基于式(10-57)、式(10-58)及 $d(q_1,q_2)=d_1(q_1,q_2)+d_2(q_1,q_2)$，以及后续还要总结的彩色相似性(式(10-62))，或者把 RGB 当做独立的分量分别平均然后合成。作为一个性价比很高的均值算法，在第 3 章 3.1.3 节中有介绍非局部均值算法(NLM)，其基本思想是在整个图像(或较大的搜索范围)进行灰度平均，权值则是当前像素与待加权的像素的图像块之间的相似性；NLM 不同于 BM3D，不需要取阈值来确定哪些图像块与当前像素的图像块是相似的，因此更容易实现。这里的 NLM 是分别对彩色图像的各通道分别进行处理然后合成，具体地，采用当前像素的某一个较大的窗口(如 21×21)内的各像素进行加权，权系数的计算则基于图像块(彩色图像 3×3)的相似性；对于中心像素 p 的 21×21 窗口内的像素 q，权重则为 p 的图像块内的灰度分布与 q 为中心的图像块的灰度分布的相似性，即

$$w(p,q) = \frac{1}{Z(p)} \mathrm{e}^{-\frac{\left\| v(N_p)-v(N_q) \right\|_2^2}{h^2}}, \quad Z(p) = \sum_q \mathrm{e}^{-\frac{\left\| v(N_p)-v(N_q) \right\|_2^2}{h^2}} \tag{10-59}$$

其中，h 是常数，控制指数衰减的速度；$v(N_p)$ 是以像素 p 为中心的图像块的灰度矢量。h 取值 $12 \times \sigma$，σ 为高斯噪声的均方差。图 10.25[12]显示了彩色图像的非局部均值 NLM 滤波效果。

图 10.25　彩色图像的非局部均值 NLM 滤波效果[12]

左边为受高斯噪声污染的彩色图像(RGB 通道的噪声标准差均为 15)，右边为用 NLM 滤波后的图像(分别对三通道图像采用 NLM 滤波，h 为 30)

将 QSF 与 NLM 结合(先对彩色图像进行 QSF 滤波，再对滤波后的 RGB 各分量实施 NLM)，记为 QSF+NLM，能很好地处理脉冲噪声+高斯噪声[13]

（图 10.26）。

图 10.26　美式橄榄球图像受脉冲噪声叠加高斯噪声及其去噪比较[13]

第一行从左至右分别为原图、原图受 15%的脉冲噪声与标准差为 0.1 的高斯噪声污染；第二行从左到右分别为 NLM 滤波结果 (22.54,362.16)、QSF+NLM 滤波结果 (26.62, 141.73)。括号内的数字分别为峰值信噪比、灰度误差平方均值，图中的红色椭圆是提醒后续要注意的细节差异

10.8.2　基于四元数表征的彩色图像边缘提取

这里介绍文献[14]的方法：定义了像素的彩色差异，并直接根据三维彩色空间的方向导数估计边缘。对于四元数 $q_1 = r_1\mathrm{i} + g_1\mathrm{j} + b_1\mathrm{k}$ ， $q_2 = r_2\mathrm{i} + g_2\mathrm{j} + b_2\mathrm{k}$ ，基于四元数沿着单位四元数的变换来定义彩色差异，亮度与色彩差异分别为

$$d_1(q_1, q_2) = k_1 \times \delta r + k_2 \times \delta g + k_3 \times \delta b \tag{10-60}$$

$$d_2(q_1, q_2) = \left(\delta r - \frac{\delta rgb}{3}\right)\mathrm{i} + \left(\delta g - \frac{\delta rgb}{3}\right)\mathrm{j} + \left(\delta b - \frac{\delta rgb}{3}\right)\mathrm{k} \tag{10-61}$$

$$\delta r = r_2 - r_1, \quad \delta g = g_2 - g_1, \quad \delta b = b_2 - b_1, \quad \delta rgb = \delta r + \delta g + \delta b$$

其中，k_1、k_2、k_3 为红色、绿色、蓝色分量对亮度的贡献，可全取 1/3 或 (0.299, 0.587, 0.114)。

像素 q_1 与 q_2 之间的彩色差异的平方定义为

$$D(q_1, q_2) = t \,|\, d_1(q_1, q_2)\,|^2 + (1-t)\,|\, d_2(q_1, q_2)\,|^2 \tag{10-62}$$

其中，$t \in [0,1]$ 给出了亮度与色彩差异的权重。

在彩色差异 $D(q_1, q_2)$ 的基础上，直接计算彩色图像梯度（任意方向的方向导数）：$f(x,y) = R(x,y)\mathrm{i} + G(x,y)\mathrm{j} + B(x,y)\mathrm{k}$，$D(f(x,y))$，$f(x+\varepsilon\cos\theta, y+\varepsilon\sin\theta) = tA_1 + (1-t)A_2$。记 $E_1 = R_x^2 + G_x^2 + B_x^2$，$F_1 = R_x R_y + G_x G_y + B_x B_y$，$H_1 = R_y^2 + G_y^2 + B_y^2$，$E_2 = (k_1 R_x + k_2 G_x + k_3 B_x)^2$，$F_2 = (k_1 R_x + k_2 G_x + k_3 B_x)(k_1 R_y + k_2 G_y + k_3 B_y)$，$H_2 = (k_1 R_y + k_2 G_y + k_3 B_y)^2$，$E = tE_1 + (1-t)E_2$，$F = tF_1 + (1-t)F_2$，$H = tH_1 + (1-t)H_2$。最大的方向导数幅值为

$$g_{\max} = \frac{1}{2}\left[(E+H) + \sqrt{(E-H)^2 + (2F)^2}\right] \tag{10-63}$$

对应的方向为

$$\theta_{\max} = \begin{cases} \operatorname{sgn}(F)\arcsin\left(\dfrac{g_{\max} - E}{2g_{\max} - E - H}\right)^{0.5} + k\pi, & (E-H)^2 + F^2 \neq 0 \\[2mm] \text{没有定义}, & (E-H)^2 + F^2 = 0 \end{cases} \tag{10-64}$$

其中，$\operatorname{sgn}(F) = \begin{cases} 1, & F \geqslant 0 \\ -1, & F < 0 \end{cases}$。

对照试验中，参数 $t=0.65$，Canny 双阈值都通过实验调整确定。比较了 di Zenzo 的基于彩色图像矢量的方法（图 10.27）。

图 10.27　彩色图像边缘检测对比[14]

从左至右分别为测试的彩色图像、基于彩色图像矢量的边缘检测结果及参考文献[14]的边缘检测结果。
可以看出，基于四元数表征彩色差异并直接基于彩色差分的方法能产生视觉上较好的结果：
较少的边缘断点、较少的边缘缺失与虚假边缘

10.9　深度学习彩色图像识别

基于深度学习的彩色图像处理，可以是边缘提取、增强、分割和配准，这与

前面介绍的各章节内容不会有较大的差异，因为深度学习中可以方便地将彩色图像的三分量作为通道输入。因此为避免内容的重复，本节介绍深度学习彩色图像识别，并给出两个例子，分别是交通信号灯的识别及兰花的识别。

　　交通信号灯识别(traffic light recognition, TLR)从图像中检测出交通灯并估计灯的状态。由于闯红灯可能导致致命的交通事故，TLR 对于自动驾驶而言是非常重要的。对于实用的 TLR 系统，三个难点或挑战是：计算时间、可变的照明、信号灯的误识。这里介绍文献[15]的方法：一种新颖的实时方法，基于高动态范围成像(high dynamic imaging)与深度学习识别交通信号灯，该方法简记为 HDR。HDR 摄像机有两个通道，分别对应于不同的曝光时间，文献[15]首次提出从暗通道图像中快速且对环境光照明鲁棒地检测信号灯，采纳了深度学习及跟踪来提高TLR 的准确度。图 10.28 给出了 HDR 算法的流程图：从暗通道图像检测潜在的信号灯，基于显著图(saliency map)和感兴趣区裁剪后，检测到的交通信号灯(与暗通道相对应的亮通道区域)由卷积神经网络 CNN 识别；为了对算法加速，基于摄像机校正及交通信号灯高度的先验确定一个感兴趣区，在该感兴趣区内确定交通信号灯；为了提高交通信号灯识别的鲁棒性及准确度，研发了一种跟踪技术。

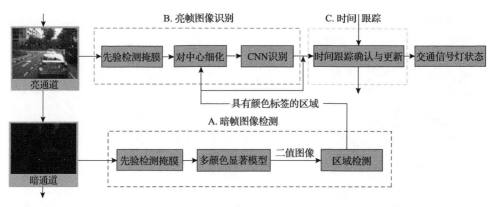

图 10.28　HDR 算法的流程图[25]

　　基于亮图像的交通信号灯检测方法的性能将会严重地依赖于：光照条件、前面车辆的尾灯、与另外的类似的环境光相混淆(如交通标志及行人)。使用 HDR 摄像机，能轻易地从暗通道的暗背景中分离出交通信号灯，因此这种交通信号灯检测就比基于亮图像的方法更鲁棒。图 10.29 展示了基于暗通道与亮通道的交通信号灯检测与识别。可以看到，前车的尾灯及交通信号灯在暗通道图像中的信号很显著、亮通道图像的上下文信息则很丰富。

　　从 HDR 摄像机检测交通信号灯的挑战之一是其低光照，文献[15]提出显著图滤波(saliency map filtering)来解决这一难题。

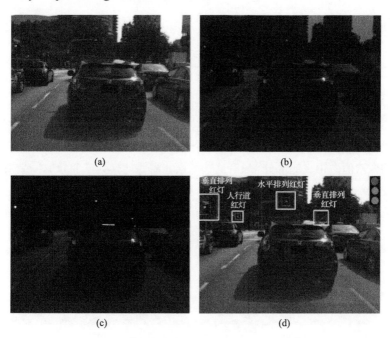

图 10.29 交通信号灯检测与识别结果[15]

(a)亮通道图像；(b)暗通道图像；(c)感兴趣区的显著图叠加在暗通道图像上；(d)交通信号灯的检测与识别结果
（交通信号灯的状态显示在右上角）

显著图滤波：通常对不同的颜色设置特定的彩色参数(红、绿、黄色(amber))，但是这些彩色参数对光照敏感。每个像素的颜色都需要进行确认，但是处理时间也会随着颜色数目的增加而线性地增长。文献[15]提出了一种非参数模型，以近乎恒定的时间同时提取各种颜色块。第一步，将 3D 的 RGB 彩色空间分成 $M \times M \times M$ 的网格(M 取 32)，不进行微调。第二步，从交通信号灯图像中分别计算红色、绿色及黄色的直方图，并将正则化到[0, 1]范围内的直方图分别记为 H_r、H_g、H_a，对于正则化的直方图，若某项大于 0.1 则截断为 0.1，再对截断操作后的直方图进行正则化到[0, 1]。截断操作是为了避免某个颜色段的完全主导。对于给定的暗通道输入图像，可以计算在像素 (i,j) 处的红色显著评分 $S_r(i,j)$，即

$$S_r(i,j) = \sum_{(i',j') \in N_d(i,j)} H_r(i',j') \tag{10-65}$$

其中，$N_d(i,j)$ 表示像素 (i,j) 的距离不大于 d 的邻域；H_r 则是红色的正则化直方图。对 $S_r(i,j)$ 进行粗略的阈值化就得到显著图掩膜，在后面的实验中取 $d=2$，阈值为 0.2。按照式(10-65)可以对不同颜色进行类似计算，然而这样做有点冗余；为了实时性，先可进行最大值操作，即对正则化的直方图找到对应的最大项

$$H = \max(H_r, H_g, H_a) \tag{10-66}$$

计算总体的显著图 S，即

$$S(i,j) = \sum_{(i',j') \in N_d(i,j)} H(i',j') \tag{10-67}$$

只有当总体显著图高于阈值，才计算各分量 (r,g,a) 的显著评分，该像素的颜色种类对应于具有最大颜色显著评分的颜色。采用这种计算方式，绝大多数像素都通过总体显著图（小于阈值）而不需计算三个分量 (r,g,a) 的显著评分；总体显著图高于阈值的像素值占很少的部分，只有这些像素才需要计算其三个分量 (r,g,a) 的显著评分。图 10.30 给出了上述算法的实例。从显著图评分图像进行二值化后，可以用 OpenCV 的 findContours$(\cdot)$ 得到轮廓。

图 10.30　显著图示例[15]
(a)(b)原始的亮/暗通道图像；(c)图(b)的显著图；(d)带彩色标记的显著图

户外照明的自动曝光：怎样让视觉系统在动态的光照条件下鲁棒地工作依旧是一大挑战，要让交通信号灯检测成功必须考虑摄像机的曝光调节。由于阳光及天空光线的影响变化，可能会让场景的光线动态范围比设定的摄像机光线动态范围还大，这会导致交通灯检测的不稳定。尽管采用显著图比单阈值能更可靠地检测到大的光照变化下的交通信号灯，但是户外严重的光照变化需要进行额外的补偿。需要考虑实时的方案。假设期望的平均图像灰度为 I_t，实际的平均灰度为 I_c，可定义一个因子

$$f = \frac{I_t}{I_c} \tag{10-68}$$

通过调整快门与增益，使得 f 在 1 的小范围内变动。先调整快门，不够的话再调整增益。

感兴趣区：为了对交通灯检测算法进行加速，利用先验知识确定图像中交通信号灯的位置。这里介绍摄像机的标定：世界坐标系坐标为 (x, y, z)，对应的图像坐标为 (u, v)，都采用齐次坐标，满足式(10-69)

$$\begin{bmatrix} ut \\ vt \\ t \end{bmatrix} = \begin{bmatrix} a_{11} & a_{12} & a_{13} & a_{14} \\ a_{21} & a_{22} & a_{23} & a_{24} \\ a_{31} & a_{32} & a_{33} & 1 \end{bmatrix} \begin{bmatrix} x \\ y \\ z \\ 1 \end{bmatrix} \tag{10-69}$$

世界坐标的原点为车辆头部的中心在水平面的投影，XY 平面位于水平面，X 正向指向车辆前面，Y 正向指向左右的右向，Z 轴垂直于水平面。标定式(10-69)有 11 个参数（$a_{11} \sim a_{33}$，外加 t 参数共 12 个），需要至少 4 对已知空间坐标及图像坐标的点。实际为了提高鲁棒性，用尽可能多的点由误差最小二乘拟合。3D 坐标是通过在水平面上放置一些固定高度的立方体得到，对应的图像坐标则可从图像空间手工得到。文献[15]利用了交通信号灯的相对位置的粗略范围来确定潜在的区域即感兴趣区(ROI)。具体而言，对于垂直悬挂的交通灯的坐标范围为：X 方向[0m, 60m]、Y 方向[–8m, 8m]、Z 方向[2.5m, 4m]；对于水平悬挂的交通信号灯，对应的 Z 方向范围为[4.5m, 7m]。

基于深度学习的交通信号灯识别：包括两部分内容，即暗通道与亮通道的图像对应关系与卷积神经网络(CNN)的定制化。暗通道与亮通道的图像是没有同步的，尽管二者间的时间间隔非常短。此外，车辆在运动也可能有振动，将暗通道检测到的交通信号灯在亮通道中对应起来具有挑战性。因此，需要从暗通道中检测到的交通信号灯，重新在亮通道中进行定位。基于暗通道图像中检测到的潜在交通信号灯（中心为 p，半径为 r），在下一帧亮通道图像要找到对应的子图像。在下一帧的亮通道图像中，以 p 为中心 $12r \times 12r$ 在窗口内寻找潜在交通信号灯中心，基于的假设是交通信号灯中心的亮度及颜色变化是最大的，为此在亮通道图像中构造亮度图像 I 及颜色变化图像 V(式(10-70))以及二者的加权(式(10-71))

$$I = 0.2126R + 0.7152G + 0.0722B, \quad V = |R - I| + |G - I| + |B - I| \tag{10-70}$$

$$\alpha V + (1 - \alpha)I \tag{10-71}$$

使得加权图像取最大值的像素即为估计的交通信号灯的中心，经过实验将权系数 α 取 0.7 以较好地适应光照的大变化。在该帧亮通道图像中，以新的潜在交通信号灯中心为中心，选取 $12r \times 12r$ 的正方形区域。

得到的潜在交通信号灯还有一些不是实际的交通信号灯（即假阳性），主要原因是制动灯及其他一些亮的物体。为了提高识别的鲁棒性，利用 CNN 来区分交通信号灯与类似于交通信号灯的物体。

基于 CaffeNet（有 1 个 GPU 的 AlexNet）来定制化 CNN 模型：输出包括 13 类（12 类交通信号灯状态、背景类）。12 类交通信号灯状态是：水平排列的红灯（horizontally aligned red light, HARL）、垂直排列的红灯（VARL）、水平排列的绿灯（HAGL）、垂直排列的绿灯（VAGL）、左车灯（left vehicle light, LVL）、右车灯（RVL）、绿箭头灯（green arrow light, GAL）、红箭头灯（RAL）、黄灯（amber light, AL）、行人绿灯（green pedestrian light, GPL）、行人红灯（RPL）、其他虚假红灯（other fake red light, OFRL）。采用 CaffeNet 的主要考量是该应用的实时性要求很高，为此，输入图像的大小是 111×111，而不是 222×222，第一卷积层的核大小由原始的 7 减小为 3，步幅由 4 减小为 2。

时间轨迹分析：目的是提高交通信号灯识别的精度与鲁棒性。时空分析是一种过程，确认目前检测到的目标物（潜在的交通信息灯）是否在前面帧的相同区域出现。从时间序列来讲，交通信号灯的状态会持续一段时间，而在相邻帧中的位置变化是连续的。合适的时空跟踪能在如下两方面改善性能：①对那些缺失或低置信度的检测，填补检测结果，以增强结果的光滑性；②改进检测的置信度并减少那些孤立的假阳性（误将非交通信号灯识别为交通信号灯的这类错误）。总体来说，时间空间序列分析跟踪的是检测到的目标物的空间位置、交通信号灯状态的时空轨迹。具体而言，将交通信号灯的整个跟踪历史叫做其轨迹。因此交通信号灯的轨迹有如下几部分特性：类型、整个历史过程的位置矢量演变、时长、非连续性。根据交通信号灯的三种颜色和时间一致性将轨迹分为 6 类：稳定的红灯、绿灯、黄灯，临时的红灯、绿灯、黄灯。例如，稳定的绿灯表明该轨迹被证实为持续的绿灯。时长指的是轨迹中被检测到的交通信号灯持续的帧数，轨迹的非连续性指的是最后一次检测到交通信号灯到最后帧的帧数。轨迹池（pool）在每帧图像处理后都更新。在最开始，所有的轨迹都被初始化为临时轨迹，只有当轨迹持续时间不短于 1s 且检测到的交通信号灯的次数不少于 5 次才能将临时轨迹转变为稳定轨迹（这两个参数是由经验确定）。如果轨迹的时长比某个阈值长（实验中该阈值为 70s），则将该轨迹从轨迹池中移除。通常情况下，红灯、绿灯、黄灯的时长会低于该阈值。有时红灯的持续时间长于该阈值，这时可以将长时的红灯轨迹变成两个轨迹。给定输入的亮图像，基于如上介绍的方法从暗通道图像检测潜在的交通信号灯然后投射到亮通道图像进行识别，这些检测到的点被加入到轨迹池。

下面是一个例子：假设在当前帧检测到一个红灯，与现有的轨迹池中所有红色轨迹进行比较，比较时计算当前红灯中心与这些红色轨迹中最后的点的位置的距离，若最小距离小于某个值（文献[15]采用的数值是 60 像素），则该红点（红灯的中心点）加入到具有最小距离的红色轨迹中（点的位置放在该红色轨迹的位置的最后);如果最小距离大于该值,就以该红点产生一个新的临时红色轨迹。如果发现了一个稳定的轨迹,就可以自信地说该红点是稳定的红灯;如果只发现了临时红轨迹,新的红点就被考虑为临时红灯,这在某些场合对应于非红灯。该方法[15]利用显著图与 ROI 的确定极大地提高了算法的速度,借助于 ROI 消除那些类似信号灯的潜在区域+轨迹跟踪,提高了检测与识别精度。

对多个视频序列进行了测试,每个视频 4min,包含了白天的不同时间、不同的天气、高速公路(express way)及城市路段(urban road),对各类的精度与召回率都不低于92%,对交通信号灯的精度与召回率则不低于96.8%。与现有的最好的算法的比较,因为要考虑实时性,综合考虑,挑选 YOLOv2 算法进行比较。文献[15]在比较时优化了 YOLOv2 算法(仅仅使用亮通道图像),并在相同的数据上进行测试,召回率从94.3%提高到96.9%,精度则从92.5%提高到96.8%,这种提高主要是因为采用 HDR 摄像机的暗通道图像检测可能的交通信号灯而排除了假阳性。图 10.31、图 10.32 给出了比较实例。时间方面,HDR(35ms)与 YOLOv2 的运行时间(40ms)相当。

图 10.31 HDR 算法与 YOLOv2 算法的比较[15]

从左至右分别为 YOLOv2 检测到的交通信号灯(红色圆圈标出的两个假阳性,分别对应于亮通道图像中交通信号灯在公交车、建筑物上的反射)、HDR 检测到的交通信号灯(没有假阳性)、HDR 系统的暗通道图像(只显像正确的交通信号灯,亮通道图像上的类交通信号灯区域无显著信号)

图 10.32 YOLOv2 算法的假阳性以及 HDR 算法对假阳性的剔除[15]

YOLOv2 误将交通标识、行人灯误识为交通信号灯(上面的行),而 HDR 剔除了假阳性(下面的行)

尽管该方法思想可以直接用于夜晚，但夜晚的交通信号灯识别尚需更进一步验证与探索。

花的某一部分的颜色常作为识别花的类型的特征。颜色标签，如绿色、红色、黄色则被人们用来描述植物的颜色。花的图像数据库通常只包含图像而没有花的描述。文献[16]构建了花图像数据库，尤其是不同兰花，一方面包含了具体花特征的友善的文字描述，另一方面也包含了数字图像显示该花是怎样的。基于该数据库，研发了一种新的自动颜色检测模型。采用迁移学习添加额外层实现任务。此外，测试了不同的彩色方案，包括同时使用第一及第二种颜色、使用多类/混合的二类/集成分类器的多类分类器。最好的性能对应于集成分类器。结果显示所提出的方法能检测花的颜色及花瓣而不用分割。

识别植物并不容易，即便是对专家也如此。植物的识别有许多相关的特征，而颜色在图像处理识别花中是较重要的特征。尽管颜色只是识别兰花的一个特征，但是目前并不清楚从图像中检测兰花的颜色有多困难。兰花的某些部分的颜色见图 10.33，包括萼片(sepal)、花瓣(petal)及唇瓣(lip)，对于其识别尤其重要。文献[16]中将萼片与花瓣一起称为花。

图 10.33　兰花及其组成部分[16]
包括萼片、花瓣及唇瓣

自动颜色检测并不容易，因为花及唇瓣都可能含有多种颜色。此外，图像中的花的周围通常有其他植物、树及草，使得花的检测充满了挑战；由于花的成像条件不固定，将花分割出来也不容易。该研究的背景是兰花数据库，包含了兰花的系统的描述：花种的名称、特定的特征(花的颜色及唇瓣的颜色、叶子的形状及纹理、地理位置等)，配上该植物的多个数字图片。

采用迁移学习添加额外层实现任务。此外，测试了不同的彩色方案，包括同时使用第一及第二种颜色、使用多类/混合的二类/集成分类器的多类分类器。最好的性能对应于集成分类器。结果显示所提出的方法能检测花的颜色及花瓣而不用分割。

花的颜色，用 CF 表示；唇瓣的颜色，用 CL 表示。CF 与 CL 的颜色都采用如图 10.34 的彩色离散方案。网络结构以 Xception 最佳，在预训练的网络后加了如下网络：压平层、含有 512 个神经元的密集层，具有 0.5 概率的 Dropout 层，含有待识别的颜色个数神经元的密集层。集成学习方案为分类器 C1 与 C2 的结果进行集成，基于最高的真阳性率 TPR 进行集成。最高精度可达 0.88（图 10.35，预测的颜色是白色）。

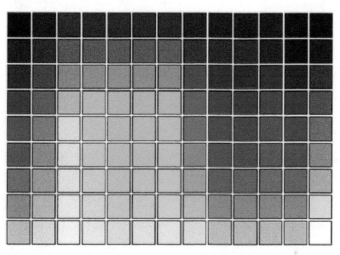

图 10.34　RGB 编码矩阵 M[16]

红色为 M 矩阵的前 2 列，黄色为 M 矩阵的第 3 列，绿色为 M 矩阵的 4~6 列，
紫色为 M 矩阵的 10~12 列，7~9 列忽略

图 10.35　数据库中的图像（左）及识别的结果（右，识别为白色的兰花）[16]

总结和复习思考

小结

10.1 节介绍了彩色基础。期望读者了解，颜色的物理属性可以由实验和理论推断；人类感知到的颜色由物体反射光的性质确定，若物体能反射所有色光则物体呈现为白色，只反射可见光的一部分则呈现对应的颜色；彩色光覆盖的波长范围是 400~700nm；颜色的鉴别属性以亮度、色调和饱和度表征，色调表征的是主要波长的属性，饱和度则是色调中混合的白光比例(白光比例大则饱和度低，纯谱色不含白光因此是全饱和的)；人眼的锥状细胞是负责彩色视觉的传感器，其中的65%对红光敏感、33%对绿光敏感、2%对蓝光敏感，基于这些吸收特性，将红色(R)、绿色(G)、蓝色(B)作为原色，其他颜色是这三种原色的组合；在可见光范围内，形成任何颜色所需的红、绿、蓝的量称为三色值，可直接从大量实验结果编制的曲线或列表中得到。

10.2 节介绍了各种彩色图像空间，以适应相关的应用。这些彩色空间主要有面向硬设备空间及面向彩色处理的空间，前者包括 RGB、CMY、YIQ 及 YUV，后者包括 HSI 及 HSV。将彩色信息独立出来的空间只有 HSI 与 HSV，它们尤其适合那些需要保持彩色信息不变的应用。

10.3 节介绍了伪彩色图像处理。因为真彩色图像只能表征可见光光谱，位于可见光光谱之外的多光谱图像的处理、非彩色属性赋予彩色信息的处理都属于伪彩色图像处理的范畴。一种伪彩色图像处理方式是将灰度图像以某种方式转化为伪彩色图像，从而以彩色的方式凸显某些感兴趣的目标物或信息。本节主要介绍了这样的三种伪彩色处理方法：灰度分层、灰度到彩色的变换、频域分析。

10.4 节介绍了彩色图像各分量的灰度变换，原则上在第 3 章中讲述的相关内容都适用，可能的约束是 RGB 应该采用相同的变换，而 HSI、HSV 空间则可以对各个分量进行独立变换。在例子中给出了对 RGB 三分量实施相同的变换以改变图像的色调、HSI 空间改变 I 及 S 分量以改变彩色的亮度及饱和度。

10.5 节介绍了彩色图像的增强，可以采用对各分量进行增强然后合成以及将分量整体当成一个矢量的增强方式，重点介绍了基于模糊集理论的彩色图像滤波(去噪)，定义了三个二维颜色相似模糊子集(RB、RG、GB 二维颜色空间的二维颜色相似模糊子集)，像素的 R 均值是邻域像素中 RG、RB 相似性(模糊隶属度)的加权和，这样就使得颜色相似的像素的加权系数大而实现保持细节的去噪。需要强调的是，基于模糊集理论的滤波属于一种软滤波，兼顾了算法的复杂度与高性能，算法易于实现且能取得非常好的性能，是图像增强领域值得推崇与进一步探索的方法。

10.6 节介绍了彩色图像的边缘提取，较合理的方式是把 RGB 颜色分量当做一个整体的矢量求其梯度矢量(矢量方法)，然后基于梯度矢量实施与灰度图像的梯度矢量求边缘类似的方式求取彩色图像的边缘。需要指出的是，彩色图像的边缘提取不像灰度图像的边缘提取那样有广泛的共识。

10.7 节介绍了彩色图像的分割，所有针对灰度图像分割的方法都适用于彩色图像各分量的分割，各分量的联合分割则有待更进一步的研发。

为了充分利用彩色图像各颜色之间的强相关性，10.8 节介绍了基于四元数表征的彩色图像处理。简要介绍了四元数的基本运算规律，借助四元数矩阵对应的复伴随矩阵可以进行四元数矩阵的奇异值分解，将彩色图像表征为纯四元数则可进行相应的图像处理，特别地可以对彩色图像四元数矩阵进行奇异值分解而实现彩色图像的压缩与增强。重点介绍了去噪与边缘提取。对于脉冲型噪声，介绍了一种更泛化的四元数低秩估计去噪，以及开关型中值滤波；对于非脉冲型噪声(如高斯噪声)，介绍了性价比很高的非局部均值滤波；对于混合型噪声，可以先去除脉冲噪声，然后去除非脉冲噪声。介绍了一种基于四元数的彩色差异度量，并根据邻域内的彩色方向导数估计彩色图像边缘，性能优于基于结构张量的边缘检测。

10.9 节是有关深度学习彩色图像识别的内容，重点介绍了两种彩色场景的识别，即较单纯彩色的交通信号灯与含有复杂颜色萼片、花瓣及唇瓣的兰花的识别，体现了深度学习进行颜色识别的优势。

复习思考题

10.1　如果物体呈现为红色、蓝色、紫色，则可以对物体的反射光做出什么推断？

10.2　为什么把红、绿、蓝三种颜色当做三基色？

10.3　如果需要让处理后的彩色图像的彩色信息保持不变，应该选择什么彩色空间？

10.4　伪彩色图像处理的意义何在？

10.5　在进行彩色分量的处理时，RGB 分量进行相同的变换的主要原因是什么？

10.6　基于颜色相似的模糊子集方法去除噪声的优势是什么？

10.7　Canny 边缘算子能用于彩色图像的边缘提取吗？

10.8　试用前面各章节讲述的图像分割方法实现彩色图像的分割。

10.9　在 RGB 空间中，彩色图像是三维的，为什么不能用三元数来表征彩色图像？

10.10　有哪些经过验证的彩色差异度量要优于直接的彩色各分量的二阶范数？

10.11　能够较好地滤除彩色图像脉冲噪声的滤波器有哪些？简述其原理。

10.12 能够较好地滤除彩色图像高斯噪声的滤波器有哪些？简述其原理。

10.13 试阐述如何滤除彩色图像的混合噪声（脉冲噪声+高斯噪声）。

10.14 给定 Lena 图像，对其添加 10%的椒（灰度 0）盐（灰度 250）噪声及标准差为 5 的高斯噪声，试用至少两种合适的方法消除噪声，编程实现，评估各种方法的优劣。

10.15 试调研相关文献，总结深度学习颜色识别中什么彩色空间最有效？

10.16 交通信号灯识别的主要挑战有哪些？简述这些挑战的解决方案。

参 考 文 献

[1] Gonzalez R C, Woods R E. Digital Image Processing. 2ed. New York: Pearson Education Inc, 2002.

[2] Schulte S, de Witte V, Kerre E E. A fuzzy noise reduction method for color images. IEEE Transactions on Image Processing, 2007, 16(5): 1425-1436.

[3] di Zenzo S. A note on the gradient of multi-image. Computer Vision. Graphics and Image Processing, 1986, 36: 1-9.

[4] Zhu S Y, Plataniotis K N, Venetsanopoulos A N. Comprehensive analysis of edge detection in color image processing. Optical Engineering, 1999, 38(4): 612-625.

[5] Basar S, Ali M, Ochoa-Ruiz G, et al. Unsupervised color image segmentation: A case of RGB histogram based K-means clustering initialization. PLoS One, 2020, 15(10): e0240015.

[6] Hamilton W R. On a new species of imaginaries quantities connected with a theory of quaternions. Proceedings of the Royal Irish Academy, 1843, 2: 424-434.

[7] Le Bihan N, Mars J. Singular value decomposition of quaternion matrices: A new tool for vector-sensor signal processing. Signal Processing, 2004, 8: 1177-1199.

[8] 金良海. 彩色图像滤波与基于四元数的彩色图像处理方法. 武汉: 华中科技大学博士学位论文, 2008.

[9] Kolaman A, Yadid-Pecht O. Quaternion structural similarity: A new quality index for color images. IEEE Transactions on Image Processing, 2012, 21(4): 1526-1536.

[10] Chen Y Y, Xiao X L, Zhou Y C. Low-rank quaternion approximation for color image processing. IEEE Transactions on Image Processing, 2020, 29: 1426-1439.

[11] Geng X, Hu X G, Xiao J. Quaternion switching filter for impulse noise reduction in color image. Signal Processing, 2012, 92: 150-162.

[12] Buades A, Coll B, Morel J M. A review of image denoising algorithms, with a new one. SIAM Journal of Multiscale Modeling and Simulation, 2005, 4(2): 490-530.

[13] Wang G H, Liu Y, Zhao T Z. A quaternion-based switching filter for colour image denoising. Signal Processing, 2014, 102: 216-225.

[14] Jin L H, Song E M, Li L, et al. A quaternion gradient operator for color image edge detection//Proceedings of the IEEE International Conference on Image Processing. Melbourne: IEEE, 2013, 3040-3044.

[15] Wang J G, Zhou L B. Traffic light recognition with high dynamic range imaging and deep learning. IEEE Transactions on Intelligent Transportation Systems, 2019, 20(4): 1341-1352.

[16] Apriyanti D H, Spreeuwers L J, Lucas P J F, et al. Automated color detection in orchids using color labels and deep learning. PLoS One, 2021, 16(10): e0259036.

第 11 章　深度学习图像分割

与传统及现代图像分割方法相比，深度学习能够学习复杂的关系，因此用于图像分割就有可能分割出更为复杂的前景；由于深度学习可以通过大量的数据去隐式地学习先验知识，在数据量很大的情况下具有更好地表述先验知识的能力；尽管训练复杂，但测试或应用时能够更快速地获得分割结果，可望较好地满足分割运算的实时性要求。尽管如此，深度学习依赖于大量的数据，与非深度学习图像分割方法相辅相成。

从分类的角度来讲，像素级别的分类就是图像的语义分割，区域级别的分类就是图像检测，而图像级别的分类就是图像识别。因此本章首先简要介绍图像识别及图像检测，然后介绍代表性的图像语义分割方法，包括 U-Net、Attention U-Net、生成对抗网络 (GAN) 语义分割、多任务学习及先验知识引入的语义分割。此外，在第 7 章中提及边缘也是一种图像分割方式，所以也在本章介绍深度学习图像边缘提取：边缘提取一方面可以作为独立的图像分割方法，另一方面也可以如第 7 章展示的那样，与基于区域的图像分割方法 (本章的其他深度学习图像分割方法都可以看做是基于区域的分割方法) 进行融合以提高分割的精确度。

11.1　深度学习图像识别

图像识别，是指利用计算机对图像进行处理、分析和理解，以识别各种不同模式的目标和对象的技术。

一个模式识别系统包括特征和分类器两个基本的组成部分，二者关系密切，而在传统的方法中它们的优化是分开的。在神经网络的框架下，特征表示和分类器是联合优化的，能够最大程度发挥二者联合协作的性能。深度学习与传统模式识别方法的最大不同在于它是从大数据中自动学习特征，而非采用手工设计的特征。好的特征可以极大提高模式识别系统的性能。在过去几十年模式识别的各种应用中，手工设计的特征处于统治地位。它主要依靠设计者的先验知识，很难利用大数据的优势。由于依赖手工调参数，特征的设计中只允许出现少量的参数。深度学习可以从大数据中自动学习特征的表示，其中可以包含成千上万的参数。手工设计出有效的特征是一个相当漫长的过程。回顾计算机视觉发展的历史，往往需要五到十年才能出现一个受到广泛认可的好的特征。而深度学习可以针对新的应用从训练数据中很快学习得到新的有效的特征表示。以 2012 年 AlexNet 参加

ImageNet 比赛所采用的卷积网络模型[1]为例，这是他们首次参加 ImageNet 图像分类比赛，因此没有太多的先验知识。模型的特征表示包含了 6 千万个参数，从上百万样本中学习得到。令人惊讶的是，从 ImageNet 上学习得到的特征表示具有非常强的泛化能力，可以成功地应用到其他的数据集和任务，如物体检测、跟踪和检索等。

第一个成功用于图像识别的深度学习框架是 LeNet[2]，其结构图见图 11.1，因为这是最简单的 CNN 网络，所以这里给出详细的说明。该网络含有 7 层(第一到第七层)，输入是 32×32 像素的图像，其中 C_i、S_i、F_i 分别表示第 i 层为卷积层、下采样层、全连接层。C1 层是卷积层，6 个通道，卷积核 5×5，共有 6×(25+1)=156 个待学习的参数，pad=0，stride=1，输出为 28×28×6 的特征。S2 层实现 2×2 的下采样，输出有 6 个通道，pad=0，stride=2，输出为 14×14×6 的特征，C1 层中的非重叠的 2×2 个像素的灰度和乘以一个待训练参数然后加上一个待训练的参数形成 S2 层特征图中的一个元素，因此本层共有 6×2 个参数，下采样为平均池化，S2 层的输出通过 sigmoid 函数激活。C3 层的输出通道为 16，卷积核为 5×5，该层的特征提取方式很特殊：第一到第六输出通道的输入是 S2 层的前三个特征图的连续特征提取，待学习参数个数为 6×(25+1) ×3=428，第七到第十二输出通道的输入是 S2 层前四个特征图的连续特征提取，待学习参数个数为 6×26×4=624，第十三到第十五输出通道的输入是 S2 层前四个特征图的非连续特征提取，待学习参数个数小于 3×26×4=312(实际为 270)，第十六输出通道的输入是 S2 的所有 6 个特征图的连续特征提取，待学习参数个数为 6×26=156，本层的总的参数个数为 1516。S4 层对 C3 层的特征实施平均池化，输出 16 个 5×5 的特征图，pad=0，stride=2，共有 16×2 个参数待学习。C5 层输出 120 个特征图，卷积核为 5×5，输出 1×1×120 个特征，每个输出特征连接到的 S4 层特征数目不固定(平均 15.4)，总的待训练参数个数为 48120。F6 层含有 84 个单元(对应于符号的 7×12 比特图编码)，每个单元都全连接到 C5 层的全部特征，待训练的参数个数为 84×120+84(每个单元的点积后加一个偏移量)，F6 层的输出通过 sigmoid 函数

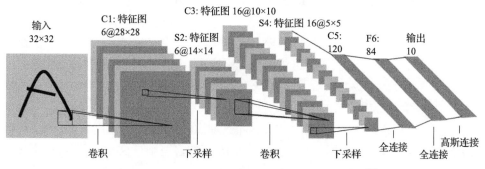

图 11.1　LeNet 用于手写体字母识别的结构示意图[2]

激活。最后一层是输出层，共有 10 个节点，分别代表数字 0~9，它也是全连接层，采用了径向基函数，学习的参数个数为 84×10，计算输入向量和参数向量之间的欧几里得距离（设输出层的输入为 $x_j(j=0,1,\cdots,83)$，待学习的参数为 $w_{ij}(i=0,1,\cdots,9;$ $j=0,1,\cdots,63)$，计算 $y_i=\sum_{j=0}^{63}\left(x_j-w_{ij}\right)^2$，最小的 y_i 对应于 i 的数字），该方法目前已经被 softmax 取代。需要指出的是，由于 LeNet 当时的计算和存储资源有限，文献[2]使用了很多细节性的技巧来降低网络待估计的参数量（如第三层卷积未利用第二层所有的通道），目前的计算资源已大为丰富而不再需要这些小技巧。LeNet-5 由于网络结构小，应用场景受限；其池化层采用平均池化，目前的结果表明用最大池化效果更好且能加速网络收敛；其激活函数为 tanh，目前的结果编码 ReLU 能获得更高的准确率。

尽管 LeNet-5 取得了巨大的成就，显示了 CNN 的潜力，但由于当时计算能力和数据量有限，深度学习领域的发展停滞了 10 年：业界感觉 CNN 似乎只能解决一些简单的任务如数字识别，但是对于更复杂的特征（如人脸和物体），传统的支持向量机（SVM）分类器或尺度不变特征是更可取的方法。然而，在 2012 年的 ImageNet 大规模视觉识别挑战赛中，Hinton 教授团队提出的 AlexNet 以显著的优势赢得竞赛，比第二名的错误率降低了 9.8%。AlexNet 可以说是现代深度 CNN 的奠基之作，它继承了 LeNet-5 的多层 CNN 思想，但大大增加了 CNN 的规模：与 LeNet-5 的 32×32 相比，AlexNet 的输入为 224×224；LeNet-5 卷积核有 6 个通道，而 AlexNet 有 192 个通道；AlexNet 包含了 6 亿 3000 万个连接，600 万个参数和 65 万个神经元，拥有 5 个卷积层，其中 3 个卷积层后面连接了最大池化层，之后还有 3 个全连接层；虽然设计没有太大的变化，但随着参数的增加，网络捕捉和表示复杂特征的能力也提高了数百倍；AlexNet 包含了几个较新的技术点：使用最大池化以避免平均池化的模糊化，使用 ReLU 取代 sigmoid 以解决网络较深时的梯度弥散及加快训练速度，使用 Dropout 以避免模型过拟合，使用局部响应归一化（local response normalization, LRN）对局部神经元的活动创建竞争机制以增强模型的泛化能力，利用图形计算单元（GPU）强大的并行计算能力加速深度卷积网络的训练，采用数据增强提升模型泛化能力。虽然 AlexNet 的 LRN 方法没有在后续普及，但是启发了其他重要的标准化技术，如批正规化（BN）被用来解决梯度饱和问题。总之，AlexNet 定义了未来 10 年分类网络框架：卷积、ReLU 非线性激活、最大池化和全连接层的组合。

2014 年的 ImageNet 竞赛冠军是 GoogleNet[3]（特点是同一层不同尺寸大小卷积核的组合、BN、更深的网络（22 层）），2016 年的冠军则是 ResNet[4]（特点是残差连接能让网络更深，达 152 个卷积层），最后一届即 2017 年的冠军为 SENet[5]（特点是注意力机制），对应的深度学习错误识别率 2.9%已经低于人类肉眼分类的错误率 5.1%。专家在国际计算机视觉与模式识别大会(CVPR 2017)的共识是将专注于目前尚未解决的问题以及以后的发展方向，如侧重图像学习和理解的 WebVision 竞赛。

　　基于深度学习的图像识别技术在医学研究和临床实践中有着广泛的应用前景。在医学影像分析方面，深度学习模型可以处理 X 射线图像、CT 和磁共振影像等不同模态的图像数据，以识别不同的疾病类型，辅助临床诊断与治疗决策。由于临床影像数据及有效标注的缺乏，可以采用迁移学习的策略，使用在大规模图像数据集上预训练的深度神经网络模型来解决新领域的图像识别问题，实现将已经学习到的知识从一个领域应用到另一个的领域中，以提高学习效果或减少学习成本。例如，针对皮肤病识别的临床任务，在 ImageNet 大规模标注数据集上预训练好的 Inception V3 深度卷积神经网络基础上，再利用近 13 万张皮肤病图片，通过迁移学习的策略对神经网络进行持续训练，以识别皮肤病变的良恶性和疾病种类，并且达到了与皮肤科医生相当的准确率[6]。这种快速、可扩展的方法可以部署在移动设备上，改善医疗资源匮乏地区的诊疗效率。张康教授团队于 2018 年发表的论文[7]优化了迁移学习策略(见图 11.2)，该方法依然采用 Inception V3 架构，并在 ImageNet 数据集上进行了预训练，然后，卷积层被冻结并作为固定的特征提取器使用。由于卷积权重不被更新，这些值不需要重新计算和存储，可以减少冗余过程并加快训练速度。然后，将医学图像作为输入重新训练，并通过"解冻"和更新预训练权重对卷积层进行"微调"，性能最好的模型被保留。在对眼底黄斑病变和糖尿病相关眼底黄斑水肿进行识别时，该方法取得了可以与临床专家相媲美的分类精度。除了二维医学图像外，深度学习在三维断层扫描图像的识别方面也展现出较好的性能。谷歌人工智能团队于 2019 年发表的研究利用患者的三维 CT 影像来识别肺癌风险[8]：利用三维低剂量计算机断层扫描获取的体数据训练深度卷积神经网络，识别患者是否患有肺部恶性肿瘤；网络的输入是临床常规胸腔三维 CT 影像数据，包括肺部、纵隔、心脏、胸壁等。

　　目前的医学影像人工智能识别模型多数仍沿用自然图像卷积神经网络的建模思路，在大规模标注数据基础上训练模型，寻求特定图像表征与临床结果之间的映射关系。在运用建立好的模型进行医学影像识别时，人工智能模型被当作一个"黑箱"来使用，即只针对输入的医学影像给出识别结果，但并不会对识别结果给出解释。这种建模方式虽然在某些疾病筛查中显示出了很高的准确性，却难以说服临床医生充分信赖其识别结果。目前已有一些利用生物医学先验知识对医学影像识别结果进行解释的方法，例如，结合生物医学数据对机器学习提取的影像特征进行解释[9]，这为基于人工智能的医学影像识别走向临床实用奠定了基础。

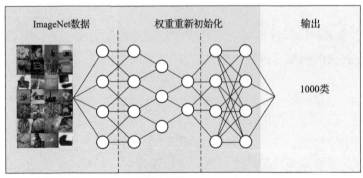

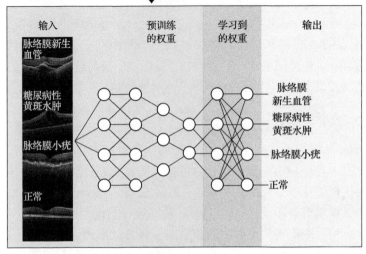

图 11.2　卷积神经网络迁移学习的设计示意图[7]

　　对于各种各样的图像识别任务，精心设计的深度神经网络已经远远超越了以前那些基于人工设计的图像特征的方法。尽管到目前为止深度学习在图像识别方面已经取得了巨大成功，但仍然面临很多挑战。第一个挑战是模型的泛化性能，要求模型对未曾出现过的场景仍然具有很好的泛化能力；但测试集与训练集可能来自于不同或有差异的数据分布(如数据可能会在视角、大小尺度、场景配置、相机属性、成像过程等方面有差异)，数据分布上的这种差异会导致各种深度网络模型的准确率产生明显的下降，当前模型对数据分布自然变化的敏感性可能成为自动驾驶等关键应用的一个严重问题。第二个挑战是如何更好地利用小规模训练数据，原因在于很多应用场景难以获得有标签的数据或者获取有标签的数据的成本极高。第三个挑战是全面的场景理解，为此除了需要识别和定位场景中的物体外，人类还可以推断物体和物体之间的关系、部分到整体的层次、物体的属性和三维场景布局，不仅涉及对场景的感知，还需要对现实世界的认知理解。第四个挑战是网络设计的自动化，设计网络架构是冗长乏味的，需要处理大量的参数和设计选择，不同的任务的优化框架不同。

11.2　深度学习图像检测

尽管较大物体的检测在大型数据集上已经取得了令人印象深刻的结果，但是小物体检测的结果却差强人意。原因在于小物体缺乏充足的表观细节以把它们从背景或相似的物体中区分出来。

为了解决小物体检测难题，文献[10]提出了针对小物体的一种端到端、多任务的、对抗式网络 MTGAN（multi-task generative adversarial network）。MTGAN 的生成器是一个超高分辨率网络，将小的、模糊的图像上采样成精细的图像，恢复其细节信息以实现更精确的检测；判别器由多任务网络构成，对于每个给定的高分辨率图像块计算出其为真实或虚假的评分、物体类别评分、限定框回归位置偏移；为了让生成器能恢复更多的细节以增强后续的目标检测，判别器的分类及回归损失在训练时反向传递给生成器。图 11.3 是系统框图。

生成器：一个超高分辨率网络，将小的、模糊的图像上采样成精细的图像，恢复其细节信息以实现更精确的检测。输入为低分辨图像块，输出对应的高分辨图像块。引入了超分辨率网络 SRN 对小物体图像实施上采样。5 个残差块、2 个反卷积层将分辨率提升至 4 倍，3 层卷积层。该网络将输入的低分辨率图像块的分辨率提升到 4 倍，结果好于直接进行 4 倍放大的插值。

判别器：同时实现三种功能，即区分产生的超高分辨率图像是不是真实的高分辨率图像、物体识别、物体的定位。主干网络为 ResNet-50/101，在最后的平均池化层后面添加三个全卷积连接层：$f_{c_{GAN}}$ 的输出是输入为真实图像的概率、$f_{c_{cls}}$ 的输出是输入图像属于 $K+1$ 类的各个类别的概率、$f_{c_{reg}}$ 的输出是物体的边框的左边偏移。

损失函数包含对抗损失、分类损失、回归损失。对抗损失为

$$L_{adv} = \sum_{i=1}^{N} \log\left(1 - D_\theta\left(G_w\left(I_i^{LR}\right)\right)\right) \tag{11-1}$$

其中，$G_w\left(I_i^{LR}\right)$ 表示以输入的第 i 个低分辨率图像块 I_i^{LR} 产生的高分辨率图像，生成器的参数为 w；$D_\theta\left(G_w\left(I_i^{LR}\right)\right)$ 表示判别器 D 的参数为 θ，识别生成的高分辨数据 $G_w\left(I_i^{LR}\right)$ 及真实的高分辨数据 I_i^{HR}；N 为训练的图像块数。分类损失为

$$L_{cls} = -\frac{1}{N} \sum_{i=1}^{N} \left[\log\left(D_{cls}\left(G_w\left(I_i^{LR}\right)\right)\right) + \log\left(D_{cls}\left(I_i^{HR}\right)\right) \right] \tag{11-2}$$

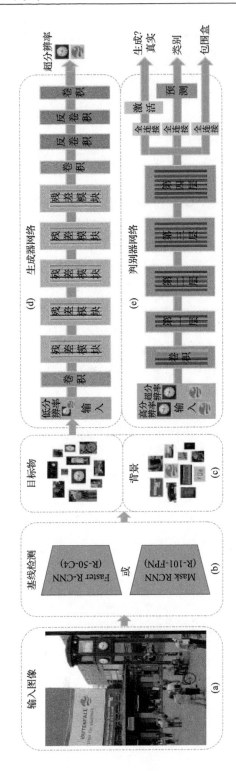

图11.3 MTGAN的系统框图[10]

对于输入图像由基线检测器Faster R-CNN (基于ResNet50-C4) 生成背景及前景子区域, 作为MTGAN的输入、输出是物体的检测 (类别及包围盒)

其中，$D_{\mathrm{cls}}\left(I_i^{\mathrm{HR}}\right)$ 表示分类器 D_{cls} 对真实高分辨率数据的识别；$D_{\mathrm{cls}}\left(G_w\left(I_i^{\mathrm{LR}}\right)\right)$ 则是分类器对生成的高分辨率数据的识别。回归损失为

$$L_{\mathrm{reg}} = \frac{1}{N} \sum_{i=1}^{N} \sum_{j \in (x,y,w,h)} [u_i \geq 1]\left(S_{L_1}\left(t_{i,j}^{\mathrm{HR}} - v_{i,j}\right) + S_{L_1}\left(t_{i,j}^{\mathrm{SR}} - v_{i,j}\right)\right) \tag{11-3}$$

对目标物进行定位，当判定为前景时使得预测的包围盒左上点与金标准包围盒左上点相等。其中，(x,y,w,h) 为输入图像块的左上点坐标及宽与高；u 为标签类别（≥ 1 表示非背景）；v 是金标准包围盒左上点位置及大小；$t_{i,j}^{\mathrm{HR}}$ 和 $t_{i,j}^{\mathrm{SR}}$ 为真实及生成的高分辨图像的第 i 个训练图像的第 j 处包围盒的位置及大小；$S_{L_1}(d)$ 为如下函数：

$$S_{L_1}(d) = \begin{cases} 0.5d^2, & |d| \leq 1 \\ |d| - 0.5, & \text{其他} \end{cases}$$

总损失为

$$\max_{\theta} \min_{w} \frac{1}{N} \left\{ \sum_{i=1}^{N} \alpha \left[\log\left(1 - D_{\theta}\left(G_w\left(I_i^{\mathrm{LR}}\right)\right)\right) + \log D_{\theta}\left(I_i^{\mathrm{HR}}\right) \right] - \sum_{i=1}^{N} \beta \left[\log\left(D_{\mathrm{cls}}\left(G_w\left(I_i^{\mathrm{LR}}\right)\right)\right) \right. \right.$$
$$\left. \left. + \log\left(D_{\mathrm{cls}}\left(I_i^{\mathrm{HR}}\right)\right) \right] + \sum_{i=1}^{N} \| G_w\left(I_i^{\mathrm{LR}}\right) - I_i^{\mathrm{HR}} \|^2 + \gamma L_{\mathrm{reg}} \right\}$$

$$\tag{11-4}$$

其中，α、β 与 γ 为权值系数。

生成器的优化通过下式实现

$$\min_{w} \left\{ \frac{1}{N} \sum_{i=1}^{N} \left[\alpha \log\left(1 - D_{\theta}\left(G_w\left(I_i^{\mathrm{LR}}\right)\right)\right) - \beta \log\left(D_{\mathrm{cls}}\left(G_w\left(I_i^{\mathrm{LR}}\right)\right)\right) \right] \right.$$
$$\left. + \frac{\sum_{i=1}^{N} \| G_w\left(I_i^{\mathrm{LR}}\right) - I_i^{\mathrm{HR}} \|^2}{N} + \gamma L_{\mathrm{reg}} \right\}$$

此时保持判别器 D 的参数不变，$G_w\left(I_i^{\mathrm{LR}}\right)$ 的标签为 1；优化过程将让 $D_{\theta}\left(G_w\left(I_i^{\mathrm{LR}}\right)\right)$ 逐步增大，亦即 $G_w\left(I_i^{\mathrm{LR}}\right)$ 需要逐步接近 I_i^{HR}；训练过程 $D_{\mathrm{cls}}\left(G_w\left(I_i^{\mathrm{LR}}\right)\right)$ 逐步增大，注意 $D_{\mathrm{cls}}\left(I_i^{\mathrm{HR}}\right)$ 也是训练为 1 的，这会促进 $G_w\left(I_i^{\mathrm{LR}}\right)$ 需要逐步接近 I_i^{HR}；训练过程 $\sum_{i=1}^{N} \left\| G_w\left(I_i^{\mathrm{LR}}\right) - I_i^{\mathrm{HR}} \right\|^2$ 逐步减小，直接让 $G_w\left(I_i^{\mathrm{LR}}\right)$ 接近 I_i^{HR}。

判别器的优化通过下式实现：

$$\min_{\theta}\left\{\frac{-1}{N}\sum_{i=1}^{N}\left[\alpha\log\left(1-D_{\theta}\left(G_{w}\left(I_{i}^{\text{LR}}\right)\right)\right)+\alpha\log D_{\theta}\left(I_{i}^{\text{HR}}\right)\right]\right.$$
$$\left.+\frac{-1}{N}\sum_{i=1}^{N}\beta\left[\log\left(D_{\text{cls}}\left(G_{w}\left(I_{i}^{\text{LR}}\right)\right)\right)+\log\left(D_{\text{cls}}\left(I_{i}^{\text{HR}}\right)\right)\right]+\gamma L_{\text{reg}}\right\}$$
(11-5)

此时生成器的参数不变，对抗网络识别真伪数据的 $G_{w}\left(I_{i}^{\text{LR}}\right)$ 的标签为 0，而 I_{i}^{HR} 的标签为1。注意这里的损失函数对式(11-4)进行了调整，对抗项即总损失第一项添加了负号从而将求最大变成求最小，目的是添加第二项，即分类损失。$G_{w}\left(I_{i}^{\text{LR}}\right)$ 的真伪标签为0，训练过程中 $D_{\theta}\left(G_{w}\left(I_{i}^{\text{LR}}\right)\right)$ 会逐步变小；I_{i}^{HR} 的真伪标签为1会使得 $-\log D_{\theta}\left(I_{i}^{\text{HR}}\right)$ 极小化；$G_{w}\left(I_{i}^{\text{LR}}\right)$ 的分类标签是 1 会使得 $-\log\left(D_{\text{cls}}\left(G_{w}\left(I_{i}^{\text{LR}}\right)\right)\right)$ 极小化；$D_{\text{cls}}\left(I_{i}^{\text{HR}}\right)$ 的分类标签为 1 会使得 $-\log\left(D_{\text{cls}}\left(I_{i}^{\text{HR}}\right)\right)$ 极小化。

实施时，由基线检测器 Faster R-CNN 提供初选子区域，高分辨率图像用原始的，低分辨率图像则是对原始数据进行下采样 4 倍而得到。结果显示该方法比 Faster R-CNN 提高了 7%，图 11.4 给出了一个目标检测结果。

图 11.4 MTGAN 测试图像及检测出来的目标示例[10]
绿色包围盒为金标准，红色包围盒为文献[6]的检测结果

11.3 深度学习图像边缘检测

边缘检测是计算机视觉领域的基本研究方向之一，其目的是识别出图像中真

实存在物体之间的边界，基于此提取到物体的主要结构信息。边缘检测可以有效地减少图像中不相关信息的数据量，从而突出图像中的主体结构，保留数字图像中重要部分的结构属性，因此边缘检测在计算机视觉任务中，尤其在图像特征提取方面，具有十分广泛的应用。由于图像中存在噪声等，传统的边缘检测方法在检测边缘的精度、边缘连续性、定位准确性等方面有待改进，容易出现检测到虚假边缘、漏掉真实边缘及边缘不连续等情况。深度学习技术的崛起，不仅进一步提升了边缘检测的效果，且让边缘检测推广到更多的实际应用中，让边缘检测能够适用于更加复杂的场景，也让边缘检测技术出现新的发展机遇。

Xie 等[11]提出了一种基于全卷积框架结构和 VGG16 网络的边缘检测算法，即整体嵌套边缘检测方法(holistically-nested edge detection, HED)，采用多尺度多层级的特征学习进一步改善了边缘检测的效果，且实现了从输入图片到边缘图片的"端到端"学习，可以根据输入的图像直接得到相应的边缘图片，将网络不同层级的不同尺度输出特征通过权重混合层进行特征的拼接，从而得到最终的边缘检测结果。Liu 等[12]在 VGG16 网络结构的基础上提出了一种使用更丰富的卷积特征(richer convolutional features, RCF)的边缘检测方法，改进了 HED，其网络结构图见图 11.5。

RCF 网络是基于对 VGG16(13 个卷积层、3 个全连接层，分成 5 个大层级(stage))进行修改得到：每个卷积层使用 3×3 的卷积核(通道数由第一大层到第五大层分别为 64、128、256、512、512)，其后额外接一个 1×1 的卷积来降低通道数，同一个大层的 21 通道的特征图经过相加得到复合特征，其后为 1×1 卷积以降低通道数，反卷积进行上采样，每个大层使用 sigmoid 非线性激活，然后计算该大层的交叉熵损失进行每一个大层的深度训练；所有的大层的上采样结果作为一个通道进行特征拼接，用 1×1 卷积融合不同大层得到的融合特征，最后对融合特征使用 sigmoid 非线性激活及交叉熵得到融合后的损失及输出。设像素 i 的特征矢量为 X_i(sigmoid 的输入)、真实边缘的概率为 y_i(取值 1 或 0)，该像素在每个大层的交叉熵损失函数为

$$l(X_i;W) = \begin{cases} \alpha \times \log\left(1 - P\left(X_i;W\right)\right), & y_i = 0 \\ 0, & 0 < y_i \leqslant \eta \\ \beta \times \log P\left(X_i;W\right), & y_i > \eta \end{cases} \tag{11-6}$$

其中，$\alpha = \lambda \times \dfrac{\left|Y^+\right|}{\left|Y^+\right| + \left|Y^-\right|}$，$\beta = \dfrac{\left|Y^-\right|}{\left|Y^+\right| + \left|Y^-\right|}$，$Y^+$ 与 Y^- 分别表示图像中的边缘像素采样及非边缘像素采样集合；$P(X)$ 为 X 的 sigmoid 函数；W 为网络学习的参数；η 为被多

位专家标注者标注为边缘的比例/概率，取值 0.4~0.5；λ 为常数，取值 1.1～1.2。

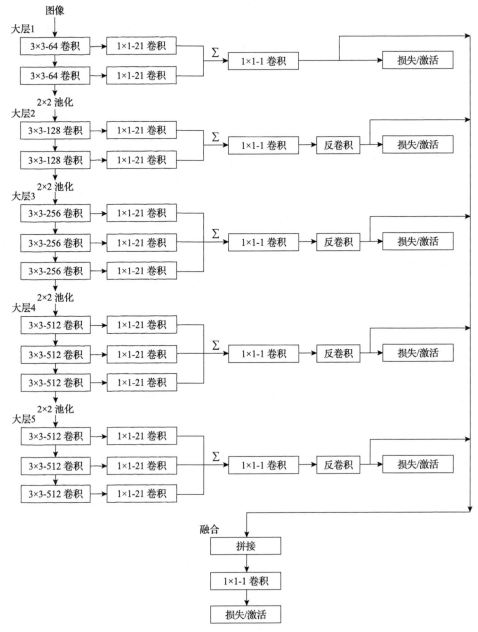

图 11.5　RCF 的网络结构图[8]

输入是任意尺寸大小的一幅图像，输出则是相同大小的边缘概率图

深度训练在两个层面，即每一个大层和最后的融合层，因此总的损失函数为

$$L(W) = \sum_{i=1}^{N}\left(\sum_{k=1}^{5} l\left(X_i^k; W\right) + l\left(X_i^{\text{fuse}}; W\right)\right) \tag{11-7}$$

其中，X_i^k 及 X_i^{fuse} 分别表示第 k 大层的特征向量和 5 个大层融合后的特征向量(均为网络中 sigmoid 的输入)。为了进一步提高性能，文献[12]还采用了多分辨率融合策略，即对待提取边缘的图像，用 0.5 倍、1 倍、1.5 倍的空间分辨率调用式(11-7)分别计算得到三个分辨率下的边缘，然后取它们的平均作为多尺度的边缘。图 11.6 展示了两幅图像边缘金标准及检测结果。RCF 取得了比 HED 更好的效果并成为 2017 年的最佳边缘检测方法。

图 11.6　RCF 提取的边缘示例[12]
两幅图像(第一行)、边缘金标准(第二行)、RCF 提取的边缘(第三行)

从图 11.6 可以看出，一方面提取的边缘中含有一些无关区域的细节，另一方面有漏失感兴趣区的一些细节；这源自 RCF 的低层特征没有足够的高层语义信息以去掉基于低级特征的灰度变化较大的点，也没有在高层语义特征确定的条件下对细节进行细粒度的提取。因此，2022 年 Pu 等提出基于 Transformer 通过高层语义进行粗略的边缘提取限定，然后在限定的粗略边缘进行细粒度的边缘提取[13]，不失为一种解决 RCF 问题的手段。图像中的边缘标注非常复杂，尤其在图像中含有很多物体以及物体之间有空间交叠时；标注也含有未封闭的边缘。这种标注的困难从另一个侧面体现了边缘提取的困难，因此对于边缘提取的探索还在进行中：细节保持、无关细节的丢弃、边缘的定位精度、边缘的封闭与否……

11.4　深度学习图像语义分割

图像语义分割是一个空间密集型的预测任务。全卷积网络(fully convolutional network, FCN)[14]较早地将 CNN 应用到端到端的图像语义分割领域且取得突出结果，之后许多图像语义分割模型都借鉴了 FCN 的思想。FCN 中没有全连接层，全部用卷积层。图像语义分割网络的输出是一个分割图，与输入图像的维度是一致的。FCN 需要上采样以取得与输入图像相同的分辨率。上采样可以采用反卷积层或者双线性插值实现。FCN 发现仅仅从分辨率最低的 CNN 层向上采样得到的分割通常是粗糙的，所以网络中将不同池化得到的多尺度特征图都进行上采样，再与分辨率最低的特征图结合来优化分割图。这样做的理由是 CNN 的低层特征图保留着图像的细节信息，而图像语义分割不仅仅需要物体语义信息，还需要空间位置信息。FCN 提出了将 CNN 应用到图像语义分割中的两个重要关键概念：跳跃连接和反卷积层。跳跃连接用于结合底层卷积特征和高层卷积特征，反卷积用于恢复图像尺寸大小。

提高深度学习图像语义分割的手段很多，其中多任务学习(相关的任务增加了有效的监督样本，共同任务的特征提高了泛化性)及频率域与空间域的深度学习结合[15]都会提高分割性能。

11.4.1　U-Net 图像分割

在 FCN 的基础上发展起来的 U-Net[16]目前已经成为图像分割的主要框架，图像分割方面的多数进展都以 U-Net 框架作为骨干。U-Net 对 FCN 的主要改进是在上采样层增加了很多特征通道。下面详细地介绍原始 U-Net 的框架(图 11.7)，其网络结构很像字母 U 而得名。

U-Net 的左侧是收缩网络，通过 2×2 的最大池化逐步降低分辨率：输入为 572×572 的灰度图像，对其进行 64 个卷积核为 3×3、无添加 0、步幅为 1 的卷积+ ReLU，得到 64×570×570 的特征，再对该特征实施 64 个卷积核为 3×3、无添加 0、步幅为 1 的卷积+ReLU，得到 64×568×568 的特征图；产生的 64×568×568 的特征图一方面作为进一步下采样的卷积操作的输入，同时也通过复制与裁剪直接作为通道添加到 U-Net 的右侧网络(分辨率扩增网络)，需要将 568×568 的特征图裁剪成 392×

392 大小；对 568×568 特征图进行 2×2 最大池化，得到 64×284×284 下采样后的特征图，该特征图经过 2 次 128 通道的 3×3 卷积+ReLU 得到 128×280×280 特征图，重复下采样与特征复制与裁剪 4 次，直至得到分辨率最低的特征图为 512×32×32，该特征图通过两次 3×3 卷积+ReLU 得到 1024×28×28 的最低分辨率特征图后进入上采样流程。上采样输入为 1024×28×28 特征图，首先进行 2×2 的反卷积得到 512×56×56 的特征图，与下采样网络复制与裁剪的 512×64×64(裁剪为 512×56×56)的特征图拼接为 1024×56×56 的特征图进行两次 3×3 卷积+ReLU，重复上采样 4 次，直到得到 2×388×388 的特征图实现分割(2 类)。注意：为了避免卷积过程中特征图的大小改变，实际应用中将添加 2 行 2 列的 0。损失函数可定义为分割概率图的 softmax 操作后的交叉熵+Dice 损失。

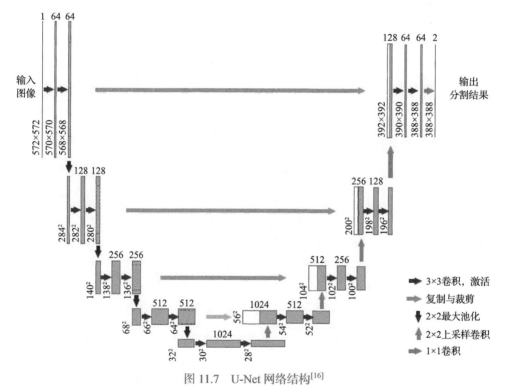

图 11.7　U-Net 网络结构[16]

蓝色框对应于多通道特征图；矩形框上面的数字为通道数，矩形框左下端数字是特征图的大小，
白色矩形框表示的是复制的特征图；箭头表示对应的不同操作

　　注意力机制与深度学习网络相结合也是一种高效提升图像分割性能的手段。这里重点介绍 Attention U-Net[17](图 11.8)，它直接对 U-Net 添加注意力机制而得到：使用标准 U-Net 作为骨干网络，且不改变收缩路径；改变的是扩展路径，将注意力机制整合到跳转连接中。

注意力系数 α_i 的引入是为了突出显著的图像区域和抑制任务无关的特征响应，α_i 和特征图的乘法是对应元素逐个相乘的。注意力门(attention gate, AG)的数学表达式为 $\hat{x}_{i,c}^{\ell} = x_{i,c}^{\ell} \times \alpha_i^{\ell}$，其中 ℓ 表示 AG 特征图所在的层数，i 与 c 表示空间坐标及通道位置。而 α_i^{ℓ} 则由下式确定(根据图 11.9)：

$$q_{\text{att}}^{\ell} = \psi^{\mathrm{T}}\left(\sigma_1\left(W_x^{\mathrm{T}} x_i^{\ell} + W_g^{\mathrm{T}} g_i + b_g\right)\right) + b_{\psi}, \quad \alpha_i^{\ell} = \sigma_2\left(q_{\text{att}}^{\ell}\left(x_i^{\ell}, g_i; \Theta_{\text{att}}\right)\right) \quad (11\text{-}8)$$

其中，W_x^{T} 及 W_g^{T} 分别表示对输入 x 及门控信号 g 进行 $1 \times 1 \times 1$ 卷积的参数；σ_1 为 ReLU 激活函数；σ_2 为 sigmoid 激活函数；ψ^{T} 与 b_{ψ} 分别是 $1 \times 1 \times 1$ 卷积的系数及偏置；Θ_{att} 是 AG 所有参数的集合。代价函数与标准的 U-Net 一致以比较相应的性能。实验表明，所提出的 Attention U-Net 以较小的复杂度增加能获得较大的性能改善，见表 11.1。

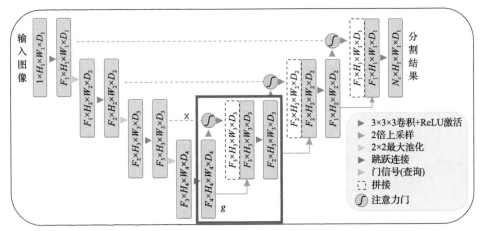

图 11.8　Attention U-Net 分割模型框图[17]

在编码部分输入图像被逐步地滤波及 2 倍下采样(图中的特征图的高度 H 满足 $H_4 = H_1/8$)，N_c 表示类别数，注意力门(AG)对来自跳跃连接的特征图进行选择，AG 的示意图见图 11.9，AG 对特征的选择是通过较粗分辨率的特征提供的上下文信息而取得

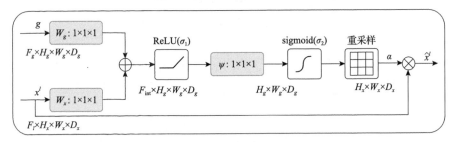

图 11.9　注意力门 AG 网络结构[17]

该门计算出注意力系数 α 并与输入特征 (x^{ℓ}) 相乘实现特征图的选择；空间区域的选择是通过分析门信号 g 的激活及上下文信息实现的，而 g 具有较低的空间分辨率。利用三线性插值对注意力系数 α 进行插值以得到与输入特征 (x^{ℓ}) 相同的空间分辨率

表 11.1 U-Net 与 Attention U-Net 的性能比较[17]

性能	U-Net (120/30)	Attention U-Net (120/30)	U-Net (30/120)	Attention U-Net (30/120)
胰腺 Dice 系数	0.814 ± 0.116	**0.840 ± 0.087**	0.741 ± 0.137	**0.767 ± 0.132**
胰腺精度	0.848 ± 0.110	0.849 ± 0.098	0.789 ± 0.176	**0.794 ± 0.150**
胰腺召回率	0.806 ± 0.126	**0.841 ± 0.092**	0.743 ± 0.179	**0.762 ± 0.145**
胰腺表面距离/mm	2.358 ± 1.464	**1.920 ± 1.284**	3.765 ± 3.452	3.507 ± 3.814
脾 Dice 系数	0.962 ± 0.013	0.965 ± 0.013	0.935 ± 0.095	**0.943 ± 0.092**
肾 Dice 系数	0.963 ± 0.013	0.964 ± 0.016	0.951 ± 0.019	0.954 ± 0.021
要学习的参数数目	5.88×10^6	6.40×10^6	5.88×10^6	6.40×10^6
运行时间/s	0.167	0.179	0.167	0.179

注：多类别腹部 CT 图像，类别包括胰腺、脾、肾，评估指标主要包括 Dice 系数、精度、召回率、表面距离、要学习的参数数目、运行时间；括号数字，如(120/30)，表示训练/测试数据。

可以看出，在参数数目及运行时间有较小增加的代价下，Attention U-Net 的性能有较大提升。图 11.10 展示了 U-Net 与 Attention U-Net 的对比分割结果：由于 Attention U-Net 强调了与监督学习紧密相关的特征，能较好地将 U-Net 缺失的部分假阴性血管分割出来，这是较典型的注意力机制的优势。

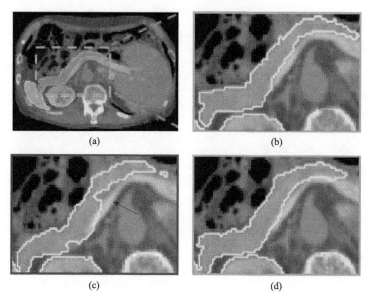

(a)　　　　　　　　(b)

(c)　　　　　　　　(d)

图 11.10 胰腺分割对照[17]

(a)原始 CT 图像，其中的局部区域用蓝色虚线框标出，作为后续待分割的图像；(b)胰腺金标准(黄色轮廓包围的区域)；(c)U-Net 的分割，红色箭头表明有一个较大的胰腺区域被欠分割；(d)Attention U-Net 的分割结果，没有明显的漏分割，结果更接近金标准，好于 U-Net

11.4.2 基于 GAN 的图像语义分割

GAN 用于语义分割是一种强有力的手段，通过对抗学习可以增强分割网络的性能，基本框架在 2016 年由 Luc 等[18]构建。在文献[18]中，分割器作为生成器 G，由输入图像生成尽可能接近金标准的分割图；在判别器 D 端，其输入可以是训练图像的金标准或者分割器生成的分割图，并尽可能准确地识别二者；通过对抗优化，分割器的性能从 GAN 结构中得到提升。GAN 与分割网络的关系可以非常灵活，但是有一点是共性的：GAN 网络将提升分割网络的性能。这里给出一个利用 GAN 进行语义分割的半监督例子[19]以体现 GAN 用于语义分割的灵活性与多样性。文献[19]的目的是利用非标签数据来发现能支撑语义分割的数据结构，GAN 的生成器生成大量的具有真实感的数据，迫使判别器学习更好的特征以进行更精确的像素分类；采用了半监督方式及弱监督方式。弱标注可以是目标物的包围盒、图像水平的标签(而不是像素级别的标签)。利用条件 GAN 来增强所生成的数据的质量，目的是提升分割的效果并使 GAN 的训练更稳定。

利用 GAN 的半监督学习：判别器 D 将图像像素判别为 1~K 类或 $K+1$ 类(生成的数据)；生成器 G 由噪声 z 生成 $G(z)$ 图像，该生成的图像与其他训练图像相似。图 11.11 是其示意图：D 的输入包含三个，即带标签数据、无标签数据、生成的数据。

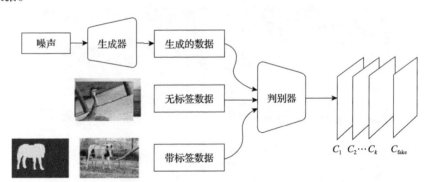

图 11.11 半监督卷积 GAN 架构[19]

其中生成器从噪声生成图像，判别器利用生成的图像、非标签图像，以及带标签的图像学习到每个真实类别及虚假数据的类别置信度

判别器 D 的损失函数为

$$
\begin{aligned}
L_D = &-\mathbb{E}_{x \sim p_{\text{data}}(x)} \log\big[D(x)\big] - \mathbb{E}_{z \sim p_z(z)} \log\big[1 - D(G(z))\big] \\
&+ \gamma \mathbb{E}_{x,y \sim p(x,y)} \big[\text{CE}(y, P(y|x, D))\big]
\end{aligned}
\tag{11-9}
$$

其中，$D(x)=1-P(y=\text{fake}\,|\,x)$；$y$ 为像素的语义类别 $(1,2,\cdots,K)$；$P(x,y)$ 为类别 y 与其对应输入图像 x 的联合概率；CE 是语义类别与预测类别概率 $D(x)$ 之间的交叉熵；γ 是一个参数，以平衡生成器与判别器，经验值是 2。L_D 的第一项是给非标签真实数据的，用以区分真实数据与生成的数据；第二项是要优化 D 以区分真实数据与由 G 生成的数据；第三项是要使带标签的数据的分割结果与金标准一致。因此这里的判别器就是实现多类别的像素分类而不仅仅是二值分类（真实数据或者生成的数据）。生成器 G 的损失函数为（生成数据逼近真实数据，让 $D(G(z))$ 趋近于 1）

$$L_G = \mathbb{E}_{z\sim p_z(x)}\log[1-D(G(z))] \tag{11-10}$$

文献[19]还构造了基于条件 GAN 及弱监督数据的半监督学习方案。条件 GAN 是一种给 GAN 的生成器和判别器添加额外信息（如图像的类别标记）的 GAN，该情况下的损失函数为

$$\min_G\max_D V(D,G)=\mathbb{E}_{x,l\sim p_{\text{data}}(x,l)}\log[D(x,l)]+\mathbb{E}_{z\sim p_z(z,l),l\sim p_l(l)}\log[1-D(G(z,l),l)] \tag{11-11}$$

其中，$p_l(l)$ 是类别的先验分布；$D(x,l)$ 是输入图像 x 与对应的类别 l 的联合概率；$G(z,l)$ 是生成器的噪声 z 与类别 l 的联合概率（表明的是类别 l 控制了生成器的条件分布 $p_z(z|l)$）。这里使用图像级别的标记作为弱监督，对应的机理是图像的类别提供给生成器后，将鼓励生成器生成相应图像类别的图像而提高生成图像的质量，从而又反过来促进多类别分类器学习到更有意义的特征以得到更好的像素水平的分类及不同类别之间的真实关系。

基于 GAN 和额外的弱监督数据的半监督语义分割框架见图 11.12。

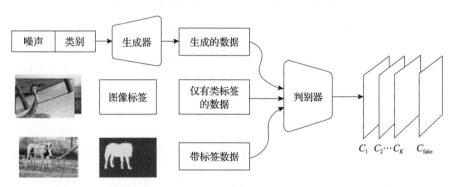

图 11.12 基于 GAN 和额外的弱监督数据的半监督语义分割框架[19]
生成器的输入包括噪声及图像的类别；判别器的输入包括产生的数据、仅仅带有图像水平标签而没有像素级别标签的数据、有像素级别标签的数据，学习到每个真实类别 $C_i(i=1,2,\cdots,K)$ 及虚假数据 C_{fake} 的类别置信度

对应的判别器损失函数为

$$L_D = -\mathbb{E}_{x,l \sim p_{\text{data}}(x,l)} \log\big[p(y \in K_i \mid x)\big] - \mathbb{E}_{x,l \sim p_{z,l}(x,l)} \log\big[p(y = \text{fake} \mid x)\big]$$
$$+ \gamma \mathbb{E}_{x,y \sim p(x,y)}\big[\text{CE}(y, P(y \mid x, D))\big] \tag{11-12}$$

判别器的损失包括三项：第一项是针对弱监督数据 $p_{\text{data}}(x, l)$ 的，其中 l 是图像级别的标签，K_i 表示图像中呈现的图像类别，目的是对非标签真实图像要鼓励其生成高的图像水平类别；第二项是针对带有图像级别标签的生成的数据；第三项是针对像素级别标签数据的分割交叉熵。其生成器的损失函数与式(11-10)相似。

实施细节：判别器是 VGG16 外加 1 层或 3 层反卷积层，以生成 $K+1$ 个概率图；生成器网络见图 11.13。

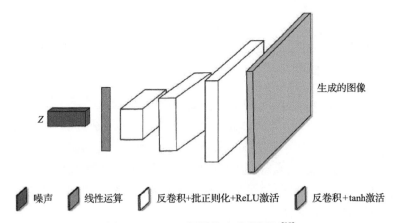

图 11.13　GAN 网络的生成器框架[19]

噪声是来自均匀随机分布采样的 100 维向量，5 层卷积层的特征图数目分别为 769、384、256、192 与 3

图 11.14 比较了监督、基于 GAN 的半监督、基于 GAN+弱监督约束的半监督的结果。

11.5　深度学习语义分割的先验引导

图像语义分割的一个非常重要的方向就是先验知识的引入。与传统及现代图像分割方法相似，大量的研究表明，知识的引入也将提升分割的性能，尤其在标签数据较少、待分割图像质量较差的情形，这方面的探索非常有潜力和吸引力，引起了广泛的关注。与传统及现代图像分割方法引入先验知识不同的是，深度学习本身也具有非常强的学习先验知识的能力。

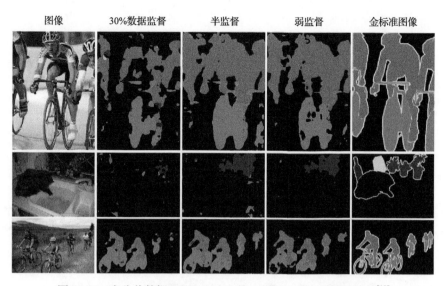

图 11.14   在公共数据 VOC 2012 上的一些图片的分割结果比较[19]

第一列到第五列的图像分别是原始图像、利用 30%的标签数据的监督学习、利用 30%标签数据+无标签数据的半监督学习、利用 30%标签数据+1 万个图像级别标签的半监督学习、语义分割的金标准。半监督学习的分割结果优于全监督学习(都用 30%的标签数据),而添加图像级别标签的半监督学习更好地抑制了假阳性(一些背景像素被错误地分类为 K 个其中的前景)

本节将介绍典型的深度学习语义分割的先验引导,包括通过金标准学习得到的隐空间(latent space)引导、深度图谱引导、多目标物联合引导、高质量数据引导。

11.5.1   深度学习图像语义分割的隐空间引导

隐空间学习方法在低维隐空间内学习输入数据的总体表征,并将此总体表征集成到模型的学习中。解剖约束的神经网络(ACNN)模型是最早用卷积自编码器从医学影像中学习隐空间解剖形状变化的研究[20]。这里重点介绍文献[21],用去噪的自编码器网络在低维的隐空间(latent space)学习肝脏的三维形状,然后用这个从深度数据驱动学习到的知识定义一个损失函数,并与主分割模型的 Dice 损失相结合得到混合模型,迫使网络以先验知识的方式学习总体形状,以提高分割的泛化性能并提高分割精度。

学习数据驱动损失(data-driven loss, DDL)模型的网络结构如图 11.15。用的是卷积去噪自编码器(convolutional denoising auto-encoder, CDAE),其输入是肝脏的掩膜、输出是重建的肝脏形状。DDL 只需训练一次,然后在主干网络的训练中使用。

CDAE 模型有 9 个卷积模块(ConvBlocks)、中间有两层全连接层、4 个上采样模块(UpConvBlocks)。每个卷积模块含有一个 3D 卷积层、一个批正则化层、

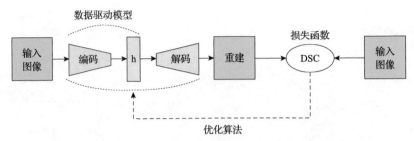

图 11.15　卷积去噪自编码器(CDAE)网络用于产生数据驱动损失模型[21]

蓝色形状表示网络层,绿色形状表示的是 3D 图像, DSC 表示 Dice 系数损失, h 表示隐空间

一个激活层;每个上采样模块与卷积模块相似,只是将卷积层变成转置卷积层。在输入端加入高斯噪声 $N(0, 0.5)$。CDAE 模型的输入是 $128 \times 128 \times 128$ 的肝脏掩膜,输出则是重建的肝脏形状;模型的编码部分即 DDL 模型的输出端有 64 个神经元,输出 64 维的隐空间形状先验。

分割网络架构见图 11.16。对分割网络进行训练时,金标准肝脏掩膜及分割网络分割出来的肝脏掩膜都利用训练的 DDL 模型映射到隐空间(图 11.16),然后计算隐空间中二者的距离作为 DDL 来补足分割网络原来的损失(用 Dice 损失),因此分割网络的损失函数是 Dice 损失与 DDL 损失(隐空间特征之间的二值交叉熵,式(11-14))的加权和,即式(11-15)。

$$L_{\text{DSC}}\left(\hat{y}_n, y_n\right) = -\frac{2\left|y_n \cdot \hat{y}_n\right|}{\left|y_n\right| + \left|\hat{y}_n\right|} \tag{11-13}$$

$$L_{\text{DDL}}\left(\hat{y}_n, y_n\right) = L_{\text{BCE}}\left(\hat{h}_n, h_n\right) = -\left(h_n \log\left(\hat{h}_n\right) + \left(1 - h_n\right)\log\left(1 - \hat{h}_n\right)\right) \tag{11-14}$$

$$L_{\text{hybrid}} = \frac{1}{N}\sum_{n \in N} \alpha L_{\text{DSC}}\left(\hat{y}_n, y_n\right) + (1 - \alpha)L_{\text{DDL}}\left(\hat{y}_n, y_n\right) \tag{11-15}$$

初始训练时加入 α 以利用 DDL,最后收敛时 α 接近 1,表明已经完全将 DDL 学习到,后续测试不需 DDL(因测试时不用/没有金标准)。

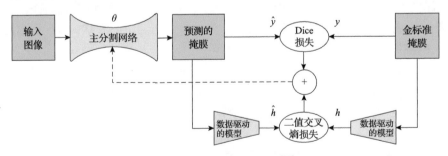

图 11.16　分割网络架构[21]

蓝色形状表示 3D CNN,绿色形状表示三维图像

数据测试：有 4 个数据集用于算法评估，包括两个公开数据集各含 20 套体数据；另外的两个数据集是非公开的临床数据，95 套数据。所有的数据集都含有正常及异常的数据。

数据增强：对人工勾画的肝脏掩膜进行随机旋转(沿各轴旋转 ±20°)及随机平移(沿各轴平移 ±20 个体素)，随机地沿着各轴进行翻转；400 套增强后的数据用于训练，20 套用于测试 CDAE 模型。对于主分割网络，124 套数据用于训练，12 套用作验证，1 套用作测试。

训练初始，分割主干网络仅仅用 Dice 损失，随后加入 DDL 模型，主分割网络用两个输出(金标准、两个隐函数 h 与 $\hat{h}$)的混合损失来进行训练(式(11-15))，α =0.8 为优化结果，α =1 则略差一点(图 11.17(b))。

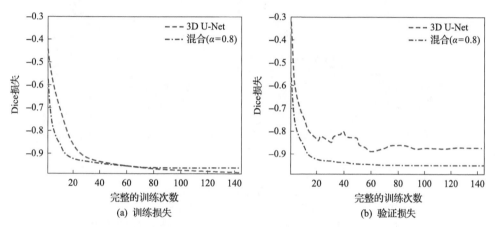

图 11.17　在训练和验证阶段的各种损失函数的变化趋势[21]

在训练(a)和验证(b)阶段的各种损失函数的变化趋势，比较的是分割网络最终的单一损失 Dice 损失以及训练阶段的混合损失(Dice 与 DDL 的加权平均式(11-15))

示例图像(图 11.18)为病变图像，在肝脏里面有大的异常区域，肝脏与其周围邻近组织的对比度也很低。利用混合模型的分割远远好于没有用先验的分割(基本网络系统，3D U-Net)。

在公开数据 2 数据集上的量化表明，该算法的 Dice 系数达到最好的 97.62%，且平均对称表面距离只有 0.47mm，远远优于其他不采用形状先验的分割方法。

需要指出的是，文献[21]提出的训练策略具有通用性：通过一种数据驱动损失模型(DDL 模型)将先验知识与 CNN 结合，从深度卷积自编码器学习肝脏形状的低维表征并迫使网络的预测能遵循学习到的形状分布。这种策略独立于深度学习语义分割网络的架构，能够与任何优良的深度学习模型相结合以改善其预测精度。

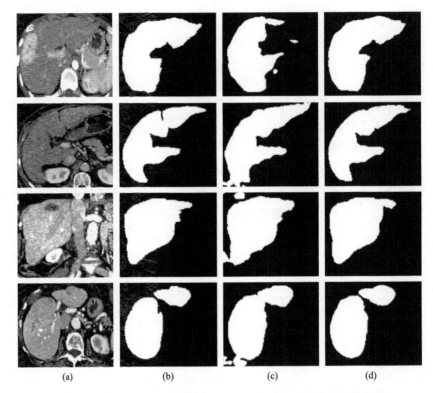

(a)   (b)   (c)   (d)

图 11.18   含形状先验损失的混合损失能有效地处理病变图像以及
公开数据 2 数据集中的前三个患者图像[21]

病变图像(第一行)以及公开数据 2 数据集中的前三个患者图像(第二至第四行)。(a)输入图像;(b)金标准肝脏;(c)基于 Dice 损失的 3D U-Net 的分割;(d)基于混合损失(式(11-15))分割的肝脏

11.5.2   深度学习图像语义分割的深度图谱引导

图谱是一种有效地集成先验知识的手段和工具,因此将图谱集成到深度学习语义分割的损失函数中,不失为一种有效的引入先验的方法。该方向的代表性成果是文献[22]。

与自然图像相比,医学影像里的组织器官具有明显的解剖先验知识,如组织/器官的形状与位置先验知识,这些知识可以用来改善分割精度。文献[22]提出一种分割架构,将医学影像的解剖先验集成到深度学习模型中。所提出的先验损失函数基于统计图谱(statistical atlas),这种统计图谱先验被称为深度图谱先验(deep atlas prior, DAP),它包含了器官/组织的位置与形状信息,是精确地分割器官的重要先验。此外,作者将提出的深度图谱先验损失与传统的似然损失(如 Dice 损失与焦点损失(focal loss))相结合而得到自适应的贝叶斯损失,在含有先验及似然的贝叶斯框架下进行分割。自适应的贝叶斯损失在训练阶段动态地调整 DAP 损失与似然函数的比值以实现更好的训练。所提出的损失函数具有通用性，可以与大量现有的深度分割模型相结合而改善这些分割模型的性能。

首先是构建统计图谱。CT 体图像的大小及分辨率是变化的，对 CT 图像直接配准较复杂，容易一些的是对 CT 的骨组织进行配准。选取成像范围最大的 CT 体图像作为参考基准。分割出骨组织后，利用 Simple ITK 进行骨组织配准，实现提取的骨组织与金标准骨组织的配准。用多个训练对象中含有最大范围的金标准作为最终的单一金标准，实施不同个体的配准，然后将配准后的各个训练图像的金标准图像平均就得到统计图谱。统计图谱表示的是目标器官的空间信息。

其次是构建深度图谱先验。受聚焦损失的启发，作者提出深度图谱先验 DAP。一般的图像分割网络中常使用交叉熵损失，然而大量的容易获取的负样本将误导训练，导致训练的模型性能不理想。对于聚焦损失，它看清那些容易分类的样本而给予困难的分割样本更高的权重，让网络把注意力放在困难的样本上以提高峰性能。统计图谱是关于目标器官的位置的先验，表明的是目标器官在给定位置处出现的概率，我们期望也能像聚焦损失那样给容易区分的像素赋予低的权重而难以区分的像素赋予高的权重。因此选用一个高斯函数将 DAP 转换成损失函数中的先验权重

$$W_{\text{DAP}} = \exp\left[-\frac{(\text{PA}-0.5)^2}{2\sigma^2}\right] \tag{11-16}$$

其中，σ 是一个超参数；PA 是统计图谱属于某一特定组织的概率。PA 位于 0~1 之间，0.5 对应于在位置上最不能确定类属的困难像素，因此应该赋予最大的权重，0 或 1 都对应于最小的不确定性，因此需要赋予最小的权重；σ 越小，权重起的效果越大，更大限度地强调困难像素的分割；σ 越大，W_{DAP} 越接近 1，难易像素的权重区分度越低。式(11-16)是对称的([0, 0.5]与[0.5, 1]两区间)，给器官与非器官赋予了相同的权重。为了解决正样本与负样本不平衡的问题，作者提出了非对称的 DAP，相对低增加正样本的权重而降低负样本的权重，即

$$W_{\alpha\text{-DAP}} = \begin{cases} \exp\left[-\dfrac{(\text{PA}-0.5)^2}{2\sigma_1^2}\right], & 0 \leqslant \text{PA} \leqslant 0.5 \\ \exp\left[-\dfrac{(\text{PA}-0.5)^2}{2\sigma_2^2}\right], & 0.5 < \text{PA} \leqslant 1 \end{cases} \tag{11-17}$$

让 $\sigma_1 < \sigma_2$ 以确保正样本的权重大于负样本的权重。基于 α 平衡的交叉熵损失，文

献[22]提出 DAP 损失，由下式定义

$$L_{\text{DAP}} = -\sum_{h,w} W_{\alpha\text{-DAP}} \sum_{c\in C} \alpha_c Y^{(h,w,c)} \log(S(X)^{(h,w,c)}) \tag{11-18}$$

其中，X 是输入图像；Y 是对应的标签；h 与 w 是图像的高度与宽度；C 是图像的标签；S 表示分割网络产生的分割；α_c 是一个区分正负样本的常数，满足

$$\alpha_c = \begin{cases} \alpha, & y=0 \\ 1-\alpha, & y=1 \end{cases} \tag{11-19}$$

在 α 平衡的交叉熵中，α 是训练中负样本的权重，$1-\alpha$ 则是训练中正样本的权重；由于训练中正样本数远远小于负样本数，通常 $\alpha < 1-\alpha$，即 $\alpha < 0.5$。这里的肝脏分割和脾的分割取 α 为 0.2 与 0.3。

有了如上的先验损失，可以定义最终的损失函数即贝叶斯损失。聚焦损失的主要思想是在进行深度学习的训练过程中优化参数，并能正确地识别困难及任意的样本。传统的聚焦损失利用训练过程中预测的概率来评估样本识别的难度，这个损失可以称为似然聚焦损失，在此含义下 Dice 损失也被称为似然损失。文献[22]探索了图谱先验用于困难的样本的预测，因此将 DAP 损失称为先验损失。将似然损失与先验损失当做贝叶斯损失的似然与先验，将其结合得到贝叶斯损失

$$L_{\text{Bayesian}} = \delta L_{\text{prior}} + (1-\delta)L_{\text{likelihood}} \tag{11-20}$$

其中，L_{prior} 是 DAP 损失（式(11-13)）；$L_{\text{likelihood}}$ 是聚焦损失或 Dice 损失；δ 为位于 [0,1] 的常数。自适应贝叶斯损失，对应于 δ 自适应地改变，由损失参数 ε 控制，即

$$\delta = \text{sigmoid}(\varepsilon) = \frac{1}{1+e^{-\varepsilon}} \tag{11-21}$$

它是一个损失参数而不是网络的参数。利用特征图的平均梯度变化表征网络参数的平均梯度

$$\varepsilon_{\text{.grad}} = -\log\left(\frac{|\text{prior Loss}_{\text{.grad}}|}{|\text{likelihood Loss}_{\text{.grad}}|}\right) \tag{11-22}$$

其中，$\text{prior Loss}_{\text{.grad}}$ 与 $\text{likelihood Loss}_{\text{.grad}}$ 分别表示 DAP 损失后的特征平均梯度变化以及似然损失后的平均梯度变化。因此根据式(11-22)，如果先验损失的梯度变化大于似然损失的梯度变化，$\varepsilon_{\text{.grad}}$ 小于 0，下一轮的 ε 及 δ 都增大，意味着先验的比重将增大。$\varepsilon_{\text{.grad}}$ 表示 ε 的梯度，类似地可计算 δ 的梯度，即

$$\delta_{.grad} = \delta \times (1-\delta) \times \varepsilon_{.grad} \tag{11-23}$$

全监督模式的架构图如图 11.19。

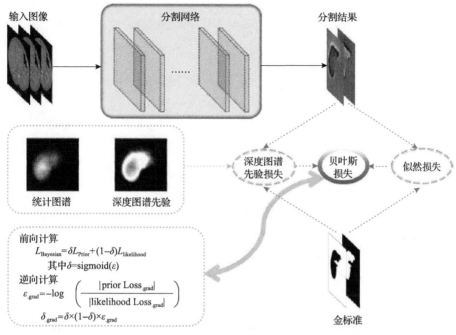

图 11.19　具有深度图谱先验的全监督分割架构总览[22]

实施细节：分割网络用 U-Net、DeepLabV2（Resnet101）及 GAN。GAN 的生成器为 DeepLabV2（Resnet101），判别器具有四层卷积和一个上采样层；激活函数 leaky ReLU；用随机梯度下降法优化网络参数。评判准则：体积交叠误差（volumetric overlap error, VOE）、95%Hausdorff 距离（95HD）、Dice 系数损失（DSC）。

全监督学习的 Dice 系数提升近 2%（表 11.2）。

表 11.2　全监督模式下引入深度图谱先验与其他损失的性能比较[22]

性能（肝脏数据）	DeepLabV2			U-Net			GAN		
	DSC /%	VOE /%	95HD /voxel	DSC /%	VOE /%	95HD /voxel	DSC /%	VOE /%	95HD /voxel
交叉熵	90.21	17.70	17.79	92.86	13.13	14.71	92.28	14.26	15.15
焦点损失	92.59	13.78	14.92	93.85	11.52	13.74	93.24	12.68	14.32
Dice 损失	92.29	14.21	15.20	91.73	15.03	15.95	91.30	15.86	16.38
深度图谱先验损失	92.66	13.54	14.81	93.90	11.44	13.69	93.97	11.29	13.55

性能(肝脏数据)	DeepLabV2			U-Net			GAN		
	DSC /%	VOE /%	95HD /voxel	DSC /%	VOE /%	95HD /voxel	DSC /%	VOE /%	95HD /voxel
深度图谱+焦点损失	93.64	11.86	13.83	94.10	11.07	13.06	94.57	10.33	12.40
深度图谱+Dice 损失	94.04	11.00	12.98	93.90	11.58	13.67	94.74	9.87	11.66
自适应深度图谱+焦点损失	94.78	9.85	11.64	94.17	10.96	12.83	94.64	10.14	12.39
自适应深度图谱+Dice 损失	94.63	10.17	12.05	94.03	11.17	13.51	94.54	10.27	11.73

性能(脾数据)	U-Net			U-Net			GAN		
	DSC /%	VOE /%	95HD /voxel	DSC /%	VOE /%	95HD /voxel	DSC /%	VOE /%	95HD /voxel
交叉熵	90.97	16.16	18.26	88.53	19.78	23.73	89.19	19.13	22.26
焦点损失	91.31	15.81	17.76	88.64	19.55	23.49	91.92	14.42	16.44
Dice 损失	93.41	12.21	10.49	91.18	16.17	17.89	87.50	22.01	24.91
深度图谱先验损失	92.02	14.50	14.44	91.74	15.07	16.84	92.74	13.51	13.07
深度图谱+焦点损失	93.18	12.72	10.94	92.88	13.25	11.59	92.79	13.17	12.57
深度图谱+Dice 损失	94.39	10.65	9.03	93.10	12.83	11.12	92.74	13.20	12.92
自适应深度图谱+焦点损失	95.25	9.13	8.13	93.25	12.63	10.69	93.18	12.48	10.81
自适应深度图谱+Dice 损失	94.97	9.53	8.47	92.83	13.20	11.64	93.74	11.65	10.12

注：自适应指的是 δ 由式(11-21)~式(11-23)得到，主干网络为是 DeepLabV2、U-Net 及 GAN，评估指标包括 Dice 系数损失(DSC)、体积交叠误差(VOE)和 95%Hausdorff 距离(95HD)。

11.5.3 深度学习图像语义分割的多目标物联合引导

多目标物的分割，方法有很多，如基于多图谱的图像块分割方法、阈值方法、广义霍夫变换、图谱配准的方法。通常分别对各个目标物/组织或器官分割，而不考虑各目标物/器官之间的空间关系，尽管各目标物/器官的空间关系对分割它们是非常有价值的。

作为一种实现方式，这里介绍文献[23]的实现方案，即采用两个深度网络协作来联合分割所有的器官，包括食道、心脏、主动脉及气管。由于多数器官的边界不确定，需要考虑空间关系来克服低对比度的困难。

两个深度网络的结合方式是：用第一个网络学习解剖约束，然后在第二个网络利用所学到的解剖约束对每个器官分别分割。具体而言，利用第一个深度网络 SharpMask 有效地结合低级表征和深度高级特征，然后利用条件随机场 CRF 建模器官之间的空间关系；然后使用第二个深度网络对分割进行细化，基于第一个网络学习到的解剖先验引导及细化分割。

对于食道而言自动获取尤其困难(图 11.20、图 11.21)，CT 图像上几乎看不到边界，放疗专家在手工确定食道的时候，不仅利用了食道的灰度信息，还利用了解剖信息：食道在上面的部分位于气管的后端，下面的部分在心脏的旁边，很多地方靠近主动脉。其他器官也有一些相应的解剖空间关系。文献[23]的目的是设计一种框架，以自动学习这些约束来改善分割的性能。

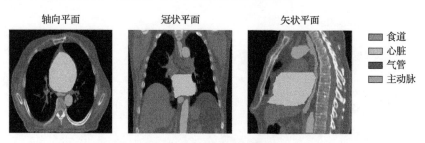

图 11.20 典型的 CT 影像及其标注[23]

标注了食道、心脏、气管及主动脉，从左到右分别是体数据的轴向平面、冠状平面及矢状平面

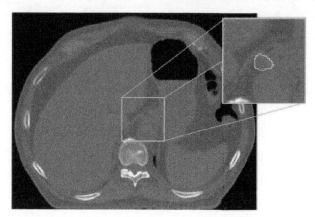

图 11.21 CT 影像及食道的手工勾画[23]

图像中的食道的对比度低，难以与周围的组织区分

第一个深度网络实现初始分割，输出为五类的概率映射：背景、食道、心脏、主动脉、气管。利用 SharpMask 深度网络结构[24]，原理上就是结合了低级及高级特征的特征融合；利用 CRFasRNN 进行细化[25]。

第二个深度网络，利用 SharpMask，经过训练要区分背景以及单独细化的器官。这个网络有两个输入：原始的 CT 影像、待细化器官初始分割的周围器官(第一步分割的结果，去掉当前细化的组织，例如，细化食道分割时，两个输入分别对应于输入图像、第一步分割到的概率图去掉食道的分割图)。

第二个深度网络与第一个深度网络的主要区别：第一个深度网络有多个输出通道，分别代表四种危险器官和背景；第二个深度网络只有两个输出通道，背景或者属于待细化的类别。基本的假设是，第二个深度网络将学习待细化的器官的解剖约束，从而得到更好的目标器官。图 11.22 的上端是第一个深度网络架构，下端是第二个深度网络架构。

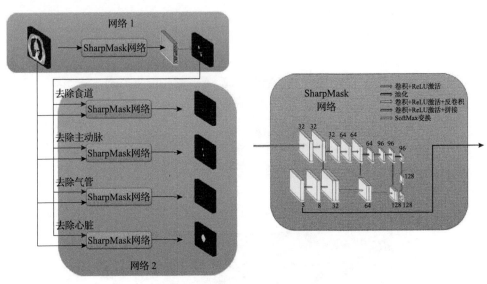

图 11.22　多器官分割的架构[23]

核心的网络是 SharpMask，在右边给出了细节。左边的上端对应于第一个深度网络架构，
下端对应于第二个深度网络架构，数字指的是通道数目

实现细节：采用较大的卷积核(7×7 或 $7 \times 7 \times 7$)，训练用的三维图像块为 $160 \times 160 \times 48$；30 套 CT 数据，每套都有肺癌或霍奇金淋巴瘤，6 折交叉检验。四个组织/器官都由手工画出；CT 数据正规化成 0 均值、1 方差；数据增强：仿射、形变(B 样条)；损失函数为加权的交叉熵，权重是该类出现概率的补(即概率大则权重小)。

实验结果方面，图 11.23 给出了食道的分割结果，最后一列是用第一个网络的输出作为解剖约束。可以看出，解剖约束能提高食道的分割精度，即便是食道内有空气也成立(在食道内有黑色体素)。有趣的是，用第一个网络的输出或金标准来训练第二个网络的结果很相似，说明文献[23]提出的两级深度网络进行解剖约束是有效的。

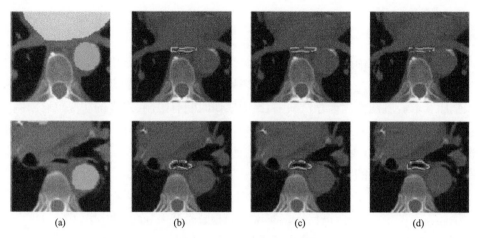

(a) (b) (c) (d)

图 11.23 食道的分割结果[23]

(a)第二个深度网络的输入，解剖约束用彩色叠加在上面(食道去除了)；(b)第一个网络结构输出的食道(红色轮廓内)，绿色轮廓为金标准食道轮廓；(c)以金标准轮廓作为约束输入到第二个深度网络得到的食道分割(红色轮廓)；(d)以第一个深度网络的分割作为先验输入到第二个深度网络得到的食道分割(红色轮廓)

图 11.24 给出了其他三个组织的分割结果，比较的是添加或不添加解剖约束的效果，结果显示加了解剖先验后的分割精度提高显著，气管部分人为标注有问题而被自动提取纠正。

主动脉   气管   心脏

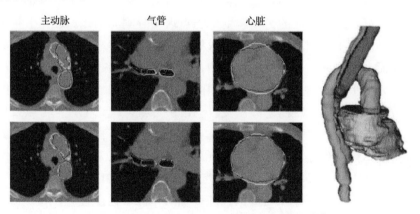

图 11.24 主动脉、气管、心脏的分割结果[23]

从左到右分别是主动脉、气管、心脏的二维分割结果及三维显示，上排是不加解剖先验(即只用第一个深度网络的输出)，下排是加解剖先验(即第一个深度网络的输出作为第二个深度网络的输入之一)

所提出的联动型深度网络约束方式与条件随机场引入先验相比性能更优，除了心脏的分割没有改善(Dice 系数分别为 0.90±0.01 和 0.90±0.03)外(心脏分割相对容易，Dice 系数都很高达 0.90)，食道、气管及主动脉的分割都有较大提升：食道分割 Dice 系数由 0.67±0.04 提升到 0.69±0.05，气管分割 Dice 系数由 0.82±0.06 提升到 0.87±0.02，主动脉分割 Dice 系数由 0.86±0.05 提升到 0.89±0.04。

11.5.4 深度学习图像语义分割的高质量数据引导

实际应用场景中会出现这样的情形：因为各方面的限制，在大规模应用时得到的图像的质量较差，而我们又有可能精心设计类似场景的高质量数据获取。比如临床获取心脏图像规范存在缺陷(因为成像时间有限制、患者的状况也有限制)，获取的原始心脏磁共振影像通常含有多种伪影，包括由于呼吸导致的不同切片的位移、大的层间距、有些位置没有成像；但是，作为研究手段，是可以获取少量高质量的心脏图像的。

作为该方向的一个例子介绍文献[26]。文献[26]结合了多任务学习(分割心室+解剖标志点的定位)与图谱传播，实现短轴心脏磁共振(cardiac MR, CMR)体图像的双心室分割，并对该分割进行基于解剖形状的细化。该分割框架，首先利用了全卷积网络(FCN)同时实现分割与定位这两个任务。所提出的 FCN 采用的是 2.5维的表征，兼顾了二维 FCN 的计算优势以及三维 FCN 能保留空间一致性的优势，而又不牺牲分割精度。此外，设计了分割的细化，直接利用了形状先验(高分辨率图像得到的分割结果作为图谱，高、低分辨率图像都提取解剖标志点实现仿射变换的配准(图谱与待分割图像之间))以改善分割结果。细化步骤对于克服图像伪影(如呼吸位置不同、低分辨率图像的大层间距)有效以得到有解剖意义的三维心脏模型。整个流程是全自动的，由解剖标志点启动分割的细化。近几十年来，临床医生都是用手工分割的方式得到定量的指标，如左心室体积、质量、心室射出率。然而，专家的手工分割是枯燥的、耗时的、容易产生主观误差的；当数据量较大时，手工分割是不现实的。因此需要针对大的数据量以及可能的变化(解剖、正常异常、成像推荐等)研发自动解决方案。理论上讲，可以设计任意深度的三维神经网络实现 3D 目标分割。但是在实际中，由于心脏图像尤其是高分辨率心脏图像的尺寸太大，对应的资源消耗太大将成为训练过程的瓶颈。为了解决这个计算资源瓶颈，人们通常就考虑用浅一些的 3D 网络或者用少一些的特征。此外，为了减少计算的负担，许多方法先提取包含这个心脏的感兴趣区ROI 来减小需要处理的数据量，或者训练二维网络分别处理三维数据中的短轴方向的二维切片。然而，上述解决方案都有基本的问题。例如，3D 浅层网络或使用较少的特征图，都会降低分割精度；基于 2D 网络的分割，由于没有考虑目标物的上下文信息，会导致分割结果在长轴方向不连续(缺乏空间一致性)，出现分割结果的假阳性。多数深度学习方法没有考虑成像伪影，导致这些伪影传递到分割结果中！图 11.25 给出了一个例子，很好地说明了临床低分辨率 CMR心脏图像的伪影：图 11.25(e)对应于低分辨率 CMR 的心脏分割结果，有明显的错位(misalignment)及阶梯(staircase)伪影,这些伪影是由于输入的低分辨率图像具有这些伪影造成的。此外,在顶端区域有孔洞, 原因是成像没有完全包含整个心脏。怎样从临床的低分辨率且含有伪影的 CMR 影像获取没有伪影且光滑的心室, 具有重要意义。

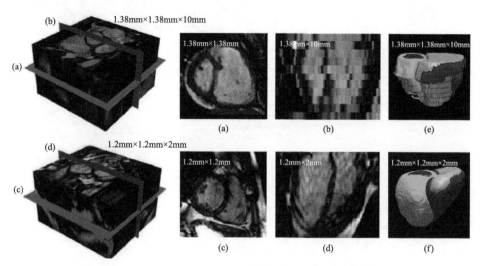

图 11.25　高/低分辨率心脏磁共振数据的差异展示[26]

第一/第二行对应于低/高分辨率影像。(a) 与 (c) 分别展示了短轴的切片视图; (b) 与 (d) 展示了长轴的切片视图; 基于最先进的 CNN 方法分割结果为 (e) 与 (f), 对应的输入为低/高分辨率 CMR 图像

所提出的网络称为同时实现组织分割与解剖标志点定位的网络(simultaneous segmentation and landmark localization network, SSLLN), 对低分辨及高分辨 CMR 图像进行分割的是同一个网络, 分别记为 SSLLN-LR 与 SSLLN-HR。对应的网络框架见图 11.26。

首先给出问题的数学描述: 将输入的训练数据集记为 $S = \left\{ (U_i, R_i, L_i), i = 1, 2, \cdots, N_t \right\}$, 其中 $U_i = \left\{ u_j^i, j = 1, 2, \cdots, |R_i| \right\}$ 是输入的原始 CMR 体图像; $R_i = \left\{ r_j^i, j = 1, 2, \cdots, |R_i| \right\}$, $r_j^i \in \{1, 2, \cdots, N_r\}$ 表示对输入体数据 U_i 的金标准标签($N_r = 5$ 表示 4 种组织及背景: 左心室腔、右心室腔、左心室壁、右心室壁); $L_i = \left\{ l_j^i, j = 1, 2, \cdots, |L_i| \right\}$, $l_j^i \in \{1, 2, \cdots, N_l\}$ 表示对输入体数据 U_i 的解剖标志点金标准标签($N_l = 7$ 表示 6 种解剖标志点和背景), N_t 是训练样本的数目, 表示有这么多数目的训练数据(三维体数据)。以 W 记网络的参数, 目标函数为

$$W^* = \underset{W}{\mathrm{argmin}} \left(L_D(W) + \alpha L_L(W) + \beta \|W\|_F^2 \right) \tag{11-24}$$

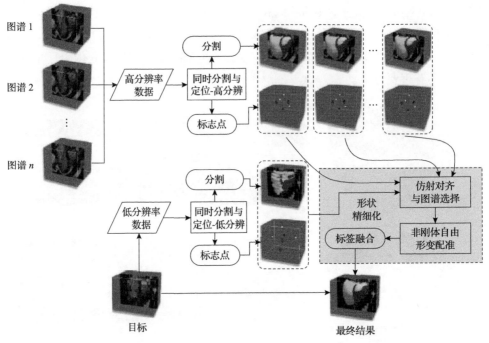

图 11.26 从低分辨率 CMR 及高分辨率 CMR 体图像分割左右心室的流程/方法[26]
包含：分割心室、定位解剖标志点、图谱扩散。解剖标志点是多任务学习的另一个相关任务，其目的是辅助心室的分割；高分辨率影像分割，对应的输入是一些有高分辨率影像的个体，这些分割结果将有可能被选中为图谱以细化低分辨率影像的分割；低分辨率影像分割包括两部分，即基于 SSLLN-LR 的分割和基于图谱扩散的细化，备选图谱中将根据其原始图像与待分割 LR 图像的相似性(越相似越会被选中)被选为图谱

注意$|U_i|=|R_i|=|L_i|$表征第 i 个训练体图像的体素个数。训练过程就是以监督学习的方式，通过标准的后向传播随机梯度下降让式(11-24)最小化以获得网络各层的参数。其中 α 与 β 是权重参数，$L_D(W)$ 是分割的损失(度量预测结果与金标准的重叠程度，金标准与预测标签的 Dice 损失)，$L_L(W)$ 是与解剖标志点定位相关的损失以准确定位，$\|W\|_F^2$ 则是对网络参数进行正则化防止过拟合。通过使式(11-24)极小化，所设计的网络将能同时分割心室并定位解剖标志点。

第一项损失为

$$L_D(W) = -\sum_i \frac{2\sum_k\sum_j \mathrm{sgn}\left(r_j^i=k\right)P\left(r_j^i=k\,|\,U_i,W\right)}{\sum_k\sum_j\left(\mathrm{sgn}\left(r_j^i=k\right)+P^2\left(r_j^i=k\,|\,U_i,W\right)+\varepsilon\right)} \tag{11-25}$$

其中，$\mathrm{sgn}(\cdot)$ 括号内条件满足时为 1(否则为 0)；ε 为小的正数以避免分母为 0；i、k、j 分别是训练样本的序数、标签类别、体素的序数；$P\left(r_j^i=k\,|\,U_i,W\right)$ 为网络在体素 j 位置满足 $r_j^i=k$ 时的 softmax 输出的概率，该项被称为可微分的 Dice 损

失，对应于分割的代价/损失函数：这里用的是金标准与预测标签的 Dice 损失，由式(11-25)确定，分子求和是对所有的样本 i、类别 k 及体素 j 展开的，对于每个样本 i(即 U_i)，各个预测的类概率与金标准的类的交叉的和；分母则是对于每个样本 i(即 U_i)，金标准中 k 类的体素数与属于第 k 类的概率的平方之和，外加一个小的常数 ε；这是典型的 Dice 系数计算公式，针对的是训练数据。

第二项损失为

$$L_{\mathrm{L}}(W) = -\sum_i \sum_k \left(\omega_k^i \sum_{j \in Y_k^i} \log P\left(l_j^i = k \mid U_i, W\right) \right) \tag{11-26}$$

其中，i 表示训练的第 i 个图像；k 表示第 k 类标志点(该类标志点集合为 Y_k^i，为方便处理某类标志点的个数多于 1，$k=1,2,\cdots,7$，其中 1~6 为解剖标志点类，7 表示背景)；$\left|Y_k^i\right|$ 与 $|Y_i|$ 分别是集合 Y_k^i 及训练图像 i 的体素数目。解剖标志点的定位的最大挑战是类间数据极度不平衡，通常解剖标志点的每个类只有一个点(或可数个点)，而背景则是其他的所有体素。因此提出了一种解决这个极度不平衡数据的类交叉熵式(11-26)，让权系数与类的体素点数成反比。对于式(11-26)，求和的是针对每个样本 i(即 U_i)，第 k 类的权系数 $\omega_k^i = 1 - \dfrac{\left|Y_k^i\right|}{\left|Y_i\right|}$，非背景标志点属于 Y_k^i；背景是特殊的标志点，且背景体素数 N_{back} 非常大，$1 - N_{\mathrm{back}}/N$ 接近 0，所有背景点的贡献之和也不会大于真正的标志点。

图 11.27 展示了 SSLLN 的结构。该结构与二维与三维的网络结构都不同。首先，对于二维网络，训练的输入是单个的二维切片，导致分割的结果缺乏三维空间的一致性；相反，三维网络依赖于三维卷积，计算量是五维张量(批大小×三维体数据大小×分类的类别数)，因此比二维网络需要大得多的 GPU 内存。规避运算资源问题的手段包括下采样、较小的批大小、较少的卷积层，但是这些措施会使训练过程复杂化或牺牲分割精度。这里提出的方案是 2.5 维的方案，即将输入的体图像当做多通道的矢量，就是将三维体图像当做一个整体来训练网络。

该网络同时预测组织分割概率及标志点定位概率，因为这两个问题(组织分割与标志点定位)通过引入式(11-24)所示的损失函数可集成到一个框架。完成了网络训练以后，对于新的 CMR 体数据，该网络将能计算组织的分割概率图 P_{S} 以及标志点定位的概率图 P_{L}，使得概率图取最大值的下标对应于组织类别、标志点的类别。

由于心脏磁共振影像的缺陷，低分辨率体图像通常含有伪影，如切片之间的位移、大的切片厚度，有些位置并没有被切片包含。不可避免地，用这些低分辨率 CMR 影像训练的 SSLLN-LR 将会有这些伪影在分割结果中的传递。一个例子可参见图 11.28(d) 与 11.28(f)。在图 11.28 中，概括了形状细化框架，包括初始仿射配准、图谱选择、形变配准、标记图像融合。该框架使用一些由 SSLLN-HR 分割得到的高分辨率图谱，这些图谱都包括高分辨率 CMR 影像、标志点及分割图。下面对这个框架进行详细描述。

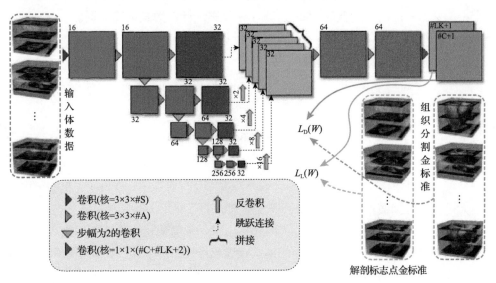

图 11.27　SSLLN 的结构框架[26]

有 15 层卷积层，以不同的心脏磁共振体图像为输入，利用一系列卷积学习到由粗到细的特征，将多尺度的特征连接起来，最后同时实现分割概率的预测及标志点定位的预测。#S、#A、#C、#LK 分别表示体数据的切片数、解剖组织数(4)、解剖类别数(5)、标志点类别数(7)

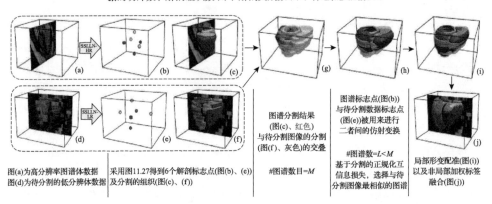

图 11.28　SSLLN-LR 分割显式地引入解剖形状进行细化的框图图解[26]

结果在图(j)已经很明显，这种细化能得到准确、光滑、有临床意义的两个心室分割模型，尽管输入的低分辨率图像(d)有伪影。由于使用了 SSLLN-HR 与 SSLLN-LR，都检测到的标志点，细化框架得以全自动

利用 SSLLN-LR 预测的标志点与 SSLLN-HR 预测的标志点实施基于正规化互信息 NMI 的 12 个参数的仿射变换，NMI 最大的 L 个图谱选做后续进行非线性配

准且融合的图谱。由于目标图像与图谱结构的对应关系蕴含在分割图像中，可利用分割来实现下述的非刚体配准。以 S 表示待分割图像经由 SSLLN-LR 网络的分割结果，$l_n(n=1,2,\cdots,L)$ 表示第 n 个图谱的分割，$P_{S,l_n}(i,j)$ 表示 S 与 l_n 的联合概率密度（S 标号为 i，l_n 的标号为 j，由二者标号的交集体素数目除以二者分割交叠区域的体素总数）。通过如下目标函数来定义非刚体变换的目标函数，将同一组织的交叠最大化

$$\Phi_n^* = \arg\max C\left(S, l_n(\phi_n)\right) \tag{11-27}$$

其中，ϕ_n 是 S 与 l_n 之间的空间变换，建模为基于 B 样条的自由形变；$C(S,l_n) = \sum_{i=1}^{N_r} P_{S,l_n}(i,i)$ 代表了标记的一致性，表示图谱中有多少标记与目标物的标记一致。因为仿射变换已经使得结果较接近真值，所以可以用多尺度的梯度下降法求式（11-27）的优化解。得到优化解 Φ_n^* 以后，将图谱的原始及分割图像变形到目标空间（即待分割的图像空间）。

最后，进行非局部的标签融合，基于 SSLLN-LR 产生的有缺陷的分割 S 得到精确、光滑的两个心室的模型 $\tilde{S}$。首先，将经过前面非刚体配准（与待分割图像）的图谱灰度图像及其分割体图像记为 $\{(f_n,l_n')|n=1,2,\cdots,L\}$，其中 n 表示选中的第 n 个图谱，L 表示被选中的图谱总数。对于低分辨率图像 f，可以构建以体素 x 为中心的图像块 f_x。标签融合的目的是，利用 $\{(f_n,l_n')|n=1,2,\cdots,L\}$ 来确定 f 在任意体素位置 x 的标签（类别）。以 f_n 表示第 n 个已经形变的图谱灰度图像，其中的 y 位置是位于 x 的邻域 $N(x)$ 中，$f_{n,y}$ 为第 n 个形变图谱的以 y 为中心的图像块，$l_{n,y}$ 为第 n 个形变图谱在 y 处的标签。待分割低分辨图像 f 在体素 x 处的标签通过式（11-28）计算：

$$S_x = \arg\max_{k=1,2,\cdots,N_r} \sum_n \sum_{y\in N(x)} e^{\frac{\|f_x - f_{n,y}\|_F^2}{h}} \delta_{l_{n,y},k} \tag{11-28}$$

其中，k 表示的是可能的标签（总共有 N_r 个标签，式（11-28）是针对每个标签计算 S_x 值，取 S_x 最大值对应的标签作为体素 x 处的标签）；$\delta_{l_{n,y},k}$ 为 1（当 $l_{n,y}=k$ 时）或 0（其他情况）。求和有两个变量，第一个是针对第 n 个图谱，第二个是体素 x 的邻域体素 y（y 位于 $N(x)$ 中）；基于第 n 个图谱的灰度图像块 $f_{n,y}$（以 y 为图像块的中心）与待分割的低分辨率灰度图像块 f_x（以 x 为图像块的中心）的相似性 $e^{\frac{\|f_x - f_{n,y}\|_F^2}{h}}$（图像块的灰度全部相等则该值为最大值 1，越相似值越大），以及第 n 个图谱在 y 处的标签 $l_{n,y}$ 是否为当前待确定的标签。总结一下：待分割低分辨图像 f 在体素 x

处的标签通过式(11-28)计算；对于标签 k(k 分别取值 $1,2,\cdots,N_r$，遍历)，第 n 个形变图谱，累加 x 的邻域体素 y 的贡献，条件是第 n 个形变图谱在 y 处的标签为 k，贡献系数为第 n 个形变图谱在 y 处的灰度图像块 $f_{n,y}$ 与待分割的低分辨率灰度图像块 f_x 的块相似性 $e^{-\frac{\|f_x-f_{n,y}\|_F^2}{h}}$；针对每个标签 k，把所有图谱($n=1,2,\cdots,L$)中 x 的所有邻域体素 y 的标签为 k 的贡献系数全部加起来得到 $S_x(k)$；遍历所有 k，得到 $S_x(k)$ 中取值最大的标签作为体素 x 的最终标签。因此这是一种基于图像块的灰度相似性的图谱标签融合方案。

式(11-28)可以被理解成一种加权投票，每个图谱的每个图像块对标签贡献一个有权重的投票。这是一种非局部的方法，因为权重是基于图像块的相似性。在贝叶斯框架下，式(11-28)本质上是一种加权 K 最近邻分类器，通过极大似然估计标签。通过这种将多个高分辨率的图谱形状聚合而实现解剖形状先验的引导分割，从而解决 SSLLN-LR 分割中的伪影，如图 11.28(j)所示。

因为这里要进行基于灰度差异的相似性度量，灰度的正则化就非常重要。这里采用了一种简洁的方案：把最低的 1% 及最高的 99% 以上的灰度当做奇异点，然后把[1%, 99%]的灰度通过比例变换到[0, 1]。实验表明，网络架构对分割的影响很小，因此就按图 11.27 的网络结构进行后续处理。对于非局部标签融合(式(11-28))，带宽参数 h 设置为 10，图像块大小为 $7\times7\times1$，而窗口的搜寻范围为 $7\times7\times3$，采用 $L=5$ 即 5 个图谱实现高分辨率图谱与待分割图像的非刚体配准与非局部融合。该方法简记为 SSLLN-LR+SR，即输入为低分辨率的 CMR，经过高分辨率的 CMR 图谱进行形状细化(shape refinement, SR)。实验表明，该方法显著优于包括 3D U-Net 在内的深度学习方法(比不应用先验知识的深度学习方法提升 2% 以上的 Dice)，不但能消除伪影(切片之间的移动、大的切片间距、切片未能覆盖)，还能处理病变图像(病变引起的形态变化)，图 11.29 显示了对病变图像的处理结果。

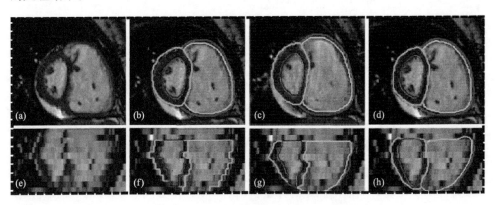

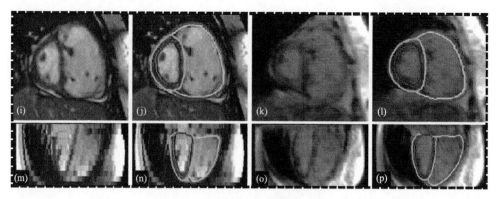

图 11.29　两个肺动脉高压患者的心室分割[26]

(a) (e) 第一个患者的两个视图；(b) (f) 2D FCN + NNI (最近邻插值) 分割结果；(c) (g) 2D FCN+SBI (基于现状的插值)；(d) (h) SSLLN-LR + SR 分割结果；(i) (m) 第二个患者的低分辨率图像；(j) (n) SSLLN-LR + SR 分割结果；(k) (o) 第二个患者的高分辨率视图；(l) (p) 第二个患者组织的金标准

　　需要指出的是，深度学习引入先验知识是提高性能的核心手段，针对各种具体问题的手段还在不断地探索中。

总结和复习思考

小结

　　11.1 节介绍了深度学习图像识别，它是图像级别的分类问题。图像识别是从图像中识别各种不同模式的目标或对象，通常包括特征和分类器两个组成部分；深度学习的优势就是直接从图像原始数据中学习识别需要的特征；第一个 CNN 成功的例子就是基于 LeNet 的手写体字母识别，大力推动了深度学习发展的则是 ImageNet 的识别。

　　11.2 节介绍了深度学习图像检测，这是区域级别的分类问题。选择了小物体检测这一图像检测的难题，解决手段是高分辨率网络生成更精细的图像、多任务学习增强特征的泛化能力、对抗式网络更进一步地促进检测网络的性能。

　　11.3 节介绍了图像深度学习图像边缘检测，主要介绍了基于更丰富的卷积特征 RCF 的边缘检测方法，主要手段是多层监督、多尺度融合。需要指出的是，边缘作为低级特征的客观存在，对于复杂的场景其金标准的确定充满了挑战 (期望的边缘及专家勾画出的边缘，和实际的边缘即客观存在之间不会完全一致)，因此从另一个侧面体现了边缘提取的困难，边缘提取的探索还在进行中：细节保持、无关细节的丢弃、边缘的定位精度、边缘的封闭与否……

　　11.4 节介绍了深度学习图像语义分割，即像素级别的分类问题，包括主流的网络 U-Net 以及基于 GAN 的图像语义分割。图像语义分割网络特有的概念有跳跃连接(以结合底层和高层卷积特征,兼顾定位与识别)、反卷积或转置卷积(以恢复空间信息到像素级别)。

11.5 节专注于深度学习图像语义分割的先验引导,要解决的是训练样本不足的知识引导以提高分割性能,包括隐空间引导:在低维隐空间内学习输入数据的总体特征并集成到模型的学习中(如训练时的金标准和预测的分割都映射到隐空间,对分割网络添加金标准的隐空间约束);深度图谱引导(基于统计图谱构造深度图谱先验损失);多目标物联合引导的分割,基本思路是即采用两个深度网络协作来联合分割所有的器官,用第一个网络学习解剖约束,然后在第二个网络利用所学到的解剖约束对每个器官分别分割。在深度学习图像语义分割的高质量数据引导方面,重点介绍了同时实现组织分割与解剖标志点定位的网络 SSLLN,包含三部分:分割心室、定位解剖标志点、图谱扩散。解剖标志点是多任务学习的另一个相关任务,其目的是辅助心室的分割;高分辨率影像分割,对应的输入是一些有高分辨率影像的个体,这些分割结果将有可能被选中为图谱以细化低分辨率影像的分割;低分辨率影像分割包括两部分,即基于 SSLLN-LR 的分割和基于图谱扩散的细化,备选图谱中将根据其原始图像与待分割 LR 图像的相似性(越相似越会被选中)被选为图谱;低分辨率图像分割结果 SSLLN-LR 形状细化框架,包括初始仿射配准、图谱选择、形变配准、标记图像融合(基于图像块的灰度相似性的图谱标签融合方案);该框架使用一些由 SSLLN-HR 分割得到的高分辨率图谱,这些图谱都包括高分辨率 CMR 影像、标志点及分割图。

复习思考题

11.1 深度学习图像识别与传统图像识别的主要差别是什么?深度学习图像识别的成功的例子有哪些(至少列举两个)?

11.2 以 MTGAN 为例说明 GAN 网络框架在深度学习图像识别中的作用。

11.3 深度学习边缘提取的主要挑战是什么?

11.4 隐空间引导的深度学习图像语义分割如何增强分割性能?

11.5 深度图谱引导的深度学习图像语义分割如何增强分割性能?

11.6 多目标物联合引导的深度学习图像语义分割如何增强分割性能?

11.7 高质量数据引导的深度学习图像语义分割如何增强分割性能?

11.8 试设计深度学习融合方案,实现一般意义上的区域分割及边缘分割的互补融合,并应用到如下图像的分割(附注,可以在网上搜寻一些类似的图片,如从 RSNA Pediatric Bone Age Challenge:http://rsnachallenges.cloudapp.net/competitions/4(2017)下载)。

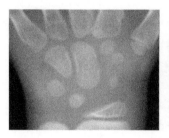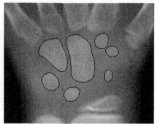

11.9* (针对硕士研究生尤其是博士研究生)引入合适的先验知识是提高图像处理算法的核心手段。查阅相关文献，了解除本章讲述内容之外的图像分割的先验知识的引入方式及对应的性能改善，并探索、展望如何在你的研究中引入合适的先验知识以提高研究的性能(不局限于图像分割)。

参 考 文 献

[1] Krizhevsky A, Sutskever I, Hinton G E. ImageNet classification with deep convolutional neural networks. Neural Information Processing Systems, 2012, 141: 1097-1105.

[2] LeCun Y, Bottou L, Bengio Y, et al. Gradient-based learning applied to document recognition. Proceedings of the IEEE, 1998, 86(11): 2278-2324.

[3] Szegedy C, Liu W, Jia Y, et al. Going deeper with convolutions. arXiv: 1409.4842, 2014.

[4] He K, Zhang X, Ren S, et al. Deep residual learning for image recognition//Proceedings of 2016 IEEE Conference on Computer Vision and Pattern Recognition. Las Vegas: IEEE, 2016: 770-778.

[5] Hu J, Shen L, Sun G. Squeeze-and-excitation networks//Proceedings of 2018 IEEE/CVF Conference on Computer Vision and Pattern Recognition. Salt Lake City: IEEE, 2018: 7132-7141.

[6] Esteva A, Kuprel B, Novoa R, et al. Dermatologist-level classification of skin cancer with deep neural networks. Nature, 2017, 542: 115-118.

[7] Kermany D S, Goldbaum M, Cai W, et al. Identifying medical diagnoses and treatable diseases by image-based deep learning. Cell, 2018, 172(5): 1122-1131.

[8] Ardila D, Kiraly A P, Bharadwaj S, et al. End-to-end lung cancer screening with three-dimensional deep learning on low-dose chest computed tomography. Nature Medicine, 2019, 25(6): 954-961.

[9] Sun Q, Chen Y, Liang C, et al. Biologic pathways underlying prognostic radiomics phenotypes from paired MRI and RNA sequencing in glioblastoma. Radiology, 2021, 301(3): 654-663.

[10] Bai Y C, Zhang Y Q, Ding M L, et al. SOD-MTGAN: small object detection via multi-task generative adversarial network//Proceedings of the 15th European Conference on Computer Vision. Munich: Springer, 2018: 210-226.

[11] Xie S N, Tu Z W. Holistically-nested edge detection//Proceedings of the IEEE International Conference on Computer Vision. Santiago: IEEE, 2015: 1395-1403.

[12] Liu Y, Cheng M M, Hu X W, et al. Richer convolutional features for edge detection. IEEE Transactions on Pattern Analysis and Machine Intelligence, 2019, 41(8): 1939-1946.

[13] Pu M Y, Huang Y P, Liu Y M, et al. EDTER: edge detection with Transformer//Proceedings of the IEEE Conference on Computer Vision and Pattern Recognition. New Orleans: IEEE, 2022: 1402-1412.

[14] Long J, Shelhamer E, Darrell T. Fully convolutional networks for semantic segmentations// Proceedings of IEEE Conference on Computer Vision and Pattern Recognition. Boston: IEEE, 2015: 3431-3440.

[15] Liu L B, Fan X X, Zhang X D, et al. Lightweight dual-domain network for real-time medical image segmentation//Proceedings of the IEEE International Conference on Image Processing, Bordeaux: IEEE, 2022: 396-400.

[16] Ronneberger O, Fischer P, Brox T. U-Net: Convolutional networks for biomedical image segmentation//Proceedings of 18th Medical Image Computing and Computer Assisted Intervention, Munich: Springer, 2015, part 3: 234-241.

[17] Oktay O, Schlemper J, Folgoc L L, et al. Attention UNet: Learning where to look for the pancreas. arXiv: 1804.03999, 2018.

[18] Luc P, Couprie C, Chintala S. Semantic segmentation using adversarial networks. arXiv: 1611.08408, 2016.

[19] Souly N, Spampinato C, Shah M. Semi supervised semantic segmentation using generative Adversarial network//Proceedings of 2017 IEEE International Conference on Computer Vision. Venice: IEEE, 2017: 5689-5697.

[20] Oktay O, Ferrante E, Kamnitsas K. Anatomically constrained neural networks (ACNNs): Application to cardiac image enhancement and segmentation. IEEE Transactions on Medical Imaging, 2018, 37(2): 384-395.

[21] Mohagheghi S, Foruzan A H. Incorporating prior shape knowledge via data-driven loss model to improve 3D liver segmentation in deep CNNs. International Journal of Computer Assisted Radiology and Surgery, 2020, 15: 249-257.

[22] Huang H M, Zheng H, Lin L F, et al. Medical image segmentation with deep atlas prior. IEEE Transactions on Medical Imaging, 2021, 40(12): 3519-3530.

[23] Trullo R, Petitjean C, Nie D, et al. Joint segmentation of multiple thoracic organs in CT images with two collaborative architectures//Proceedings of 3rd International Workshop on Deep Learning in Medical Image Analysis and Multimodal Learning for Clinical Decision Support. Quebec City: Springer, 2017: 21-29.

[24] Pinheiro P O, Lin T Y, Collobert R, et al. Learning to refine object segments//Proceedings of European Conference on Computer Vision. Amsterdam: Springer, 2016: 75-91.

[25] Zheng S, Jayasumana S, Romera-Paredes B, et al. Conditional random fields as recurrent neural network//Proceedings of International Conference on Computer Vision. Santiago: IEEE, 2015: 1529-1537.

[26] Duan J M, Bello G, Schlemper J, et al. Automatic 3D bi-ventricular segmentation of cardiac images by a shape-refined multitask deep learning approach. IEEE Transactions on Medical Imaging, 2019, 38(9): 2151-2164.

第 12 章　深度学习图像配准

在图像处理领域中，配准是一项相对复杂的任务，无论是数学原理、处理步骤，还是结果评价等方面，都存在很多难题。虽然现在的配准方法取得了较好的效果，但是仍然存在很多问题：第一，适用性差，一种方法或一组参数只适用于某一特定模态甚至是特定的数据集上；第二，处理速度慢，由于传统的配准方法大都是采用迭代优化的方式搜寻最优参数，这导致其处理速度相当慢，很难应用在实时化场景中；第三，配准的结果评估是一个没有金标准的难题，目前大多采用分割标记的重合度评价配准，这是有其局限性的；第四，标注的数据极其有限，而深度学习极其依赖数据。

目前来看，深度学习图像配准和传统图像配准的结合似乎是一个相对成熟的思路，可以通过深度学习给出一个初值，或者通过深度学习对输入数据进行预处理，使得跨模态配准变成同模态的配准，生成引导图像以降低配准的难度。

本章将分别介绍无监督的深度学习图像配准、监督学习配准测度、弱监督引导的图像配准、深度学习+传统图像配准、GAN 增强图像配准、可逆大形变深度学习图像配准。

12.1　无监督的深度学习图像配准

图像配准的一大挑战是难以得到已经精确配准的图像对，即图像配准的深度学习难以精确地监督。

无监督的深度学习图像配准的代表性方法是基于已知代价函数的深度学习图像配准(deep learning image registration, DLIR)[1]。在 DLIR 框架中，通过固定图像与浮动图像的图像相似性来训练卷积网络，从而避免使用已经配准好的图像对。通过优化网络参数来间接地优化变换参数。通过分析固定/参考图像与浮动图像的相似性来预测变换参数。学习到的预测变换参数用来构造密集的位移矢量场(displacement vector field, DVF)，DVF 用来对浮动图像进行重采样到参考图像空间。训练就是基于优化固定图像与浮动图像之间的代价函数来学习图像配准的既有模式。图 12.1 是 DLIR 配准框架示意图。

非刚体配准可以转化为仿射变换的初始配准及随后的形变变换。图 12.2 给出了仿射变换的网络框架。该网络用两个路径分别分析待配准的固定图像和浮动图像，这两个路径的末端是全局平均池化，对不同大小的输入图像进行分析，两边的特征拼接后与全连接层连接，输出 12 个仿射变换参数。

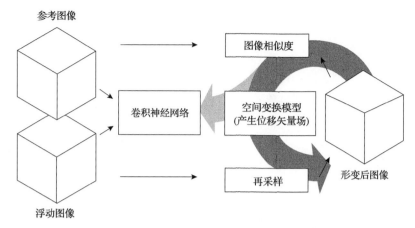

图 12.1　深度学习图像 DLIR 配准框架[1]

与传统的迭代式图像配准相似，但添加了卷积神经网络允许图像配准的非监督学习；DLIR 利用图像相似度来更新
卷积神经网络的参数，因此训练好了的卷积神经网络能一次就算出将待配准图像对配准所需要的空间变换

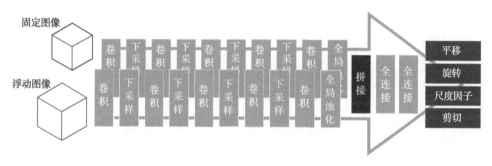

图 12.2　用于仿射变换的卷积神经网络框架[1]

该网络有两条路径分别分析浮动图像和参考图像，每条路径的末端是总体平均池化以确保能处理不同大小的
图像，池化后的特征拼接起来，与具有固定节点数的全连接层连接获取 12 个仿射变换的参数

　　无监督的形变变换的框图见图 12.3，这是基于 B 样条控制点的形变配准。B
样条因为具有内在的光滑性及局部支撑而被选用；网络的感受野与 B 样条基函数
的支撑大小重叠；以待配准的固定图像与浮动图像块为输入，预测该图像块内的
B 样条控制点的位移；输入是尺寸大小相同的来自待配准的固定图像与浮动图像
块；输出是该图像块的 B 样条位移向量；在进行形变配准前，应该先用仿射变换
对图像进行初始配准。

　　无监督的多层级图像配准：传统的图像配准通常会以多级方式完成，第一级
是仿射变换，随后是逐步由粗到细的 B 样条形变配准，这种逐级策略使得配准的
迭代对局部最优和图像折叠不敏感。DLIR 框架中也采用了这种策略：将各级的卷
积网络串在一起，每级有自己的任务，B 样条形变的网格大小和图像的分辨率逐
步增加，采用的是平均池化。多级的卷积网络训练完后，只需要一次图像配准就
可得到配准结果，就好像只有一个卷积网络一样 (图 12.4)。

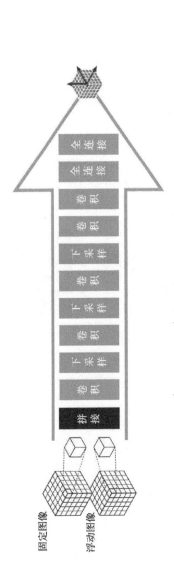

固定图像

浮动图像

图 12.3　基于图像块的卷积神经网络框架实现形变配准[1]

输入的两个图像块的尺寸相同，已经通过仿射变换进行了粗配准，输出的是每个图像块的B样条3D位移向量。
图像块的大小以及B样条的间距由的控制点的间距确定了有多少层下采样

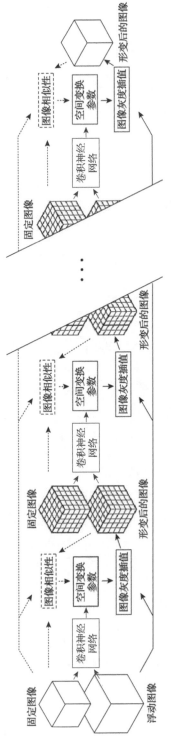

图 12.4　DLIR框架实施多层级的神经网络以实现多分辨率及多级别的图像配准[1]

第一级实现粗配准，即仿射变换；每一级的卷积神经网络都通过优化代价函数实现特定的配准任务；前面级的卷积神经网络的参数都固定以确定当前级及后续级别的网络参数；这种流程可以防止梯度爆炸并节约内存；通过网络将变换参数进行快速传输和结合以生成每层的形变图像，并作为浮动图像传递到后面的层对形变更进一步的精细化

损失函数是待配准图像间的负的正规化互相关，正则约束是弯曲能量的极小化，即损失函数为

$$L = L_{NCC} + \alpha P \tag{12-1}$$

$$P = \frac{1}{V}\int_0^X\int_0^Y\int_0^Z\left[\left(\frac{\partial^2 T}{\partial x^2}\right)^2 + \left(\frac{\partial^2 T}{\partial y^2}\right)^2 + \left(\frac{\partial^2 T}{\partial z^2}\right)^2 + 2\left(\frac{\partial^2 T}{\partial xy}\right)^2 + 2\left(\frac{\partial^2 T}{\partial xz}\right)^2 + 2\left(\frac{\partial^2 T}{\partial yz}\right)^2\right]\mathrm{d}x\mathrm{d}y\mathrm{d}z \tag{12-2}$$

式中，L_{NCC} 是负的正规化互相关；P 是正则项对弯曲能量进行的惩罚，是对局部形变变换的 DVF 位移矢量场的平滑约束；α 对于仿射变换取为 0，形变变换取为 0.05；V 是图像域的体积；T 是局部变换(如局部形变/位移场)。

优化方法采用随机梯度下降法。

利用一些配准数据中手工画的解剖结构来评判 DLIR 框架。固定图像与变换后的浮动图像上的评判参考物为 3D 区域时用 Dice 系数，参考物为曲面时用平均表面距离(ASD)及 Hausdorff 距离，参考物为解剖标记点时用点与点之间的欧几里得距离。深度学习图像配准是对传统的图像配准的改进，因此需要与相应的传统图像配准进行比较，DLIR 对应的传统图像配准是基于灰度迭代的图像配准 SimpleElastix[2](简记为 SE)。DLIR 框架与 SE 的相关设置是类似的：类似的网格、相似度测度也是 NCC；迭代优化采用的是随机梯度下降法；迭代次数 500，每一次迭代都随机选取 2000 个点；与 DLIR 的多级策略相对应，SE 采用高斯平滑的图像金字塔。

验证方面，针对同一患者的快速心脏 MRI，将一次全周期的心脏扫描的 4D 图像(同一患者在不同时刻的 3D 心脏图像)进行配准，采用 3 折交叉验证，每折里有 30 个 3D 图像用作训练、15 个 3D 图像用作评估。每个患者有 20 个时间点(即 20 个 3D 图像)，因此将有 11400 对 3D 图像可用于训练(30×20×19)。形变变换配准的性能是在舒张末期、收缩末期手动画的左心室的 Dice 系数。表 12.1 给出了比较结果。可以看出，未配准的 Dice 系数只有 0.70，Hausdorff 距离为 15.5mm，

表 12.1　DLIR[1] 与 SE[2] 的性能比较[1]

	性能	Dice 系数	H 距离/mm	平均表面距离/mm	折叠比例	雅可比标准差	CPU 时间/s	GPU 时间/s
	配准前	0.70±0.30	15.5±4.50	4.66±4.26	—	—	—	—
单步	SE	0.86±0.18	9.76±4.78	1.14±1.40	0.08±0.16	0.15±0.08	13.5(3.27)	—
	SE+BP	0.86±0.17	9.64±4.15	1.13±1.38	0.07±0.15	0.15±0.08	14.9(3.07)	—
	DLIR	0.87±0.18	9.47±5.26	0.98±1.12	0.03±0.06	0.14±0.04	1.71(0.45)	0.03(0.01)
	DLIR+BP	0.86±0.18	9.10±4.26	1.01±1.42	0.00±0.01	0.09±0.03		

续表

性能		Dice 系数	H 距离/mm	平均表面距离/mm	折叠比例	雅可比标准差	CPU 时间/s	GPU 时间/s
多步	SE	0.89 ± 0.17	9.18 ± 5.42	0.88 ± 1.25	0.08 ± 0.17	0.17 ± 0.11	15.5 (3.67)	—
	SE+BP	0.89 ± 0.16	9.01 ± 5.23	0.89 ± 1.21	0.05 ± 016	0.16 ± 0.11	20.1 (3.68)	—
	DLIR	0.89 ± 0.18	9.84 ± 5.93	0.93 ± 0.97	0.05 ± 0.08	0.15 ± 0.06	2.35 (0.60)	0.04 (0.01)
	DLIR+BP	0.88 ± 0.14	9.01 ± 3.89	0.97 ± 1.14	0.00 ± 0.03	0.11 ± 0.04	—	—

注：BP 表示代价函数加上了弯曲能量约束，H 距离表示 Hausdorff 距离，CPU 为中央处理单元，GPU 为图形处理单元。

平均表面距离达 4.66mm，传统配准 SE 与其深度学习配准 DLIR 的精度不相上下（单步的 Dice 系数 0.86，多步的 Dice 系数 0.89），BP 表示加了弯曲正则能量项，但 DLIR 的运行时间比传统方法 SE 缩短近 90%，结果的表述是中位数±四分位数（因结果不服从正态分布）。

针对不同患者的低剂量胸部 CT，选用的是美国国立肺筛查试验的低剂量 CT。这个数据库的数据在视场上呈现较大的变化，这是由不同的 CT 成像设备、不同的成像参数及不同的个体造成的。因为有较大的视场内容差异，所以需要用仿射变换进行初始配准，然后采用多级的形变配准。有 90 套数据进行图像配准评估，评估的基准是手工勾画的主动脉及 10 个解剖标志点。由于硬件和软件的限制，形变配准只能进行到三级，最终的空间分辨率为 2mm。图 12.5 显示了逐步精细化的配准结果。

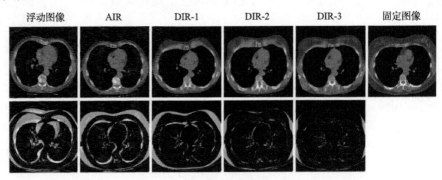

图 12.5 不同个体胸腔 CT 图像的逐步精细化配准（从仿射变换 AIR 到逐步精细化的形变配准 DIR）[1]

第一行从左到右的中间结果分别是仿射变换 AIR、形变配准 DIR 的第一级 DIR-1、第二级 DIR-2、第三级 DIR-3 对应的浮动图像；第二行显示的是固定图像与第一行的（变换后的）移动图像灰度差的热图。热图上的彩色由左到右逐步减少，说明配准精度逐步提高。DIR-1、DIR-2、DIR-3 的 B 样条控制点间距离分别为 64mm、32mm、16mm，图像分辨率分别为 8mm、4mm、2mm

统计结果见表 12.2，可以看出传统配准 SE 与深度学习图像配准 DLIR 的精度差不多(深度学习的稍差 0.75 vs 0.77)，但深度学习图像配准的速度快很多(见GPU 一栏)。

表 12.2　个体胸腔 CT 图像的逐步精细化配准[1]

性能		Dice 系数	H 距离/mm	平均表面距离/mm	折叠比例	雅可比标准差	CPU 时间/s	GPU 时间/s
配准前		0.31 ± 0.21	32.6 ± 12.2	9.21 ± 4.53	—	—	—	—
SE	AIR	0.60 ± 0.19	25.8 ± 15.3	4.89 ± 2.36	—	—	3.73 (0.26)	—
	DIR-1	0.69 ± 0.11	20.3 ± 13.3	3.39 ± 1.11	0.00 ± 0.00	0.19 ± 0.11	11.67 (1.07)	—
	DIR-2	0.75 ± 0.08	21.3 ± 11.3	2.67 ± 0.87	0.00 ± 0.08	0.27 ± 0.13	14.83 (3.37)	—
	DIR-3	0.77 ± 0.08	20.8 ± 11.8	2.45 ± 0.89	0.04 ± 0.19	0.30 ± 0.15	20.36 (8.41)	—
DLIR	AIR	0.58 ± 0.16	26.8 ± 13.1	5.24 ± 2.19	—	—	1.02 (0.29)	0.17 (0.05)
	DIR-1	0.64 ± 0.11	21.7 ± 13.1	3.86 ± 1.74	0.00 ± 0.00	0.16 ± 0.09	3.85 (0.99)	0.18 (0.05)
	DIR-2	0.70 ± 0.10	19.9 ± 13.1	3.21 ± 1.15	0.00 ± 0.00	0.19 ± 0.10	8.18 (2.03)	0.30 (0.07)
	DIR-3	0.75 ± 0.08	19.3 ± 13.4	2.46 ± 0.80	0.75 ± 1.08	0.45 ± 0.21	15.41 (4.38)	0.43 (0.10)

注：AIR 为仿射变换，DIR 为形变配准，1、2、3 表示多步的步数，传统 SE[2]与基于深度学习 DLIR[1]的比较。

无监督深度学习配准因为不需要配准的金标准，所以其探索具有吸引力。基于文献[1]，有如下观察有助于这方面更进一步的研究：

(1)无监督的图像配准，一种可行的方式是代价函数必须基于图像本身而不是基于配准的图像对；最常见的方式就是给定代价函数。相同模态图像，可以用基于灰度的相似性函数，如正规化互相关的负数。

(2)不同模态图像，不能基于简单的灰度比较，难以定义合适的测度(互信息的精度有限)。

(3)这种无监督的深度学习图像配准的精度可能略低于对应的传统方法，但速度要快很多。

(4)优化的目标函数是待配准图像间的相似度，这一点在训练和测试时都一样；不同的是，训练时确定网络参数，而测试时是基于固定的网络参数求取优化的变换而得到配准结果。

12.2　监督学习配准测度

多模态影像配准是影像引导干预及数据融合任务面临的极富挑战的难题，主要困难是：基于不同成像原理得到的多模态影像的组织或器官呈现非常大的外观变化，导致很难用一个通用的准则来度量这种变化。因此多模态影像配准的研究热点之一就是相似性测度的学习。本节先介绍一个通用的相似性测度学习框架，然后具体地介绍直肠超声(transrectal ultrasound, TRUS)与磁共振影像(MRI)之间的相似性测度学习。

文献[3]提出了一个基于 CNN 学习相似性度量的框架，问题表述为一个分类任务：目标是识别两种模态的图像块是否匹配。基于文献[4]中的孪生网络、伪孪生网络、双通道输入网络结构(结论是双通道网络的性能最优)，比较两个图像块是否配准。

训练过程是这样进行的：假设有 k 个图像对已经实现了两个模态的配准 $\left\{\left(A_j, B_j\right)\right\}_{j=1}^k$。基于第 j 个配准图像对，可以用变换 T_i 采集得到新的配准图像对 T_{i,A_j}、T_{i,B_j}，从而实现数据增强(变换位置、尺度、旋转、镜像)。采用的是固定块大小的图像块 $X_i = \left(A_j\left(T_{i,A_j}(P)\right), B_j\left(T_{i,B_j}(P)\right)\right)$，图像块来自对齐/配准的时候 $T_{i,A_j} = T_{i,B_j}$，该图像块对的标号为 1，否则为-1；这种图像块对的采集是线上的采样，以便得到非常多的样本进行训练。实验表明，即使已经配对的图像数目 k 很小，也没有过拟合(这得益于线上采样产生极大数目的图像块对，这些图像块对应该有一半是配对的，一半是未配对的)，图像块的大小为 $17 \times 17 \times 17$。

实验验证：不同个体的多模态图像配准，采用的是初生儿(neonatal)的 T1~T2 图像，20 个婴儿，每对的 T1~T2 已经配准，勾画了 50 种解剖区域便于评估。用作金标准的同一个体的 T1~T2 配准是基于 SPM2 的。表 12.3 给出了 CNN 学习配准测度与互信息 MI 作为测度的性能，MI+M 表示限定在非头颅区域的互信息。

表 12.3　深度学习 CNN 学习配准测度[3]

系数	MI+M	MI	CNN k=557	CNN k=11	CNN k=6	CNN k=3
Dice	0.665 ± 0.096	0.497 ± 0.180	0.703 ± 0.037	0.704 ± 0.037	0.701 ± 0.040	0.675 ± 0.093
Jaccard	0.519 ± 0.091	0.369 ± 0.151	0.555 ± 0.041	0.556 ± 0.041	0.554 ± 0.044	0.527 ± 0.081

注：与互信息 MI 及限定在脑部的互信息 MI+M 的比较，其中 CNN 后面的 k 表示训练的样本数。

形变模型采用的是含有 1000 个控制点的 B 样条形变配准。从表 12.3 可知，与基于互信息 MI 的方法相比，基于 CNN 学习多模态相似性测度的方法的 Dice 系数得到显著提升，可供训练的样本数 k 对性能影响有限。

直肠超声为最常用的引导前列腺活检的术中影像，对前列腺癌的灵敏度低，而多参数 MRI 表征前列腺癌，具有好的灵敏度与特异性，但成像昂贵且费时；二者的成像原理差别很大，表观差异大，视场也不同，难以选取合适的配准相似性测度。TRUS 与 MRI 的融合可以引导前列腺活检，其核心是二者的配准。文献[5]通过深度学习来定义/学习相似性测度、确定合适的优化策略。待配准的 MRI 与 TRUS 之间的相似性被转换为基于深度 CNN 的回归问题，CNN 从输入的待配准图像(3D MRI 与 TRUS)估计目标配准误差(target registration error, TRE)，用来评估配准的质量。训练时的 TRE 定义为变换后的浮动图像(TRUS)与金标准浮动图像对应的前列腺表面点的平均欧几里得距离。图 12.6 给出了该方法的网络框架:3D MRI 及 TRUS 作为双通道的图像输入,CNN 包含 9 层三维卷积层(每个方向的步幅均为 1),ReLU 为激活函数,BN 层在第二层的卷积层之后,使用了跳跃连接,最后的全连接层输出一个数值来估计目标配准误差 TRE。

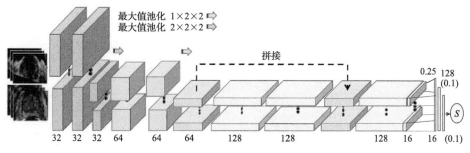

图 12.6 用于学习配准相似度的 CNN 框架[5]

训练数据这样产生,由进行活检的医学专家将待配准的 MRI 与 TRUS 进行手工配准,然后通过算法程序对 TRUS 进行已知参数的刚体变换;将 MRI 与变换后的 TRUS 作为网络输入,二者之间的 TRE 作为金标准标签。实验数据包含 679 套,每套数据包含三维 T2 像、重建的三维 TRUS,其中 539 套用作训练、70 套用作验证、70 套用作测试。对比的是互信息 MI:对于 Z 轴的平移,图 12.7(a)中深度学习相似性测度的蓝色曲线对应的最小误差接近 0,而基于互信息 MI 的红色曲线最小误差接近 5mm;对于沿着各轴的旋转,图 12.7(b)中蓝色曲线对应的深度学习测度的最小误差约 2.5°,而红色曲线的最小误差接近 10°。因此,基于深度学习的相似性测度要好于基于 MI 的相似性测度。但是目标函数是非凸、不光滑的,必须有鲁棒的寻优方法才能得到全局最优。为了有效地实施优化并拓展配准方法的收敛范围,提出一种微分进化初始化的基于牛顿的优化方法(简记为 DINO),该

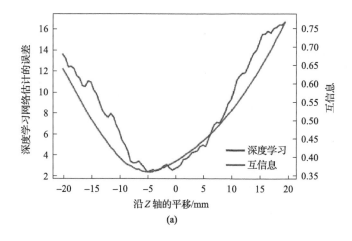

(a)

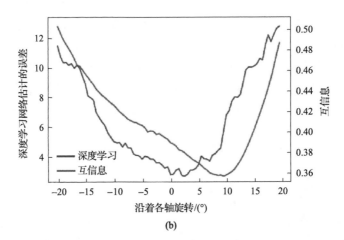

图 12.7　深度学习相似性测度与互信息测度预测目标配准误差 TRE 的比较[5]
(a)沿着 Z 轴的平移变换；(b)沿着各轴的旋转变换

方法先基于提前终止的微分进化方法获得初始化，以此作为牛顿优化方法的初始解，应用二阶 BFGS（Broyden-Fletcher-Goldfarb-Shanno）算法估计 Hessian 矩阵。

实验用的数据有 679 套，来自于美国国立卫生研究院。每套数据包括三维 T2 像、重建的超声三维图像，T2 像有 $512 \times 512 \times 26$ 个体素，体素大小分别为 0.3mm、0.3mm 与 3mm；超声体积的大小是可变的，由与重建算法相关的成像参数决定。679 套数据被分成 539 套训练、70 套验证、70 套测试。

比较的基准，除了互信息测度，还有文献[6]中的独立于模态的邻域算子（modality independent neighborhood descriptor, MIND），以两个模态各自的 MIND 在相应位置的差异作为配准相似性测度。表 12.4 给出了量化比较结果。可以看出，基于多步、DINO 的深度学习的相似性测度能取得最小的 TRE，该 TRE 对初始误差不敏感（初始误差 8mm 对应最终的优化结果 3.82mm，而初始误差增大到 16mm 对应的优化结果只是小幅度地增加到 3.94mm）。

需要指出的是，学习配准的相似性测度需要很多已经配准了的图像对，这里是靠临床做活检的医生提供 679 套待配准的 T2 与 TRUS 图像对，每个待配准的图像对由医生进行手工配准，然后对 539 套训练图像中的每套图像首先进行人工配准得到浮动图像的金标准图像（对应的变换参数为 θ^*），这时的 TRE 为 0；然后在 θ^* 的基础上对浮动图像进行刚体变换（tX、tY、tZ、rotX、rotY、rotZ），参数分别在如下范围：[-3, -1]、[-3, -1]、[-5, -1]、[-12.5, -2.5]、[-7.5, -2.5]、[-7.5, -2.5] 或[1, 3]、[1, 3]、[1, 5]、[2.5, 12.5]、[2.5, 7.5]、[2.5, 7.5]均匀采样并将小的变换参数排除，每个相对于 θ^* 的变换对应的标签是 TRE，这样就产生了远远多于 539 的大量的训练图像。

不依赖于位置的刚体变换比较适合产生大量已知配准参数的配准度量，依赖于位置的形变变换就会难很多。

表 12.4 不同的相似性测度、不同的优化策略的配准结果[5]

相似性测度	优化器	初值/mm	最终的均值 ± 标准差	[最小值，最大值]
互信息	DINO		8.96 ± 1.28	[5.50, 13.45]
双模态邻域算子	DINO		6.42 ± 2.86	[1.75, 10.64]
深度学习测度（单步）	DINO		3.97 ± 1.67	[0.77, 8.51]
深度学习测度（多步）	BFGS	8	7.31 ± 0.61	[6.63, 9.11]
深度学习测度（多步）	Powell		6.11 ± 4.62	[1.89, 12.98]
深度学习测度（多步）	DINO		**3.82 ± 1.63**	[0.65, 8.80]
互信息	DINO		10.07 ± 1.40	[8.82, 14.09]
双模态邻域算子	DINO		6.62 ± 2.96	[1.58, 13.63]
深度学习测度（单步）	DINO		4.21 ± 1.64	[1.08, 8.68]
深度学习测度（多步）	BFGS	16	14.27 ± 0.61	[13.11, 15.25]
深度学习测度（多步）	Powell		11.05 ± 5.32	[2.11, 24.09]
深度学习测度（多步）	DINO		**3.94 ± 1.47**	[1.35, 9.37]

12.3 弱监督引导的图像配准

图像配准的一大难点是缺乏理想的形变金标准，而形变金标准难以靠手工精确得到。形变金标准缺乏的代表性探索是文献[7]，即通过一种双监督的深度学习图像配准策略实现双引导。这两种引导是形变场的引导及图像空间的相似性测度引导，而形变引导采用的是由传统图像配准方法产生的形变场，该方法简记为BIRNet（brain image registration network）。基本思路就是通过形变金标准引导，期望从传统的图像配准方法迅速地学习形变和正则化；图像的相似性测度引导则期望避免过度依赖于弱金标准形变场的监督，以更进一步地精细化配准。

形变变换将浮动图像 I_F 通过形变变换 Φ 变换为 $I_F \circ \Phi$，与参考图像 I_R 达到优化的配准；最优的形变 Φ 使得形变后的浮动图像与参考图像具有最大的相似度且形变本身具有期望的正则化特性 R，即

$$\Phi = \arg\min_{\Phi}\big(\text{loss}\big(I_R, I_F \circ \Phi\big) + R(\Phi)\big) \tag{12-3}$$

文献[7]提出了一种新的多级、双监督的全卷积神经网络实现神经影像的形变配准（图12.8），其方案基于重叠的 $64 \times 64 \times 64$ 图像块，输出是 $24 \times 24 \times 24$ 的位移矢量。使用基于 U-Net 的回归来实现端-端的形变场预测。

$$\text{loss} = \alpha \times \text{loss}_{\Phi} + \beta \times \text{loss}_M, \quad \alpha + \beta = 1, \alpha \geqslant 0, \beta \geqslant 0 \tag{12-4}$$

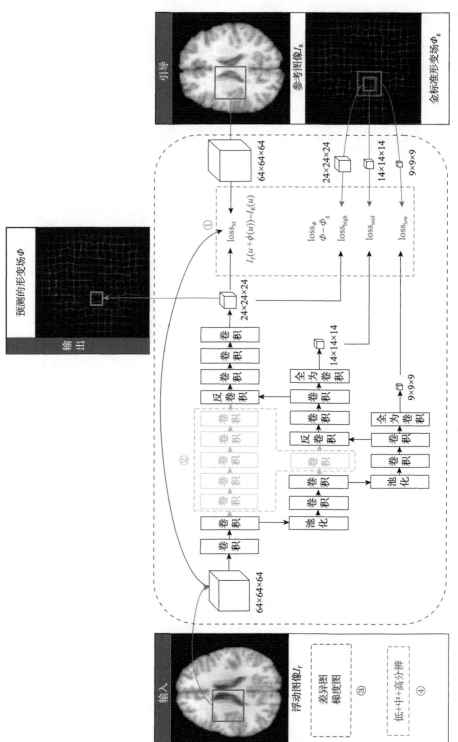

图 12.8 双监督策略算法的框架图[7]

$$\mathrm{loss}_\Phi = \frac{1}{N}\left\|\Phi - \Phi_g\right\|_2^2, \quad \mathrm{loss}_M = \frac{0.1}{N}\sum_u \left\|I_F(u+\phi(u)) - I_R(u)\right\|_2^2 \qquad (12\text{-}5)$$

其中，Φ/Φ_g 为预测/金标准形变；N 为图像中体素个数。

双监督策略的损失函数包含两项，第一项是与形变场相关的损失项 loss_Φ，对应于网络预测的形变场与金标准形变场的差异，第二项是参考图像与形变后的浮动图像的灰度差别。金标准形变场是来自于已有的传统配准方法，因此金标准是有缺陷的，因而基于有缺陷的形变金标准训练到的形变模型的精度有提升空间，这个提升是靠引入图像空间的引导损失 loss_M 实现的。这里的 loss_M 是基于参考图像与形变后的浮动图像间的逐个体素的灰度差的绝对值最小化，局限于参考图像与浮动图像具有近乎相同的灰度分布，若此条件不满足则要考虑另外的灰度空间的相似性测度(同模态的灰度差的绝对值、不同模态的灰度相关系数、灰度分布方面的互信息等，前提是该灰度空间的相似性测度能辅助形变空间的引导)。训练时动态调整：在训练初期金标准形变场占大比重(0.8)以快速地收敛到光滑的形变场，训练后期则增大灰度差异权重(0.5)以提高配准精度；为了确保收敛和形变平滑，金标准形变权重不得低于 0.5。形变场的监督分成 3 级，分别对应于高、中、低的分辨率，块的大小分别为 $24\times24\times24$、$14\times14\times14$ 与 $9\times9\times9$，损失为各个分辨率的损失函数之和。

这里采用多通道输入，包括原始图像、原始图像与参考图像的灰度差、原始图像的灰度梯度图，其中梯度图提供了物体边界信息以帮助实现结构的对齐。理论上讲，深度学习可以依靠输入图像本身学习到期望的特征，而不需要额外的由输入图像派生出来的图像或特征(即所谓的数据驱动的自动特征学习)，但是，由于损失函数通常只在最后的网络层进行计算，前几层网络的参数优化就不好；假如灰度梯度图、灰度差异图作为通道(被传统配准方法证明有效的特征)就有可能改善网络前几层的参数优化，从而提高网络性能，包括收敛精度与速度。

文献[7]中还研究了不同特征的串接问题，为了简化网络的参数优化，对于不同特征的串接考虑使用性质差异补齐*(gap filling)：设待串接的特征 A 与 B 差异大，可将 A 接到网络中的相应层产生与特征 B 类似的特征 C，再将特征 C 与特征 B 串接。

图 12.9 给出了的图像配准网络结构[7]。

数据为来自 LONI(https://ida.loni.usc.edu/login.jsp)的 40 套 MRI，30 套用作训练、9 套用作验证、1 套用作参考图像。两种配准方法产生有缺陷的形变场(同时也当作比较对象)，即 SyN[8]与 LCC-Demons[9]。通过对产生的不完美的金标准形变取 20%、40%、60%、80%、100%实现数据的扩充。评估指标为感兴趣区配准后的

---

　* 例如，若要将面积与体积特征串接，应该考虑将面积特征乘上长度特征(需要将面积特征接到能从面积特征计算出体积特征的子网络)，这样量纲上才能匹配。

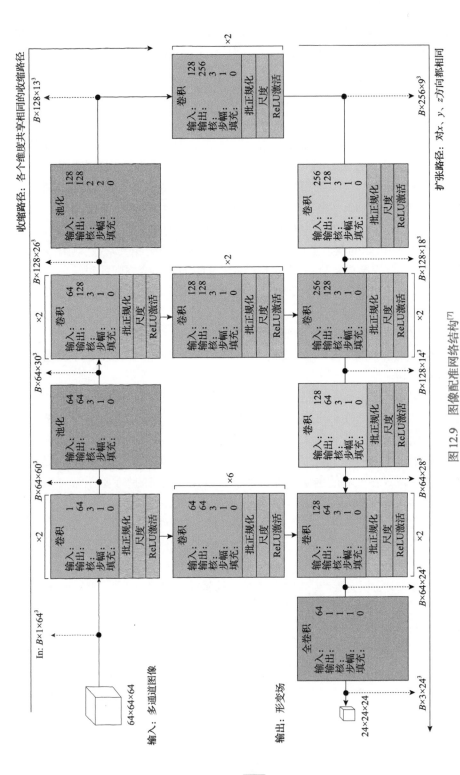

图 12.9　图像配准网络结构[7]

输入是浮动图像的64×64×64图像块，输出是该浮动图像块中心为24×24×24图像块在x，y，z三个方向的位移量；针对整幅图像，输入图像块重叠，以获取没有重叠的所有图像体素的位移矢量场

Dice 系数。实验结果表明，BIRNet 优于 SyN 及 LCC-Demons，也优于不含灰度引导的 BIRNet_WOS（图 12.10）。结果显示，双引导的配准由 S 变形到 T 时优于其弱监督的形变金标准（可以来自于文献[8]或[9]），灰度引导的作用可进一步通过观察 BIRNet 和 BIRNet_WOS 与 T 的相似程度差异而证实，BIRNet_WOS 通过灰度引导就得到了 BIRNet 而改善了形变。图 12.11 则显示了 BIRNet 对 54 种解剖组织的（包括各种主要的脑沟、脑回、核团、脑皮层）Dice 系数的比较，对 35 种组织的 Dice 系数都要显著高于其他方法。运行时间方面，BIRNet 由于采用了 GPU，只需 0.29s，优于文献[8]的 GPU 版本的 9.7s 及文献[9]的 GPU 版本的 1.1s。

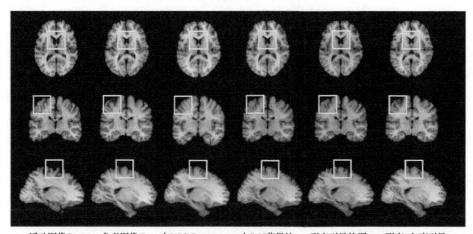

浮动图像 S　　参考图像 T　　由 LCC-Demons　　由 SyN 获得的　　形变引导的深　　形变+灰度引导
　　　　　　　　　　　　获得的金标准　　　金标准　　　度学习配准　　的深度学习配准

图 12.10　形变+灰度引导的深度学习图像配准优于传统方法[7]

形变+灰度引导的深度学习图像配准[7]优于仅由形变引导及 SyN[8]和 LCC-Demons[9]方法，从黄色小区域里的
内容可以判断，配准的结果参见最左边的 S 形变后与 T 的相似程度（越相似越好）

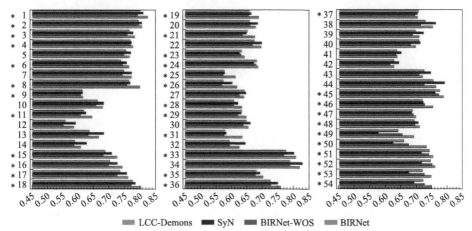

LCC-Demons　　SyN　　BIRNet-WOS　　BIRNet

图 12.11　四种配准方法对 54 种结构的 Dice 系数比较[7]

*表示 BIRNet 显著优于其他三种方法

12.4 深度学习引导传统图像配准

对于图像引导放疗(image guided radiotherapy, IGRT),除了要求有较高的配准精度,同时还要求有很快的运算速度。对于该类对实时性要求高的图像配准应用,传统的图像配准由于寻优过程耗时难以满足要求,深度学习方法的引入可望满足实时性要求,深度学习提供的良好初值也有助于传统方法的全局寻优。代表性的工作是文献[10],在本节重点介绍。

放疗是广为使用的治疗癌症的有效方法,其重要的改进就是 IGRT。IGRT 是正在迅速发展的手段,它能够修正癌症患者在治疗过程中的位置偏移而实施精准的治疗。术前 CT 可以精确定位待治疗的癌症,术中锥束 CT (cone beam CT, CBCT)则是一种代表性的方法,实现对肿瘤的照射并尽量避免对周围组织的伤害。CBCT安装在质子治疗系统的机架上,因此建立了与动态治疗室的固定空间关系;术前CT 与术中 CBCT 的配准就可以在术中精准地定位、跟踪肿瘤而实施高效的放疗。文献[10]提出了一种结合深度学习与传统配准方法的配准策略:有监督的回归CNN 实施两者的粗配准以提高速度及缩小精细配准的搜寻范围,传统的基于灰度的配准在给定的粗配准下只需搜寻较小的解空间即可实现精细的配准,从而兼顾了速度与精度。图 12.12 给出了两级配准的框架图(深度学习粗配准、传统配准进行精细化)。

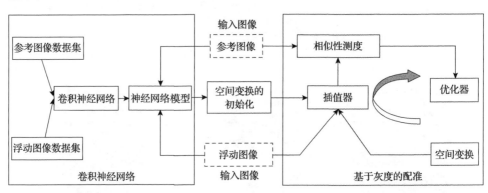

图 12.12　结合深度学习与传统配准方法实现快速精准 IGRT 配准的框架示意图[10]

在图 12.12 中,左边框内的部分是基于深度学习的 CNN 框架,由输入的待配准图像对提取三维特征并计算出初始配准,该初始配准作为右边矩形框内的传统的基于灰度的图像配准的初始变换,有监督的 CNN 回归得到空间变换参数只需要 0.5s。这个初值较精确,因此解决了几大问题:精细配准只需要在较小的搜索空间进行搜索,对于目标函数非凸的优化问题,能较好地保证获得全局最优解,有助于提高精度；搜寻的迭代次数降低，有助于提高速度。因此，文献[10]提出的基于 CNN 快速获取较准确的初始配准，结合传统的基于灰度的图像配准进行配准细化，可以兼顾 IGRT 图像配准的快速与精确。其中的深度学习图像配准的框图见图 12.13，包含三部分：①输入为待配准的两幅图像以及它们之间的空间变换，空间变换作为标签用于训练；②三维特征提取，提取待配准图像的特征用于计算空间变换参数；③回归，由提取的特征回归出浮动图像对固定图像的空间变换。这里的变换采用的是仿射变换。

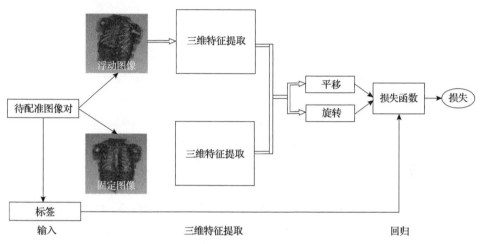

图 12.13 深度学习快速配准示意图[10]

图 12.14 给出了三维特征提取的网络架构，包含 5 层卷积层，各自对应有 8、32、32、64、64 个滤波器，每个滤波器用的核是 2×2；第一、第二层的卷积层后面紧跟的是 2×2×2 的最大池化；在第五层卷积层后，输入图像被转换成 64 个三

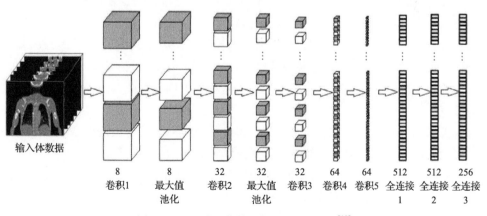

图 12.14 三维图像特征提取 CNN 架构[10]

维特征向量;这些三维特征向量连接到后面的三个全连接层,分别具有 512、512 和 256 个神经元;全连接层的输出为 256 维的向量,输入到 CNN 的回归部分以预测空间变换的 6 个参数,即沿着 X、Y、Z 轴的旋转角及平移量(pitch, yaw, roll, t_x, t_y, t_z)。

网络的目标损失函数:本来可以直接基于预测的变换参数与金标准的变换参数的差的绝对值来定义,由于这里涉及平移及角度的变换参数的量纲不一样,所以换成将变换参数作用于浮动图像,计算预测变换参数与金标准变换参数作用于浮动图像及固定图像后的差的绝对值 TRE 作为损失函数。由于术前 CT 与术中成像 CBCT 都是 CT,用灰度差的绝对值表征配准测度是合适的;一般而言,这里可以考虑广义的感兴趣组织,比如这里都限定在骨组织上,以变换后的浮动图像与金标准的感兴趣组织之间的距离作为基准,而对感兴趣组织本身的灰度差异不加区分(即基于特征而不是灰度)。

网络的训练与测试:每个部位(头、胸、腹、骨盆)有 20 对已经配准的 CT 与 CBCT 数据,这个是原始的金标准数据,对金标准数据的 CBCT 分别进行空间变换得到 20000 个训练用 CBCT 图像及对应的变换参数,采用的是线性插值,空间变换是[–30mm, 30mm]内的均衡分布平移、[–5°,+5°]的均衡分布旋转。用了 40 套数据进行测试,对浮动图像进行仿射变换,均匀分布于[–30mm, 30mm]的平移、[–5°,5°]的旋转,总共有 4000 个变换的浮动图像及对应的变换矩阵。利用 RSD-111T 胸部体膜进行三种算法的比较:基于灰度的配准 IBR、基于 CNN 的配准 CNNR、结合 CNN 与基于灰度的配准 CIR。该体膜在 CT、CBCT 分别成像,成像参数与所采用的其他数据相同。肿瘤专家通过手工能实现 CT 与 CBCT 的精确配准。产生 15 对测试图像,对算法的时间复杂度及配准精度进行度量。IBR、CNNR、CIR 的 TRE 分别为 5.2、3.3、0.51,运行时间分别为 62.7s、0.21s、8.3s。因此结论是结合 CNN 与灰度的配准具有最高的配准精度(TRE 最小,0.51)、高于 CNN(TRE 为 3.3)及基于灰度的配准(TRE 为 5.2)。解释如下:基于 CNN 的配准因为训练数据较少(24000),只能达到有限精度(TRE 为 3.3);结合 CNN 与传统的配准,由于初始配准精度已经较高(TRE 为 3.3),这样一方面可以减少传统的精细配准的搜寻范围以缩短时间;另一方面由于离真实配准参数较近避免了搜寻过程中陷入其他极小值,因而取得好的配准结果。传统的配准需要搜寻大的解空间,耗时而且因为目标函数容易陷入局部极值,所以既耗时又精度最差。

遗憾的是,文献[10]没有指明采用的是什么传统的基于灰度的图像配准方法,但不妨碍其贡献:在训练数据较少的情况下,可以考虑利用深度学习方法获取初始的仿射变换,以此为基础再用传统的图像配准实现小搜寻范围的精细化;推断是,任何能产生较好的仿射变换的传统方法都可以。

12.5　生成对抗网络增强图像配准

这类方法通常将生成器设计为配准网络，利用生成对抗网络的优势，借助于识别器提升生成器即配准网络的性能。

文献[11]是该类方法的代表性工作：一种对抗相似性网络(adversarial similarity network)，通过网络而不是使用相似性测度来自动地判定图像相似性(配准与否)。这种网络是非监督的，受启发于生成对抗网络 GAN。具体来讲(图 12.15)，该框架是两个连接的网络：基于 U-Net 的生成器 R，以及基于 CNN 的判别器 D。生成器是一个图像配准网络，输入是两个待配准的图像，而输出是同样大小的图像，输出图像的内容是预测的每个像素的形变。判别器 D 是一个判别网络，判定两个图像是否对齐/配准，并在训练阶段将这种判定信息反馈给生成器 R。生成器 R 与判别器 D 通过对抗训练进行学习，即配准网络(生成器 R)在判别网络(判别器 D)

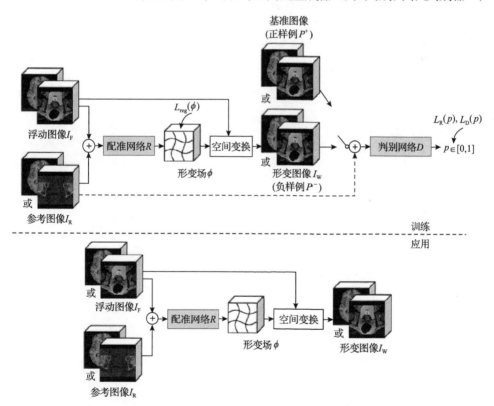

图 12.15　所提出的对抗相似网络实现形变配准框架[11]

待配准的图像已经实现了粗配准。虚线以上部分对应于训练时的网络结构，以下部分对应于测试时的网络(没有判别器，只有生成器 R)。在训练阶段，判别器的输入是来自配准的图像对 P^+ 或非配准的图像对 P^-，由判别器识别图像对已经配准的概率

的引导下进行训练；判别网络利用配准网络的输出进行训练。

如图 12.15 所示，在训练阶段，配准网络 R 与判别网络 D 是通过空间变换层相互连接的，该空间变换层将 R 输出的形变场 ϕ 连接到判别网络的输入(形变后的浮动图像)。浮动图像 I_F 与参考图像 I_R 已经经过了仿射变换确保它们在尺度、平移、旋转方面已经对齐，后续是寻求每个浮动图像像素到参考图像像素的形变场(位移矢量)。

正样本的构造：基准图像与参考图像之间构成完全配准的一对正样本，因此就涉及如何形成基准图像。对单模态图像配准，基准图像由如下公式产生：

$$I_B = \alpha I_F + (1 - \alpha) I_R, \ 0 < \alpha < 1 \tag{12-6}$$

初始时 α 取值 0.2，在后面的阶段该值为 0.1 以确保较高的配准精度。对单模态图像配准，基准图像与浮动图像具有相同的模态；多模态时利用同一患者/个体的 MRI 与 CT 图像作为配准的图像对或正样本。

配准网络是一种 U-Net (图 12.16)，从输入的参考图像与浮动图像，计算浮动图像对参考图像的形变场(每个像素的)。配准网络的参数将从判别网络的约束中得到。

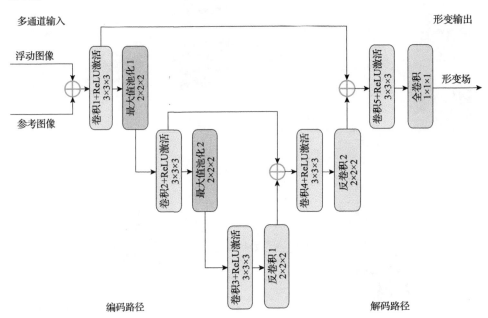

图 12.16 配准网络的结构为一种 U-Net[11]

判别网络为一种 CNN (图 12.17)，其输入是参考图像与产生的基准图像，输出是二者已经配准的概率。

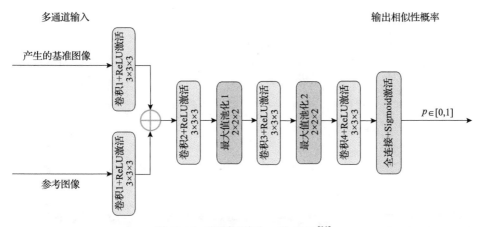

图 12.17 判别网络为一种 CNN[11]

产生的基准图像就是对由式(12-6)生成的基准图像(单模态)或同一患者/个体的不同于参考图像的另一种模态(如参考图像为 MRI，则基准图像就为该个体的 CT)图像进行由配准网络 R 生成的形变场进行形变，形成形变后的基准图像，再与参考图像相比而生成相似度概率，配准的结果对应于相似即 p 为 1，完全不相似则 p 为 0

空间变换层就是由配准网络得到的形变场，实现对浮动图像的形变，并将该形变施加到基准图像后输入到判别网络，以判定图像对是否配准。该层的梯度将反馈到配准网络以训练配准网络的参数。

判别网络的损失函数为

$$L_D(p) = \begin{cases} -\log(p), & c \in P^+ \\ -\log(1-p), & c \in P^- \end{cases} \tag{12-7}$$

其中，p 是判别网络的输出，对应于对其输入的图像对的相似性的概率；c 表示输入图像对的状况(来自于正样本即配准图像对 P^+ 或负样本即非配准图像对 P^-)。判别器的优化将使得正样本的概率趋近于 1 而负样本的概率趋近于 0。

生成器 R 或配准网络的损失函数为

$$L = L_R(p) + \lambda L_{\text{reg}}(\phi) \tag{12-8}$$

其中，$L_R(p) = -\log(p)$，$c \in P^-$；λ 为一常数，以平衡配准的相似度与平滑性(实验中取值为 1000)；而正则项平滑约束为 $L_{\text{reg}} = \sum_{v \in \mathbb{R}^3} \nabla \phi^2(v)$，其中 v 是体素位置。

配准网络经过训练，将让由判别器给定的足够大的 p 值的图像对尽可能相似且形变平滑。

两个网络联合训练，当判别器不能分辨出正负样本时训练结束。基于图像块的配准方式，输入块为 $68 \times 68 \times 68$，形变场输出为中心的 $28 \times 28 \times 28$，图像块的步进为 28(图像块间有重叠)，从而得到非重叠的全部体素的形变场。

度量配准的性能采用的指标是感兴趣组织在配准后的 Dice 系数以及平均表

面距离 ASD。

训练采用 30 套公共数据集 LPBA40，然后在公共数据集 ISBR18、CUMC12 及 MGH10 上进行。比较的算法有优良的传统图像配准方法 SyN[8]与 LCC-Demons[9]、DL_GT[7]（弱形变金标准与灰度引导）、DL_SSD[12]（基于灰度差的平方和 SSD 为相似性测度的非监督配准），DL_CC[13]（基于灰度互相关 CC 为相似性测度的非监督配准）以及文献[11]所提出的方法。

单一模态（磁共振脑影像）的性能均优于其他算法。图 12.18 显示了一套数据的配准结果，可以看出，与金标准相比，文献[11]所提出的方法在脑沟及脑回上对齐得更好（与固定图像的局部窗口比）。

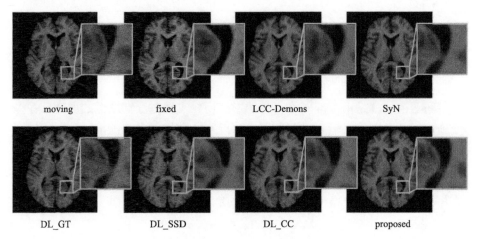

图 12.18　在公共数据 MGH10 上的配准结果比较[11]

moving 形变后变成 proposed，金标准是 fixed 图像

对于多模态（CT 与磁共振骨盆影像），22 个前列腺癌症患者数据，三种组织（膀胱（bladder）、前列腺（prostate）、直肠（rectum））配准后的 DSC 与 ASD 作为评判基准，结果显示该算法要优于其他方法（表 12.5）。

表 12.5　相关方法对于多模态骨盆数据的性能比较[11]

性能	器官	仿射变换	传统对称配准	弱形变引导配准	文献[11]提出的方法
DSC/%	膀胱	84.7 ± 5.4	86.2 ± 4.8	86.1 ± 5.8	89.1 ± 4.3
	前列腺	80.6 ± 5.2	83.9 ± 3.7	83.4 ± 4.0	86.8 ± 3.8
	直肠	77.4 ± 4.5	81.6 ± 4.4	80.9 ± 4.5	84.7 ± 4.2
ASD/mm	膀胱	1.87 ± 0.63	1.59 ± 0.48	1.62 ± 0.55	1.33 ± 0.38
	前列腺	2.06 ± 0.67	1.74 ± 0.54	1.78 ± 0.60	1.57 ± 0.44
	直肠	2.34 ± 0.79	1.94 ± 0.62	1.96 ± 0.59	1.57 ± 0.41

注：DSC 为 Dice 系数，ASD 为平均表面距离。

图 12.19 则显示了一个多模态骨盆数据的配准结果，绿色区域与红色轮廓最近的是文献[11]提出的方法，表明其配准最优。

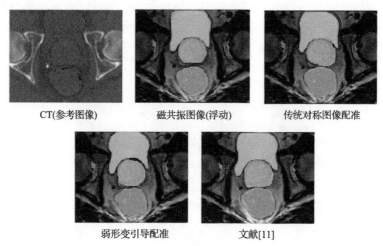

CT(参考图像)　　　　磁共振图像(浮动)　　　　传统对称图像配准

弱形变引导配准　　　　文献[11]

图 12.19　多模态配准结果[11]

红色曲线对应于 CT 上的轮廓，绿色区域为对应的 MRI 上轮廓的区域

文献[11]的方法有以下启示：通过正负样本可以直接由 GAN 网络学习类似于相似性测度的配准概率，与无监督及有监督的最优算法相比都具有更优的性能。这里采用了很简单的配准网络就取得了优异的性能，说明 GAN 对配准网络有很强的促进；由于这里的总框架及判别器独立于配准网络，后续可以考虑用较复杂的配准网络取得更好的配准性能。

12.6　可逆大形变深度学习图像配准

在传统图像配准中，大形变、拓扑保持、对称图像配准这些最新的进展也在深度学习图像配准中得以体现，代表性的工作是文献[14]。

用或不用直肠表面线圈(ERC)，时间间隔 1 年，会导致同一患者获取的 MRI 不论是在图像外观及形变方面有较大差异，使得配准具有挑战性。此外，前列腺附近的组织与前列腺的特征分布类似，有伪影及前列腺区域的边界模糊，这些都增加了前列腺图像配准的难度。针对的问题是：强制变换的可逆性以确保配准拓扑正确性；大形变的约束在深度学习中尚没有好的约束条件；对特定组织的偏好需要有合适的机制；配准的正变换及逆变换的关系有待探索。文献[14]提出了多任务配准网络，不仅确保图像配准的可逆性，而且获得了待配准图像对的对称性形变；同时还探索了不同任务之间的潜在联系；逆变换一致性确保了配准图像对之间形变的对称性，循环一致性损失克服了不可逆变换的难题。

文献[14]提出了双通道多尺度融合的网络结构，利用 CNN 提取并融合参考图像 I_R 与浮动图像 I_F 的特征；为了避免可能的周围组织大形变引起的注意力转移，设计了一种自适应解剖约束，通过使用分割标签迫使网络将更多注意力放在前列腺上。所提出的方法的整体结构见图 12.20，它包括两部分，第一部分基于自适应解剖约束，第二部分基于循环一致性约束。

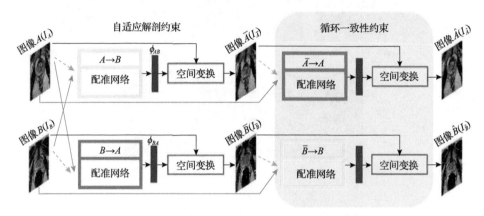

图 12.20　所提出的图像配准框架的整体结构[14]

绿色箭头表示是浮动图像，黄色箭头表示是参考图像，待配准的浮动图像与
参考图像构成图像配准的图像对

自适应解剖约束：提出了一种自适应的基于解剖的图像配准方法，利用分割标签的高斯滤波实现分割概率的空间高斯平滑。f_{gt} 与 r_{gt} 分别表示浮动图像及参考图像的解剖标签，通过高斯平滑得到的平滑标签图为 $G_{I_f}\left(f_{gt}\right)$ 与 $G_{I_r}\left(r_{gt}\right)$。平滑了的标签对配准的影响是引入 $L_{anatomy}$，它只在对 A 到 B 及 B 到 A 的训练中使用，其他的训练不用，在测试时也不用。

给定训练的图像对 I_F 与 I_R、文献[14]提出的网络计算图像及标签的对应，形变场为 ϕ，该形变场将浮动图像的平滑标签图 $G_{I_f}\left(f_{gt}\right)$ 形变为 $T\left(G_{I_f}\left(f_{gt}\right)\right)$，计算浮动图像形变后的平滑标签场与固定图像的平滑标签场 $G_{I_r}\left(r_{gt}\right)$ 之间的正规化互相关 NCC 作为相似性度量，以此定义待极小化的解剖损失 $L_{anatomy}$。图 12.21 展示了所提出的自适应解剖约束的图像配准方法，它是所提出的框架中的核心部分。

$$L_{anatomy} = 1 - \mathrm{NCC}\Big(T\big(G_{I_f}\big(f_{gt}\big)\big), G_{I_r}\big(r_{gt}\big)\Big) \tag{12-9}$$

正如图 12.20 展示的那样，图 12.21 所示的框架适用于 A 到 B 以及 B 到 A 的配准，A 与 B 分别表示待配准的图像对；这些配准的结果随后输入到循环约束配准模块。这种约束的目的是引入自适应的解剖约束(可以是多个标签、多种标签，这种思路很有意义，没有标签需要强调时，就不用 $L_{anatomy}$)校正配准网络(无约束)

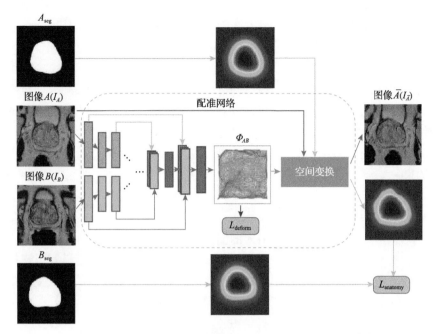

图 12.21　所提出的基于自适应解剖约束的图像配准网络[14]
以图像 A、B 分别为浮动图像及参考图像作为示例

的位移场。配准网络记为 g_θ，其中 θ 表示该网络的待学习的参数，配准网络的目的是找到优化的形变场 ϕ 将浮动图像 I_F 形变到参考图像 I_R 空间，使得形变后的浮动图像与固定图像的对应的结构很好地对齐。需要指出的是，图 12.21 中的分割标签只在训练阶段计算网络损失；在测试阶段，没有分割标签，输入的只是待配准的图像对，因此不需要该损失 L_{anatomy}，但训练阶段的 L_{anatomy} 已经将网络参数 θ 训练得能很好地适应 L_{anatomy}；测试时，网络参数 θ 固定，调整的是空间变换，以让损失函数极小化而得到配准结果。

　　下面描述多任务网络。如图 12.20 所示，文献[14]提出了一个多任务的综合配准网络，以充分利用各任务间的相互依赖。对于待配准的原始图像对 A 与 B，文献[14]设计了四个相互关联任务，分别是 A 到 B 的配准 $G_{AB}:(A,B)\to\phi_{AB}\to\bar{A}$（得到的形变配准图像为 $\bar{A}$）、B 到 A 的配准 $G_{BA}:(B,A)\to\phi_{BA}\to\bar{B}$（得到的形变配准图像为 $\bar{B}$）、$\bar{B}$ 到 B 的配准 $G_{\bar{B}B}:(\bar{B},B)\to\phi_{\bar{B}B}\to\hat{B}$（得到的形变配准图像为 $\hat{B}$）、$\bar{A}$ 到 A 的配准 $G_{\bar{A}A}:(\bar{A},A)\to\phi_{\bar{A}A}\to\hat{A}$（得到的形变配准图像为 $\hat{A}$）。原始图像 A 与 B 之间有较大的形变，因此它们之间的配准（G_{AB} 与 G_{BA}）是很复杂的，简单的相似测度不能实现良好的配准，因此采用基于图 12.21 的方法（有两个损失函数，即 L_{deform} 与 L_{anatomy}）；另外的两个任务是以原始图像 A 或 B 作为固定图像，由已经形变的图像 $\bar{A}$ 或 $\bar{B}$ 作为浮动图像，因为该任务比较简单（如图像 A 配准到图像 B

得到形变的图像 $\overline{A}$ （图 12.20），再由 $\overline{A}$ 配准到 A 即 $G_{\overline{A}A}$ ），所以采用循环一致性损失进行训练。需要指出的是，这四个任务是相互促进的，都是通过同一个配准网络实现的，且配准网络的权重是共享的。

受一些传统配准方法的启发，文献[14]提出了配准逆一致性约束促进图像对之间的变换可逆。由于形变场的逆的计算非常难以操作，采用图 12.22 所示的方法以确保形变场是可逆的。由图 12.22 可知，ϕ_{AB} 与 ϕ_{BA}、ϕ_{AB} 与 $\phi_{\overline{A}A}$ 均互逆，因此 $\phi_{BA} = \phi_{\overline{A}A}$；同理，由于 ϕ_{BA} 与 ϕ_{AB} 及 $\phi_{\overline{B}B}$ 互逆，所以 $\phi_{AB} = \phi_{\overline{B}B}$，因此有如下的配准逆约束：

$$L_{\text{inverse}} = \| \phi_{AB} - \phi_{\overline{B}B} \|_1 + \| \phi_{BA} - \phi_{\overline{A}A} \|_1 \qquad (12\text{-}10)$$

其中，$\|.\|_1$ 表示一阶范数。这里引入的损失函数 L_{inverse} 是极小化形变场 ϕ_{AB} 与 $\phi_{\overline{B}B}$ 的差异、ϕ_{BA} 与 $\phi_{\overline{A}A}$ 的差异，通过这种方式确保了待估计的形变具有可逆性，并将这种可逆性以显式的方式对配准网络进行建模，避免了复杂的形变变换的逆变换的计算以及对应的误差，更进一步地改善配准精度。

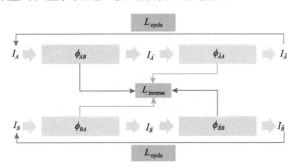

图 12.22　所提出的多任务配准网络的各任务之间的关系图[14]

ϕ_{AB}、ϕ_{BA}、$\phi_{\overline{A}A}$、$\phi_{\overline{B}B}$ 分别表示图像 A 配准到 B 后的形变场、B 配准到 A 后的形变场、$\overline{A}$ 配准到 A 后的形变场、$\overline{B}$ 配准到 B 后的形变场

许多图像配准技术的问题是不能唯一地确定待配准图像之间的对应关系。一般而言，图像配准的代价函数因图像配准的复杂性而有多个局部极小值，正是这些局部极小值导致图像 A 到 B 的配准的变换估计不同于 B 到 A 的配准估计的逆变换。为了克服配准的一一对应的模糊性问题，文献[14]提出了图像配准对的空间变换循环约束，如图 12.22 所示，图像 A 先与 B 配准变为 $\overline{A}$，再由 $\overline{A}$ 与 A 配准变为 $\hat{A}$，根据配准的循环一致性有 $A \approx \hat{A}$，类似地有 $B \approx \hat{B}$。基于这两种关系可定义循环损失，它确保配准的图像对之间一一对应从而避免对应关系的模糊性。

$$L_{\text{cycle}} = \| A - \hat{A} \|_1 + \| B - \hat{B} \|_1 \qquad (12\text{-}11)$$

该损失函数会改善配准形变的可逆性，使得形变场与物理形变更具一致性。

对于形变图像配准，合适的形变场约束是形变配准的关键。合适的形变约束不仅会减少错误的配准，还会使得形变具有物理意义。文献[14]从三个方面考虑形变约束：光滑性、抗折叠、形变的范围。$L_{\text{deform}} = \alpha L_{\text{smooth}} + \beta L_{\text{ant}} + \gamma L_{\text{ran}}$。其中 α、β、γ 为正的常数，分别表示形变的光滑性、抗折叠、范围项的权重。图像配准技术通常利用正则化技术来获取空间平滑且在物理上可信的空间变换。通常对形变场引入平滑约束，即对形变场求空间梯度并让其二阶范数的和极小化 $L_{\text{smooth}} = \sum_{p \in \Omega} \left\| \nabla \phi(p) \right\|^2$。引入抗折叠损失

$$L_{\text{ant}} = \sum_{p \in \Omega} \text{ReLU}(-(\nabla \phi(p) + 1)) \times \left\| \nabla \phi(p) \right\|^2 \tag{12-12}$$

来减少折叠：当 $\nabla \phi(p) + 1$ 为 0 或负数时，在 X 轴或 Y 轴上有折叠，对该位置进行惩罚，并使得其梯度变小；当 $\nabla \phi(p) + 1$ 为正数时，没有折叠也不需惩罚。形变位置约束，就是当形变后的位置位于图像坐标系内时没有惩罚(0)，否则惩罚项为位置的绝对值乘以该点处的形变场梯度的幅值的平方，以此来限定形变不能超越图像的范围，其中 S 为图像的范围。

$$L_{\text{ran}} = \sum_{p \in \Omega} f(h(\phi(p))) \times \left\| \nabla \phi(p) \right\|^2 \tag{12-13}$$

$$f(h(\phi(p))) = \begin{cases} 0, & 0 < h(\phi(p)) < S \\ |h(\phi(p))|, & \text{其他} \end{cases} \tag{12-14}$$

网络结构与实现细节：为了由同一网络实现多个任务学习，文献[14]设计了一个多尺度融合的网络结构，利用双通道分别学习固定图像及浮动图像的特征，如图 12.23 所示。利用两个不同的 CNN 来分别提取参考图像 I_R 及浮动图像 I_F 的特征，然后通过多尺度融合来预测配准的形变场。这里不同的图像都可作为浮动图像及参考图像，从而获得相应的配准形变，所述的四个任务都是基于这个相同的配准网络 g 实现的，参数也共享，等价于多任务增强了参数的学习样本。四个任务共用完全相同的网络和参数，这与其他的多任务学习有不同，一般的多任务学习的每个任务都有其特有的子网络部分，如分割、边界框的确定就有不同的全连接层实现特定的任务，这里都是配准所以有可能不同任务的网络全部一样。推而广之，对于多任务的各个任务若其任务性质完全一样，则可共用网络和参数，若任务性质不一样则必须有属于自己的子网络部分。用步长为 2 的卷积取代池化层来保留更多的信息。

所提出的形变图像配准的损失函数为上述各种损失的加权和：

$$L = w_0 L_{\text{anatomy}} + w_1 L_{\text{cycle}} + w_2 L_{\text{inverse}} + w_3 L_{\text{deform}} \tag{12-15}$$

其中，w_0、w_1、w_2、w_3 为正的加权系数。

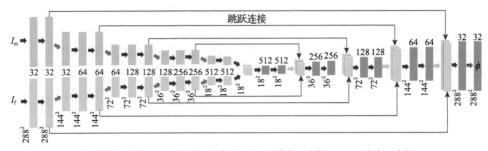

图 12.23　文献[14]所提出的配准网络的结构

　　为了检验所提出的算法的有效性，采集了 70 个患者的前列腺 MRI 体数据。对每个患者都采集相隔一年以上的前列腺 MRI 两个体图像，分别为没有用 ERC 及用了 ERC。数据的预处理是先计算平均灰度并采用直方图匹配将所有图像的灰度变到同一范围，并将原始数据采样到 0.2374mm×0.2374mm×3.0mm。然后把 2D 图像裁剪成中心区域的 288×288 像素。实施 5 折交叉验证。因为没有配准形变的金标准，所以将借助于由专家提供的前列腺分割标签来间接地评估配准性能（利用 Dice 系数及 Hausdorff 距离 HD）。此外，为了量化形变的规则性，将计算形变场中雅可比行列式设为负的比例，小的比例表明形变场的光滑性好。

　　为了更好地量化所提出的方法的性能，文献[14]与传统的基于迭代的图像配准方法及基于深度学习的图像配准方法进行了比较。选择传统方法中表现最优异的 SyN[8]，为了进行公平的比较，对其参数进行了寻优力求获得最佳的配准效果。还与两个基于深度学习的代表性方法进行了比较，分别是基于相似性测度进行配准优化的 DIRNet[12]以及直接估计形变场的 VoxelMorph[13]，表 12.6 给出了相关方法的性能。图 12.24 则显示了这些方法的配准图像，结果表明，所提出的 Multi-Reg 能给出更准确的配准（前列腺组织的交叠最大、HD 最小）、更加光滑的形变图像，另外深度学习方法的配准时间也比传统的方法短很多（只需要 1s 以内）。

表 12.6　相关方法的性能比较[14]

方法	Dice 系数	HD/mm	雅可比行列式为负的比例
初始化	78.55 ± 0.02	8.66 ± 0.63	—
SyN	83.19 ± 0.01	9.03 ± 0.55	—
DIRNet	80.28 ± 0.01	13.39 ± 0.39	3.54 ± 0.01
VoxelMorph	79.54 ± 0.01	19.22 ± 8.56	4.77 ± 0.01
文献[14]	$\mathbf{86.36 \pm 0.01}$	$\mathbf{6.39 \pm 0.60}$	$\mathbf{0.65 \pm 0.01}$

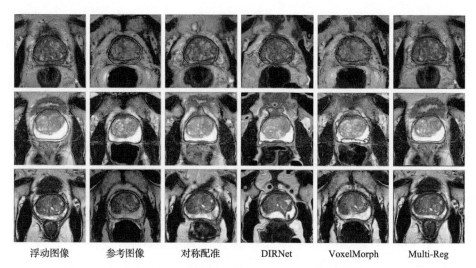

| 浮动图像 | 参考图像 | 对称配准 | DIRNet | VoxelMorph | Multi-Reg |

图 12.24　不同配准方法的一些配准结果展示[14]

红色轮廓标记了前列腺图像的轮廓，配准后的浮动图像中的前列腺则用蓝色轮廓表示

总结和复习思考

小结

12.1 节介绍了无监督深度学习图像配准，代表性方法是基于已知代价函数的深度学习图像配准，损失函数为待配准图像之间的正规化互相关或互信息的负数加上形变的弯曲能量最小化；该类深度学习方法比与之对应的传统图像配准方法的速度要快很多，精度略低。

12.2 节介绍了监督学习图像配准测度，通过深度学习识别待配准的图像块是否对齐从而得到配准测度的估计。两个实例均表明，不论是刚性还是弹性配准，深度学习获得的待配准多模态图像间的相似性测度要远远优于常用的互信息测度。

12.3 节介绍了弱监督的图像配准，针对的是配准金标准难以获取的难题，由优良的传统图像配准方法得到一些精细配准结果作为弱的配准金标准。在训练配准时，除了弱金标准引导形变还添加待配准图像之间的灰度相似性；初始是弱金标准主导形变，随后增加灰度约束的比例以提高配准精度。

12.4 节介绍了深度学习引导传统图像配准，针对的是同时有速度和精度要求的应用，如图像引导放疗中的图像配准；利用深度学习得到初始的配准获取好的实时性及良好的配准初值，经过传统图像配准在真值附近的精细化搜索避免局部极值并获取配准的高精度。

12.5 节介绍了生成对抗网络增强图像配准，该类方法的一种实现方式是：生成器设计为配准网络，利用生成对抗网络的优势，借助于识别器提升生成器即配准网络的性能，即判别器的优化将使得正样本(配准网络生成配准图像)的概率趋近于 1 而负样本的概率趋近于 0。

12.6 节介绍了可逆大形变深度学习图像配准，针对的是大形变、拓扑保持、对称图像配准这些最新进展的深度学习的实现。详细地介绍了 Du 等[14]的代表性方法，有很多思想值得借鉴和更进一步的研发：待配准的图像对是 A 与 B，它们之间的配准通常有大形变，因此需要加入分割约束以获取可靠的大形变；由 A 到 B 的配准可以构造几个相关的配准以确保变换的可逆性及一一对应性，即 A 到 B 的配准 $G_{AB}:(A,B) \rightarrow \phi_{AB} \rightarrow \overline{A}$ (得到的形变配准图像为 $\overline{A}$)、B 到 A 的配准 $G_{BA}:(B,A) \rightarrow \phi_{BA} \rightarrow \overline{B}$ (得到的形变配准图像为 $\overline{B}$)、$\overline{B}$ 到 B 的配准 $G_{\overline{B}B}:(\overline{B},B) \rightarrow \phi_{\overline{B}B} \rightarrow \hat{B}$ (得到的形变配准图像为 $\hat{B}$)、$\overline{A}$ 到 A 的配准 $G_{\overline{A}A}:(\overline{A},A) \rightarrow \phi_{\overline{A}A} \rightarrow \hat{A}$ (得到的形变配准图像为 $\hat{A}$)；这四个任务是相互促进的，都是通过同一个配准网络实现的，且配准网络的权重是共享的；形变场是可逆的，指的是 ϕ_{AB} 与 ϕ_{BA}、ϕ_{AB} 与 $\phi_{\overline{A}A}$ 均互逆，因此 $\phi_{BA} = \phi_{\overline{A}A}$，$\phi_{BA}$ 与 ϕ_{AB} 及 $\phi_{\overline{B}B}$ 互逆，所以 $\phi_{AB} = \phi_{\overline{B}B}$，因此有如下的配准逆约束

$$L_{\text{inverse}} = \| \phi_{AB} - \phi_{\overline{B}B} \|_1 + \| \phi_{BA} - \phi_{\overline{A}A} \|_1$$

图像 A 先与 B 配准变为 $\overline{A}$，再由 $\overline{A}$ 与 A 配准变为 $\hat{A}$，根据配准的循环一致性有 $A \approx \hat{A}$，类似地有 $B \approx \hat{B}$。基于这两种关系可定义循环损失，它确保配准的图像对之间一一对应从而避免对应关系的模糊性 $L_{\text{cycle}} = \| A - \hat{A} \|_1 + \| B - \hat{B} \|_1$。相似性测度为正规化互相关。

复习思考题

12.1 典型的无监督深度学习图像配准的代价函数是什么？

12.2 试比较无监督深度学习图像配准算法与对应的传统图像配准算法的性能。

12.3 为什么需要用深度学习获取多模态图像的相似性测度？基本原理是什么？

12.4 针对图像配准的金标准难以获取的问题，可能的解决方案是什么？

12.5 深度学习引导的传统图像配准为什么能同时获得配准的高精度以及快速度？

12.6 生成对抗网络是如何增强图像配准的性能的？GAN 的这种增强效果能推广到分割、复原、去噪等其他图像处理吗？

12.7 为了获得可靠的大形变，如何考虑增加一些相关的约束？

12.8 试述一种进行形变可逆性约束的实现方式。

12.9 针对图像配准，试说明传统方法与深度学习方法如何相互取长补短。

参 考 文 献

[1] de Vos B D, Berendsen F F, Viergever M A, et al. A deep learning framework for unsupervised affine and deformable image registration. Medical Image Analysis, 2019, 52: 128-143.

[2] Marstal K, Berendsen F, Staring M, et al. SimpleElastix: a user-friendly, multi-lingual library for medical image registration//Proceedings of 2016 IEEE Conference on Computer Vision and Pattern Recognition Workshops. Las Vegas: IEEE, 2016: 574-582.

[3] Simonovsky M, Gutierrez-Becker B, Mateus D, et al. A deep metric for multimodal registration// Proceedings of the 19th International Conference on Medical Image Computing and Computer Assisted Intervention. Athens: Springer, 2016, part 3: 10-18.

[4] Zagoruyko S, Komodakis N. Learning to compare image patches via convolutional neural networks//Proceedings of the 2015 IEEE Conference on Computer Vision and Pattern Recognition. Boston: IEEE, 2015: 4533-4561.

[5] Haskins G, Kruecker J, Kruger U, et al. Learning deep similarity metric for 3D MR-TRUS image registration. International Journal of Computer Assisted Radiology and Surgery, 2019, 14: 417-425.

[6] Sun Y, Yuan J, Rajchl M, et al. Efficient convex optimization approach to 3D non-rigid MR-TRUS registration//Proceedings of the 16th International Conference on Medical Image Computing and Computer-Assisted Intervention. Nagoya: Springer, 2013: 195-202.

[7] Fan J F, Cao X H, Yap P T, et al. BIRNet: Brain image registration using dual-supervised fully convolutional networks. Medical Image Analysis, 2019, 54: 193-206.

[8] Avants B B, Epstein C L, Grossman M, et al. Symmetric diffeomorphic image registration with cross-correlation: Evaluating automated labeling of elderly and neurodegenerative brain. Medical Image Analysis, 2008, 12: 26-41.

[9] Lorenzi M, Ayache N, Frisoni G B, et al. LCC-Demons: A robust and accurate symmetric diffeomorphic registration algorithm. NeuroImage, 2013, 81: 470-483.

[10] Yao Z X, Feng H S, Song Y T, et al. A supervised network for fast image-guided radiotherapy (IGRT) registration. Journal of Medical Systems, 2019, 43:194.

[11] Fan J F, Gao X H, Wang Q, et al. Adversarial learning for mono- or multi-modal registration. Medical Image Analysis, 2019, 58: 101545.

[12] de Vos B D, Berendsen F F, Viergever M A, et al. End-to-end unsupervised deformable image registration with a convolutional neural network//Proceedings of the 3rd International Workshop on Deep Learning in Medical Image Analysis and 7th International Workshop on Multimodal Learning for Clinical Decision Support. Quebec City: Springer, 2017: 204-212.

[13] Balakrishnan G, Zhao A, Sabuncu M R, et al. An unsupervised learning model for deformable

medical image registration//Proceedings of the 2018 IEEE/CVF Conference on Computer Vision and Pattern Recognition. Utah: IEEE, 2018: 9252-9260.

[14] Du B, Liao J D, Turkbey B, et al. Multi-task learning for registering images with large deformation. IEEE Journal of Biomedical and Health Informatics, 2021, 25(5): 1624-1633.

索　引